机器人
技术丛书

U0135238

精通
ROS机器人编程

（原书第3版）

MASTERING ROS FOR
ROBOTICS PROGRAMMING

Third Edition

［印］郎坦·约瑟夫　［意］乔纳森·卡卡切　著
　　（Lentin Joseph）　　　　（Jonathan Cacace）

吴中红　石章松　程锦房　刘彩云　译

机械工业出版社
CHINA MACHINE PRESS

Lentin Joseph, Jonathan Cacace: *Mastering ROS for Robotics Programming, Third Edition* (ISBN:978-1-80107-102-4).

Copyright © 2021 Packt Publishing. First published in the English language under the title "*Mastering ROS for Robotics Programming, Third Edition*".

All rights reserved.

Chinese simplified language edition published by China Machine Press.

Copyright © 2024 by China Machine Press.

本书中文简体字版由 Packt Publishing 授权机械工业出版社独家出版。未经出版者书面许可，不得以任何方式复制或抄袭本书内容。

北京市版权局著作权合同登记　图字：01-2022-2399 号。

图书在版编目（CIP）数据

精通 ROS 机器人编程：原书第 3 版 /（印）郎坦·约瑟夫（Lentin Joseph），（意）乔纳森·卡卡切（Jonathan Cacace）著；吴中红等译 . —北京：机械工业出版社，2024.2

（机器人技术丛书）

书名原文：Mastering ROS for Robotics Programming, Third Edition

ISBN 978-7-111-75038-3

I. ①精… II. ①郎… ②乔… ③吴… III. ①机器人 – 操作系统 – 程序设计　IV. ① TP242

中国国家版本馆 CIP 数据核字（2024）第 037477 号

机械工业出版社（北京市百万庄大街 22 号　邮政编码 100037）
策划编辑：王春华　　　　　责任编辑：王春华
责任校对：张雨霏　张　征　责任印制：任维东
河北鹏盛贤印刷有限公司印刷
2024 年 5 月第 1 版第 1 次印刷
186mm × 240mm · 25.75 印张 · 568 千字
标准书号：ISBN 978-7-111-75038-3
定价：129.00 元

电话服务　　　　　　　　网络服务
客服电话：010-88361066　机　工　官　网：www.cmpbook.com
　　　　　010-88379833　机　工　官　博：weibo.com/cmp1952
　　　　　010-68326294　金　书　网：www.golden-book.com
封底无防伪标均为盗版　机工教育服务网：www.cmpedu.com

特别感谢 Franz Pucher 先生

在本书第 11 章中的贡献。

前 言 | Preface

机器人操作系统（Robot Operating System，ROS）是一种全球通用的机器人中间件，可帮助开发人员对机器人应用程序进行编程，目前被机器人公司、研究中心和大学广泛用于先进机器人应用程序的开发。本书介绍了 ROS 框架的高级概念，特别适合已经熟悉 ROS 基本概念的用户。为了帮助新入门的开发人员快速上手书中的例子，第 1 章简要介绍了 ROS 的基本概念。

本书将引导读者完成新机器人的创建、建模、设计以及仿真，并让它们与 ROS 框架进行交互。读者将可以使用先进的仿真软件来使用 ROS 工具，这些工具能够实现机器人导航、操纵和传感器构建等。最后，读者将学习如何处理 ROS 底层控制器、节点和插件等重要概念。

读者只需使用一台标准的计算机就可以处理书中几乎所有的例子，没有任何特殊的硬件要求。当然，本书的某些章节将使用额外的硬件组件来讨论如何将 ROS 与外部传感器、执行器和 I/O 板一起使用。

本书首先介绍 ROS 的基本概念，接着讨论如何对机器人进行建模和仿真。在这个过程中会使用 Gazebo、CoppeliaSim 和 Webots 软件仿真器控制机器人并与之交互，通过 MoveIt! 以及 ROS 导航软件包连接机器人。之后将讨论 ROS 插件、控制器和节点的相关内容。最后，将讨论如何将 MATLAB 和 Simulink 与 ROS 连接起来。

读者对象

本书适合那些充满热情的机器人开发人员或希望充分利用 ROS 功能的研究人员阅读，也很适合那些已经熟悉典型机器人应用程序的用户，或者那些想开始学习如何在 ROS 世界中以先进的方式开发、建模、构建和控制机器人的用户阅读。如果读者想轻松理解本书的内容，强烈建议你掌握 GNU/Linux 和 C++ 编程的基本知识。

主要内容

第 1 章介绍 ROS 的核心基本概念。

第 2 章介绍如何使用 ROS 功能包。

第 3 章讨论两个机器人的设计，一个是 7 **自由度**（Degree Of Freedom，DOF）机械臂，另一个是差速轮式机器人[⊖]。

第 4 章讨论 7 自由度机械臂、差速轮式机器人的仿真操作，以及帮助控制 Gazebo 中机器人关节的 ROS 控制器。

第 5 章介绍 CoppeliaSim 和 Webots 仿真器，展示如何仿真和控制不同类型的机器人。

第 6 章介绍开箱即用的功能，如使用 ROS MoveIt! 以及导航栈的机器人操作和自主导航。

第 7 章讨论 MoveIt! 的功能，例如避障、使用 3D 传感器进行感知、抓取、拾取和放置，之后介绍如何让机械臂硬件与 MoveIt! 进行交互。

第 8 章讨论如何利用 ROS 仿真和控制空中机器人，重点以四旋翼无人机为例进行介绍。

第 9 章讨论传感器和执行器等一些硬件组件与 ROS 的交互。我们将研究使用 I/O 板（如 Arduino 或 Raspberry Pi）通过 ROS 进行传感器交互。

第 10 章讨论如何让各种视觉传感器与 ROS 交互，并使用**开源计算机视觉**（Open Source Computer Vision，OpenCV）库和**点云库**（Point Cloud Library，PCL）等对其进行编程。

第 11 章帮助读者构建具有差速驱动配置的自主移动机器人硬件，并让其与 ROS 进行交互。该章旨在让读者了解如何构建自定义移动机器人并让其与 ROS 交互。

第 12 章展示 ROS 中的一些高级概念，如 ROS pluginlib、nodelet 和 Gazebo 插件。我们将讨论每个概念的功能和应用程序，并结合一个例子来演示它们的工作原理。

第 13 章展示如何编写和运行基本的 ROS 控制器。我们还将介绍如何为 RViz 创建一个插件。

第 14 章讨论如何将 MATLAB 和 Simulink 与 ROS 连接起来。

第 15 章帮助读者理解 ROS 工业包并在 ROS 中安装它们。我们将介绍如何为工业机器人开发 MoveIt! IKFast 插件。

第 16 章讨论如何在 Eclipse IDE 中设置 ROS 开发环境、ROS 的最佳实践，以及 ROS 的故障排除技巧。

软硬件需求

为了运行本书中的示例，读者需要一台运行 Linux 操作系统的标准 PC。Ubuntu 20.04 是建议的 Linux 发行版，但 Debian 10 也受支持。建议的 PC 配置为至少 4GB 的 RAM 和现代

⊖ 在本书中，差速驱动机器人、差速驱动轮式机器人、差速驱动移动机器人、差速轮式机器人是一样的。——编辑注

处理器，方便执行 Gazebo 仿真器和图像处理算法。读者甚至可以在虚拟环境设置中工作，在虚拟机中安装 Linux 操作系统，并使用 Windows 系统上托管的 VirtualBox 或 VMware。这种选择的缺点是需要更多的计算能力来处理示例，并且在 ROS 与实际硬件交互时可能会遇到问题。本书所需的软件版本是 ROS Noetic Ninjemys，所需的附加软件是 CoppeliaSim 和 Webots 仿真器、Git、MATLAB 以及 Simulink。最后，一些章节将帮助读者实现 ROS 与商业硬件［如 I/O 板（Arduino、ODROID 和 Raspberry Pi 计算机）、视觉传感器（Intel RealSense）和执行器］的交互，读者必须自行购买这些特殊的硬件组件，才能运行相应的示例，但学习 ROS 并不严格要求这些组件。

下载示例代码

读者可以从 GitHub 下载本书源码（`https://github.com/PacktPublishing/Mastering-ROS-for-Robotics-Programming-Third-edition`），本书的代码更新也将在该 GitHub 代码仓库进行维护。

下载彩色图片

读者可以访问 `http://www.packtpub.com/sites/default/files/downloads/9781801071024_ColorImages.pdf` 下载包含本书彩色图片的 PDF 文件。

排版约定

本书使用以下排版约定。

文本中的代码体：表示文本中的代码、数据库表名、文件夹名、文件名、文件扩展名、路径名、虚拟 URL、用户输入和 Twitter 句柄。例如："我们正在使用 `catkin` 构建系统来构建 ROS 包。"

代码块表示如下：

```
void number_callback(const std_msgs::Int32::ConstPtr& msg) {
    ROS_INFO("Received [%d]",msg->data);
}
```

当我们想提醒你注意代码块的特定部分时，相关行或条目会以粗体显示：

```
ssh nvidia@nano_ip_adress
password is nano
```

命令行输入或输出则表示如下：

```
$ mkdir css
$ cd css
```

粗体：表示新术语、重要词，或者你在屏幕上看到的词。例如，菜单或对话框中的词就会像这样在文本中表示："要创建新的仿真，请使用顶部菜单栏并选择 Wizards | New Project Directory。"

作者简介 | About the Authors

郎坦·约瑟夫（Lentin Joseph）是一位来自印度的作家、机器人学家和机器人企业家。他在喀拉拉邦的科钦市经营一家名为 Qbotics Labs 的机器人软件公司。他在机器人领域有十几年的经验，主要涉及 ROS、OpenCV 和 PCL。他曾撰写了关于 ROS 的其他书籍，包括 *Learning Robotics Using Python*（第 1 版和第 2 版）、*Mastering ROS for Robotics Programming*（第 1 版和第 2 版）、*ROS Robotics Projects*（第 1 版和第 2 版），以及 *Robot Operating System (ROS) for Absolute Beginners*。他拥有机器人与自动化硕士学位，并曾在美国卡内基梅隆大学（CMU）的机器人研究所工作。他还是 TEDx 的演讲者。

乔纳森·卡卡切（Jonathan Cacace）于 1987 年 12 月 13 日出生于意大利那不勒斯。他于 2012 年获那不勒斯费德里科二世大学计算机科学硕士学位，并于 2016 年获得该校机器人学博士学位。目前，他是那不勒斯费德里科二世大学 PRISMA 实验室（Projects of Robotics for Industry and Services, Mechatronics and Automation Laboratory）的助理教授，参与了多个研究项目，所涉领域包括工业 4.0 中的人机交互，以及用于检测、维护的无人机和机械臂自主控制等。

About the Revisers | 审校者简介

Nick Rotella 在美国库珀联盟学院获得机械工程学士学位，随后又在美国南加州大学获得计算机科学硕士和博士学位。作为一名机器人专家，Nick 认为自己是一名全面的科学家、开发人员和工程师。他的博士论文主要侧重于基于模型的仿人机器人运动规划和控制，他还从事过海洋、无人机、汽车、采矿和物流领域的自主应用程序研究。他在控制方面的经验基于对动力学、估计和轨迹生成理论的深刻理解。Nick 曾为高性能控制编写过各级自主系统栈的软件。

Prateek Nagras 是机器人初创公司 TechnoYantra（该公司已于 2022 年被 Acceleration Robotics 收购）的创始人。他是一名工程师，曾在印度浦那的 VIT 学习仪器仪表和控制工程，并在德国亚琛的 FH 公司学习机电一体化，专攻机器人技术。

目　录　| Contents

第一部分
ROS 编程基本技能

　　该部分详细讨论 ROS 的基本概念。学习该部分内容后，读者将对 ROS 的概念有清晰的认知。在后续使用 ROS 进行高阶开发时，这些概念是必须要理解的。

第 1 章
ROS 简介

本书的前两章将介绍 ROS 的基本概念和 ROS 功能包管理系统，以便读者后续掌握 ROS 的编程方法。第 1 章将介绍 ROS 相关概念，如 ROS 节点管理器、ROS 节点、ROS 参数服务器以及 ROS 消息和服务，同时讨论读者需要安装什么版本的 ROS 以及如何开始使用 ROS 节点管理器。

1.1 为什么选择 ROS

ROS 是一个灵活的框架，为编写机器人软件提供了各种工具和库。它提供了几个强大的功能，可以帮助开发人员完成消息传递、分布式计算、代码重用等任务，并为机器人应用程序实现最先进的算法。ROS 项目由 Morgan Quigley 于 2007 年启动，然后其开发工作在 Willow Garage（一家机器人技术研究实验室，专门为机器人开发硬件和开源软件）继续进行。ROS 的目标是建立一种标准的机器人编程方法，同时提供可轻松与定制机器人应用程序集成的现成软件组件。选择 ROS 作为编程框架有如下优势。

- **高端功能**：ROS 具有即用型功能。例如，ROS 中的**同步定位和映射**（SLAM）和**自适应蒙特卡罗定位**（AMCL）软件包可用于移动机器人的自主导航，而 MoveIt! 软件包可用于机械臂的运动规划。这些功能可以直接在机器人软件中使用，无须任何麻烦操作。在某些情况下，这些软件包足以在不同平台上执行核心机器人任务。此外，这些功能是高度可配置的，我们可以使用各种参数对每个功能进行微调。
- **大量工具**：ROS 生态系统中有大量用于调试、可视化和仿真的工具。rqt_gui、RViz 和 Gazebo 等都是用于调试、可视化和仿真的强大开源工具。拥有这么多工具的软件框架非常罕见。
- **支持高端传感器和执行器**：ROS 允许我们使用机器人领域中各类传感器和执行器的驱动程序和接口包。此类传感器包括 3D 激光雷达、激光扫描仪、深度传感器等。我们可以毫不费力地将这些组件与 ROS 连接起来。
- **跨平台的可操作性**：ROS 消息传递中间件允许不同程序之间的通信。在 ROS 中，这种中间件称为节点。这些节点可以用任何具有 ROS 客户端库的语言进行编程。我们可以用 C++ 或 C 语言编写高性能节点，用 Python 或 Java 编写其他节点。

- **模块化**：在大多数独立的机器人应用程序中，可能出现的一个问题是，如果主代码的任何一个线程崩溃，整个机器人应用程序都可能停止。在 ROS 中，情况有所不同，ROS 为每个进程编写不同的节点，如果一个节点崩溃，系统仍然可以工作。
- **并发资源处理**：通过两个以上的进程处理一个硬件资源总是令人头痛。假设我们想处理来自摄像头的图像，用于人脸检测和运动检测，我们可以将代码编写成一个单一的实体同时进行这两项工作，也可以编写一段用于并发的单线程代码。如果我们想向线程中添加两个以上的特性，那么应用程序的行为将变得复杂且难以调试。但在 ROS 中，我们可以使用 ROS 驱动程序中的 ROS 主题访问设备。任何数量的 ROS 节点都可以订阅来自 ROS 摄像头驱动程序的图像消息，每个节点都可以具有不同的功能。这可以降低计算复杂度，也可以提高整个系统的调试能力。

ROS 社区的发展非常迅速，全球有很多用户和开发者。大多数高端机器人公司现在都在将其软件移植到 ROS。这一趋势在工业机器人领域也很明显，各大公司正在从专有机器人应用转向 ROS。

现在我们知道了为什么使用 ROS 很方便，下面开始介绍它的核心概念。ROS 主要有三个级别：文件系统级别、计算图级别和社区级别。

1.2 理解 ROS 文件系统级别

ROS 不仅仅是一个开发框架。我们可以将 ROS 称为元操作系统，因为它不仅提供工具和库，还提供类似操作系统的功能（如硬件抽象、包管理）和开发人员工具链。与真实的操作系统一样，ROS 文件以特定的方式组织在硬盘上，如图 1.1 所示。

以下是对文件系统中每个板块的解释：

- **功能包**：ROS 功能包（也叫软件包，或者简称包）是 ROS 软件的核心元素，包含一个或多个 ROS 程序（节点）、库、配置文件等，它们作为一个单元组织在一起。包是 ROS 软件中的原子构建和发布项。
- **功能包清单**：功能包清单文件位于包内，包含有关包、作者、许可证、依赖项、编译标志等的信息。ROS 包中的 `package.xml` 文件就是清单文件。

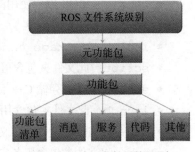

图 1.1 ROS 文件系统级别

- **元功能包**：元功能包（简称元包）指的是一个或多个可以松散分组的相关包。原则上，元包是不包含任何源代码或通常可以在包中找到的典型文件的虚拟包。
- **元功能包清单**：元功能包清单与功能包清单类似，区别在于它可以将包作为运行时的依赖项包含在其中，并声明一个导出（export）标记。

- **消息（.msg）**：我们可以在包内的 msg 文件夹中自定义消息（my_package/msg/MyMessageType.msg）。消息文件的扩展名是 .msg。
- **服务（.srv）**：回复和请求数据类型可以在包内的 srv 文件夹中定义（my_package/srv/MyServiceType.srv）。
- **存储库**：大多数 ROS 包都是使用**版本控制系统**（VCS）维护的，比如 Git、Subversion（SVN）或 Mercurial（hg）。放在 VCS 上的一组文件称为存储库。

图 1.2 所示是我们将要创建的功能包的文件和文件夹。

接下来将讨论 ROS 包的所有文件和目录的目标。

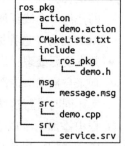

图 1.2   示例包中的文件列表

1.2.1   ROS 功能包

ROS 功能包的典型结构如图 1.3 所示。

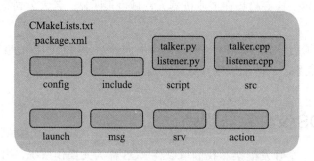

图 1.3   一个典型 C++ ROS 功能包的结构

让我们讨论一下每个文件夹的使用方法。

- **config**：ROS 包中使用的所有配置文件都保存在这个文件夹中。此文件夹由用户创建，通常将文件夹命名为 config，表示这是保存配置文件的位置。
- **include/package_name**：这个文件夹里面包含我们需要在包中使用的头文件和库。
- **script**：此文件夹包含可执行的 Python 脚本。
- **src**：此文件夹存储 C++ 源代码。
- **launch**：此文件夹包含用于启动一个或多个 ROS 节点的启动文件。
- **msg**：此文件夹包含自定义的消息定义。
- **srv**：此文件夹包含服务定义。
- **action**：此文件夹包含动作文件。我们将在第 2 章中了解更多关于此类文件的知识。
- **package.xml**：这是此包的功能包清单文件。
- **CMakeLists.txt**：此文件包含编译包的指令。

我们需要了解一些用于创建、修改和使用 ROS 包的命令，如下是一些常用的。

- **catkin_create_pkg**：此命令用于创建新包。

- rospack：此命令用于获取文件系统中包的相关信息。
- catkin_make：此命令用于在工作区中构建包。
- rosdep：此命令将安装此软件包所需的系统依赖项。

为了使用功能包，ROS 提供了一个类似 bash 的命令，叫作 rosbash（http://wiki. ros.org/rosbash），可用于导航和操作 ROS 包。以下是一些 rosbash 命令。

- roscd：此命令用于使用包名、栈名或特殊位置信息更改当前目录。如果我们以一个包名作为参数，它将切换到该包的文件夹。
- roscp：此命令用于从包中复制文件。
- rosed：此命令用于使用 vim 编辑器编辑文件。
- rosrun：此命令用于在包内运行可执行文件。

在一个典型的包中，package.xml 的定义如图 1.4 所示。

```xml
<?xml version="1.0"?>
<package>
  <name>hello_world</name>
  <version>0.0.1</version>
  <description>The hello_world package</description>
  <maintainer email="jonathan.cacace@gmail.com">Jonathan Cacace</maintainer>

  <buildtool_depend>catkin</buildtool_depend>
  <build_depend>roscpp</build_depend>
  <build_depend>rospy</build_depend>
  <build_depend>std_msgs</build_depend>

  <run_depend>roscpp</run_depend>
  <run_depend>rospy</run_depend>
  <run_depend>std_msgs</run_depend>

  <export>
  </export>
</package>
```

图 1.4　package.xml 的定义

package.xml 也包含有关编译的信息。<build_depend></build_depend> 标签包括构建包的源代码所需的包。<run_depend></run_depend> 标签内的包是在运行时运行包节点所必需的。

1.2.2　ROS 元功能包

元包是一种特殊的包，只需要一个文件，即 package.xml。

元包只是将多个包组合为一个逻辑包。在元包的 package.xml 文件中包含一个导出标记，如下所示：

```
<export>
  <metapackage/>
</export>
```

此外，在元包中，catkin 没有 <buildtool_depend> 依赖项，只有 <run_depend>

依赖项，它们就是在元包中被组合到一起的那些包。

ROS 导航栈是包含元包的地方的一个良好示例。如果安装了 ROS 及导航包，我们可以尝试使用以下命令来切换到 navigation 元包文件夹：

```
roscd navigation
```

使用喜欢的文本编辑器（在下面的例子中是 gedit）打开 package.xml 文件：

```
gedit package.xml
```

这是一个冗长的文件，图 1.5 所示是它的精简版本。

```
<?xml version="1.0"?>
<package>
    <name>navigation</name>
    <version>1.14.0</version>
    <description>
        A 2D navigation stack that takes in information from odometry, sensor
        streams, and a goal pose and outputs safe velocity commands that are sent
        to a mobile base.
    </description>
    ...
    <url>http://wiki.ros.org/navigation</url>
    ...
    <buildtool_depend>catkin</buildtool_depend>

    <run_depend>amcl</run_depend>
    ...
    <export>
        <metapackage/>
    </export>
</package>
```

图 1.5 package.xml 元包的结构

此文件包含有关包的几条信息，例如简要说明、依赖项和包版本。

1.2.3 ROS 消息

ROS 节点可以写入或读取各种类型的数据。这些不同类型的数据使用简化的消息描述语言（也称为 ROS 消息）进行描述。这些数据类型描述可用于以不同的目标语言为适当的消息类型生成源代码。

尽管 ROS 框架提供了大量已经实现的机器人专用消息，开发人员仍然可以在节点内定义自己的消息类型。

消息定义可以由两种类型组成：字段和常量。字段分为字段类型和字段名称，前者是传输消息的数据类型，而后者是它的名称。

以下是消息定义的一个示例：

```
int32 number
string name
float32 speed
```

这里，左边是字段类型，右边是字段名。字段类型就是数据类型，字段名可用于访问消息中的值。例如,我们可以使用 msg.number 从消息中访问数字值。

表 1.1 显示了读者可以在消息中使用的一些内置字段类型。

表 1.1 内置字段类型

基本类型	序列化结果	C++ 类型	Python 类型
bool(1)	8 位无符号整型	uint8_t(2)	bool
int8	8 位有符号整型	int8_t	int
uint8	8 位无符号整型	uint8_t	int (3)
int16	16 位有符号整型	int16_t	int
uint16	16 位无符号整型	uint16_t	int
int32	32 位有符号整型	int32_t	int
uint32	32 位无符号整型	uint32_t	int
int64	64 位有符号整型	int64_t	long
uint64	64 位无符号整型	uint64_t	long
float32	32 位单精度浮点数	float	float
float64	64 位双精度浮点数	double	float
string	字符串类型	std::string	string
time	秒 / 纳秒 32 位无符号整型	ros::Time	rospy.Time
duration	秒 / 纳秒 32 位有符号整型	ros::Duration	rospy.Duration

ROS 提供了一组复杂且更结构化的消息文件,旨在满足特定应用程序的需求,例如交换常见几何信息(geometry_msgs)或传感器信息(sensor_msgs)。这些消息由不同的基本类型组成。一种特殊类型的 ROS 消息称为消息头。消息头可以携带时间、参考系(frame_id)以及序列号等信息。使用消息头,我们将得到编号的消息和哪个组件正在发送当前消息的清晰信息。消息头信息主要用于发送机器人关节变换等数据。以下是消息头的定义:

```
uint32 seq
time stamp
string frame_id
```

rosmsg 命令工具可用于检查消息头和字段类型。以下命令有助于查看特定消息的消息头:

rosmsg show std_msgs/Header

这将为读者提供与前面示例的消息头类似的输出。我们将在本章后面介绍 rosmsg 命令以及如何使用自定义消息。

1.2.4 ROS 服务

ROS 服务是 ROS 节点之间的一种请求 / 响应通信。一个节点会发送一个请求,并等待另一个节点的响应。

与使用 .msg 文件时的消息定义类似，我们必须在另一个名为 .srv 的文件中定义服务，.srv 文件必须保存在包的 srv 子目录中。

服务描述格式示例如下：

```
#Request message type
string req
---
#Response message type
string res
```

上面部分是请求的消息类型，下面部分包含响应的消息类型，上下由 --- 分隔。在示例中，请求和响应都是字符串类型的。

接下来我们将了解如何使用 ROS 服务。

1.3　理解 ROS 计算图级别

ROS 中的计算是使用 ROS 节点网络完成的。这种计算网络称为计算图。计算图中的主要概念是 ROS 的**节点**、**节点管理器**、**参数服务器**、**消息**、**主题**、**服务**和**消息记录包**。计算图中的每一个概念都以不同的方式构成了这个图。

ROS 通信相关的功能包 [包括核心客户端库（如 roscpp 和 rospython），以及主题、节点、参数和服务等概念的实现] 都包含在一个名为 ros_comm（http://wiki.ros.org/ros_comm）的栈中。

该栈还包括 rostopic、rosparam、rosservice 和 rosnode 等工具，用于补充前面的概念。

ros_comm 栈包含 ROS 通信中间件包，这些包统称为 **ROS 图层**，如图 1.6 所示。

ROS 图的概念介绍如下。

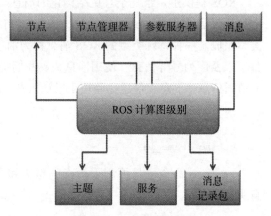

图 1.6　ROS 图层的结构

- **节点**：节点是具有计算功能的进程。每个 ROS 节点都是使用 ROS 客户端库编写的。使用客户端库 API，我们可以实现不同的 ROS 功能，例如节点之间的通信方法，这在机器人的不同节点之间必须交换信息时特别有用。ROS 节点的目标之一是构建简单的流程，而不是具有所有所需功能的大型流程。由于结构简单，因此 ROS 节点易于调试。
- **节点管理器**：ROS 节点管理器为其余节点提供名称注册和查找过程。如果没有 ROS 节点管理器，节点将无法找到对方，也无法交换消息或调用服务。在分布式系统中，我们应该在一台计算机上运行节点管理器，其他远程节点可以通过与该节点管理器通信找到对方。

- **参数服务器**：参数服务器允许你将数据存储在中心位置。所有节点都可以访问和修改这些值。参数服务器是 ROS 节点管理器的一部分。
- **主题**：ROS 中的每条消息都使用被称为主题的命名总线来传输。当一个节点通过一个主题发送消息时，我们可以说该节点正在发布一个主题。当一个节点通过一个主题接收到一条消息时，我们可以说该节点订阅了一个主题。发布节点和订阅节点不知道彼此的存在。我们甚至可以订阅一个可能没有任何发布者的主题。简而言之，信息的产生和接收是解耦的。每个主题都有一个唯一的名称，任何节点都可以访问该主题并通过它发送数据，只要它们具有正确的消息格式。
- **日志记录**：ROS 提供了一个日志记录系统，用于存储数据（例如传感器数据），这些数据可能很难收集，但对于开发和测试机器人算法是必要的。这些文件被称为 bagfile。当我们处理复杂的机器人机制时，bagfile 非常有用。

图 1.7 显示了节点之间如何使用主题相互通信。

如你所见，主题用矩形表示，而节点用椭圆表示。此图中不包括消息和参数。这些类型的图可以使用名为 rqt_graph 的工具生成（http://wiki.ros.org/rqt_graph）。

1.3.1 ROS 节点

ROS 节点使用 roscpp 和 rospy 等 ROS 客户端库进行计算。

机器人可能包含许多节点。例如，一个节点处理摄像头图像，一个节点处理来自机器人的串行数据，一个节点计算里程计，等等。

使用节点可以使系统具有容错性。即使一个节点崩溃，整个机器人系统仍然可以工作。与整体代码相比，节点还可以降低复杂性并提高调试能力，因为每个节点只处理一个功能。

所有正在运行的节点都应该指定一个名称，以帮助我们识别它们。例如，/camera_node 可以是广播摄像机图像的节点的名称。

rosbash 工具用于检查 ROS 节点。rosnode 命令可用于收集有关 ROS 节点的信息。以下是 rosnode 的用法。

- rosnode info [node_name]：打印有关节点的信息。
- rosnode kill [node_name]：强行终止正在运行的节点。
- rosnode list：列出正在运行的节点。
- rosnode machine [machine_name]：列出在特定机器或机器列表上运行的节点。
- rosnode ping：检查节点的连接情况。
- rosnode cleanup：清除无法访问的节点注册信息。

接下来，我们将查看一些使用 roscpp 客户端的示例节点，并讨论使用 ROS 主题、服务、消息和 actionlib 等功能的 ROS 节点是如何工作的。

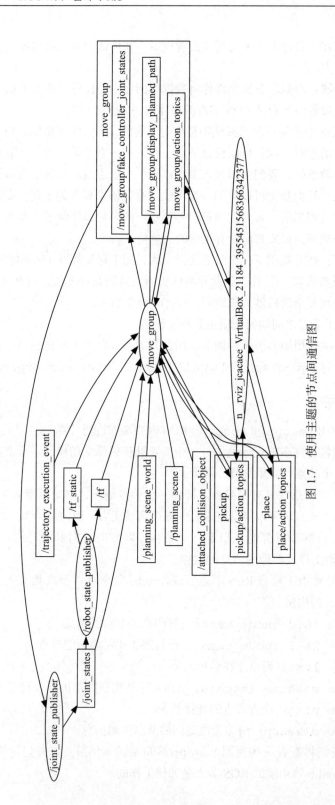

图 1.7 使用主题的节点间通信图

1.3.2　ROS 信息

如前所述，消息是包含字段类型的简单数据结构。ROS 消息支持标准基本数据类型和它们的组合。

我们可以使用以下方法访问消息定义。例如，当使用 roscpp 时，要访问 std_msgs/msg/String.msg，我们必须在字符串消息定义中包含 std-msgs/String.h.

除了消息数据类型，ROS 还使用 MD5 校验和比较来确认发布者和订阅者是否交换的是相同的消息数据类型。

ROS 有一个名为 rosmsg 的内置工具，用于收集有关 ROS 消息的信息。以下是与 rosmsg 一起使用的一些参数。

- rosmsg show [message_type]：显示消息的描述。
- rosmsg list：列出所有消息。
- rosmsg md5 [message_type]：显示消息的 md5sum。
- rosmsg package [package_name]：列出一个包中的消息。
- rosmsg packages [package_1] [package_2]：列出所有包含消息的包。

现在，让我们来看看 ROS 主题。

1.3.3　ROS 主题

使用主题时，ROS 的通信是单向的。如果我们想要直接的请求 / 响应通信，则需要实现 ROS 服务。

ROS 节点与主题的通信使用基于 TCP/IP 的传输方式，称为 **TCPTOS**。此方法是 ROS 中默认使用的传输方法。另一种类型的通信是 **UDPROS**，它具有低延迟和松散传输的特点，只适合远程操作。

ROS 主题工具可用于收集有关 ROS 主题的信息。以下是该命令的语法。

- rostopic bw /topic：显示给定主题使用的带宽。
- rostopic echo /topic：以人类可读的格式打印给定主题的内容。用户可以使用 -p 选项以 CSV 格式打印数据。
- rostopic find /message_type：使用给定的消息类型查找主题。
- rostopic hz /topic：显示给定主题的发布速率。
- rostopic info /topic：打印有关活动主题的信息。
- rostopic list：列出 ROS 系统中的所有活动主题。
- rostopic pub /topic message_type args：向特定消息类型的主题发布值。
- rostopic type /topic：显示给定主题的消息类型。

现在，让我们来看看 ROS 服务。

1.3.4 ROS 服务

在 ROS 服务中，一个节点充当 ROS 服务器，服务客户端可以向服务器请求服务。如果服务器完成服务程序，它会将结果发送到服务客户端。例如，考虑一个节点，它可以计算接收的两个数字的总和，并以 ROS 服务的形式实现该功能。系统中的其他节点可能会通过该服务请求计算两个数字的总和。在这种情况下，主题用于流式传输连续的数据流。

ROS 服务定义可以通过以下方法访问。例如 my_package/srv/Image.srv 可通过 my_package/Image 访问。

在 ROS 服务中，还有一项 MD5 校验和比较，用于检查节点。如果检验值匹配，服务器才对请求的客户端做出响应。

有两个 ROS 工具可用于收集有关 ROS 服务的信息。第一个工具是 rossrv，它类似于 rosmsg，可用于获取有关服务类型的信息。第二个工具是 rosservice，可用于列出和查询正在运行的 ROS 服务。

让我们解释一下如何使用 rosservice 工具来收集有关正在运行的服务的信息。

- rosservice call /service args：使用给定的参数调用服务。
- rosservice find service_type：查找给定服务类型的服务。
- rosservice info /services：打印有关给定服务的信息。
- rosservice list：列出系统上运行的活动服务。
- rosservice type /service：打印给定服务的服务类型。
- rosservice uri /service：打印服务的 ROSRPC URI。

现在，让我们来看看 ROS 的 bag 文件。

1.3.5 ROS bag 文件

rosbag 命令可用于处理 rosbag 文件。ROS 中的 bag 文件用于存储按主题传输的 ROS 消息数据。这个 .bag 扩展名用于表示 bag 文件。

bag 文件是使用 rosbag record 命令创建的，该命令将订阅一个或多个主题，并在收到消息时将其数据存储在文件中。该文件可以播放与录制主题相同的主题，还可以重新映射现有主题。

以下是录制和回放一个 bag 文件的命令。

- rosbag record [topic_1] [topic_2] -o [bag_name]：将给定的主题记录到命令提供的 bag 文件中。我们还可以使用 -a 参数记录所有主题。
- rosbag play [bag_name]：回放现有的 bag 文件。

在终端中使用以下命令可以找到完整、详细的命令列表：

```
rosbag play -h
```

我们可以使用一个 GUI 工具来处理如何记录和回放 bag 文件，称为 rqt_bag。要了解有关 rqt_bag 的更多信息，请访问 https://wiki.ros.org/rqt_bag.

1.3.6　ROS 节点管理器

　　ROS 节点管理器很像 DNS 服务器，因为它将唯一的名称和 ID 与系统中活动的 ROS 元素相关联。当 ROS 系统中的任何节点启动时，它将开始寻找 ROS 节点管理器，并在其中注册节点的名称。因此，ROS 节点管理器拥有 ROS 系统上当前运行的所有节点的详细信息。当节点的任何详细信息发生更改时，它将生成一个回调，并用最新的详细信息更新节点。这些节点详细信息对于连接每个节点都很有用。

　　当一个节点开始发布某个主题时，该节点将向 ROS 节点管理器提供该主题的详细信息，例如其名称和数据类型。ROS 节点管理器将检查是否有任何其他节点订阅了同一主题。如果有任何节点订阅了同一主题，ROS 节点管理器将向订阅节点共享发布服务器的节点详细信息。获取节点详细信息后，这两个节点将被连接。在连接到两个节点后，ROS 节点管理器就不再起作用了。根据要求，我们可以停止发布者节点或订阅者节点。停止任何节点后，它们将再次向 ROS 节点管理器报到。ROS 服务也使用同样的方法。

　　正如我们已经说过的，节点是使用 ROS 客户端库编写的，比如 roscpp 和 rospy。这些客户端使用基于 **XML 远程过程调用（XMLRPC）** 的 API 与 ROS 节点管理器交互，这些 API 充当 ROS 系统 API 的后端。

　　ROS_MASTER_URI 环境变量包含 ROS 节点管理器的 IP 和端口。使用此变量，ROS 节点可以定位 ROS 节点管理器。如果该变量错误，节点之间将不会进行通信。当我们在单个系统中使用 ROS 时，可以使用 localhost 的 IP 或 localhost 本身的名称。但是在一个分布式网络中，计算是在不同的物理计算机上进行的，我们应该正确定义 ROS_MASTER_URI，只有这样，远程节点才能找到彼此并相互通信。在一个分布式系统中，我们只需要一个节点管理器，它应该运行在一台所有其他计算机都可以正确 ping 它的计算机上，以确保远程 ROS 节点可以访问节点管理器。

　　图 1.8 显示了 ROS 节点管理器如何与发布节点和订阅节点交互，发布者节点发布带有 Hello World 消息的字符串类型主题，订阅者节点订阅此主题。

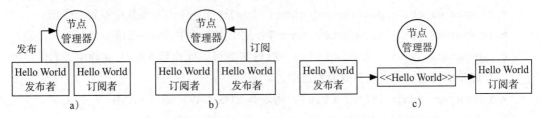

图 1.8　ROS 节点管理器与 Hello World 发布者和订阅者之间的通信

　　当发布者节点开始在特定主题中发布 Hello World 消息时，ROS 节点管理器将获得该主题和节点的详细信息。它将检查是否有任何节点订阅同一主题。如果当时没有节点订阅同一主题，则两个节点将保持未连接状态。如果发布者节点和订阅者节点同时运行，ROS 节点管理器将向订阅者交换发布者的详细信息，它们将通过 ROS 主题连接和交换数据。

1.3.7 使用 ROS 参数

在对机器人编程时，我们可能需要定义机器人参数来调整控制算法，比如机器人控制器获得标准比例 - 积分 - 微分控制器的 P、I 和 D。当参数数量增加时，我们可能需要将它们存储为文件。在某些情况下，这些参数必须在两个或多个程序之间共享。在这种情况下，ROS 提供了一个参数服务器，这是一个共享服务器，其中所有 ROS 节点都可以从该服务器访问参数。节点可以从参数服务器读取、写入、修改和删除参数值。

我们可以将这些参数存储在一个文件中，并将其加载到服务器中。服务器可以存储多种数据类型，甚至可以存储字典。程序员还可以设置参数的范围，比如设置为只能由该节点访问或所有节点都可以访问。

参数服务器支持以下 XMLRPC 数据类型：

- 32 位整型
- 布尔值
- 字符串
- 双精度浮点型
- ISO8601 日期型
- 列表
- 基于 64 位编码的二进制数据

我们还可以在参数服务器上存储字典。如果参数的数量很大，我们可以使用 YAML 文件来保存它们。以下是 YAML 文件参数定义的示例：

```
/camera/name : 'nikon'   #string type
/camera/fps : 30         #integer
/camera/exposure : 1.2   #float
/camera/active : true    #boolean
```

rosparam 工具可用于从命令行获取和设置 ROS 参数。以下是使用 ROS 参数的命令。

- rosparam set [parameter_name] [value]：在给定参数中设置一个值。
- rosparam get [parameter_name]：从给定参数中检索一个值。
- rosparam load [YAML file]：ROS 参数可以保存到 YAML 文件中。它可以使用此命令将它们加载到参数服务器中。
- rosparam dump [YAML file]：将现有 ROS 参数转储到 YAML 文件中。
- rosparam delete [parameter_name]：删除给定的参数。
- rosparam list：列出现有的参数名称。

当使用 dyamic_reconfigure 包执行使用这些参数的节点时，可以动态更改这些参数（http://wiki.ros.org/dynamic_reconfigure）。

1.4　ROS 社区级别

这些都是 ROS 资源，在 ROS 社区中能够交流软件和知识。这些社区的各种资源如下。

- **发行版**：与 Linux 发行版类似，ROS 发行版是我们可以安装的版本化元软件包的集合。ROS 发行版允许我们轻松安装和收集 ROS 软件。它们通过软件集合维护一致的版本。
- **存储库**：ROS 依赖于代码存储库的联合网络，不同机构可以在其中开发和发布自己的机器人软件组件。
- **The ROS Wiki**：ROS Wiki 社区是记录 ROS 信息的主要论坛。任何人都可以注册一个账户、贡献自己的文档、提供更正或更新、编写教程等。
- **错误记录系统**：如果我们在现有软件中发现错误，或需要添加新功能，则可以使用此资源。
- **邮件列表**：我们可以使用 ROS 用户邮件列表询问有关 ROS 软件的问题，并向社区分享程序问题。
- **ROS 问答**：这个网站资源可以帮助读者提出与 ROS 相关的问题。如果我们在这个网站上发布自己的疑问，其他 ROS 用户就可以看到它们并提供解决方案。
- **博客**：ROS 博客更新与 ROS 社区相关的新闻、照片和视频（`http://www.ros.org/news`）。

现在，让我们来看看学习 ROS 需要做的准备工作。

1.5　准备工作

在开始使用 ROS 并尝试本书的代码之前，应先做以下准备工作。

- **Ubuntu 20.04 LTS/Debian 10**：ROS 支持 Ubuntu 和 Debian 操作系统。我们更喜欢坚持用 Ubuntu 的 LTS（长期支持）版本，即 Ubuntu 20.04。
- **ROS Noetic 桌面完整安装**：安装 ROS 的完整桌面。我们更喜欢的版本是 ROS Noetic，这是本书写作时最新的稳定版本。以下链接提供了该 ROS 发行版的安装说明：`http://wiki.ros.org/noetic/Installation/Ubuntu`。从存储库列表中选择 `ros-noetic-desktop-full` 功能包。

让我们看看 ROS 框架的不同版本。

1.5.1　ROS 发行版

ROS 更新与新的 ROS 发行版一起发布。ROS 的新发行版由其核心软件的更新版本和一套新的 / 更新的 ROS 功能包组成。ROS 的发布周期与 Ubuntu Linux 发行版相同：每 6 个月发布一个新版本。通常情况下，对于每个 Ubuntu LTS 版本，都会发布一个 LTS 版本的 ROS。LTS 意味着发布的软件将被长期维护（对于 ROS 和 Ubuntu 来说为 5 年）。

本书的教程基于写作时 ROS 的最新 LTS 版本，即 ROS Noetic Ninjemys。它代表了第 13

个 ROS 发行版本。部分 ROS 发行版的列表如图 1.9 所示。

Distro	Release date	Poster	*Tuturtle*, turtle in tutorial	EOL date
ROS Noetic Ninjemys（Recommended）	May 23rd, 2020			May, 2025（Focal EOL）
ROS Melodic Morenia	May 23rd, 2018			May, 2023（Bionic EOL）
ROS Lunar Loggerhead	May 23rd, 2017			May, 2019
ROS Kinetic Kame	May 23rd, 2016			April, 2021（Xenial EOL）

图 1.9　部分 ROS 发行版

1.5.2　运行 ROS 节点管理器和 ROS 参数服务器

在运行任何 ROS 节点之前，我们应该启动 ROS 节点管理器和 ROS 参数服务器。我们可以使用一个名为 roscore 的命令启动 ROS 节点管理器和 ROS 参数服务器，该命令将启动以下程序：

- ROS 节点管理器
- ROS 参数服务器
- rosout 日志记录节点

rosout 节点将从其他 ROS 节点收集日志消息，并将其存储在日志文件中，还会把收集的日志消息转播到另一个主题。/rosout 主题由 ROS 节点使用 roscpp 和 rospy 等 ROS 客户端库发布，这个主题由 rosout 节点订阅，该节点在另一个名为 /rosout_agg 的主题中转播这些消息。/rosout_agg 主题包含日志消息的聚合流。roscore 命令应作为运行任何 ROS 节点的先决条件运行。图 1.10 显示了在终端中运行 roscore 命令时打印的消息。

使用以下命令在 Linux 终端上运行 roscore：

```
roscore
```

运行此命令后，我们将在 Linux 终端中看到如图 1.10 所示的文本。

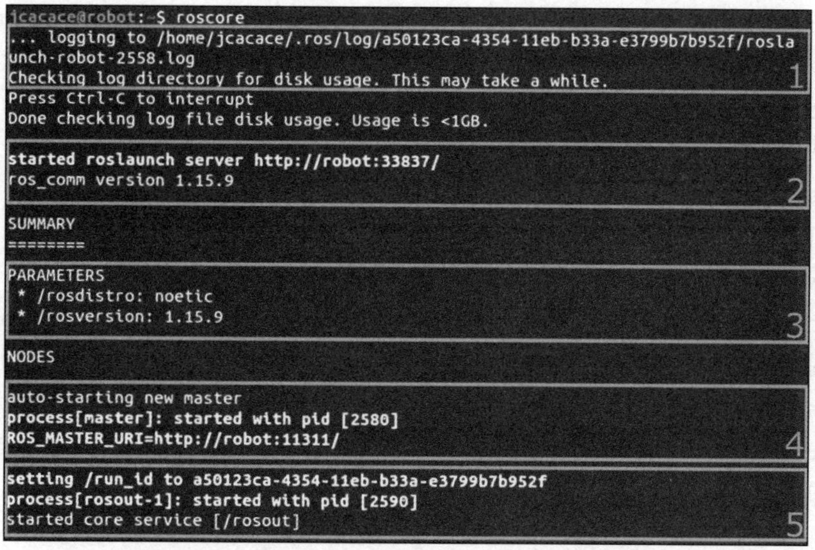

图 1.10 运行 roscore 命令时的终端消息

以下是图中各部分的说明。

- 在第 1 部分中，我们可以看到 ~/.ros/log 文件夹中创建了一个日志文件，用于从 ROS 节点收集日志。此文件可用于调试。
- 在第 2 部分中，该命令启动了一个名为 roscore.xml 的 ROS 启动文件。这个文件启动时，它会自动启动 rosmaster 和 ROS 参数服务器。roslaunch 命令是一个 Python 脚本，只要它尝试执行启动文件，它就会启动 rosmaster 和 ROS 参数服务器。本部分还显示了端口内 ROS 参数服务器的地址。
- 在第 3 部分中，我们可以看到 rosdistro 和 rosversion 等参数在终端中显示。这些参数在执行 roscore.xml 时就会显示出来。我们会在 1.5.3 节详细介绍 roscore.xml。
- 在第 4 部分中，我们可以看到 rosmaster 节点是用 ROS_MASTER_URI 启动的，之前我们将其定义为一个环境变量。
- 在第 5 部分中，我们可以看到 rosout 节点正在启动，它将开始订阅 /rosout 主题并将其转播到 /rosout_agg。

以下是 roscore.xml 的内容：

```
<launch>
  <group ns="/">
    <param name="rosversion" command="rosversion roslaunch" />
    <param name="rosdistro" command="rosversion -d" />
    <node pkg="rosout" type="rosout" name="rosout"
respawn="true"/>
  </group>
</launch>
```

在执行 roscore 命令时，一开始，该命令会检查命令行参数，以获取 rosmaster 的新端口号。如果它得到了端口号，它就将开始监听新的端口号；否则，它将使用默认端口号。这个端口号和 roscore.xml 启动文件将被传递到 roslaunch 系统。roslaunch 系统在 Python 模块中实现，它将解析端口号并启动 roscore.xml 文件。

在 roscore.xml 文件中，ROS 参数和节点被封装在一个带有 /namespace 的组 XML 标记中。组 XML 标记表示此标记中的所有节点都具有相同的设置。

rosversion 和 rosdistro 参数使用命令（command）标签存储 rosversionroslaunch 和 rosversion-d命令的输出，命令标签是 ROS param 标签的一部分。command 标签将执行其中提到的命令，并将命令的输出存储在这两个参数中。

rosmaster 和参数服务器通过 ROS_MASTER_URI 地址在 roslaunch 模块内执行。这发生在 roslaunch Python 模块内部。ROS_MASTER_URI 是 rosmaster 将要监听的 IP 地址和端口的组合。端口号可以根据 roscore 命令中给定的端口号进行更改。

1.5.3 检查 roscore 命令的输出

我们来看看运行 roscore 后创建的 ROS 主题和 ROS 参数。以下命令将列出终端中的活动主题：

```
rostopic list
```

根据我们对 rosout 节点的订阅 /rosout 主题的讨论，主题列表如下。它包含来自 ROS 节点的所有日志消息，/rosout_agg 将转播这些日志消息：

```
/rosout
/rosout_agg
```

以下命令列出了运行 roscore 时可用的参数：

```
rosparam list
```

这里提到的这些参数可以提供 ROS 发行版的名称、版本、roslaunch 服务器地址和 run_id，其中 run_id 是一个与特定 roscore 运行相关联的唯一 ID：

```
/rosdistro
/roslaunch/uris/host_robot_virtualbox__51189
/rosversion
/run_id
```

运行 roscore 时生成的 ROS 服务列表可以使用以下命令进行检查：

```
rosservice list
```

正在运行的服务列表如下所示：

```
/rosout/get_loggers
```

```
/rosout/set_logger_level
```

这些 ROS 服务是为每个 ROS 节点生成的，用于设置日志记录级别。

1.6　总结

ROS 现在是机器人专家常用的一个流行软件框架。如果读者打算在未来几年内从事机器人工程师事业，则掌握 ROS 的知识将是至关重要的。在本章中，我们介绍了 ROS 的基础知识，讨论了学习 ROS 的必要性，以及它在当前机器人软件平台中的优势。我们介绍了基本概念，如 ROS 节点管理器和参数服务器，并解释了 roscore 的工作原理。在下一章中，我们将介绍 ROS 功能包管理，并讨论 ROS 通信系统的一些实际示例。

1.7　问题

- 我们为什么要使用 ROS？
- ROS 框架的基本要素是什么？
- 使用 ROS 编程的前提条件是什么？
- roscore 的内部工作原理是什么？

第2章
ROS 编程入门

在讨论了 ROS 节点管理器、参数服务器和 roscore 的基础知识之后，我们现在可以开始创建和构建一个 ROS 功能包。在本章中，我们将通过实现 ROS 通信系统来创建不同的 ROS 节点。在使用 ROS 功能包时，我们还将更新 ROS 节点、主题、消息、服务和 actionlib 的基本概念。

2.1　创建 ROS 功能包

ROS 软件包是 ROS 系统的基本单位。我们可以创建，然后编译生成一个 ROS 软件包，并将其向公众发布。当前我们使用的 ROS 发布版本是 Noetic Ninjemys。我们使用 catkin 编译系统来编译生成 ROS 软件包。编译系统主要负责将用户的源码生成"目标（target）"（可执行文件或库文件）。在较老的 ROS 发行版本中，例如 Electric 和 Fuerte，使用 rosbuild 来编译生成软件包。由于 rosbuild 存在各种缺陷，所以 catkin 应运而生了。catkin 基本上基于跨平台编译器（Cross Platform Make, CMake）。它有很多优点，例如可以将软件包移植到另一个操作系统（如 Windows）上。如果操作系统支持 CMake 和 Python，就可以轻松地将基于 catkin 的软件包移植到该系统上。

使用 ROS 软件包的第一个要求是创建 ROS 的 catkin 工作区。安装好 ROS 后，创建一个名为 catkin_ws 的 catkin 工作区：

```
mkdir -p ~/catkin_ws/src
```

为了编译工作区，我们需要获取 ROS 的环境变量，以便访问 ROS 系统提供的功能：

```
source /opt/ros/noetic/setup.bash
```

切换到前面创建的源码文件夹 src 中：

```
cd ~/catkin_ws/src
```

初始化新的 catkin 工作区：

```
catkin_init_workspace
```

即使现在工作区中没有软件包，我们也可以编译工作区。使用以下命令切换到工作区文件夹中：

```
cd ~/catkin_ws
```

下面使用 catkin_make 编译工作区：

```
catkin_make
```

执行完上面这条命令后，在 catkin 工作区中将生成 devel 和 build 文件夹。各种安装文件位于 devel 文件夹中。要将创建的 ROS 工作区添加到 ROS 环境变量中，我们需要获取其中的一个安装文件 setup.bash。此外，在每次使用以下命令启动新的 bash 会话时，我们都可以获取此工作区的配置文件：

```
echo "source ~/catkin_ws/devel/setup.bash" >> ~/.bashrc
source ~/.bashrc
```

配置好 catkin 工作区后，我们就可以创建自己的软件包了，其中将包含示例节点，用来演示 ROS 主题、消息、服务和动作库（actionlib）的工作方式。注意，如果没有正确设置工作区，则无法使用任何 ROS 命令。catkin_create_pkg 命令就是用来创建 ROS 软件包的。我们将用它创建各种 ROS 概念的演示示例。

切换到 catkin 工作区的 src 文件夹后，使用以下命令创建软件包：

```
catkin_create_pkg package_name [dependency1] [dependency2]
```

源码文件夹：所有的 ROS 软件包（无论是从头创建的还是从其他代码库中下载的）都必须放在 ROS 工作区的 src 文件夹中，否则 ROS 系统将无法识别它们，从而导致无法编译。

下面是创建 ROS 示例软件包的命令：

```
catkin_create_pkg mastering_ros_demo_pkg roscpp std_msgs
actionlib actionlib_msgs
```

该功能包中的依赖项如下：

roscpp：这是 ROS 的 C++ 实现，一个 ROS 客户端库，为 C++ 开发人员提供 API，使用 ROS 主题、服务和参数等生成 ROS 节点。包含该依赖的原因是我们要编写的是一个 C++ 实现的 ROS 节点。任何使用 C++ 节点代码的 ROS 软件包都必须添加此依赖项。

std_msgs：该软件包包含了基本的 ROS 原始数据类型，例如整型、浮点型、字符串、数组等。我们可以在节点中直接使用这些数据类型，而无须定义新的 ROS 消息。

actionlib：该超软件包提供了在 ROS 节点中创建可抢占任务的接口。我们在这个软件包中创建了基于 actionlib 的节点，所以我们需要包含该软件包来创建 ROS 节点。

actionlib_msgs：该软件包包含了与动作服务器和动作客户端交互所需的标准消息定义。

创建了软件包后，我们也可以通过编辑 CMakeLists.txt 和 package.xml 这两个文件来手动添加其他依赖项。如果成功创建了软件包，我们将收到以下信息，如图 2.1 所示。

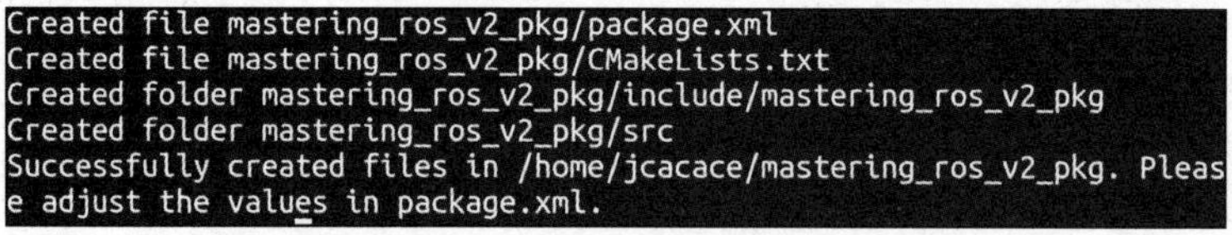

```
Created file mastering_ros_v2_pkg/package.xml
Created file mastering_ros_v2_pkg/CMakeLists.txt
Created folder mastering_ros_v2_pkg/include/mastering_ros_v2_pkg
Created folder mastering_ros_v2_pkg/src
Successfully created files in /home/jcacace/mastering_ros_v2_pkg. Pleas
e adjust the values in package.xml.
```

图 2.1   创建 ROS 软件包时的终端信息

创建了这个软件包后，可以使用 catkin_make 命令来编译生成软件包，但是它不会增加任何节点。我们必须在 catkin 工作区的根路径下执行此命令。以下是我们编译生成空 ROS 软件包的命令：

```
cd ~/catkin_ws && catkin_make
```

成功编译生成软件包后，我们可以将节点源码添加到工作区下的 src 文件夹中。

在 CMake 的 build 文件夹中主要包含了节点的可执行文件，该节点的源码位于 catkin 工作区的 src 文件夹中。devel 文件夹主要包含了在编译过程中生成的 Bash 脚本、头文件和可执行文件。我们可以看到使用 catkin_make 创建并编译生成 ROS 节点的过程。

2.1.1   使用 ROS 主题

主题是两个节点间通信的基本方式。在本节，我们将学习主题的工作原理。下面我们将创建两个 ROS 节点，一个发布主题，另一个订阅该主题。进入 mastering_ros_demo_pkg 文件夹中，在 /src 源码文件夹中，demo_topic_publisher.cpp 和 demo_topic_subscriber.cpp 是我们将要讨论的两个源码文件。

2.1.2   创建 ROS 节点

我们要讨论的第一个节点是 demo_topic_publisher.cpp。此节点将在名为 /numbers 的主题上发布一个整型数值。我们可以将下面的代码复制到新软件包中或使用代码仓库中的现有文件。以下是完整的代码：

```
#include "ros/ros.h"
#include "std_msgs/Int32.h"
#include <iostream>

int main(int argc, char **argv) {
    ros::init(argc, argv,"demo_topic_publisher");
    ros::NodeHandle node_obj;
    ros::Publisher number_publisher = node_obj.advertise<std_
msgs::Int32>("/numbers", 10);
    ros::Rate loop_rate(10);
    int number_count = 0;
```

```
    while ( ros::ok() ) {
        std_msgs::Int32 msg;
        msg.data = number_count;
        ROS_INFO("%d",msg.data);
        number_publisher.publish(msg);
        loop_rate.sleep();
        ++number_count;
    }
    return 0;
}
```

代码从头文件的定义开始。ros/ros.h 是 ROS 的主要头文件。如果我们想在代码中使用 roscpp 客户端 API 的话，就必须包含此头文件。std_msgs/Int32.h 是整型数据类型的标准消息定义的头文件。

这里我们通过主题发送整型数据，所以我们需要一个消息类型来处理这些整型数据。std_msgs 包含了基本数据类型的标准消息定义。std_msgs/Int32.h 包含了整型消息的定义。现在，我们将初始化一个带有名称的 ROS 节点。需要注意的是，ROS 节点名应该是唯一的：

```
ros::init(argc, argv,"demo_topic_publisher");
```

接下来，我们创建一个 Nodehandle 对象来与 ROS 系统进行通信。所有的 ROS C++ 节点代码都必须包含此行代码：

```
ros::NodeHandle node_obj;
```

这将创建一个主题发布者，该主题是 std_msgs::Int32 消息类型，主题名是 /numbers。第二个参数是缓冲区大小，它表示在发送消息之前可以将多少消息放到缓冲区中。应在考虑消息发布率时设置此数字。如果你的程序发布的速度超过了队列大小，一些消息将被丢弃。队列大小的最低接受数字是 1，而 0 意味着一个无限的队列：

```
ros::Publisher number_publisher = node_obj.advertise<std_
msgs::Int32>("/numbers", 10);
```

下面的代码用于设置程序主循环的频率，因此，在我们的例子中，发布率也是如此：

```
ros::Rate loop_rate(10);
```

这是一个无限的 while 循环，当我们按下 Ctrl+C 组合键时，它才会退出。如果出现一个中断，ros::ok() 函数将返回 0，这样就可以中断该 while 循环：

```
while ( ros::ok() ) {
```

第一行创建了一个整型 ROS 消息，第二行为这条消息分配了整型数据。在这里，data 是 msg 对象的字段名：

```
std_msgs::Int32 msg;
msg.data = number_count;
```

这将打印消息数据。下面两行代码用于输出 ROS 消息的日志，并将前面的消息发布到 ROS 网络上：

```
ROS_INFO("%d",msg.data);
number_publisher.publish(msg);
```

这行能提供必要的延时使发布消息的频率达到 10Hz：

```
loop_rate.sleep();
```

讨论了发布者节点之后，现在我们可以讨论订阅者节点了，即 demo_topic_subscriber. cpp。

下面是订阅者节点的定义：

```
#include "ros/ros.h"
#include "std_msgs/Int32.h"
#include <iostream>

void number_callback(const std_msgs::Int32::ConstPtr& msg) {
    ROS_INFO("Received [%d]",msg->data);
}

int main(int argc, char **argv) {
    ros::init(argc, argv,"demo_topic_subscriber");
    ros::NodeHandle node_obj;
    ros::Subscriber number_subscriber = node_obj.subscribe("/
numbers",10,number_callback);
    ros::spin();
    return 0;
}
```

与前面一样，代码从头文件的定义开始。这是一个回调函数，只要有数据发送到 /numbers 主题上，它就会被自动调用执行。当有数据发送到此主题上时，该函数将调用并提取消息中的数值，然后将其打印在控制台上：

```
void number_callback(const std_msgs::Int32::ConstPtr& msg) {
    ROS_INFO("Received [%d]",msg->data);
}
```

这里定义了一个订阅者，我们给出了订阅所需的主题名称、缓冲区大小和要执行的回调函数。我们将订阅 /numbers 主题，回调函数已经在前面看到过了：

```
ros::Subscriber number_subscriber = node_obj.subscribe("/
numbers",10,number_callback);
```

这是一个无限循环，节点将在此步骤中一直等待。只要有数据被发送到主题上，此代码就会立刻执行相应主题的回调函数。只有当按下 Ctrl+C 组合键时，该节点才会退出：

```
ros::spin();
```

现在代码完成了。在执行它之前，我们需要对它进行编译，这在下一节中讨论。

2.1.3 编译节点

我们必须编辑软件包中的 CMakeLists.txt 文件才能编译和构建源码。切换到 mastering_ros_demo_pkg 以查看现有的 CMakeLists.txt 文件。此文件中的下面这段代码将负责构建这两个节点：

```
include_directories(
    include
    ${catkin_INCLUDE_DIRS}
)
#This will create executables of the nodes
add_executable(demo_topic_publisher src/demo_topic_publisher.
cpp)
add_executable(demo_topic_subscriber src/demo_topic_subscriber.
cpp)

#This will link executables to the appropriate libraries
target_link_libraries(demo_topic_publisher ${catkin_LIBRARIES})
target_link_libraries(demo_topic_subscriber ${catkin_
LIBRARIES})
```

我们可以创建一个新的 CMakeLists.txt 文件，然后添加前面的代码，这样也可以编译这两个节点。

catkin_make 命令是用来编译生成软件包的。首先我们需要切换到工作区根文件夹中：

cd ~/catkin_ws

构建 ROS 工作区，mastering_ros_demo_package 软件包：

catkin_make

我们可以使用前面的命令来编译整个工作区，也可以使用 -DCATKIN_WHITELIST_PACKAGES 选项。使用此选项可以设置一个或多个要编译的软件包：

catkin_make -DCATKIN_WHITELIST_PACKAGES="pkg1,pkg2,..."

注意，必须还原此配置才能编译其他软件包或整个工作区。我们可以使用以下命令来完成这个操作：

catkin_make -DCATKIN_WHITELIST_PACKAGES=""

如果编译完成，我们就可以执行这个节点了。首先需要启动 roscore：

roscore

现在，在两个终端中分别运行这两个命令。运行发布者节点：

```
rosrun mastering_ros_demo_package demo_topic_publisher
```

运行订阅者节点：

```
rosrun mastering_ros_demo_package demo_topic_subscriber
```

我们将看到如图 2.2 所示的输出。

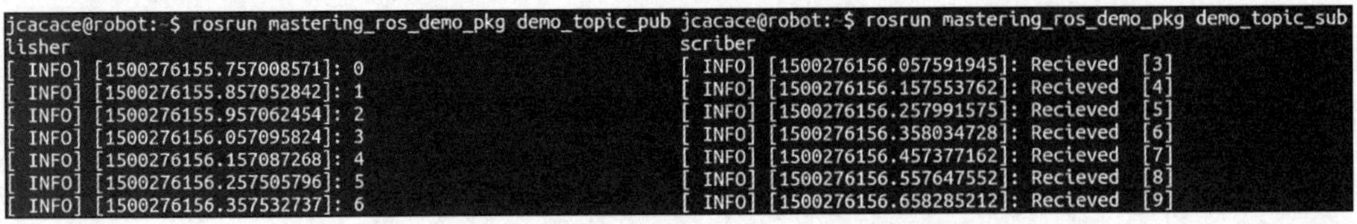

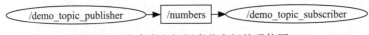

图 2.2　运行主题的发布者节点和订阅者节点

图 2.3 显示了节点间是如何相互通信的。我们可以看到 demo_topic_publisher 节点向 /numbers 主题发布信息，然后 demo_topic_subscriber 节点订阅这个主题。

```
/demo_topic_publisher ───▶ /numbers ◀─── /demo_topic_subscriber
```

图 2.3　发布者和订阅者节点间的通信图

我们可以使用 rosnode 和 rostopic 工具来调试和理解这两个节点的工作方式。

- rosnode list：这将列出所有活动的节点。
- rosnode info demo_topic_publisher：这将获取发布者节点的相关信息。
- rostopic echo /numbers：这将显示发送到 /numbers 主题上的数据。
- rostopic type /numbers：这将打印 /numbers 主题的消息类型。

我们已经学习了如何使用标准消息在 ROS 节点之间交换信息，下面来学习如何使用自定义消息和服务。

2.2　添加自定义的 .msg 文件和 .srv 文件

在本节中，我们将学习如何在当前软件包中创建自定义的消息和服务。消息的定义存储在 .msg 文件中，服务的定义存储在 .srv 文件中。这些定义告知 ROS 从节点发送的数据类型和数据名称。当添加自定义消息时，ROS 会将其定义转换为等价的 C++ 代码，这样我们就可以将这些代码包含在节点中。

首先我们来介绍消息定义。这些消息定义必须写在 .msg 文件中，且必须保存在软件包内的 msg 文件夹中。现在我们创建一个名为 demo_msg.msg 的消息文件，定义如下：

```
string greeting
int32 number
```

到目前为止，我们一直使用的都是标准消息定义。现在，我们已经可以创建自定义的消息了，并能学会如何在我们的代码中使用它们。

第一步是编辑当前软件包中的 package.xml 文件，取消注释：<build_depend> message_generation</build_depend> 和 <exec_depend>message_runtime</exec_depend>。

编辑当前的 CMakeLists.txt 并添加 message_generation 行，如下所示：

```
find_package(catkin REQUIRED COMPONENTS
 roscpp
 rospy
 message_generation
)
```

取消下面这些行代码的注释并添加自定义消息文件：

```
add_message_files(
    FILES
    demo_msg.msg
)
## Generate added messages and services with any dependencies
listed here
generate_messages(


)
```

完成这些步骤后，我们就可以编译和生成软件包了：

```
cd ~/catkin_ws/
catkin_make
```

要检查消息是否已正确构建，我们可以使用 rosmsg 命令：

```
rosmsg show mastering_ros_demo_pkg/demo_msg
```

如果执行命令后显示的内容和定义一样，那说明创建自定义消息的过程是正确的。

如果我们想测试自定义的消息，可以使用名为 demo_msg_publisher.cpp 和 demo_msg_subscriber.cpp 的自定义消息类型生成发布者和订阅者来测试节点。在 mastering_ros_demo_pkg/1 文件夹中可以获取到这些代码。

我们可以通过在 CMakeLists.txt 中添加以下代码来测试自定义消息：

```
add_executable(demo_msg_publisher src/demo_msg_publisher.cpp)
add_executable(demo_msg_subscriber src/demo_msg_subscriber.cpp)

add_dependencies(demo_msg_publisher mastering_ros_demo_pkg_
generate_messages_cpp)
add_dependencies(demo_msg_subscriber mastering_ros_demo_pkg_
```

```
generate_messages_cpp)
```

```
target_link_libraries(demo_msg_publisher ${catkin_LIBRARIES})
target_link_libraries(demo_msg_subscriber ${catkin_LIBRARIES})
```

这个编辑过的 CMakeLists.txt 文件与旧文件的一个重要区别是对 mastering_ros_demo_pkg 中生成消息的依赖项说明。此依赖项是通过 add_dependencies 指令指定的。请注意，如果忘记包含此指令，ROS 系统将在生成消息之前开始编译 CPP 源代码。这样一来，由于找不到自定义消息的头文件，就会产生一个编译错误。现在，我们已经准备好构建功能包了。

使用 catkin_make 来编译生成软件包，并使用以下命令测试这些节点。

运行 roscore：

roscore

启动自定义消息的发布者节点：

rosrun mastering_ros_demo_pkg demo_msg_publisher

启动自定义消息的订阅者节点：

rosrun mastering_ros_demo_pkg demo_msg_subscriber

发布者节点将发布一条带有字符串和一个整数的消息，订阅者节点订阅该主题并打印这些内容。输出内容和通信图如图 2.4 所示。

```
jcacace@robot:~$ rosrun mastering_ros_demo_pkg demo_msg_publisher     jcacace@robot:~$ rosrun mastering_ros_demo_pkg demo_msg_subscriber
[ INFO] [1500276387.166778705]: 0                                     [ INFO] [1500276387.467496520]: Recieved  greeting [hello world ]
[ INFO] [1500276387.166861438]: hello world                          [ INFO] [1500276387.467579254]: Recieved  [3]
[ INFO] [1500276387.267694471]: 1                                     [ INFO] [1500276387.567331442]: Recieved  greeting [hello world ]
[ INFO] [1500276387.267855187]: hello world                          [ INFO] [1500276387.567382312]: Recieved  [4]
[ INFO] [1500276387.368803935]: 2                                     [ INFO] [1500276387.668345874]: Recieved  greeting [hello world ]
[ INFO] [1500276387.368898128]: hello world                          [ INFO] [1500276387.668564167]: Recieved  [5]
[ INFO] [1500276387.466853659]: 3                                     [ INFO] [1500276387.768672445]: Recieved  greeting [hello world ]
[ INFO] [1500276387.466933039]: hello world                          [ INFO] [1500276387.768753221]: Recieved  [6]
```

图 2.4 使用自定义消息运行发布者和订阅者

节点间通信的主题名为 /demo_msg_topic。图 2.5 是两个节点之间的通信图。

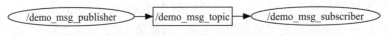

图 2.5 消息发布者和订阅者之间的通信图

接下来，我们可以在软件包中添加 srv 文件。首先在当前软件包的文件夹中创建一个名为 srv 的新文件夹，然后添加一个名为 demo_srv.srv 的 srv 文件。该文件的定义如下：

```
string in
---
string out
```

这里的请求（Request）和应答（Response）都是字符串类型。

下一步，我们需要取消 package.xml 文件中的以下两行注释，和我们在 ROS 消息中所做的一样：

```
<build_depend>message_generation</build_depend>
<exec_depend>message_runtime</exec_depend>
```

打开 CMakeLists.txt 文件并在 catkin_package() 中添加 message_runtime：

```
catkin_package(
    CATKIN_DEPENDS roscpp std_msgs  message_runtime
)
```

我们需要遵循与生成 ROS 消息相同的过程来生成服务。除此之外，我们还需要取消其他部分注释，如下所示：

```
## Generate services in the 'srv' folder
add_service_files(
    FILES
    demo_srv.srv
 )
```

做了这些修改后，我们就可以使用 catkin_make 来编译生成软件包了。使用下面的命令验证整个过程是否正确：

rossrv show mastering_ros_demo_pkg/demo_srv

如果我们看到输出内容与服务文件中定义的内容一样，就可以确认创建自定义服务的过程是正确的。ROS 服务已经编译完，现在可以在 ROS 工作区中使用。在下一节中，我们将尝试在 ROS 节点中使用此服务。

2.3 使用 ROS 服务

在本节中，我们将创建两个 ROS 节点，它们使用我们已经自定义了的服务。我们创建的服务节点可以将一个字符串消息作为请求发送到服务器上，服务器节点将反馈另一条消息作为应答。

进入 mastering_ros_demo_pkg/src 文件夹，找到名为 demo_service_server.cpp 和 demo_service_client.cpp 的节点代码。

demo_service_server.cpp 是服务器节点源码，定义如下：

```
#include "ros/ros.h"
#include "mastering_ros_demo_pkg/demo_srv.h"
#include <iostream>
#include <sstream>
using namespace std;
```

```
bool demo_service_callback(mastering_ros_demo_pkg::demo_
srv::Request &req,
    mastering_ros_demo_pkg::demo_srv::Response &res) {
    ss << "Received Here";
    ROS_INFO("From Client [%s], Server says [%s]",req.in.c_
str(),res.out.c_str());
    return true;
}

int main(int argc, char **argv) {
    ros::init(argc, argv, "demo_service_server");
    ros::NodeHandle n;
    ros::ServiceServer service = n.advertiseService("demo_
service", demo_service_callback);
    ROS_INFO("Ready to receive from client.");
    ros::spin();
    return 0;
}
```

让我们看看代码的解释。首先，我们在代码中包含用于定义要使用的服务的头文件：

```
#include "mastering_ros_demo_pkg/demo_srv.h"
```

这里包含了 ros/ros.h 头文件，它是编写 ROS CPP 节点代码必须要包含的头文件。mastering_ros_demo_pkg/demo_srv.h 头文件是生成的一个头文件，它包含我们服务的定义，我们可以在代码中直接使用它。

这是在服务器节点上收到请求时执行的回调函数。服务器可以从客户端接收消息类型为 mastering_ros_demo_pkg::demo_srv::Request 的请求，也可以发送 mastering_ros_demo_pkg:: demo_srv::Response 类型的应答：

```
bool demo_service_callback(mastering_ros_demo_pkg::demo_
srv::Request &req,
    mastering_ros_demo_pkg::demo_srv::Response &res)
{

std::stringstream ss;
ss << "Received Here";
res.out = ss.str();
```

这里创建了一个名为 demo_service 的服务，并在请求到达此服务时执行回调函数。回调函数名为 demo_service_callback，我们在上一节中学过：

```
ros::ServiceServer service = n.advertiseService("demo_service",
demo_service_callback);
```

接下来，让我们看看 demo_service_client.cpp 是如何工作的。以下是这段代码的定义：

```
#include "ros/ros.h"
#include <iostream>
#include "mastering_ros_demo_pkg/demo_srv.h"
#include <iostream>
#include <sstream>
using namespace std;

int main(int argc, char **argv) {
    ros::init(argc, argv, "demo_service_client");
    ros::NodeHandle n;
    ros::Rate loop_rate(10);
    ros::ServiceClient client = n.serviceClient<mastering_ros_
demo_pkg::demo_srv>("demo_service");
    while (ros::ok()) {
        mastering_ros_demo_pkg::demo_srv srv;
        ss << "Sending from Here";
        srv.request.in = ss.str();
        if (client.call(srv)) {
            ROS_INFO("From Client [%s], Server says [%s]",srv.
request.in.c_str(),srv.response.out.c_str());
        } else {
            ROS_ERROR("Failed to call service");
            return 1;
        }
        ros::spinOnce();
        loop_rate.sleep();
    }
    return 0;
}
```

此行代码将创建一个服务客户端，其消息类型为 mastering_ros_demo_pkg::demo_srv，它可以与名为 demo_service 的 ROS 服务器进行通信：

```
ros::ServiceClient client = n.serviceClient<mastering_ros_demo_
pkg::demo_srv>("demo_service");
mastering_ros_demo_pkg::demo_srv srv;
```

将字符串填充到请求实例中：

```
ss << "Sending from Here";
srv.request.in = ss.str();
if (client.call(srv))
```

如果收到响应，则会打印请求和响应：

```
ROS_INFO("From Client [%s], Server says [%s]",srv.request.in.c_
str(),srv.response.out.c_str());
```

在讨论了这两个节点之后，现在我们讨论如何编译生成这两个节点。将以下代码添加到 CMakeLists.txt 就可以来编译生成这两个节点了：

```
add_executable(demo_service_server src/demo_service_server.cpp)
add_executable(demo_service_client src/demo_service_client.cpp)

add_dependencies(demo_service_server mastering_ros_demo_pkg_
generate_messages_cpp)
add_dependencies(demo_service_client mastering_ros_demo_pkg_
generate_messages_cpp)

target_link_libraries(demo_service_server ${catkin_LIBRARIES})
target_link_libraries(demo_service_client ${catkin_LIBRARIES})
```

我们可以执行以下命令来编译该代码：

```
cd ~/catkin_ws
catkin_make
```

要启动节点，首先需要执行 roscore，然后再使用下面的命令来启动节点：

```
rosrun mastering_ros_demo_pkg demo_service_server
rosrun mastering_ros_demo_pkg demo_service_client
```

图 2.6 显示了这些命令的输出。

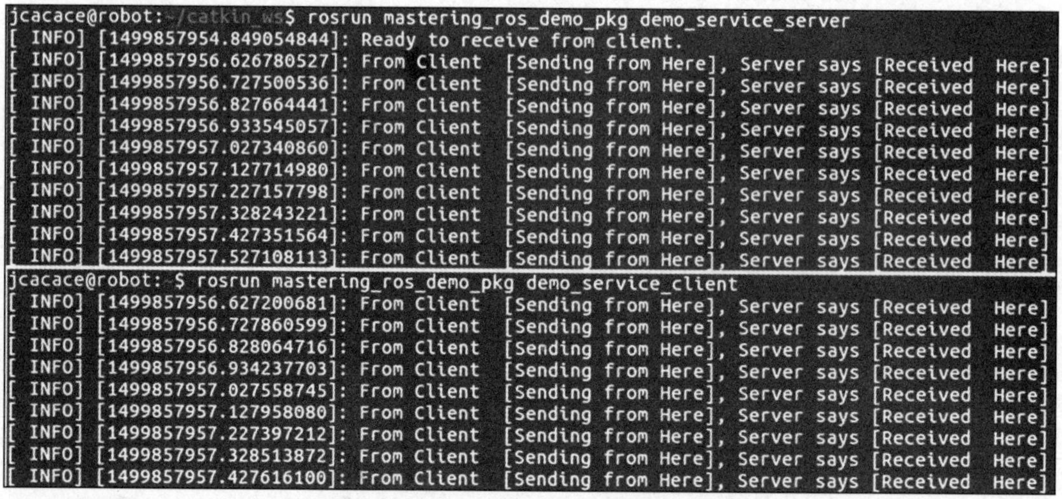

图 2.6 运行 ROS 服务的客户端和服务器节点

我们可以使用的 rosservice 命令如下。

- rosservice list：这将列出当前的 ROS 服务。
- rosservice type /demo_service：这将打印 /demo_service 的消息类型。
- rosservice info /demo_service：这将打印 /demo_service 的信息。
- rosservice call /service_name service args：这将从命令行调用服务服务器。

ROS 的另一个重要元素是动作。在下一节中，我们将学习如何在 ROS 节点中使用 actionlib 来创建动作 / 服务器节点。

2.3.1　使用 ROS actionlib

在 ROS 服务中，我们实现了两个节点间请求 / 应答式的交互，但是如果应答需要花费太多时间或者服务器没有完成指定的工作，那么我们就必须等待它完成。在等待请求的动作结束的过程中，主应用程序将被阻塞。此外，我们也可以通过调用客户端来监视远程进程的执行进度。这种情形下，我们应该使用 actionlib 来实现应用。ROS 中的另一种用法是：如果请求没有像我们预期的那样按时完成，我们就可以抢占正在运行的请求，并发送另一个请求。actionlib 软件包提供了实现这类抢占任务的标准方法。actionlib 经常用在机械臂导航和移动机器人导航中。下面让我们来看看如何实现动作服务器和动作客户端。

与 ROS 服务一样，在 actionlib 中，我们也必须初始化动作规范。这个动作的规范存储在以 .action 结尾的文件中。该文件必须保存在 ROS 软件包内的 action 文件夹中。action 文件包含以下各部分内容。

- Goal（目标）：动作客户端可以发送一个必须由动作服务器来执行的目标。这就类似于 ROS 服务中的请求。例如，如果机械臂关节想从 45 度转动到 90 度，那么这里的目标就是 90 度。
- Feedback（反馈）：动作客户端向动作服务器发送目标后，将开始执行回调函数。反馈只是简单地给出回调函数内当前操作的进度。通过使用反馈，我们可以获得当前任务的进度。在前面的例子中，机械臂关节必须移动到 90 度，在这种情况下，反馈就是机械臂从 45 度转动到 90 度之间的中间值。
- Result（结果）：完成目标后，动作服务器将发送完成的最终结果，它可以是计算结果或者一个确认。在前面的例子中，如果关节转动到 90 度，则完成了目标任务，结果就是可以表示目标完成的任何形式。

在此，我们讨论一个演示动作服务器和动作客户端。动作客户端将发送一个数字作为目标。动作服务器收到目标后，将从 0 开始计数，每秒加 1，加到给定数字。如果在给定的时间内完成计数累加，它将发送结果，否则，该任务将被客户端抢占。这里的反馈是计算的进度。该任务的动作文件如下，动作文件名为 Demo_action.action：

```
#goal definition
int32 count
---
#result definition
int32 final_count
---
#feedback
int32 current_number
```

这里的 count 值是目标，服务器必须从 0 开始增加到该值。final_count 是结果，即任务完成后最终的结果值。current_number 是反馈值（即当前的计数值），表示任务的进度。

进入 mastering_ros_demo_pkg/src 文件夹，你就可以看到动作服务器节点的源码文件 demo_action_server.cpp 和动作客户端节点的源码文件 demo_action_client.cpp。

创建 ROS 操作服务器

在本节中，我们将讨论 demo_action_server.cpp。这个动作服务器将接收一个整型目标值。当服务器得到此目标值后，它将从 0 开始计数，直到该值。如果计数完成了，它将成功地完成动作。如果在完成任务之前被抢占，动作服务器将寻找另一个目标。

这段代码有点长，所以我们在这里只讨论重要的代码片段。

让我们从头文件开始。第一个头文件是用于实现动作服务器节点的标准动作库。第二个头文件是由存储的 action 文件生成的。它包含了我们的动作定义：

```
#include <actionlib/server/simple_action_server.h>
#include "mastering_ros_demo_pkg/Demo_actionAction.h"
```

使用自定义动作消息创建一个简单的动作服务器实例。定义一个包含动作服务器定义的类：

```
class Demo_actionAction {
actionlib::SimpleActionServer<mastering_ros_demo_pkg::Demo_actionAction> as;
```

创建一个反馈实例以便在操作过程中可以发送反馈：

```
mastering_ros_demo_pkg::Demo_actionFeedback feedback;
```

创建一个结果实例来发送最终的结果：

```
result:mastering_ros_demo_pkg::Demo_actionResult result;
```

然后，声明一个动作构造函数。这里创建的动作服务器还包含了一些参数，例如 Nodehandle、name 和 executeCB，其中 executeCB 是所有动作完成后的回调函数：

```
Demo_actionAction(std::string name) :
  as(nh_, name, boost::bind(&Demo_actionAction::executeCB,
this, _1), false),
  action_name(name)
```

这行代码是当动作被抢占时注册一个回调函数。preemptCB 是动作客户端发出抢占请求时执行的回调函数名：

```
as.registerPreemptCallback(boost::bind(&Demo_
actionAction::preemptCB, this));
```

这是回调函数的定义。当动作服务器接收到目标值后就会执行该回调函数。它只有在检查了动作服务器的活动状态和是否已经被抢占后，才会执行该回调函数：

```
 void executeCB(const mastering_ros_demo_pkg::Demo_
actionGoalConstPtr &goal)
 {
 if(!as.isActive() || as.isPreemptRequested()) return;
```

这个循环在目标值到达之前将会一直执行。它将不断地发送当前任务的进度作为反馈：

```
for(progress = 0 ; progress < goal->count; progress++){
 //Check for ros
 if(!ros::ok()){
 if(!as.isActive() || as.isPreemptRequested()){
           return;
     }
```

如果当前值达到目标值，则会发布结果：

```
if(goal->count == progress){
   result.final_count = progress;
   as.setSucceeded(result);
 }
```

在 main() 函数中，我们创建了一个 Demo_actionAction 的实例，它将启动动作服务器：

```
Demo_actionAction demo_action_obj(ros::this_node::getName());
```

我们已经了解了服务器，下面学习如何创建动作客户端。

创建 ROS 动作客户端

在本节中，我们将讨论动作客户端的工作方式。demo_action_client.cpp 是动作客户端节点的源文件，它负责发送目标值，即作为目标的一个数值。客户端从命令行的参数中获取目标值。客户端的第一个命令行参数是目标值，第二个参数是此任务的完成时间。

该目标值将被发送到服务器上，客户端将一直等待，直到到达指定的时间。时间以秒为单位。在等待指定时间后，客户端将检查任务是否完成，如果未完成，客户端将抢占该动作。

客户端代码有点长，所以我们只讨论代码的重要部分，在 main() 函数中，我们创建了 Demo_actionAction 的一个实例，它将启动动作服务器：

```
#include <actionlib/client/simple_action_client.h>
#include <actionlib/client/terminal_state.h>
#include "mastering_ros_demo_pkg/Demo_actionAction.h"
```

在 ROS 节点的 main() 函数中，创建一个动作客户端实例：

```
int main (int argc, char **argv) {
    ros::init(argc, argv, "demo_action_client");
```

```
        if(argc != 3){
            ROS_INFO("%d",argc);
            ROS_WARN("Usage: demo_action_client <goal> <time_to_
preempt_in_sec>");
            return 1;
        }
actionlib::SimpleActionClient<mastering_ros_demo_pkg::Demo_
actionAction> ac("demo_action", true);
 ac.waitForServer();
```

创建一个目标的实例，并从第一个命令行参数获取需要发送的目标值：

```
 mastering_ros_demo_pkg::Demo_actionGoal goal;
 goal.count = atoi(argv[1]);
 ac.sendGoal(goal);
 bool finished_before_timeout =
ac.waitForResult(ros::Duration(atoi(argv[2])));
```

如果未完成，它将抢占该动作：

```
ac.cancelGoal();
```

现在，让我们来看看构建 ROS 动作服务器和客户端。

2.3.2   编译 ROS 动作服务器和客户端

在 src 文件夹中创建了这两个源码文件后，我们必须编辑 package.xml 和 CMakeLists.txt 才能编译生成这两个节点。

package.xml 文件应该包含消息生成和运行时的软件包，就像我们在创建 ROS 服务和消息中所做的那样。

我们必须在 CMakeLists.txt 中包含 Boost 库才能编译生成这些节点。此外，我们也必须把为此示例编写的动作文件添加进去。我们需要在 find_package() 中添加 actionlib、actionlib_msgs 和 message_generation：

```
find_package(catkin REQUIRED COMPONENTS
 roscpp
 std_msgs
 actionlib
 actionlib_msgs
 message_generation
)
```

我们需要将 Boost 添加为系统依赖：

```
## System dependencies are found with CMake's conventions
find_package(Boost REQUIRED COMPONENTS system)
## Generate actions in the 'action' folder
 add_action_files(
```

```
  FILES
  Demo_action.action
 )
```

我们需要在 generate_messages() 中添加 actionlib_msgs：

```
## Generate added messages and services with any dependencies
listed here
 generate_messages(
  DEPENDENCIES
  std_msgs
  actionlib_msgs
 )
catkin_package(
 CATKIN_DEPENDS roscpp rospy std_msgs actionlib actionlib_msgs
message_runtime
)
```

```
include_directories(
 include
 ${catkin_INCLUDE_DIRS}
 ${Boost_INCLUDE_DIRS}
)
```

最后，我们可以定义这个节点编译后生成的可执行文件及其依赖项和链接库：

```
##Building action server and action client
```

```
add_executable(demo_action_server src/demo_action_server.cpp)
add_executable(demo_action_client src/demo_action_client.cpp)
```

```
add_dependencies(demo_action_server mastering_ros_demo_pkg_
generate_messages_cpp)
add_dependencies(demo_action_client mastering_ros_demo_pkg_
generate_messages_cpp)
```

```
target_link_libraries(demo_action_server ${catkin_LIBRARIES} )
target_link_libraries(demo_action_client ${catkin_LIBRARIES})
```

在 catkin_make 编译后，我们需要使用下面的命令来运行这些节点：

1. 运行 roscore：

roscore

2. 启动动作服务器节点：

rosrun mastering_ros_demo_pkg demo_action_server

3. 启动动作客户端节点：

rosrun mastering_ros_demo_pkg demo_action_client 10 1

这些过程的输出如图 2.7 所示。

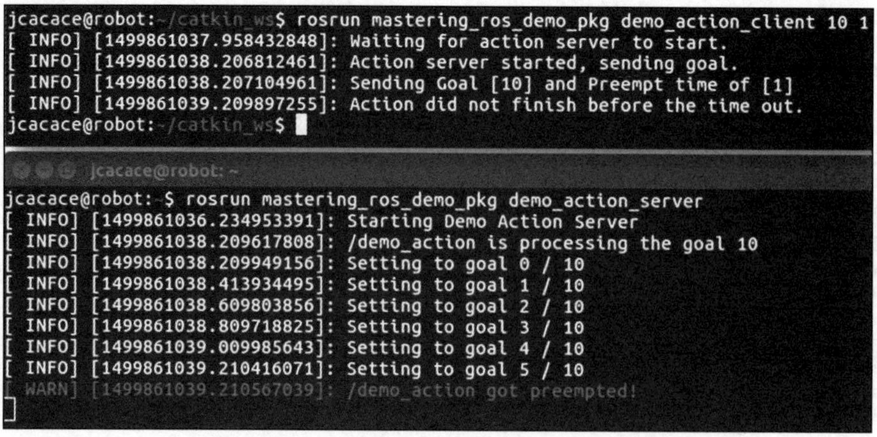

图 2.7 运行 ROS actionlib 服务器和客户端

现在，让我们看看 ROS 的启动文件。

2.4 创建启动文件

ROS 中的启动（launch）文件在启动多个节点时非常有用。在前面的示例中，我们看到最多有两个 ROS 节点，但想象一下，如果我们需要为一个机器人启动 10 个或 20 个节点的情形。如果我们在终端中逐个启动每个节点将是很麻烦的事。相反，我们可以在一个 launch 文件中基于 XML 格式编写所有的节点，可以使用 roslaunch 命令解析此文件，然后启动其中的所有节点。

roslaunch 命令将自动启动 ROS 的节点管理器和参数服务器。因此，我们不需要再单独启动 roscore 命令和单个节点了。如果我们使用 launch 文件，那么所有的操作都将在一个命令中完成。请注意，如果使用 roslaunch 命令启动节点，终止或重启该命令的效果与重启 roscore 相同。

下面我们开始创建 launch 文件。进入软件包的文件夹中并创建一个名为 demo_topic.launch 的新启动文件，它将启动两个节点，分别是发布和订阅整型数值的 ROS 节点。我们需要将 launch 文件保存在软件包内的 launch 文件夹中：

```
roscd mastering_ros_demo_pkg
mkdir launch
cd launch
gedit demo_topic.launch
```

将以下内容粘贴到文件中：

```
<?xml version="1.0" ?>
```

```
<launch>
 <node name="publisher_node" pkg="mastering_ros_demo_pkg"
type="demo_topic_publisher" output="screen"/>

 <node name="subscriber_node" pkg="mastering_ros_demo_pkg"
type="demo_topic_subscriber" output="screen"/>
</launch>
```

我们讨论一下代码中的内容：

```
<?xml version="1.0" ?>
```

这一行非常有用，因为它可以让文本编辑器将此启动文件识别为标记语言文件，从而实现文本高亮显示。`<launch></launch>` 标签是 launch 文件中的根元素。所有的定义都在这对标签的内部。

`<node>` 标签指明了要启动的节点：

```
 <node name="publisher_node" pkg="mastering_ros_demo_pkg"
type="demo_topic_publisher" output="screen"/>
```

`<node>` 中的 name 标签表示节点的名称，pkg 是软件包的名称，type 是我们要启动的可执行文件的名称。

在创建了 demo_topic.launch 启动文件后，我们就可以使用下面的命令来启动它：

roslaunch mastering_ros_demo_pkg demo_topic.launch

如果启动成功，我们将获得如图 2.8 所示的输出。

图 2.8　启动 demo_topic.launch 文件时的终端消息

我们可以使用以下命令检查节点列表：

rosnode list

我们还可以使用名为 rqt_console 的 GUI 工具来查看日志消息并调试节点：

rqt_console

通过这样做，我们可以在这个工具中看到由两个节点生成的日志，如图 2.9 所示。

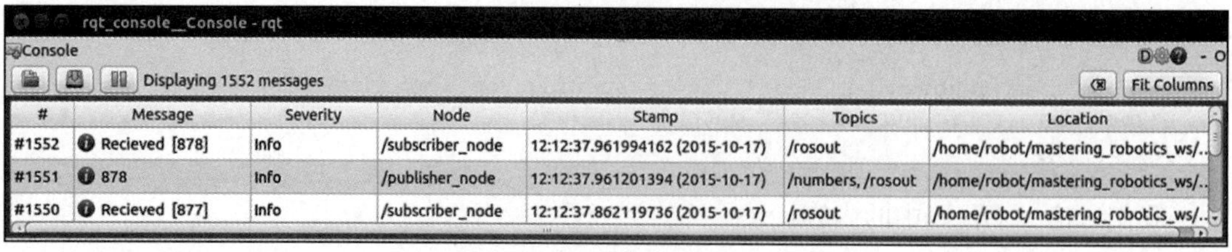

#	Message	Severity	Node	Stamp	Topics	Location
#1552	ⓘ Recieved [878]	Info	/subscriber_node	12:12:37.961994162 (2015-10-17)	/rosout	/home/robot/mastering_robotics_ws/..
#1551	ⓘ 878	Info	/publisher_node	12:12:37.961201394 (2015-10-17)	/numbers, /rosout	/home/robot/mastering_robotics_ws/..
#1550	ⓘ Recieved [877]	Info	/subscriber_node	12:12:37.862119736 (2015-10-17)	/rosout	/home/robot/mastering_robotics_ws/..

图 2.9　用 rqt_console 工具进行日志记录

在本章中，我们讨论了 ROS 的三个要素：主题、服务和 actionlib（它们都可以在特定的情况下使用）。现在，让我们讨论如何正确应用这些 ROS 功能。

2.5　主题、服务和 actionlib 的应用

主题、服务和动作库（actionlib）可应用于不同的场景。我们知道主题是单向通信的，服务是具备请求 / 应答功能的双向通信，动作库是 ROS 服务的一种变化形式，我们可以在需要时取消在服务器上运行的进程。

下面是我们使用这些方法的一些场景。

主题：流式传输的连续数据流（传感器数据）。例如，流式传输数据以远程控制机器人，发布机器人里程计信息，从相机发布视频流等。

服务：执行能快速结束的程序。例如，保存传感器的标定参数，保存机器人在导航过程中生成的地图或加载参数配置文件等。

动作库：执行时间长、任务复杂、需要管理反馈的动作时使用。例如，向某个目的地导航时，或进行路径规划时。

可以从下面的 Git 仓库下载此项目的完整源码。完整的下载命令如下：

```
git clone https://github.com/PacktPublishing/Mastering-ROS-
for-Robotics-Programming-Third-edition.git
cd Mastering-ROS-for-Robotics-Programming-Third-edition/
Chapter2/
```

运行这些命令后，你将获得源代码的本地副本，并加入 mastering_ros_demo_pkg 根目录。你还可以开始编译和执行本章包含的源代码，以测试 ROS 的基本功能。

2.6　总结

在本章中，我们提供了不同的 ROS 节点示例，其中实现了 ROS 主题、服务和动作等 ROS 功能。这样的工具在每个 ROS 功能包中都会用到，包括 ROS 存储库中已有的包和新创

建的包。我们还讨论了如何使用自定义和标准消息创建并编译 ROS 包。通常，不同的包使用自定义消息来处理其节点生成的数据，因此能够管理包提供的自定义消息非常重要。

在下一章中，我们将讨论使用 URDF 和 xacro 对 ROS 机器人进行建模，并设计一些机器人模型。

2.7 问题

- ROS 支持哪些节点之间的通信协议？
- rosrun 和 roslaunch 命令之间有什么区别？
- ROS 主题和服务在操作上有什么不同？
- ROS 服务和 actionlib 在操作上有什么不同？

第二部分
ROS 机器人仿真

在本部分内容中，我们将讨论如何使用 ROS、Gazebo、CoppeliaSim 和 Webots 来仿真机器人。我们将看到如何对机器人进行 URDF 建模，如何仿真机器人，以及如何添加导航、操纵和感知等高级功能。

第 3 章
使用 ROS 进行 3D 建模

机器人制造的第一个阶段是设计和建模。这里我们可以使用 CAD 软件（例如 Autodesk Fusion 360、SolidWorks、Blender 等）设计和建模一个机器人。机器人建模的主要目的之一是仿真。

机器人仿真工具可以检查机器人设计中的关键缺陷，也可以确认机器人在进入制造阶段之前是否可以正常工作。

在本章中，我们将讨论两类机器人的设计。一个是 **7 自由度**（**7 Degrees of Freedom，7-DOF**）机械臂，另一个是差速驱动机器人。在接下来的章节中，我们将讨论仿真，学习如何构建真实硬件以及它们与 ROS 的接口。

如果我们计划创建机器人的 3D 模型并使用 ROS 对其进行仿真，那么你需要了解一些有助于机器人设计的 ROS 软件包。出于各种不同的原因，在 ROS 中为机器人创建一个模型是很重要的。例如，我们可以使用这个模型来仿真并控制机器人，将其可视化，或者使用 ROS 工具获取机器人的结构及其运动的信息。

ROS 提供了一些软件包用于设计和创建机器人模型，包括 urdf、kdl_parser、robot_state_publisher 和 collada_urdf。这些软件包可以帮助我们创建具有真实硬件准确特征的 3D 机器人模型描述。

3.1 用于机器人建模的 ROS 软件包

ROS 提供了一些很好的软件包，可以用来构建 3D 机器人模型。在本节中，我们将讨论一些常用于构建和建模机器人的重要 ROS 软件包。

urdf 是机器人建模最重要的 ROS 软件包。这个软件包包含一个用于**统一机器人描述格式**（**Unified Robot Description Format，URDF**）的 C++ 解析器，它是一个表示机器人模型的 XML 文件。它还有一些其他的组件。

- urdf_parser_plugin：这个软件包实现了写入 URDF 数据结构的方法。
- urdfdom_headers：这个组件提供了使用 urdf 解析器的核心数据结构头文件。
- collada_parser：这个软件包通过解析一个 Collada 文件来填充数据结构。

● urdfdom：这个组件通过解析 URDF 文件来填充数据结构。

我们可以使用 URDF 来定义机器人模型、传感器和工作环境，使用 URDF 解析器对其进行解析。我们只能使用 URDF 描述一个类似树状连杆结构的机器人，也就是说，机器人会有刚性连杆，并通过关节连接。我们无法用 URDF 表达柔性连杆。URDF 由特殊的 XML 标签构成，我们可以使用解析器程序解析这些 XML 标签以进行进一步处理。在后面的部分我们会使用 URDF 进行建模。

● joint_state_publisher：这个工具在使用 URDF 设计机器人模型时非常有用。它包含一个名为 joint_state_publisher 的节点，可以读取机器人模型描述，查找所有关节，并将关节值发布到所有非固定关节。每个关节的值也有不同的来源。我们将在接下来的章节中更详细地讨论这个软件包及其使用情况。

● joint_state_publisher_gui：这个工具与 joint_state_publisher 软件包非常相似。它提供了与 joint_state_publisher 包相同的功能，除此之外，还实现了一组滑块，用户可以使用它与每个机器人关节交互，使用 RViz 可视化输出。在这种情况下，关节值的来源是滑块 GUI。在设计 URDF 时，用户可以使用该工具验证每个关节的旋转和平移。

● kdl_parser：这个软件包包含一个解析器工具，用于从机器人的 URDF 模型中构建一个**运动学和动力学库（KDL）**树。KDL 是一个用于解决运动学和动力学问题的库。

● robot_state_publisher：该软件包可以读取当前机器人的关节状态，并发布由 URDF 构建的运动学树中每个机器人连杆的 3D 姿态。机器人的 3D 姿态以 ROS tf (transform) 的形式发布。tf 发布了机器人各坐标系（也叫参考系）之间的关系。

● xacro：xacro 是 XML Macros 的缩写，可理解为 URDF 加上若干插件。xacro 包含的插件可以让 URDF 变得更简短、可读性更好，并且可以用于构建复杂的机器人描述。利用 ROS 相应的工具，可以在需要的时候将 xacro 转换为 URDF。我们将在以后的章节学习 xacro 及其用法。

现在，我们已经定义了机器人 3D 建模相关包的列表，下面准备使用 URDF 文件格式解析我们的第一个模型。

3.2　使用 URDF 理解机器人建模

我们已经讨论了 urdf 软件包。在本节中，我们将进一步研究 URDF XML 标签，它有助于进行机器人建模。我们必须创建一个文件，并在其中编写机器人的每个连杆和关节之间的连接关系，并用 .urdf 扩展名保存文件。

URDF 可以表示机器人的运动学和动力学描述、机器人的视觉以及机器人的碰撞模型。

下面介绍组成 URDF 机器人模型常用的 URDF 标签，包括 link、joint、robot、gazebo。

link 标签表示机器人的单个连杆。使用此标签，我们可以为机器人的一个连杆及其属性建模。该模型包括大小、形状和颜色，甚至可以导入一个 3D 网格来表示机器人的连杆。我们还可以提供连杆的动力学属性，如惯性矩阵和碰撞属性。

其语法如下：

```
<link name="<name of the link>">
<inertial>...........</inertial>
  <visual> ............</visual>
  <collision>.........</collision>
</link>
```

如图 3.1 所示是单个连杆的可视化图。Visual 区域代表机器人的真实连杆，将真实连杆包围的面积是碰撞区域。碰撞区域包围了真实连杆，可以在与真实连杆发生碰撞之前检测到碰撞。

joint 标签表示机器人关节。我们可以指定关节的运动学和动力学属性，并设定关节运动和速度的限值。joint 标签支持不同类型的关节，如旋转关节（revolute）、无限位旋转关节（continuous）、滑动关节（prismatic）、固定关节（fixed）、浮动关节（floating）和平面关节（planar）。

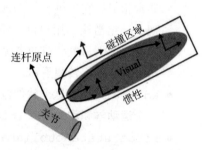

图 3.1　URDF 连杆的可视化图

其语法如下：

```
<joint name="<name of the joint>">
  <parent link="link1"/>
  <child link="link2"/>

  <calibration .... />
  <dynamics damping ..../>
  <limit effort .... />
</joint>
```

在两个连杆之间会形成一个 URDF 关节。第一个被称为父连杆（parent），第二个被称为子连杆（child）。注意，单个关节可以同时有一个父连杆和多个子连杆。如图 3.2 所示是一个关节及其连杆的可视化图。

robot 标签封装用 URDF 表示的整个机器人模型。在 robot 标签内，我们可以定义机器人的名字、连杆，以及机器人的关节。

其语法如下：

```
<robot name="<name of the robot>"
  <link> ..... </link>
  <link> ...... </link>
  <joint> ....... </joint>
```

```
<joint> ........</joint>
</robot>
```

机器人模型由连接的连杆和关节组成。如图 3.3 所示是一个机器人模型的可视化图。

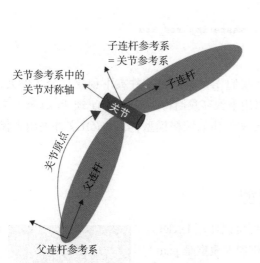

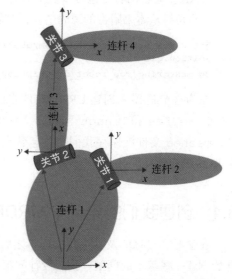

图 3.2　URDF 关节及其连杆的可视化图　　图 3.3　由连杆和关节构成的机器人模型的可视化图

当我们在 URDF 中包含 Gazebo 仿真器的仿真参数时，使用 gazebo 标签。我们可以用这个标签包含 gazebo 插件、gazebo 材料属性等。以下是一个使用 gazebo 标签的例子：

```
<gazebo reference="link_1">
    <material>Gazebo/Black</material>
</gazebo>
```

读者可以在 http://wiki.ros.org/urdf/XML 上找到更多的 URDF 标签。现在，我们可以使用前面列出的元素从零开始创建一个新的机器人。在下一节中，我们将创建一个新的 ROS 软件包，其中包含对不同机器人的描述。

3.3　为机器人描述创建 ROS 软件包

为机器人创建 URDF 文件之前，让我们在 catkin 工作区中使用如下命令创建一个 ROS 软件包来保存机器人模型：

```
catkin_create_pkg mastering_ros_robot_description_pkg roscpp tf
geometry_msgs urdf rviz xacro
```

该软件包主要依赖于 urdf 和 xacro 软件包。如果这些软件包尚未安装在你的系统上，可以使用软件包管理器来安装它们：

```
sudo apt-get install ros-noetic-urdf
sudo apt-get install ros-noetic-xacro
```

我们可以在这个软件包中创建机器人的 urdf 文件，并创建启动文件以在 RViz 中显示创建的 urdf。完整的软件包可以在下面的 Git 库中找到，你可以下载 Git 库，参考该软件包的实现，也可以从本书附带的源码中获得该软件包：

```
git clone https://github.com/qboticslabs/mastering_ros_3rd_
edition.git
cd mastering_ros_robot_description_pkg/
```

在为这个机器人创建 URDF 文件之前，让我们先在软件包文件夹下创建三个文件夹：urdf、meshes 和 launch。urdf 文件夹可以用来保存我们将要创建的 urdf 和 xacro 文件；meshes 文件夹保存我们需要包含在 urdf 文件中的网格模型；launch 文件夹用来保存 ROS 的启动文件。

3.4　创建我们的第一个 URDF 模型

在学习了 URDF 及其重要的标签之后，我们可以使用 URDF 开始创建一些基本的模型。我们设计的第一个机器人模型是 pan-and-tilt 机械结构，如图 3.4 所示。

该机械结构有三个连杆和两个关节。底座连杆是不动的，其他所有连杆都安装在上面。第一个关节可以沿轴平移，第二个连杆安装在第一个连杆上，可以在轴上倾斜。这个系统中的两个关节都是旋转关节。

让我们看看这个模型的 URDF 代码。切换到 mastering_ros_robot_description_pkg/urdf 文件夹并打开 pan_tilt.urdf。

图 3.4　在 RViz 中显示 pan-and-tilt 机械结构

我们将首先定义根模型的底座连杆：

```
<?xml version="1.0"?>
<robot name="pan_tilt">
  <link name="base_link">
    <visual>
      <geometry>
      <cylinder length="0.01" radius="0.2"/>
      </geometry>
      <origin rpy="0 0 0" xyz="0 0 0"/>
      <material name="yellow">
        <color rgba="1 1 0 1"/>
      </material>
    </visual>
  </link>
```

然后，我们将定义 pan_joint 来连接 base_link 和 pan_link：

```xml
<joint name="pan_joint" type="revolute">
  <parent link="base_link"/>
  <child link="pan_link"/>
  <origin xyz="0 0 0.1"/>
  <axis xyz="0 0 1" />
</joint>
<link name="pan_link">
  <visual>
    <geometry>
    <cylinder length="0.4" radius="0.04"/>
    </geometry>
    <origin rpy="0 0 0" xyz="0 0 0.09"/>
    <material name="red">
      <color rgba="0 0 1 1"/>
    </material>
  </visual>
</link>
```

类似地，我们将定义 tilt_joint 来连接 pan_link 和 tilt_link：

```xml
<joint name="tilt_joint" type="revolute">
  <parent link="pan_link"/>
  <child link="tilt_link"/>
  <origin xyz="0 0 0.2"/>
  <axis xyz="0 1 0" />
</joint>
<link name="tilt_link">
  <visual>
    <geometry>
<cylinder length="0.4" radius="0.04"/>
    </geometry>
    <origin rpy="0 1.5 0" xyz="0 0 0"/>
    <material name="green">
      <color rgba="1 0 1"/>
    </material>
  </visual>
</link>
</robot>
```

在下一节中，我们将逐行分析此文件的内容。

3.5　解析 URDF 文件

当我们检查代码时，可以在描述的顶部添加一个 <robot> 标签。通过这种方式来通知系统我们正在可视化一个标记语言文件。这还允许文本编辑器突出显示文件的关键字：

```
<?xml version="1.0"?>
<robot name="pan_tilt">
```

<robot> 标签定义了我们将要创建的机器人的名称。在这里，我们将机器人命名为 pan_tilt。

如果我们查看 <robot> 标签定义之后的部分，可以看到 pan-and-tilt 机械结构中连杆和关节的定义：

```
<link name="base_link">
  <visual>
    <geometry>
    <cylinder length="0.01" radius="0.2"/>
    </geometry>
    <origin rpy="0 0 0" xyz="0 0 0"/>
    <material name="yellow">
      <color rgba="1 1 0 1"/>
    </material>
  </visual>
</link>
```

前面的这段代码是 pan-and-tilt 机械结构的 base_link 的定义。<visual> 标签描述了连杆的可见外观，它将在机器人仿真中显示出来。我们可以用这个标签来定义连杆的几何形状（圆柱、立方体、球体或网格模型）以及连杆的材质（颜色和纹理）：

```
<joint name="pan_joint" type="revolute">
  <parent link="base_link"/>
  <child link="pan_link"/>
  <origin xyz="0 0 0.1"/>
  <axis xyz="0 0 1" />
</joint>
```

在前面的代码片段中，我们定义了一个具有唯一名称和关节类型的关节。这里我们使用的关节类型是旋转关节（revolute），父连杆和子连杆分别是 base_link 和 pan_link。在此标签内还指定了关节原点。

将前面的 URDF 代码保存为 pan_tilt.urdf，并使用以下命令检查 urdf 是否包含错误：

check_urdf pan_tilt.urdf

要使用此命令，必须安装 liburdfdom-tools 软件包。读者可以使用以下命令来安装它：

sudo apt-get install liburdfdom-tools

check_urdf 命令将解析 urdf 标签并显示错误（如果有的话）。如果一切正常，它将输出如下内容：

```
robot name is: pan_tilt
---------- Successfully Parsed XML ---------------
  root Link: base_link has 1 child(ren)
    child(1):  pan_link
      child(1):  tilt_link
```

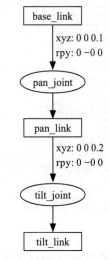

如果我们想以图形化的方式查看机器人连杆和关节的结构，我们可以使用一个名为 urdf_to_graphiz 的命令行工具：

urdf_to_graphiz pan_tilt.urdf

这个命令将生成两个文件：pan_tilt.gv 和 pan_tilt.pdf。我们可以使用以下命令来查看此机器人的结构：

evince pan_tilt.pdf

我们将得到如图 3.5 所示的输出。

利用图形可视化可以帮助我们了解机器人每个关节的位置和关系。同时，在 3D 浏览器中可视化设计的模型也非常有用。要做到这一点，我们可以使用 RViz，详见下一节。

图 3.5   pan-and-tilt 机械结构中的关节和连杆图

3.6   在 RViz 中可视化 3D 机器人模型

设计好 URDF 后，可以在 RViz 上查看它。我们可以创建一个 view_demo.launch 启动文件，并将下面的代码存放到该文件中，然后将该文件放入 launch 文件夹。切换到 mastering_ros_robot_description_pkg/launch 文件夹来获取代码：

```
<?xml version="1.0" ?>
<launch>
  <arg name="model" />
  <param name="robot_description" textfile="$(find mastering_
ros_robot_description_pkg)/urdf/pan_tilt.urdf" />
 <node name="joint_state_publisher_gui" pkg="joint_state_
publisher_gui" type="joint_state_publisher_gui" />
  <node name="robot_state_publisher" pkg="robot_state_
publisher" type="robot_state_publisher" />
  <node name="rviz" pkg="rviz" type="rviz" args="-d $(find
mastering_ros_robot_description_pkg)/urdf.rviz" required="true"
/>
</launch>
```

我们可以使用以下命令启动该模型：

roslaunch mastering_ros_robot_description_pkg view_demo.launch

如果一切正常，我们将在 RViz 中看到这个 pan-and-tilt 机械结构，如图 3.6 所示。

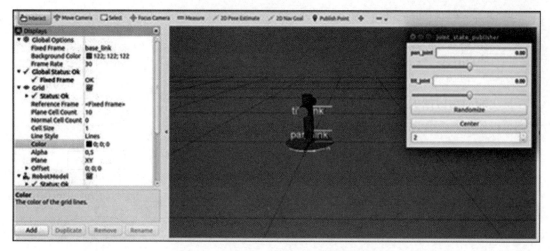

图 3.6   pan-and-tilt 机械结构的关节层

在之前的 ROS 版本中，`joint_state_publisher` 的 GUI 是通过一个名为 use_gui 的 ROS 参数启用的。要在启动文件中启动 GUI，必须在启动 `joint_state_publisher` 节点之前将此参数设置为 true。在当前的 ROS 版本中，应该更新启动文件以启动 `joint_state_publisher_gui`，而不是使用带有 use_gui 参数的 `joint_state_publisher`。

与 pan-and-tilt 关节的交互

我们可以看到一个附加的 GUI 窗口和 RViz 一起弹出，它包含控制平移（pan）关节和倾斜（tilt）关节的滑动条。这个 GUI 称为**关节状态发布者节点**，来自 `joint_state_publisher_gui` 软件包：

```
<node name="joint_state_publisher_gui" pkg="joint_state_
publisher_gui" type="joint_state_publisher_gui" />
```

我们可以使用此语句将这个节点包含在启动文件中。同时需要在 joint 标签内提及 pan-and -tilt 的活动极限范围：

```
<joint name="pan_joint" type="revolute">
  <parent link="base_link"/>
  <child link="pan_link"/>
  <origin xyz="0 0 0.1"/>
  <axis xyz="0 0 1" />
  <limit effort="300" velocity="0.1" lower="-3.14"
upper="3.14"/>
  <dynamics damping="50" friction="1"/>
</joint>
```

`<limit>` 标签定义了受力（effort）、速度（velocity）、旋转角（angle）的限位值。

effort 是该关节所能支撑的最大力度。lower 和 upper 表示转动关节旋转范围的上下限位值（以弧度为单位），滑动关节移动距离的上下界（以米为单位）。velocity 为关节的最大速度。

图 3.7 显示了 joint_state_publisher 的 GUI 窗口。

图 3.7　pan-and-tilt 机械结构的 joint_state_publisher

在这个用户界面中，我们可以使用滑动条来设置关节值。现在，urdf 文件的基本元素已经讨论过了。在下一节中，我们将向机器人模型添加额外的物理元素。

3.7　向 URDF 模型添加物理属性和碰撞属性

在机器人仿真器（如 Gazebo 或 CoppeliaSim）中仿真机器人之前，我们需要定义机器人连杆的物理特性，如几何形状、颜色、质量和惯性，以及连杆的碰撞特性。

只有在 urdf 文件中正确地指定了机器人的动力学参数（例如，质量、惯性等），才能得到良好的机器人仿真效果。URDF 提供了标签来包含所有这些参数，在 base_link 的代码片段中包含了这些属性值，如下所示：

```
<link>
......
<collision>
    <geometry>
    <cylinder length="0.03" radius="0.2"/>
    </geometry>
    <origin rpy="0 0 0" xyz="0 0 0"/>
</collision>

<inertial>
<mass value="1"/>
<inertia ixx="1.0" ixy="0.0" ixz="0.0" iyy="1.0" iyz="0.0"
```

```
izz="1.0"/>
    </inertial>
...........
</link>
```

这里，我们将碰撞几何定义为圆柱体（cylinder），将质量定义为 1kg，并且设置了连杆的惯性矩阵。

每个连杆都需要设置碰撞（collision）和惯性（inertial）参数，否则 Gazebo 将无法正确加载机器人模型。

我们现在已经看到了 urdf 文件中的所有元素。在下一节中，我们将讨论另一种文件类型，即 xacro 文件格式。

3.8   使用 xacro 理解机器人建模

当我们创建复杂的机器人模型时，URDF 的灵活性将会降低。URDF 缺少的主要特性是简单性、可重用性、模块化和可编程性。

如果有人想在机器人描述中重复使用 URDF 代码块 10 次，他只能复制并粘贴 10 次。如果有一个选项可以使用这个代码块并在不同的设置下复制多个副本，那么该选项在创建机器人描述时将非常有用。

URDF 是一个单独的文件，我们不能在它里面包含其他的 urdf 文件。这降低了代码的模块化特性。所有代码都必须放在一个文件中，这会降低代码的简单性。

此外，如果在描述语言中存在一些可编程性，如添加变量、常量、数学表达式和条件语句，那么就会更具用户友好性。

使用 xacro 进行机器人建模可以满足所有这些条件。xacro 的一些主要特点如下。

- **简化 URDF**：xacro 是 URDF 的高级版本。它在机器人描述中创建宏并重用宏。这可以减少代码长度。此外，它还可以包含来自其他文件的宏，使代码更简单、更易读和更模块化。
- **可编程性**：xacro 语言在其描述中支持简单的编程语句。有变量、常量、数学表达式、条件语句等使描述更加智能和高效。

我们首先将创建一个与我们已经使用 URDF 制作的 pan_tilt 机器人相同的文件，该文件的完整说明可以在本书的源代码中找到。切换到 mastering_ros_robot_description_pkg/urdf 文件夹，文件名是 pan_tilt.xacro。我们需要对 xacro 文件使用 .xacro 扩展，而不是 .urdf。以下是 xacro 代码的说明：

下面是对 xacro 代码的一个解释：

```
<?xml version="1.0"?>
<robot xmlns:xacro="http://www.ros.org/wiki/xacro" name="pan_
tilt">
```

这两行指定了解析 xacro 文件所需的命名空间。在指定命名空间后，我们需要添加
xacro 文件的名称。下面我们将讲解文件的属性。

3.8.1　使用属性

使用 xacro，我们可以在 xacro 文件中声明常量或属性，即以名称表示的值，这些常
量或属性可以在代码中的任何地方使用。常量的主要用途是避免在连杆和关节上提供硬编码
的值，而是保持一些常量，这样就更容易更改，而不用查找并替换这些硬编码的值。

这里给出了一个使用属性的例子。我们声明了基座连杆和平移连杆的长度和半径，这样
就可以轻松改变尺寸而不用一个一个地去更改那些值：

```
<xacro:property name="base_link_length" value="0.01" />
<xacro:property name="base_link_radius" value="0.2" />
<xacro:property name="pan_link_length" value="0.4" />
<xacro:property name="pan_link_radius" value="0.04" />
```

通过下面的定义，我们可以使用变量的值来替换硬编码的值：

```
<cylinder length="${pan_link_length}"  radius="${pan_link_
radius}"/>
```

这里将旧的值 "0.4" 替换为了 "{pan_link_length}"，将 "0.04" 替换为了
"{pan_link_radius}"。

3.8.2　使用数学表达式

我们可以在 ${} 中使用基本的操作（如 +、-、*、/、一元负号和括号）来构建数学表达式。
目前还不支持指数和模数。下面是一个在代码中使用简单的数学表达式的例子：

```
<cylinder length="${pan_link_length}"  radius="${pan_link_
radius+0.02}"/>
```

xacro 文件的一个重要元素是宏。我们将在下一节中讨论如何使用宏元素。

3.8.3　使用宏

xacro 的一个主要特性就是它支持宏（macro）。我们可以使用宏来减少复杂定义的长
度。这是一个我们在惯性代码中使用的宏定义：

```
<xacro:macro name="inertial_matrix" params="mass">
  <inertial>
      <mass value="${mass}" />
          <inertia ixx="0.5" ixy="0.0" ixz="0.0"
          iyy="0.5" iyz="0.0" izz="0.5" />
   </inertial>
</xacro:macro>
```

这里，宏被命名为 inertial_matrix，它的参数是 mass。mass 参数可以在惯性定

义中使用 ${mass}。我们可以用一行命令来替换每个惯性码，如下所示：

```
<xacro:inertial_matrix mass="1"/>
```

在这里，与 urdf 相比，xacro 定义提高了代码的可读性并减少了行数。接下来，我们将研究如何将 xacro 文件转换为 urdf 文件。

3.9　将 xacro 转换为 URDF

如前所述，xacro 文件每次都可以转换为 urdf 文件。设计完 xacro 文件之后，我们可以使用以下命令将其转换为 urdf 文件：

rosrun xacro pan_tilt.xacro > pan_tilt_generated.urdf

我们可以在 ROS 启动文件中使用下面的命令将 xacro 转换为 URDF，并将其作为 robot_description 的参数：

```
<param name="robot_description" command="$(find xacro)/xacro
$(find mastering_ros_robot_description_pkg)/urdf/pan_tilt.
xacro"  />
```

我们可以通过制作启动文件来查看 pan-and-tilt 的 xacro 文件，并使用以下命令来启动它：

roslaunch mastering_ros_robot_description_pkg view_pan_tilt_
xacro.launch

运行此命令后，我们应该会看到与 urdf 文件相同的可视化输出。现在我们已经准备好做一些更复杂的事情了。pan-and-tilt 机器人只有两个关节，所以只有两个自由度。在下一节中，我们将创建一个由 7 个关节组成的机械臂。

3.10　为 7-DOF 机械臂创建机器人描述

现在，我们可以使用 URDF 和 xacro 创建一些复杂的机器人了。我们要创建的第一个机器人是一个 7-DOF 机械臂，它是一个有着多个串联连杆的机械臂。7-DOF 机械臂在运动学上是存在冗余的，这意味着它有多余的关节和自由度来到达它的目标位置和姿态。这个冗余机械臂的优点是我们可以对所需的目标位置和姿态有更多关节配置。它将提高机器人运动的灵活性和通用性，并能在机器人工作空间内实现有效的无碰撞运动。

让我们开始创建 7-DOF 机械臂。机械臂的最终输出模型如图 3.8 所示（图中还标注了机器人的各个关节和连杆）。

前面的这个机械臂用 xacro 格式描述，读者可以从代码库中获取该描述文件。接下来我们可以转到下载的软件包中的 urdf 文件夹，并打开 seven_dof_arm.xacro 文件。我们将复制描述并将其粘贴到当前软件包中，然后开始讨论这个机械臂描述的主要部分。在创建机器人模型文件之前，我们先了解一下机械臂的参数。

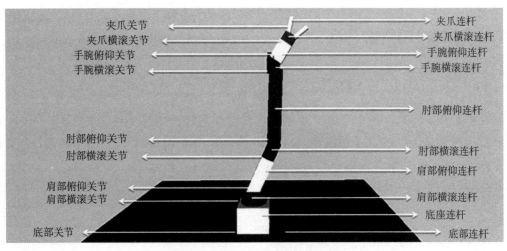

图 3.8　7-DOF 机械臂的关节和连杆

机械臂参数

以下是该 7-DOF 机械臂的参数。

- 自由度：7
- 机械臂的长度：50cm
- 机械臂的工作半径：35cm
- 连杆数量：12
- 关节数量：11

正如你所看到的，我们可以定义不同类型的关节。现在让我们讨论一下 7-DOF 机械臂的关节类型。

关节类型

表 3.1 是一个包含该机械臂的关节名称和类型的列表。

表 3.1　机械臂的关节名称和类型

关节编号	关节名称	关节类型	关节限值
1	bottom_joint	固定	--
2	shoulder_pan_joint	转动	$-150° \sim 114°$
3	shoulder_pitch_joint	转动	$-67° \sim 109°$
4	elbow_roll_joint	转动	$-150° \sim 41°$
5	elbow_pitch_joint	转动	$-92° \sim 110°$
6	wrist_roll_joint	转动	$-150° \sim 150°$
7	wrist_pitch_joint	转动	$92° \sim 113°$
8	gripper_roll_joint	转动	$-150° \sim 150°$
9	finger_joint1	滑动	$0 \sim 3 \text{ cm}$
10	finger_joint2	滑动	$0 \sim 3 \text{ cm}$

如表 3.1 所示，机器人由一个固定关节、7 个转动关节和 2 个滑动关节组成。我们使用前面的参数来设计机械臂的 xacro 文件。接下来我们将进行解析。

3.11　解析 7-DOF 机械臂的 xacro 模型

在定义了必须插入机器人模型文件中的元素之后，我们现在准备在这个机器人上包含 10 种连杆和 9 种关节（7 种用于机械臂，2 种用于夹爪），在机器人夹爪中定义 2 种连杆和 2 种关节。

从 xacro 的定义开始查看：

```
<?xml version="1.0"?>
<robot name="seven_dof_arm" xmlns:xacro="http://ros.org/wiki/
xacro">
```

因为我们正在编写 xacro 文件，为了解析该文件，应该提一下 xacro 的命名空间。然后，我们可以开始定义机械臂的几何属性。

3.11.1　使用常量

在 xacro 中使用常量可以让机器人的描述更简短、更具可读性。在这里，我们定义了每个连杆的角度 – 弧度换算系数、PI 值、长度、宽度和高度：

```
<property name="deg_to_rad" value="0.01745329251994329577"/>
<property name="M_PI" value="3.14159"/>
<property name="elbow_pitch_len" value="0.22" />
<property name="elbow_pitch_width" value="0.04" />
<property name="elbow_pitch_height" value="0.04" />
```

接下来，让我们探讨一下用于多次定义同类元素的宏。

3.11.2　使用宏

在以下代码中定义宏，避免重复并使代码更简短。下面是我们在这段代码中使用的宏：

```
<xacro:macro name="inertial_matrix" params="mass">
   <inertial>
      <mass value="${mass}" />
      <inertia ixx="1.0" ixy="0.0" ixz="0.0" iyy="0.5"
iyz="0.0" izz="1.0" />
   </inertial>
</xacro:macro>
```

这是惯性矩阵宏的定义，其中我们使用 mass 作为其参数：

```
<xacro:macro name="transmission_block" params="joint_name">
 <transmission name="tran1">
```

```
      <type>transmission_interface/SimpleTransmission</type>
      <joint name="${joint_name}">
        <hardwareInterface>PositionJointInterface</
hardwareInterface>
      </joint>
      <actuator name="motor1">
        <hardwareInterface>PositionJointInterface</
hardwareInterface>
        <mechanicalReduction>1</mechanicalReduction>
      </actuator>
    </transmission>
  </xacro:macro>
```

在代码的前一部分，我们可以通过 transmission 标签来查看定义。

transmission 标签将关节与执行器相关联。它定义了我们在某一关节中使用的传动类型，包括电机的类型及其参数。它还定义了我们与 ROS 控制器通信时使用的硬件接口的类型。

3.11.3　包含其他 xacro 文件

我们可以使用 xacro:include 标签包含传感器的 xacro 定义来扩展 xacro 的功能。下面的代码片段展示了如何在机器人 xacro 中包含传感器定义：

```
    <xacro:include filename="$(find mastering_ros_robot_
description_pkg)/urdf/sensors/xtion_pro_live.urdf.xacro"/>
```

在这里，我们包含了一个叫作 Asus Xtion pro 的传感器的 xacro 定义，当解析 xacro 文件时，这个定义将被展开。

使用 "$(findmastering_ros_robot_description_pkg)/urdf/sensors/xtion_pro_live.urdf.xacro"，我们就可以访问传感器的 xacro 定义，其中 find 用于定位当前的 mastering_ros_robot_description_pkg 软件包。

我们将在第 10 章讨论有关视觉处理的更多内容。

3.11.4　在连杆中使用网格模型

我们可以在连杆中插入一个基本的形状，或者使用 mesh 标签插入一个网格模型文件。下面的例子展示了如何在视觉传感器中插入一个网格模型：

```
<visual>
  <origin xyz="0 0 0" rpy="0 0 0"/>
  <geometry>
    <mesh filename=       "package://mastering_ros_robot_
description_pkg/meshes/sensors/xtion_pro_live/xtion_pro_live.
dae"/>
  </geometry>
```

```
<material name="DarkGrey"/>
</visual>
```

接下来，让我们来看看机械臂夹爪的定义。

3.11.5 使用机器人夹爪

机器人夹爪用于抓取和放置物体。夹爪属于简单的连接类型，它有 2 个关节，每个关节都是滑动关节。以下是一个夹爪关节的 joint 定义，即 finger_joint1：

```
<joint name="finger_joint1" type="prismatic">
 <parent link="gripper_roll_link"/>
 <child link="gripper_finger_link1"/>
 <origin xyz="0.0 0 0" />
 <axis xyz="0 1 0" />
   <limit effort="100" lower="0" upper="0.03"
velocity="1.0"/>
   <safety_controller k_position="20"
                      k_velocity="20"
                      soft_lower_limit="${-0.15 }"
                      soft_upper_limit="${ 0.0 }"/>
 <dynamics damping="50" friction="1"/>
 </joint>
```

在这里，夹爪的第一个关节由 gripper_roll_link 和 gripper_finger_link1 构成，第二个关节 finger_joint2 由 gripper_roll_link 和 gripper_finger_link2 构成。

图 3.9 显示了夹爪的关节是如何连接在 gripper_roll_link 上的。

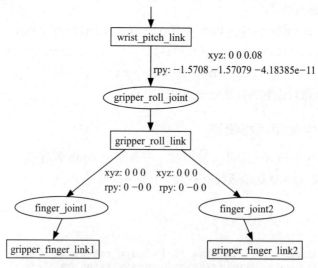

图 3.9　7-DOF 机械臂的末端执行器部分

我们现在已经准备好使用 RViz 来可视化机械臂模型了。

3.11.6　在 RViz 中查看 7-DOF 机械臂

讨论完机器人模型后，我们可以在 RViz 中查看设计好的 xacro 文件，并使用关节状态发布者（joint_state_publisher）节点控制每个关节，使用机器人状态发布者（robot_state_publisher）节点发布机器人状态。

可以使用名为 view_arm.launch 的启动文件执行上述任务。该文件位于此软件包的 launch 文件夹内：

```
<?xml version="1.0" ?>
<launch>
      <arg name="model" />
      <!-- Parsing xacro and setting robot_description
parameter -->
      <param name="robot_description" command="$(find xacro)/
xacro $(find mastering_ros_robot_description_pkg)/urdf/seven_
dof_arm.xacro" />
      <node name="robot_state_publisher" pkg="robot_state_
publisher" type="robot_state_publisher" />
      <node name="joint_state_publisher_gui" pkg="joint_state_
publisher_gui" type="joint_state_publisher_gui" />
      <!-- Launch visualization in rviz -->
      <node name="rviz" pkg="rviz" type="rviz" args="-d $(find
mastering_ros_robot_description_pkg)/urdf.rviz" required="true"
/>
</launch>
```

在 launch 文件夹中创建以下启动文件，并使用 catkin_make 命令编译软件包。使用以下命令启动 URDF：

roslaunch mastering_ros_robot_description_pkg view_arm.launch

该机器人将在 RViz 上显示，且同时打开了关节状态发布者的 GUI，如图 3.10 所示。

我们可以与关节滑块进行交互并移动机器人的关节。

接下来，我们将讨论关节状态发布者能做些什么。

理解关节状态发布者

joint_state_publisher 是一个 ROS 软件包，常用于与机器人的每个关节进行交互。该软件包包含 joint_state_publisher 节点，该节点从 URDF 模型中找到非固定关节，并以 sensor_msgs/JointState 消息格式发布每个关节的关节状态值。该软件包也可以与 robot_state_publisher 包一起使用以发布所有关节的位置。可以使用不同的来源来设置每个关节的值。正如我们已经看到的，一种方法是使用滑块 GUI，这种方法主要用于测试。此外，还可以使用节点订阅的 JointState 主题。

读者可以在 http://wiki. ros.org/joint_state_publisher 上找到更多关于此软件包的信息。

理解机器人状态发布者

robot_state_publisher 软件包可以将机器人的状态发布到 tf。此软件包订阅了机器人的关节状态，并使用 URDF 模型的运动表示来发布每个连杆的 3D 姿态。我们可以在启动文件中使用以下代码来实现机器人状态发布者节点：

```
<!-- Starting robot state publish which will publish tf -->
  <node name="robot_state_publisher" pkg="robot_state_
publisher" type="robot_state_publisher" />
```

在前面的启动文件 view_arm.launch 中，我们启动了这个节点来发布机械臂的 tf。我们可以通过单击 RViz 中的 tf 选项来可视化机器人的转换，如图 3.11 所示。

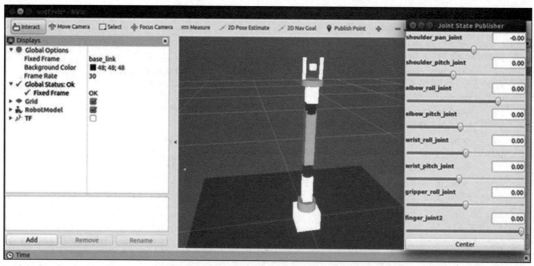

图 3.10 在 RViz 中查看 7-DOF 机械臂和 joint_state_publisher

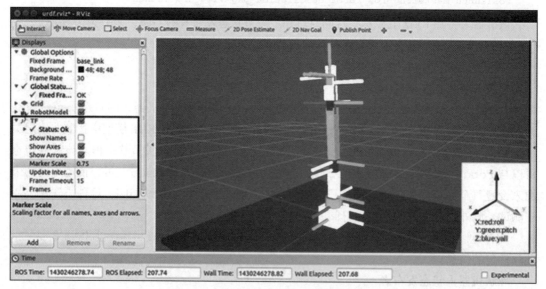

图 3.11 RViz 中 7-DOF 机械臂的 tf 视图

关节状态发布者软件包和机器人状态发布者软件包都是与 ROS 桌面安装程序一起安装的。创建了 7-DOF 机械臂的机器人描述后，我们来讨论如何制作一个差速驱动机器人。

3.12 为差速驱动机器人创建机器人模型

差速驱动机器人在底盘的两端安装有两个轮子，整个底盘由一个或两个脚轮支撑。轮子将通过调节转速来控制机器人的移动速度。如果两个电机以相同的转速运行，机器人会向前或向后移动。如果一个轮子的转速比另一个慢，机器人就会转向低速的一边。如果我们想让机器人朝左边转向，就降低左轮的转速，反之亦然。

底盘上有两个辅助轮，称为脚轮，它支撑着机器人并根据主轮的移动自由旋转。

这个机器人的 URDF 模型存放在下载的 ROS 软件包中。最终的机器人模型如图 3.12 所示。

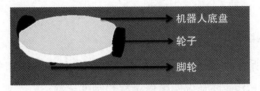

图 3.12 差速驱动机器人

这个机器人有 5 个关节和 5 个连杆。2 个主要的关节将轮子连接到机器人上。其余 3 个是固定关节，2 个用于将支撑脚轮连接到机器人主体上，1 个用于将底盘连接到机器人主体上。图 3.13 是该机器人的连接图。

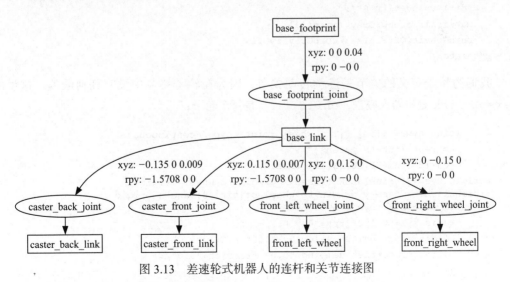

图 3.13 差速轮式机器人的连杆和关节连接图

我们来看看 URDF 文件中的部分重要代码。这个 URDF 文件名为 `diff_wheeled_robot.`

xacro，位于下载的 ROS 软件包内的 urdf 文件夹中。

这里给出了 urdf 文件的第一部分。机器人被命名为 differential_wheeled_ robot，还包含一个名为 wheel.urdf.xacro 的 urdf 文件。xacro 文件包含轮子的定义及其传动方式。如果我们使用该 xacro 文件，就可以避免为两个轮子写两套定义。因为两个轮子在形状和大小上是相同的，所以我们采用 xacro 的定义：

```
<?xml version="1.0"?>
<robot name="differential_wheeled_robot" xmlns:xacro="http://
ros.org/wiki/xacro">
  <xacro:include filename="$(find mastering_ros_robot_
description_pkg)/urdf/wheel.urdf.xacro">
The definition of a wheel inside wheel.urdf.xacro is given
here. We can mention whether the wheel must be placed to the
left, right, front, or back. Using this macro, we can create a
maximum of four wheels but, for now, we require only two:
<xacro:macro name="wheel" params="fb lr parent translateX
translateY flipY"> <!--fb : front, back ; lr: left, right -->
    <link name="${fb}_${lr}_wheel">
```

我们还指定了仿真所需的 Gazebo 参数。这里提到的是与轮子相关的 Gazebo 参数。我们可以用 gazebo reference 标签说明摩擦系数和刚度系数：

```
<gazebo reference="${fb}_${lr}_wheel">
  <mu1 value="1.0"/>
  <mu2 value="1.0"/>
  <kp  value="10000000.0" />
  <kd  value="1.0" />
  <fdir1 value="1 0 0"/>
  <material>Gazebo/Grey</material>
  <turnGravityOff>false</turnGravityOff>
</gazebo>
```

我们为轮子定义的关节是连续转动关节，因为在轮子关节中没有任何限值。这里的 parent link 是机器人底盘，child link 是每个轮子：

```
    <joint name="${fb}_${lr}_wheel_joint" type="continuous">
      <parent link="${parent}"/>
      <child link="${fb}_${lr}_wheel"/>
<origin xyz="${translateX * base_x_origin_to_wheel_origin}
${translateY * base_y_origin_to_wheel_origin} ${base_z_origin_
to_wheel_origin}" rpy="0 0 0" />
      <axis xyz="0 1 0" rpy="0 0 0" />
      <limit effort="100" velocity="100"/>
      <joint_properties damping="0.0" friction="0.0"/>
    </joint>
```

我们还需要设定每个轮子的 transmission 标签。轮子的宏定义如下：

```
    <!-- Transmission is important to link the joints and the
controller -->
    <transmission name="${fb}_${lr}_wheel_joint_trans">
      <type>transmission_interface/SimpleTransmission</type>
      <joint name="${fb}_${lr}_wheel_joint" />
      <actuator name="${fb}_${lr}_wheel_joint_motor">
        <hardwareInterface>EffortJointInterface</
hardwareInterface>
        <mechanicalReduction>1</mechanicalReduction>
      </actuator>
    </transmission>
  </xacro:macro>
</robot>
```

在 diff_wheeled_robot.xacro 文件中，我们可以使用以下命令来使用在 wheel.urdf.xacro 文件中定义的宏：

```
    <xacro:wheel fb="front" lr="right" parent="base_link"
translateX="0" translateY="0.5" flipY="1"/>
      <xacro:wheel fb="front" lr="left" parent="base_link"
translateX="0" translateY="-0.5" flipY="1"/>
```

使用前面的几行代码，我们定义了机器人底盘左侧和右侧的轮子。机器人底盘是圆柱形的，如图 3.12 所示。这里给出了惯性计算的宏定义。xacro 代码段将使用圆柱的质量、半径和高度来计算惯性张量，代码如下：

```
<!-- Macro for calculating inertia of cylinder -->
<macro name="cylinder_inertia" params="m r h">
  <inertia  ixx="${m*(3*r*r+h*h)/12}" ixy = "0" ixz = "0"
            iyy="${m*(3*r*r+h*h)/12}" iyz = "0"
            izz="${m*r*r/2}" />
</macro>
```

这里给出了启动文件的定义，可用于在 RViz 中显示该机器人模型。启动文件命名为 view_mobile_robot.launch：

```
<launch>
<?xml version="1.0" ?>
    <arg name="model" />
    <!-- Parsing xacro and setting robot_description
parameter -->
    <param name="robot_description" command="$(find xacro)/
xacro $(find mastering_ros_robot_description_pkg)/urdf/diff_
wheeled_robot.xacro" />
    <!-- Starting Joint state publisher node which will
publish the joint values -->
    <node name="joint_state_publisher_gui" pkg="joint_state_
publisher_gui" type="joint_state_publisher_gui" />
    <!-- Starting robot state publish which will publish tf
-->
```

```
    <node name="robot_state_publisher" pkg="robot_state_
publisher" type="robot_state_publisher" />
    <!-- Launch visualization in rviz -->
    <node name="rviz" pkg="rviz" type="rviz" args="-d $(find
mastering_ros_robot_description_pkg)/urdf.rviz" required="true"
/>
</launch>
```

与机械臂的 URDF 文件比较，唯一区别是名称不同，其他部分都是一样的。

我们可以使用以下命令查看该移动机器人：

```
roslaunch mastering_ros_robot_description_pkg view_mobile_
robot.launch
```

在 RViz 中机器人的截图如图 3.14 所示。

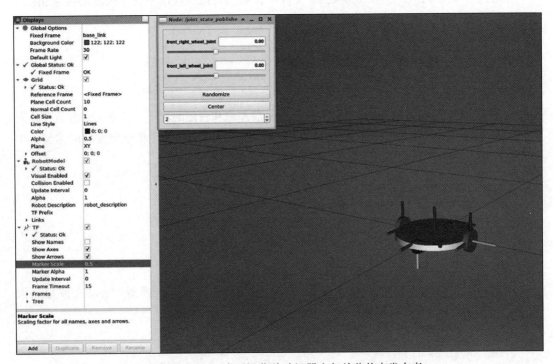

图 3.14   在 RViz 中可视化移动机器人与关节状态发布者

虽然你无法真正移动机器人，但可以尝试使用 RViz 用户界面上的滑动条移动机器人的轮子。

3.13   总结

在本章中，我们主要探讨了机器人建模的重要性，以及如何在 ROS 中建模机器人。我们讨论了 ROS 中用于建模机器人结构的软件包，如 urdf、xacro 和 joint_state_ publisher 以及它们的 GUI。我们讨论了 URDF、xacro 和可以使用的主要 URDF 标签，还在 URDF 和 xacro 中创建了一个示例模型，并讨论了二者之间的区别。之后，我们创建了一个 7-DOF 机械臂，并研究了 joint_state_publisher 和 robot_state_publisher 软件包的用法。最后，我们查看了使用 xacro 设计差速轮式机器人的过程。在下一章中，我们将看看如何使用 Gazebo 来仿真这些机器人。

3.14　问题

- ROS 中用于机器人建模的软件包有哪些？
- 用于机器人建模的重要 URDF 标签有哪些？
- 使用 xacro 而不是 URDF 的原因是什么？
- joint_state_publisher 和 robot_state_publisher 软件包的功能是什么？
- 在 URDF 中，transmission 标签的功能是什么？

第 4 章
使用 ROS 和 Gazebo 进行机器人仿真

设计了机器人的 3D 模型之后，下一步就是仿真了。机器人仿真将让你了解机器人在虚拟环境中的工作情况。

我们将使用 Gazebo（http://www.gazebosim.org/）仿真器来仿真 7-DOF 机械臂和移动机器人。

Gazebo 是一种多机器人仿真器，可用于室内外机器人仿真。我们可以仿真复杂的机器人、机器人传感器和各种 3D 物体。Gazebo 已经在其模型仓库（https：//bitbucket.org/osrf/gazebo_models/）中提供了各种流行的机器人、传感器和各种 3D 物体的仿真模型。我们可以直接使用这些模型，而无须创建新的模型。

Gazebo 在 ROS 中有良好的接口，包含 ROS 中 Gazebo 的所有控制。我们可以在没有 ROS 的情况下安装 Gazebo，若要实现 ROS 到 Gazebo 的通信，我们则必须安装 ROS-Gazebo 的接口。

在本章中，我们将讨论 7-DOF 机械臂和差速轮式机器人的仿真，还将讨论在 Gazebo 中帮助控制机器人关节的 ROS 控制器。

4.1 使用 Gazebo 和 ROS 仿真机械臂

前面我们设计了一款 7-DOF 机械臂。在本节中，我们将在 Gazebo 中用 ROS 来仿真机器人。在使用 ROS 和 Gazebo 之前，我们需要首先安装以下软件包：

```
sudo apt-get install ros-noetic-gazebo-ros-pkgs ros-noetic-
gazebo-msgs ros-noetic-gazebo-plugins ros-noetic-gazebo-ros-
control
```

Noetic ROS 软件包中安装的默认版本是 Gazebo 11.x, 每一个软件包内容如下。

- gazebo_ros_pkgs：它包含用于连接 ROS 和 Gazebo 的封装和工具。
- gazebo-msgs：它包含用于连接 ROS 和 Gazebo 的消息和服务数据结构。
- gazebo-plugins：它包含用于传感器、执行器等的 Gazebo 插件。
- gazebo-ros-control：它包含用于在 ROS 和 Gazebo 之间通信的标准控制器。

完成安装之后，我们可以通过以下命令检测 Gazebo 是否成功安装：

```
roscore & rosrun gazebo_ros gazebo
```

上述命令将打开 Gazebo GUI。如果我们有 Gazebo 仿真器，就可以继续为 Gazebo 开发 7-DOF 机械臂的仿真模型。

4.2　为 Gazebo 创建机械臂仿真模型

我们可以通过添加仿真参数来更新现有的机器人描述，从而创建机械臂的仿真模型。

我们可以使用以下命令创建仿真机械臂所需的软件包：

```
catkin_create_pkg seven_dof_arm_gazebo gazebo_msgs gazebo_
plugins gazebo_ros gazebo_ros_control mastering_ros_robot_
description_pkg
```

此外，也可以在以下 Git 库中获得完整的软件包。你可以从代码仓库下载，参考该软件包的实现，也可以从本书的源代码中获取该软件包：

```
git clone https://github.com/PacktPublishing/Mastering-ROS-for-
Robotics-Programming-Third-edition.git
cd Chapter4/seven_dof_arm_gazebo
```

读者可以在 seven_dof_arm.xacro 文件中看到机器人的完整仿真模型，该文件位于 mastering_ros_robot_description_pkg/urdf/ 文件夹中。

文件内容主要由 URDF 标签组成，这对仿真是必要的。我们可以在文件中定义碰撞、惯性、传动、关节、连杆和 Gazebo 的各个部分。

要启动现有的仿真模型，我们可以使用 seven_dof_arm_gazebo 软件包，该软件包提供了一个名为 seven_dof_arm_world.launch 的启动文件。该文件内容定义如下：

```
<launch>
  <!-- these are the arguments you can pass this launch file,
for example paused:=true -->
  <arg name="paused" default="false"/>
  <arg name="use_sim_time" default="true"/>
  <arg name="gui" default="true"/>
  <arg name="headless" default="false"/>
  <arg name="debug" default="false"/>

  <!-- We resume the logic in empty_world.launch -->
  <include file="$(find gazebo_ros)/launch/empty_world.launch">
    <arg name="debug" value="$(arg debug)" />
    <arg name="gui" value="$(arg gui)" />
    <arg name="paused" value="$(arg paused)"/>
    <arg name="use_sim_time" value="$(arg use_sim_time)"/>
    <arg name="headless" value="$(arg headless)"/>
```

```
</include>

<!-- Load the URDF into the ROS Parameter Server -->
<param name="robot_description" command="$(find xacro)/xacro
'$(find mastering_ros_robot_description_pkg)/urdf/seven_dof_
arm.xacro'" />

<!-- Run a python script to the send a service call to
gazebo_ros to spawn a URDF robot -->
<node name="urdf_spawner" pkg="gazebo_ros" type="spawn_model"
respawn="false" output="screen"
args="-urdf -model seven_dof_arm -param robot_description"/>
</launch>
```

启动下面的命令并检查你获得的内容：

roslaunch seven_dof_arm_gazebo seven_dof_arm_world.launch

读者可以在 Gazebo 上看到如图 4.1 所示的机械臂，这表明你顺利完成了。

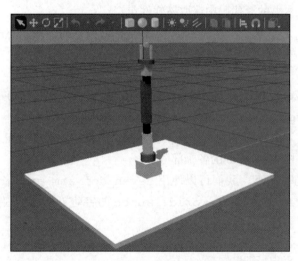

图 4.1   在 Gazebo 中仿真 7-DOF 机械臂

在下一节中，我们将对机器人仿真模型文件进行详细介绍。

4.2.1   为 Gazebo 机器人模型添加颜色和纹理

我们可以在机械臂仿真图中看到，每个连杆都有不同的颜色和纹理。.xacro 文件中的以下标签为机器人连杆提供了纹理和颜色：

```
<gazebo reference="bottom_link">
  <material>Gazebo/White</material>
</gazebo>
<gazebo reference="base_link">
```

```
    <material>Gazebo/White</material>
</gazebo>
<gazebo reference="shoulder_pan_link">
    <material>Gazebo/Red</material>
</gazebo>
```

上述内容中，每一个 gazebo 标签均表示一个特定的机器人连杆模型。

4.2.2 添加 transmission 标签来驱动模型

为了使用 ROS 控制器来驱动机器人，我们需要定义 <transmission> 元素，将执行器连接到关节。以下是为传动装置定义的宏：

```
<xacro:macro name="transmission_block" params="joint_name">
 <transmission name="tran1">
    <type>transmission_interface/SimpleTransmission</type>
    <joint name="${joint_name}">
                <hardwareInterface>hardware_interface/
PositionJointInterface</hardwareInterface>
    </joint>
    <actuator name="motor1">
     <mechanicalReduction>1</mechanicalReduction>
    </actuator>
 </transmission>
</xacro:macro>
```

上述内容中，<joint name = "">是连接到执行器的关节，<type>标签是传动装置的类型。当前，唯一支持的传动装置类型是 transmission_interface/ SimpleTransmission。最后，<hardware Interface>标签用于定义控制器接口，从而加载位置、速度或受力信息。在本书给出的示例中使用了位置控制硬件接口。这个硬件接口由 gazebo_ros_control 插件加载，详见下一节。

4.3 添加 gazebo_ros_control 插件

在添加完传动装置标签后，我们接下来为仿真模型添加 gazebo_ros_control 插件，用于解析传动装置标签，并为之分配适当的硬件接口和控制管理器。下面的代码将 gazebo_ros_control 插件添加到 .xacro 文件中：

```
<!-- ros_control plugin -->
<gazebo>
    <plugin name="gazebo_ros_control" filename="libgazebo_ros_
control.so">
        <robotNamespace>/seven_dof_arm</robotNamespace>
    </plugin>
</gazebo>
```

在上述文件中，通过 `<plugin>` 元素为加载的插件命名，此处名字为 `libgazebo_ros_control.so`。`<robotNamespace>` 元素给出机器人模型的名称，如果我们没有给出特定的名称，则系统将自动加载 URDF 文件中的机器人模型名称。我们还可以通过 `<controlPeriod>` 来指定控制器的刷新频率，通过 `<robotParam>` 元素来指定参数服务器上 `robot_description`（URDF）的位置，通过 `<robotSimType>` 指定机器人硬件接口的类型。默认的硬件接口主要有 `JointStateInterface`、`EffortJointInterface` 和 `VelocityJointInterface` 等。

在 Gazebo 中添加 3D 视觉传感器

在 Gazebo 中，我们可以仿真机器人的运动及其物理特性，还还可以仿真不同类型的传感器。为了在 Gazebo 上构建传感器，我们必须对 Gazebo 中传感器的行为进行建模。Gazebo 中有一些预先构建的传感器模型，可以直接用于我们的代码中，而无须编写新模型。

本节我们将在 Gazebo 中添加一个名为 Asus Xtion Pro 的 3D 视觉传感器（通常称为 rgb-d 或深度传感器）。机器人技术中可以使用不同型号的深度传感器。对于不同型号的深度传感器，除了性能有所区别之外，它们均提供相同的数据输出格式。我们将在第 10 章中提供有关深度传感器和视觉传感器的更多信息。

关于作为示例的 7-DOF 机械臂，其传感器模型已经在名为 gazebo_ros_pkgs/gazebo_plugins 的 ROS 软件包中实现，我们已经将该软件包安装在 ROS 系统中。Gazebo 中的每个模型都以 Gazebo-ROS 插件的形式实现，可以通过将其插入 URDF 文件来加载。

下面，我们将 Gazebo 定义和 Xtion Pro 的物理机器人模型包含在名为 seven_dof_arm_with_rgbd.xacro 的机器人的 .xacro 文件中：

```
<xacro:include filename="$(find mastering_ros_robot_
description_pkg)/urdf/sensors/xtion_pro_live.urdf.xacro"/>
```

在 xtion_pro_live.urdf.xacro 文件中，我们可以看到以下代码行：

```
<?xml version="1.0"?>
<robot xmlns:xacro="http://ros.org/wiki/xacro">
  <xacro:include filename="$(find mastering_ros_robot_
description_pkg)/urdf/sensors/xtion_pro_live.gazebo.xacro"/>
.................
  <xacro:macro name="xtion_pro_live" params="name parent
*origin *optical_origin">
.................
    <link name="${name}_link">
        ....................
  <visual>
        <origin xyz="0 0 0" rpy="0 0 0"/>
        <geometry>
          <mesh filename="package://mastering_ros_robot_
```

```
description_pkg/meshes/sensors/xtion_pro_live/xtion_pro_live.
dae"/>
        </geometry>
        <material name="DarkGrey"/>
    </visual>
    </link>

</robot>
```

在这里，我们可以看到它包含另一个名为 xtion_pro_live.gazebo.xacro 的文件，其中包含 Xtion Pro 在 Gazebo 中的完整定义。

我们还可以看到一个名为 xtion_pro_live 的宏定义，其中包含 Xtion Pro 的完整模型定义，包括连杆和关节：

```
<mesh filename="package://mastering_ros_robot_description_pkg/
meshes/sensors/xtion_pro_live/xtion_pro_live.dae"/>
```

在上述宏定义中，我们正在导入 Asus Xtion Pro 的网格文件，该文件将在 Gazebo 中显示为摄像头连杆组件。

在 mastering_ros_robot_description_pkg/urdf/sensors/xtion_pro_live.gazebo.xacro 文件中，我们可以设置 Xtion Pro 的 Gazebo-ROS 插件。在本节中，我们将插件定义为宏，并支持 RGB 和深度摄像机。以下是插件的定义：

```
            <plugin name="${name}_frame_controller"
filename="libgazebo_ros_openni_kinect.so">
            <alwaysOn>true</alwaysOn>
            <updateRate>6.0</updateRate>
            <cameraName>${name}</cameraName>
            <imageTopicName>rgb/image_raw</imageTopicName>

            </plugin>
```

Xtion Pro 插件文件的名称为 libgazebo_ros_openni_kinect.so，我们可以对插件的参数进行定义，如摄像机名称以及图像主题等。

4.4　仿真装有 Xtion Pro 的机械臂

现在我们已经了解了在 Gazebo 中定义摄像头插件的方法，我们可以使用以下命令启动完整的仿真过程：

```
roslaunch seven_dof_arm_gazebo seven_dof_arm_with_rgbd_world.
launch
```

我们可以看到一个机器人模型，在机械臂顶部装有一个传感器，如图 4.2 所示。

我们现在可以使用仿真的 rgb-d 传感器，就像它直接连在我们的计算机上一样。因此，我们可以检查它是否提供了正确的图像输出。

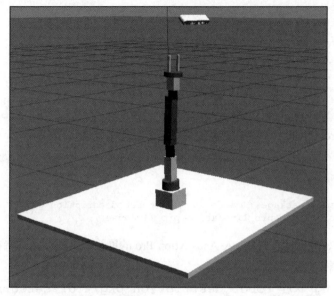

图 4.2　在 Gazebo 中仿真装有 Asus Xtion Pro 的 7-DOF 机械臂

可视化 3D 传感器数据

使用前面的命令启动仿真后，我们可以检查传感器插件生成的主题，如图 4.3 所示。

```
jcacace@robot: $ rostopic list
/rgbd_camera/depth/image_raw
/rgbd_camera/ir/image_raw
/rgbd_camera/rgb/image_raw
```

图 4.3　Gazebo 生成的 rgb-d 图像主题

通过以下步骤，我们可以查看 3D 视觉传感器的图像数据，使用的工具为 image_view：

- 查看 RGB 原始图像：

```
rosrun image_view image:=/rgbd_camera/rgb/image_raw
```

- 查看 IR 原始图像：

```
rosrun image_view image:=/rgbd_camera/ir/image_raw
```

- 查看深度图像：

```
rosrun image_view image:=/rgbd_camera/depth/image_raw
```

如图 4.4 所示是上述所有图像的截图。

我们还可以通过 RViz 查看该传感器的点云数据。

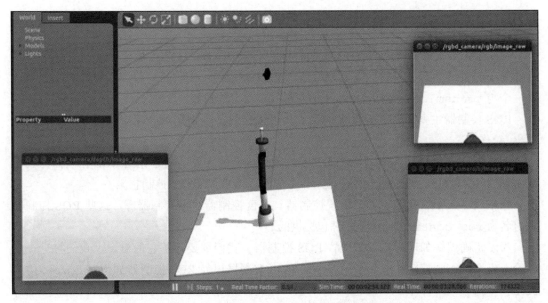

图 4.4 在 Gazebo 中查看 rgb-d 传感器图像

首先通过以下命令启动 rviz:

```
rosrun rviz -f /rgbd_camera_optical_frame
```

然后添加 PointCloud2 显示类型，并将 Topic 设置为 /rgbd_camera/depth/points，我们将看到点云视图，如图 4.5 所示。

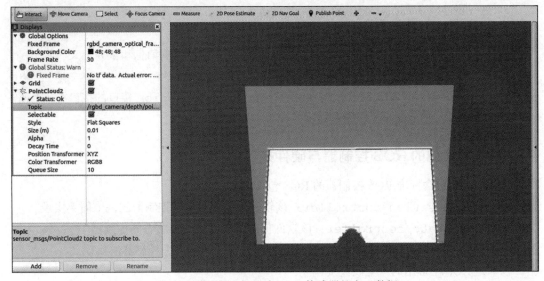

图 4.5 在 RViz 中查看 rgb-d 传感器的点云数据

下面我们将控制机器人关节组件来实现仿真机器人的移动。

4.5　在 Gazebo 中使用 ROS 控制器移动机器人关节

在本节中，我们将讨论如何在 Gazebo 中让机器人的每个关节运动。

为了让关节动起来，我们需要分配一个 ROS 控制器。尤其是，我们需要为每个关节连上一个与 `transmission` 标签内指定的硬件接口兼容的控制器。

ROS 控制器主要由一套反馈机构组成，可以接收某一设定点，并用执行器的反馈控制输出。

ROS 控制器使用硬件接口与硬件交互。硬件接口的主要功能是充当 ROS 控制器与真实或仿真硬件之间的中介，根据 ROS 控制器生成的数据来分配资源控制它。

在本机器人中，我们定义了位置控制器、速度控制器、力控制器等。这些 ROS 控制器是由名为 `ros_control` 的一组软件包提供的。

为了正确理解如何为机械臂配置 ROS 控制器，我们需要理解它的概念。我们将进一步讨论 `ros_control` 软件包、不同类型的 ROS 控制器以及 ROS 控制器如何与 Gazebo 仿真交互。

4.5.1　理解 `ros_control` 软件包

`ros_control` 软件包实现了机器人控制器、控制器管理器、硬件接口、不同传输接口和控制工具箱。`ros_control` 软件包由以下独立的软件包组成。

- `control_toolbox`：该软件包包含可供所有控制器使用的通用模块（PID 和 Sine）。
- `controller_interface`：此包包含控制器的 `interface` 基类。
- `controller_manager`：该软件包提供了加载、卸载、启动和停止控制器的基础功能。
- `controller_manager_msgs`：该包为控制器管理器提供消息和服务定义。
- `hardware_interface`：该包提供用于硬件接口的基类。
- `transmission_interface`：该软件包包含 `transmission` 接口的接口类（差速、四杆联动、关节状态、位置和速度）。

4.5.2　不同类型的 ROS 控制器与硬件接口

让我们看看包含标准 ROS 控制器的 ROS 包列表。

- `joint_position_controller`：该软件包是关节位置控制器的一个简单实现。
- `joint_state_controller`：该软件包是用于发布关节状态的控制器。
- `joint_effort_controller`：该软件包是关节组件受力控制器的实现。

以下是 ROS 中常用的一些硬件接口。

- `Joint Command Interfaces`：该接口向硬件发送命令。

- Effort Joint Interface：该接口向硬件发送 effort 命令。
- Velocity Joint Interface：该接口向硬件发送 Velocity 命令。
- Position Joint Interface：该接口向硬件发送 Position 命令。
- Joint State Interfaces：该接口从执行器的编码器检索关节状态。

现在我们可以开始与 Gazebo 的 ROS 控制器进行交互。

4.5.3 ROS 控制器如何与 Gazebo 交互

让我们看看 ROS 控制器如何与 Gazebo 交互。图 4.6 显示了 ROS 控制器、机器人硬件接口和仿真器 / 真实硬件的互连关系。

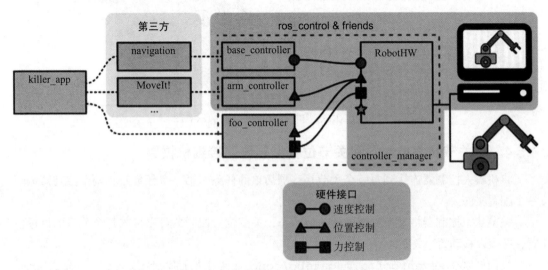

图 4.6 ROS 控制器与 Gazebo 的接口

从图 4.6 中我们可以看到第三方工具 navigation 和 MoveIt! 软件包等。这些软件包可以为移动机器人控制器和机械臂控制器提供要到达的目标点（即设定点）。这些控制器可以将位置、速度或驱动力发送到机器人硬件接口。

硬件接口将每个资源分配给控制器，并将相应的数值发送给每个资源。机器人控制器和机器人硬件接口之间的通信如图 4.7 所示。

硬件接口与实际硬件以及仿真相分离。来自硬件接口的值可以提供给 Gazebo 进行仿真，也可以提供给实际的硬件本身。

硬件接口是机器人及其抽象硬件的软件表示。硬件接口的资源是执行器、关节和传感器。有些资源是只读的，例如关节状态、IMU 和力 – 扭矩传感器，有些资源是读写兼容的，例如位置、速度和关节驱动力。

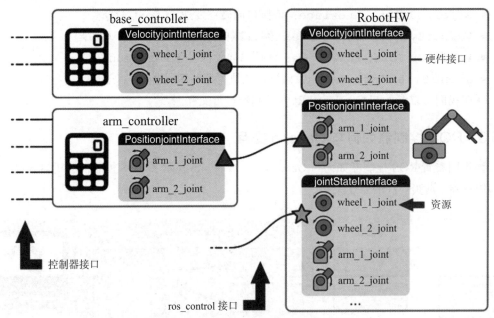

图 4.7　ROS 控制器和硬件接口的示意图

4.5.4　将关节状态控制器和关节位置控制器连接到机械臂

将机器人控制器连接到每一个关节是一项简单的任务。第一个任务是为两个控制器编写一个配置文件。

关节状态控制器将发布机械臂的关节状态，关节位置控制器可以接收每个关节的目标位置，并可以移动每个关节。

我们可以在 `seven_dof_arm_gazebo/config` 文件夹下找到名为 `seven_dof_arm_gazebo_control.yaml` 的控制器配置文件。

以下是关节状态控制器配置文件的定义：

```
seven_dof_arm:
  # Publish all joint states ---------------------------------
--
  joint_state_controller:
    type: joint_state_controller/JointStateController
    publish_rate: 50
```

对于位置控制器，我们需要为每一个关节都定义一个新的控制器：

```
  # Position Controllers -------------------------------------
--
  joint1_position_controller:
    type: position_controllers/JointPositionController
    joint: shoulder_pan_joint
    pid: {p: 100.0, i: 0.01, d: 10.0}
```

我们可以复制上述代码块来为机器人的其他关节分别进行位置控制器的配置：

```
joint2_position_controller:
  type: position_controllers/JointPositionController
  joint: shoulder_pitch_joint
  pid: {p: 100.0, i: 0.01, d: 10.0}
joint3_position_controller:
  type: position_controllers/JointPositionController
  joint: elbow_roll_joint
  pid: {p: 100.0, i: 0.01, d: 10.0}
joint4_position_controller:
  type: position_controllers/JointPositionController
  joint: elbow_pitch_joint
  pid: {p: 100.0, i: 0.01, d: 10.0}
joint5_position_controller:
  type: position_controllers/JointPositionController
  joint: wrist_roll_joint
  pid: {p: 100.0, i: 0.01, d: 10.0}
joint6_position_controller:
  type: position_controllers/JointPositionController
  joint: wrist_pitch_joint
  pid: {p: 100.0, i: 0.01, d: 10.0}
joint7_position_controller:
  type: position_controllers/JointPositionController
  joint: gripper_roll_joint
  pid: {p: 100.0, i: 0.01, d: 10.0}
```

我们可以看到，所有控制器都位于命名空间 seven_dof_arm 中，第一行表示关节状态控制器，它将以 50 Hz 的频率发布机器人的关节状态。

其余的控制器是关节位置控制器，分配给前 7 个关节，它们还定义了相应关节的 PID 增益。

4.5.5 在 Gazebo 中启动 ROS 控制器

完成控制器的配置之后，我们就可以构建启动文件在 Gazebo 仿真器下启动所有的控制器了。在 seven_dof_arm_gazebo/launch 目录下打开 seven_dof_arm_gazebo_control.launch 文件，可以查看启动文件代码：

```
<launch>
  <!-- Launch Gazebo  -->
  <include file="$(find seven_dof_arm_gazebo)/launch/seven_dof_
arm_world.launch" />


  <!-- Load joint controller configurations from YAML file to
parameter server -->
  <rosparam file="$(find seven_dof_arm_gazebo)/config/seven_
dof_arm_gazebo_control.yaml" command="load"/>
```

```
<!-- load the controllers -->
<node name="controller_spawner" pkg="controller_manager"
type="spawner" respawn="false"
  output="screen" ns="/seven_dof_arm" args="joint_state_
controller
          joint1_position_controller
          joint2_position_controller
          joint3_position_controller
          joint4_position_controller
          joint5_position_controller
          joint6_position_controller
          joint7_position_controller"/>


<!-- convert joint states to TF transforms for rviz, etc -->
<node name="robot_state_publisher" pkg="robot_state_
publisher" type="robot_state_publisher"
  respawn="false" output="screen">
    <remap from="/joint_states" to="/seven_dof_arm/joint_
states" />
  </node>

</launch>
```

启动文件用于在 Gazebo 仿真器下启动机械臂、加载控制器配置信息、加载关节状态控制器和关节位置控制器，最后运行机器人状态发布者，用于发布机器人关节状态和 transforms（TF）。

运行启动文件后，我们可以查看生成的控制器主题：

```
roslaunch seven_dof_arm_gazebo seven_dof_arm_gazebo_control.
launch
```

如果上述命令运行无误，则可以在终端看到如图 4.8 所示的消息。

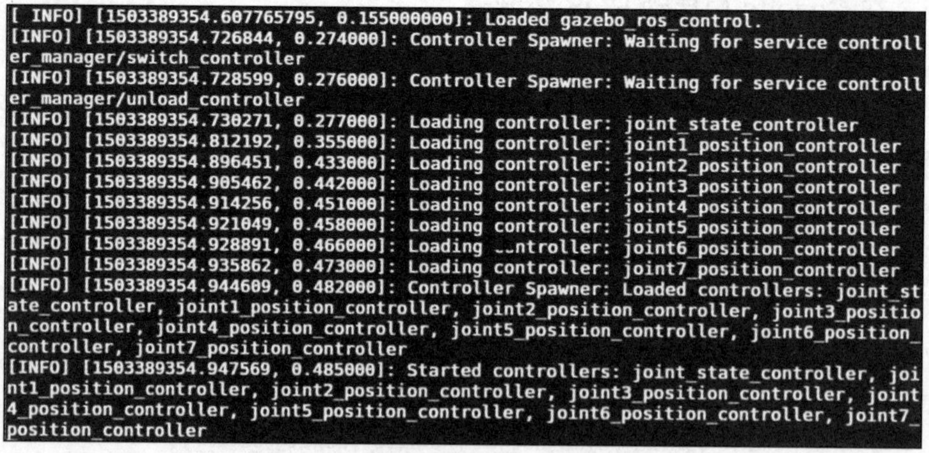

```
[ INFO] [1503389354.607765795, 0.155000000]: Loaded gazebo_ros_control.
[INFO] [1503389354.726844, 0.274000]: Controller Spawner: Waiting for service controll
er_manager/switch_controller
[INFO] [1503389354.728599, 0.276000]: Controller Spawner: Waiting for service controll
er_manager/unload_controller
[INFO] [1503389354.730271, 0.277000]: Loading controller: joint_state_controller
[INFO] [1503389354.812192, 0.355000]: Loading controller: joint1_position_controller
[INFO] [1503389354.896451, 0.433000]: Loading controller: joint2_position_controller
[INFO] [1503389354.905462, 0.442000]: Loading controller: joint3_position_controller
[INFO] [1503389354.914256, 0.451000]: Loading controller: joint4_position_controller
[INFO] [1503389354.921049, 0.458000]: Loading controller: joint5_position_controller
[INFO] [1503389354.928891, 0.466000]: Loading controller: joint6_position_controller
[INFO] [1503389354.935862, 0.473000]: Loading controller: joint7_position_controller
[INFO] [1503389354.944609, 0.482000]: Controller Spawner: Loaded controllers: joint_st
ate_controller, joint1_position_controller, joint2_position_controller, joint3_positio
n_controller, joint4_position_controller, joint5_position_controller, joint6_position_
controller, joint7_position_controller
[INFO] [1503389354.947569, 0.485000]: Started controllers: joint_state_controller, joi
nt1_position_controller, joint2_position_controller, joint3_position_controller, joint
4_position_controller, joint5_position_controller, joint6_position_controller, joint7_
position_controller
```

图 4.8   启动 7-DOF 机械臂的 ROS 控制器后的终端消息

运行该启动文件从控制器中生成的主题如图 4.9 所示。

```
/seven_dof_arm/joint1_position_controller/command
/seven_dof_arm/joint2_position_controller/command
/seven_dof_arm/joint3_position_controller/command
/seven_dof_arm/joint4_position_controller/command
/seven_dof_arm/joint5_position_controller/command
/seven_dof_arm/joint6_position_controller/command
/seven_dof_arm/joint7_position_controller/command
```

图 4.9　ROS 控制器生成的位置控制器命令主题

从图 4.9 中可以看到，每个关节都有一个新的主题来控制其位置。

4.5.6　移动机器人关节

完成上述内容后，我们就可以对每个关节进行控制了。

要想在 Gazebo 中控制机器人关节移动，我们需要将指定的关节运动数值发布到关节位置控制器命令主题，该数值的消息类型为 std_msgs/Float64。

如下所示是将第 4 个关节移动到 1.0 弧度的示例：

```
rostopic pub /seven_dof_arm/joint4_position_controller/command
std_msgs/Float64 1.0
```

执行上述命令后机械臂如图 4.10 所示。

图 4.10　在 Gazebo 下移动关节的示意图

我们可以使用以下命令来查看机器人的关节状态：

```
rostopic echo /seven_dof_arm/joint_states
```

基于上述方法，现在我们可以控制 7-DOF 机械臂的所有关节，同时，我们可以读取它们的值。通过这种方式，我们即可以实现定制的机器人控制算法。在下一节中，我们将学习如何仿真差速驱动机器人。

4.6 在 Gazebo 中仿真差速轮式机器人

我们已经学习了机械臂的仿真。在本节中，我们将论述如何对前面设计的差速轮式机器人进行仿真。

读者可以在 mastering_ros_robot_description_pkg/urdf 文件夹下找到名为 diff_wheeled_robot.xacro 的移动机器人描述文件。

首先让我们创建一个启动文件，从而在 Gazebo 中生成仿真模型。正如我们对机械臂所做的那样，我们可以创建一个 ROS 包，使用 seven_dof_arm_gazebo 软件包的相同依赖项启动 Gazebo 仿真。如果读者已经克隆了代码存储库，那么你的计算机中就已经有了这个软件包，否则，请从 Git 存储库克隆整个代码，或者从本书的源代码中获取包，命令如下：

```
git clone https://github.com/PacktPublishing/Mastering-ROS-for-
Robotics-Programming-Third-edition.git
cd Chapter4/seven_dof_arm_gazebo
```

进入 diff_wheeled_robot_gazebo/launch 目录，然后打开 diff_wheeled_gazebo.launch 文件，以下代码是启动文件的定义：

```
<launch>
  <!-- these are the arguments you can pass this launch file,
for example paused:=true -->
  <arg name="paused" default="false"/>
  <arg name="use_sim_time" default="true"/>
  <arg name="gui" default="true"/>
  <arg name="headless" default="false"/>
  <arg name="debug" default="false"/>

  <!-- We resume the logic in empty_world.launch -->
  <include file="$(find gazebo_ros)/launch/empty_world.launch">
    <arg name="debug" value="$(arg debug)" />
    <arg name="gui" value="$(arg gui)" />
    <arg name="paused" value="$(arg paused)"/>
    <arg name="use_sim_time" value="$(arg use_sim_time)"/>
    <arg name="headless" value="$(arg headless)"/>
  </include>

  <!-- urdf xml robot description loaded on the Parameter
Server-->
  <param name="robot_description" command="$(find xacro)/xacro
--inorder '$(find mastering_ros_robot_description_pkg)/urdf/
diff_wheeled_robot.xacro'" />

  <!-- Run a python script to the send a service call to
gazebo_ros to spawn a URDF robot -->
  <node name="urdf_spawner" pkg="gazebo_ros" type="spawn_model"
respawn="false" output="screen"
```

```
    args="-urdf -model diff_wheeled_robot -param robot_
    description"/>
```

```
</launch>
```

通过执行以下命令，我们可以启动上述文件：

roslaunch diff_wheeled_robot_gazebo diff_wheeled_gazebo.launch

你将在 Gazebo 中看到机器人的模型（如图 4.11 所示）。如果你看到了这个模型，说明你已经成功地完成了第一阶段的仿真。

图 4.11　Gazebo 下启动的差速轮式机器人

仿真成功后，接下来我们将激光雷达添加到机器人中。

4.6.1　向 Gazebo 中添加激光雷达

我们将在机器人的顶部添加激光雷达，这样就可以使用它执行高端操作，比如自主导航或地图创建。在这里，为了将激光雷达添加到机器人中，我们需要在 diff_wheeled_robot.xacro 文件中添加以下额外的代码部分，该部分代码代表了激光雷达和连接到机器人框架的关节：

```
<link name="hokuyo_link">
  <visual>
    <origin xyz="0 0 0" rpy="0 0 0" />
    <geometry>
      <box size="${hokuyo_size} ${hokuyo_size} ${hokuyo_
size}"/>
    </geometry>
    <material name="Blue" />
  </visual>
</link>
```

```
<joint name="hokuyo_joint" type="fixed">
    <origin xyz="${base_radius - hokuyo_size/2} 0 ${base_
height+hokuyo_size/4}" rpy="0 0 0" />
    <parent link="base_link"/>
    <child link="hokuyo_link" />
</joint>
```

包含 Gazebo 特定的信息来配置激光雷达的插件：

```
<gazebo reference="hokuyo_link">
    <material>Gazebo/Blue</material>
    <turnGravityOff>false</turnGravityOff>
    <sensor type="ray" name="head_hokuyo_sensor">
        <pose>${hokuyo_size/2} 0 0 0 0 0</pose>
        <visualize>false</visualize>
        <update_rate>40</update_rate>
        <ray>
            <scan>
                <horizontal>
                    <samples>720</samples>
                    <resolution>1</resolution>
                    <min_angle>-1.570796</min_angle>
                    <max_angle>1.570796</max_angle>
                </horizontal>
            </scan>
            <range>
                <min>0.10</min>
                <max>10.0</max>
                <resolution>0.001</resolution>
            </range>
        </ray>
        <plugin name="gazebo_ros_head_hokuyo_controller"
filename="libgazebo_ros_laser.so">
            <topicName>/scan</topicName>
            <frameName>hokuyo_link</frameName>
        </plugin>
    </sensor>
</gazebo>
```

在本节中，我们使用的 Gazebo ROS 插件文件名为 libgazebo_ros_laser.so，该文件用于仿真激光雷达。该定义文件的完整代码位于 mastering_ros_robot_description_pkg/urdf/ 目录下的 diff_wheeled_robot_with_laser.xacro 文件中。

我们可以通过在仿真环境中添加一些对象来查看激光雷达数据。如图 4.12 左图所示，我们在机器人周围添加了一些圆柱体，可以在图 4.12 右图中看到相应的激光视图。

激光雷达插件将会发布激光数据（sensor_msgs/Laser Scan）至 /scan 主题。

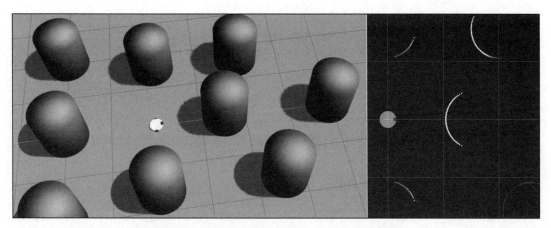

图 4.12　差速轮式机器人位于 Gazebo 物体中间

4.6.2　在 Gazebo 中控制机器人移动

我们正在使用的机器人是一个有两个轮子和两个脚轮的差速驱动机器人。机器人的完整特征需要使用 Gazebo-ROS 插件建模。幸运的是，基本差速驱动功能的插件已经实现。

要想在 Gazebo 下控制机器人移动，我们需要添加一个 Gazebo-ROS 插件，插件的名称为 libgazebo_ros_diff_drive.so，其功能是为我们的机器人模型添加差速驱动能力。

下面是上述插件的完整代码及其参数：

```
<!-- Differential drive controller  -->
<gazebo>
  <plugin name="differential_drive_controller"
filename="libgazebo_ros_diff_drive.so">

    <rosDebugLevel>Debug</rosDebugLevel>
    <publishWheelTF>false</publishWheelTF>
    <robotNamespace>/</robotNamespace>
    <publishTf>1</publishTf>
    <publishWheelJointState>false</publishWheelJointState>
    <alwaysOn>true</alwaysOn>
    <updateRate>100.0</updateRate>

    <leftJoint>front_left_wheel_joint</leftJoint>
    <rightJoint>front_right_wheel_joint</rightJoint>

    <wheelSeparation>${2*base_radius}</wheelSeparation>
    <wheelDiameter>${2*wheel_radius}</wheelDiameter>
    <broadcastTF>1</broadcastTF>
    <wheelTorque>30</wheelTorque>
    <wheelAcceleration>1.8</wheelAcceleration>
    <commandTopic>cmd_vel</commandTopic>
```

```
<odometryFrame>odom</odometryFrame>
<odometryTopic>odom</odometryTopic>
<robotBaseFrame>base_footprint</robotBaseFrame>



</plugin>
</gazebo>
```

我们可以使用这个插件提供诸如机器人的车轮关节（关节应该是连续类型）、车轮间距、车轮直径、里程计主题等参数。

移动机器人所需的一个重要参数如下：

<commandTopic>cmd_vel</commandTopic>

该参数是发送给插件的速度命令主题，是 ROS 中的 Twist 消息（sensor_msgs/Twist）。我们可以将 Twist 消息发布到 /cmd_vel 主题中，然后我们将看到机器人开始从其起始位置移动。

4.6.3 为启动文件添加关节状态发布者

在添加差速驱动插件后，我们需要将状态发布者加入现有的启动文件中，或者构建一个新的启动文件。读者可以在 diff_wheeled_robot_gazebo/launch 目录下找到新的最终发布文件，文件名称为 diff_wheeled_gazebo_full.launch。

启动文件包含关节状态发布者，可以帮助开发者在 RViz 中对 tf 进行可视化。以下是在此启动文件中为关节状态发布者添加的额外代码：

```
<node name="joint_state_publisher" pkg="joint_state_
publisher" type="joint_state_publisher" ></node>
<!-- start robot state publisher -->
<node pkg="robot_state_publisher" type="robot_state_
publisher" name="robot_state_publisher" output="screen" >
    <param name="publish_frequency" type="double" value="50.0"
/>
</node>
```

完成上述步骤后，下面我们准备开发我们的第一个程序，以直观的方式指挥机器人。在下一节中，我们将实现一个遥控节点，以在仿真场景中移动差速驱动机器人。

4.7 添加 ROS 遥控节点

ROS 遥控（teleop）节点通过接收键盘的输入来发布 ROS Twist 命令。通过这个节点，我们可以生成线速度和角速度。实际上现在已经有了一个标准的 teleop 节点实现，我们可以简单地重用该节点。

遥控节点在 diff_wheeled_robot_control 软件包中实现。脚本文件夹包含 diff_

robot_key 节点，即 teleop 节点。和前面一样，读者可以从 Git 存储库中下载这个包。此时，读者可以使用以下命令访问此包：

```
roscd diff_wheeled_robot_control
```

为了保证成功编译和使用该软件包，读者可能需要安装 joy_node 软件包，命令如下：

```
sudo apt-get install ros-noetic-joy
```

以下是名为 keyboard_teleop 的启动文件，用来启动遥控节点：

```
<launch>
  <!-- differential_teleop_key already has its own built in
velocity smoother -->
  <node pkg="diff_wheeled_robot_control" type="diff_wheeled_
robot_key" name="diff_wheeled_robot_key"  output="screen">

    <param name="scale_linear" value="0.5" type="double"/>
    <param name="scale_angular" value="1.5" type="double"/>
    <remap from="turtlebot_teleop_keyboard/cmd_vel" to="/cmd_
vel"/>
  </node>
</launch>
```

让我们开始控制机器人移动。

使用以下命令启动具有完整仿真设置的 Gazebo：

```
roslaunch diff_wheeled_robot_gazebo diff_wheeled_gazebo_full.
launch
```

启动遥控节点：

```
roslaunch diff_wheeled_robot_control keyboard_teleop.launch
```

启动 RViz 来可视化机器人状态和激光数据：

```
rosrun rviz
```

在 RViz 中添加 Fixed Frame：/odom 和 Laser Scan，将主题设置为 /scan，以此来查看激光扫描数据，添加 Robot model element 来可视化机器人模型。

在遥控终端中，我们可以使用一些按键（U、I、O、J、K、L、M、","、"."）进行方向调整，其他键（Q、Z、W、X、E、C、K、空格键）进行速度调整。图 4.13 展示了在 Gazebo 中通过键盘遥控机器人运动并在 RViz 下进行可视化。

我们可以将 Gazebo 工具栏中的基本形状添加到机器人环境中，也可以从左侧面板上的在线库中添加对象，如图 4.13 所示。

需要注意的是，只有当我们在 teleop 节点终端内按下相应的键时，机器人才会移动。如果该终端未激活，按键将不会移动机器人。如果一切顺利，我们可以使用机器人探索该区域，并在 RViz 中可视化激光数据。

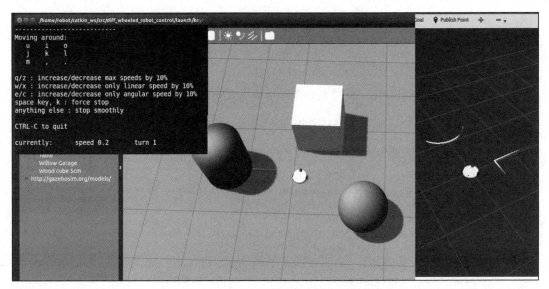

图 4.13　在 Gazebo 下使用键盘遥控机器人运动

4.8　总结

在本章中，我们尝试进行了两类机器人的仿真：一个是 7-DOF 机械臂，另一个是差速轮式机器人。我们从机械臂开始，讨论了在 Gazebo 启动机器人所需的额外 Gazebo 标签。我们讨论了如何在仿真环境中添加 3D 视觉传感器。随后，我们创建了一个启动文件，启动 Gazebo 来仿真机械臂，并讨论了如何为每个关节添加控制器。我们为每一个关节组件添加了控制器，并通过控制器控制关节运动。

与机械臂一样，我们为 Gazebo 仿真创建了 URDF，并为激光雷达和差速驱动机构添加了必要的 Gazebo ROS 插件。完成仿真模型后，我们使用自定义启动文件在 Gazebo 下进行了仿真。最后，我们研究了如何使用遥控节点移动机器人。

我们可以通过以下网址来进一步对机械臂和移动机器人进行深入学习：`http://wiki.ros.org/Robots`。

在下一章中，我们将看到如何使用其他机器人仿真器来仿真机器人，即 CoppeliaSim 和 Webots。

4.9　问题

- 我们为什么要进行机器人仿真？
- 我们如何在 Gazebo 仿真环境下添加传感器？
- ROS 控制器和硬件接口的不同类型有哪些？
- 我们如何在 Gazebo 仿真环境下移动机器人？

第 5 章

使用 ROS、CoppeliaSim 和 Webots 进行机器人仿真

在学习了如何用 Gazebo 仿真机器人之后，本章我们将讨论如何使用另外两个好用的机器人仿真软件：CoppeliaSim(http://www.coppeliarobotics.com) 和 Webots(https://cyberbotics.com/)。

这些是多平台机器人仿真器。CoppeliaSim 由 Coppelia Robotics 开发，提供了许多流行的、可供使用的工业机器人和移动机器人的仿真模型，以及可以通过专用应用程序接口（API）方便集成和组合的不同功能。此外，它可以使用适当的通信接口与机器人操作系统（ROS）一起运行，我们可以通过主题和服务控制仿真场景和机器人。与 Gazebo 一样，CoppeliaSim 可以作为一个独立软件使用，但必须安装一个外部插件才能与 ROS 协同工作。至于 Webots，它是一个用于仿真 3D 机器人的免费开源软件，由 Cyberbotics Ltd. 开发，自 2018 年 12 月以来，它已发布免费开源许可证。

与 CoppeliaSim 一样，它可以很容易地与 ROS 连接。

在本章中，我们将学习如何设置这些仿真器，并将其与 ROS 网络连接起来。我们将讨论一些源代码，以了解它们如何作为独立软件使用，以及如何与 ROS 服务和主题一起使用。

5.1 使用 ROS 配置 CoppeliaSim

在开始使用 CoppeliaSim 之前，首先需要在系统上安装它，并配置工作环境，以启动 ROS 和仿真场景之间的通信桥梁。CoppeliaSim 是一种跨平台软件，可用于不同的操作系统，如 Windows、macOS 和 Linux。它由 Coppelia Robotics 开发，拥有免费教育和商业许可证。从 Coppelia Robotics 下载页面下载最新版本的 CoppeliaSim 仿真器，网址为 http://www.coppeliarobotics.com/downloads.html，选择适用于 Linux 的 edu 版本。在本章中，我们将参考 CoppeliaSim 4.2.0 版本。

完成下载后，解压缩归档文件。移动到下载文件夹并使用以下命令：

```
tar vxf CoppeliaSim_Edu_V4_2_0_Ubuntu20_04.tar.xz
```

该版本得到 Ubuntu 20.04 的支持。可以使用更直观的方式重命名此文件夹，例如：

```
mv CoppeliaSim_Edu_V4_2_0_Ubuntu20_04 CoppeliaSim
```

为了方便地访问 CoppeliaSim 资源，还可以设置指向 CoppeliaSim 主文件夹的 CoppeliaSim_ROOT 环境变量，如下所示：

```
echo "export COPPELIASIM_ROOT=/path/to/CoppeliaSim/folder >>
~/.bashrc"
```

这里，/path/to/CoppeliaSim/folder 是解压缩文件夹的绝对路径。

CoppeliaSim 提供以下模式，用于从外部应用程序控制仿真机器人：

- **远程应用程序编程接口（API）**：CoppeliaSim 远程 API 由几个函数组成，可以从用 C/C++、Python、Lua 或 MATLAB 开发的外部应用程序中调用这些函数。远程 API 使用套接字通信通过网络与 CoppeliaSim 交互。你可以在 C++ 或 Python 节点中集成远程 API，以将 ROS 与仿真场景连接起来。CoppeliaSim 提供的所有远程 API 列表可在 Coppelia Robotics 网站上找到，网址为 `https://www.coppeliarobotics.com/helpFiles/en/remoteApiFunctionsMatlab.htm`。要使用远程 API，必须实现客户端和服务器端的连接，如下所示：

A. **CoppeliaSim 客户端**：客户端驻留在外部应用程序中。它可以在 ROS 节点中实现，也可以在一个标准程序中实现。

B. **CoppeliaSim 服务器**：服务器端在 CoppeliaSim 脚本中实现，并允许仿真器接收外部数据以与仿真场景交互。

- **RosInterface**：这是在 ROS 和 CoppeliaSim 之间启用通信的当前接口。过去使用的是 ROS 插件，但现在不推荐使用了。

在本章中，我们将讨论如何使用可以复制远程 API 功能的 RosInterface 插件与 CoppeliaSim 交互。使用该接口，CoppeliaSim 将充当 ROS 节点，其他节点可以通过 ROS 服务、ROS 发布者和 ROS 订阅者进行通信。该接口由 CoppeliaSim 文件夹中已经可用的外部库实现。在安装 RosInterface 插件之前，我们需要配置运行 CoppeliaSim 的环境。首先，我们需要强制操作系统从 CoppeliaSim 的根目录里加载 Lua 和 Qt5 共享库。Lua 是一种可以用于不同高级应用程序的编程语言，CoppeliaSim 使用它直接从接口对仿真机器人进行编程。

现在，我们准备启动仿真器。要启用 ROS 通信接口，在打开仿真器之前，应在你的机器上运行 roscore 命令，而要打开 CoppeliaSim，我们可以使用以下命令：

```
cd $COPPELIASIM_ROOT
./coppeliaSim.sh
```

在启动过程中，系统中安装的所有插件都将被加载。简言之，所有插件都位于 CoppeliaSim 的根目录中，如图 5.1 所示。

启动 CoppeliaSim 后，你可以通过列出系统上运行的节点来检查一切是否正常，如图 5.2 所示。

```
[CoppeliaSim:loadinfo]     plugin 'OpenMesh': load succeeded.
[CoppeliaSim:loadinfo]     plugin 'Qhull': loading...
[CoppeliaSim:loadinfo]     plugin 'Qhull': load succeeded.
[CoppeliaSim:loadinfo]     plugin 'ROSInterface': loading...
[CoppeliaSim:loadinfo]     plugin 'ROSInterface': load succeeded.
[CoppeliaSim:loadinfo]     plugin 'RRS1': loading...
[CoppeliaSim:loadinfo]     plugin 'RRS1': load succeeded.
[CoppeliaSim:loadinfo]     plugin 'ReflexxesTypeII': loading...
```

图 5.1　CoppeliaSim 启动期间的插件加载

```
jcacace@jcacace-Lenovo-Legion-5-15ARH05:-$ rosnode list
/rosout
/sim_ros_interface
```

图 5.2　使用 RosInterface 插件运行 CoppeliaSim 后的活动 ROS 节点列表

如你所见，`sim_ros_interface` 节点已通过 CoppeliaSim 程序启动。为了探索 RosInterface 插件的功能，我们可以浏览 `plugin_publisher_subscriber.ttt` 场景，它位于本书提供的代码的 `csim_demo_pkg/scene` 文件夹中。要打开这个场景，请使用主下拉菜单，选择 File|Open Scene 选项。打开此场景后，应显示仿真窗口，如图 5.3 所示。

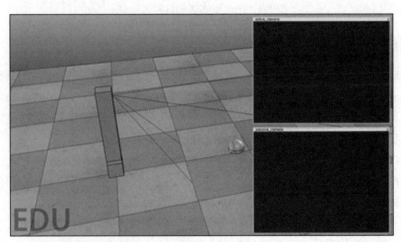

图 5.3　plugin_publisher_subscriber.ttt 仿真场景

在这个场景中，机器人配备了两个摄像头：一个主动式摄像头从环境中获取图像并发布特定主题的视频流，另一个被动式摄像头仅从同一主题获取视频流。我们可以按下 CoppeliaSim 界面主栏上的 play 按钮。

之后，仿真开始，会发生如图 5.4 所示的场景。

在这个仿真过程中，被动式摄像头显示主动式摄像头发布的图像，直接从 ROS 框架接收视觉数据。我们还可以通过运行以下命令，使用 `image_view` 软件包可视化 CoppeliaSim 发布的视频流：

```
rosrun image_view image:=/camera/image_raw
```

现在可以讨论如何使用 RosInterface 插件连接 CoppeliaSim 和 ROS。

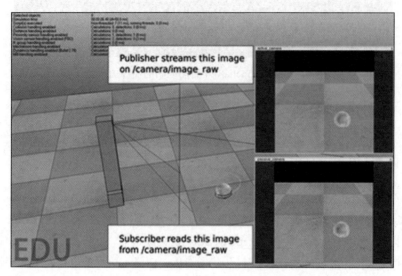

图 5.4   图像发布者和订阅者示例

5.1.1   理解 RosInterface 插件

RosInterface 插件是 CoppeliaSim API 框架的一部分。即使插件正确安装在你的系统中，如果 roscore 当时没有运行，加载操作也会失败。在这种情况下，ROS 功能无法正常工作。为了防止这种意外状况，我们将在稍后了解检查 RosInterface 插件是否正常工作的方法。让我们讨论一下如何使用 ROS 主题与 CoppeliaSim 交互。

使用 ROS 主题与 CoppeliaSim 交互

现在我们将讨论如何使用 ROS 主题与 CoppeliaSim 进行通信。当我们想要向仿真对象发送信息，或检索机器人传感器或执行器生成的数据时，这非常有用。

对该仿真器的仿真场景进行编程的最常用方法是使用 Luascripts。场景的每个对象都可以关联到一个脚本，该脚本在仿真开始时自动调用，并在仿真期间循环执行。

在下一个示例中，我们将创建一个包含两个对象的场景。其中一个将被编程用来发布特定主题的整数数据，而另一个订阅该主题，在 CoppeliaSim 控制台上显示浮点数据。

使用 Scene hierarchy 面板上的下拉菜单，选择 Add|Dummy 条目。我们可以创建两个对象，一个 dummy_publisher 对象和一个 dummy_subscriber 对象，并将脚本与它们关联起来。在创建的对象上使用鼠标右键，选择 Add|Associated child script|Non threaded 条目，如图 5.5 所示。

或者，我们可以通过打开位于 scene 目录下图书源代码的 csim_demo_pkg 文件夹中的 demo_ publisher_subscriber.ttt 文件，以直接加载仿真场景。

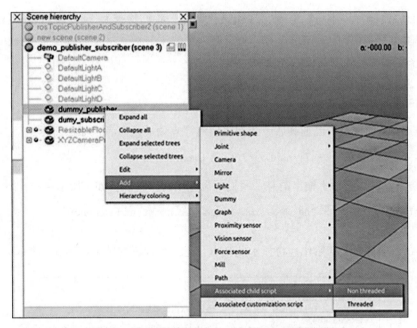

图 5.5　将非线程脚本与 CoppeliaSim 对象关联

让我们浏览与 dummy_publisher 对象关联的脚本内容，如下所示：

```
function sysCall_init()
    if simROS then
        print("ROS interface correctly loaded")
        pub=simROS.advertise('/number', 'std_msgs/Int32')
    else
        print("<font color='#F00'>ROS interface was not found.
Cannot run.</font>@html")
    end
end

function sysCall_actuation()
    int_data = {}
    int_data['data'] = 13
    simROS.publish(pub, int_data)
end
```

链接到 CoppeliaSim 对象的每个 Lua 脚本包含以下四个部分：

- sysCall_init：此部分仅在仿真第一次启动时执行。
- sysCall_activation：此部分以与仿真相同的帧速率（简称帧率）循环调用。用户可以在这里输入控制机器人启动的代码。
- sysCall_sensing：在仿真步骤的感应阶段，此部分将在仿真步骤中执行。
- sysCall_cleanup：在仿真结束之前调用此部分。

从前面的代码片段中可以看到，在初始化部分，我们检查 RosInterface 插件是否已安装并正确加载到系统中；如果没有，就会有一个错误显示。这是通过检查 simROS 对象的存在与否来实现的，如以下代码片段所示：

```
if simROS then
    print("ROS interface correctly loaded")
```

在检查 ROS 插件是否已加载后，我们将启用浮点值的发布者，如下所示：

```
pub = simROS.advertise('/number', 'std_msgs/Int32')
```

要在仿真器的状态栏上输出消息，我们可以使用打印功能，如下所示：

```
print("<font color='#F00'>ROS interface was not found. Cannot
run.</font>@html")
```

如果 ROS 插件尚未初始化，将显示此文本。上一行代码的结果如图 5.6 所示。

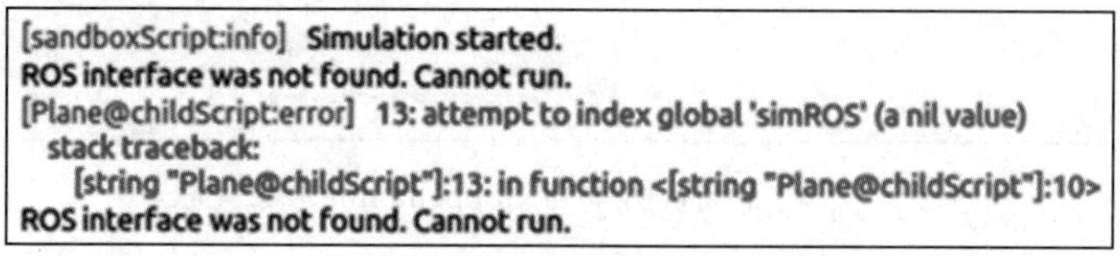

```
[sandboxScript:info]  Simulation started.
ROS interface was not found. Cannot run.
[Plane@childScript:error]  13: attempt to index global 'simROS' (a nil value)
    stack traceback:
        [string "Plane@childScript"]:13: in function <[string "Plane@childScript"]:10>
ROS interface was not found. Cannot run.
```

图 5.6　CoppeliaSim 状态栏中报告的错误

最后，我们利用 actuation 函数的循环调用在 ROS 网络上连续传输 int 值，如下所示：

```
function sysCall_actuation()
    int_data = {}
    int_data['data'] = 13
    simROS.publish(pub, int_data)
end
```

现在让我们看看与 dummy_subscriber 对象关联的脚本内容，如下所示：

```
function sysCall_init()
    if simROS then
        print("ROS interface correctly loaded")
        sub=simROS.subscribe('/number', 'std_msgs/Int32',
'intMessage_callback')
    else
    print("<font color='#F00'>ROS interface was not found.
Cannot run.</font>@html")
    end
end
function intMessage_callback(msg)
    print ( "data", msg["data"] )
end
```

在检查 ROS 插件加载后，我们激活 /number 主题上输入数字值的订阅者。simROS 对象的 subscribe 方法需要主题的名称、要传输的所需类型以及处理传入数据的回调作为参数。代码可以在以下代码片段中看到：

```
        sub=simROS.subscribe('/number', 'std_msgs/Int32',
'intMessage_callback')
```

然后，我们定义一个回调（callback）方法，将 /number 主题上发布的数据显示在状态栏中，如下所示：

```
function intMessage_callback(msg)
    print ( "data", msg["data"] )
end
```

在开始仿真之后，我们可以看到 dummy_subscriber 脚本正确接收 dummy_publisher 脚本发布的浮点数。现在我们将讨论如何在 CoppeliaSim 脚本中使用不同的 ROS 消息。

5.1.2　处理 ROS 消息

要在 Lua 脚本中发布新的 ROS 消息，需要将其包装在一个包含原始消息相同字段的数据结构中。读者必须采用相反的程序来收集 ROS 主题上发布的信息。让我们先分析一下上一个例子中所做的工作，然后再讨论更复杂的问题。在 dummy_publisher 示例中，目标是发布关于 ROS 主题的整数数据。我们可以检查使用这个 ROS 命令来设置一个整数消息结构：

```
rosmsg show std_msgs/Int32
int32 data
```

这意味着我们需要用所需的流值填充消息结构的 data 字段，就像我们在 publisher 脚本中所做的那样。可在此处查看执行此操作的代码：

```
int_data['data'] = 13
```

现在，让我们看看如何通过 ROS 流式传输放置在仿真场景中的摄像头传感器拍摄的图像，从而实现更复杂的功能。加载 plugin_publisher_subscriber.ttt 再次模拟场景，并打开与 active_camera 对象关联的脚本。在该脚本的开头，将检索消息的处理程序，如下所示：

```
visionSensorHandle=sim.getObjectHandle('active_camera')
```

除此之外，主题发布服务器也会初始化，如下所示：

```
pub=simROS.advertise('/camera/image_raw', 'sensor_msgs/Image')
```

当接收到新图像时，CoppeliaSim 执行器会自动调用 sysCall_sensing 感应函数。在其内部，必须在发布数据之前编译一个 sensor_msgs/Image 数据结构。让我们看看代码。getVisionSensorCharImage 方法用于获取新图像及其属性，如以下代码段所示：

```
function sysCall_sensing()
    local data,w,h=sim.
getVisionSensorCharImage(visionSensorHandle)
```

现在，我们几乎拥有了配置图像边框的所有元素，如以下代码片段所示：

```
d={}
d['header']={stamp=simROS.getTime(), frame_id="a"}
d['height']=h
d['width']=w
d['encoding']='rgb8'
d['is_bigendian']=1
d['step']=w*3
```

我们可以对数据进行流式传输，如下所示：

```
d['data']=data
simROS.publish(pub,d)
```

到目前为止，我们只讨论了如何使用 RosInterface 连接 ROS 和 CoppeliaSim。我们可以把它与已经提供给仿真器的机器人模型一起使用。在下一节中，我们将看到如何将我们自己的统一机器人描述格式（URDF）机器人模型导入 CoppeliaSim。

5.2   使用 CoppeliaSim 和 ROS 仿真机械臂

在上一节中，我们使用 Gazebo 导入并模拟了在第 3 章中设计的 7-DOF 机械臂。在这里我们将使用 CoppeliaSim 做同样的事情。仿真 7-DOF 机械臂的第一步是将其导入仿真场景。CoppeliaSim 允许你使用 URDF 文件导入新的机器人，因此，我们必须在 URDF 文件中转换机械臂的 xacro 模型，将生成的 URDF 文件保存在 csim_demo_pkg 包的 urdf 文件夹中，如下所示：

```
rosrun xacro seven_dof_arm.xacro >  /path/to/csim_demo_pkg/
urdf/seven_dof_arm.urdf
```

我们现在可以使用 URDF import 插件来导入机器人模型。从主下拉菜单中选择 Plugins| URDF import 条目，然后按下 Import 按钮，从对话框窗口中选择默认导入选项。最后，选择要导入的文件，7-DOF 机械臂将出现在场景中，如图 5.7 所示。

机器人的所有组件现在都导入场景中，正如我们可以从 Scene hierarchy 面板中看到的，其中显示了在 URDF 文件中定义的机器人关节和连杆的集合。

即使机器人已经正确导入，也还没有做好控制的准备。到启动机器人时，我们需要从 Joint Dynamic Properties 面板启用所有机器人电机。除非电机断电，否则在仿真过程中不能移动它。要启用关节的电机，需要打开 Scene Object Properties 面板，从主下拉菜单选择 Tools | Scene object properties 选项。你也可以通过双击场景层次中的对象图标来打开此对

话框。从这个新的窗口中，打开 Dynamic properties 对话框并启用电机和关节的控制回路，选择控制器类型。默认情况下，电机是通过比例积分微分（PID）控制的，如图 5.8 所示。

图 5.7　在 CoppeliaSim 中仿真 7-DOF 机械臂

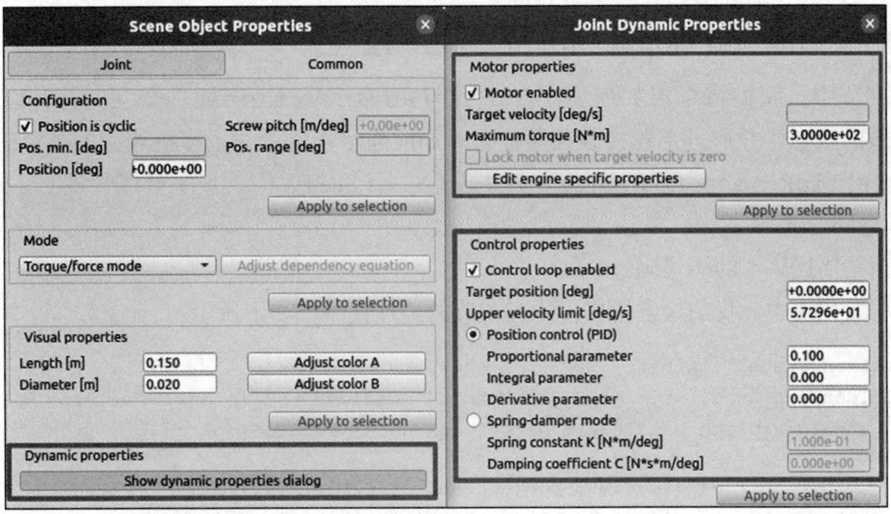

图 5.8　场景对象属性和关节动力学属性对话框

　　为了提高控制回路的性能，应适当调整 PID 增益。在启动所有机器人关节的电机和控制回路后，我们可以检查所有配置是否正确。运行仿真并从 Scene Object Properties 面板设置目标位置。

　　图 5.9 是将第四个关节移动到 1.0 弧度的示例。

　　机器人现在集成在仿真场景中，但不能用 ROS 控制它。为此，在下文中，我们将讨论如何用 RosInterface 插件集成机器人控制器。

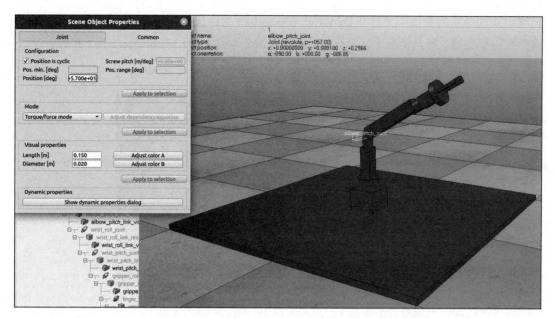

图 5.9 从 CoppeliaSim Scene Object Properties 对话框中移动机械臂的一个关节

将 ROS 接口添加到 CoppeliaSim 关节控制器上

在本节中，我们将学习如何将 7-DOF 臂与 RosInterface 插件交互对接，以流式传输其关节的状态，并通过主题接收控制输入。如前面示例所示，选择机器人的一个组件（例如，base_link_respondable 组件）并创建一个 Lua 脚本，该脚本将管理 CoppeliaSim 和 ROS 之间的通信。

下面是描述脚本的源代码。

在初始化块中，我们检索机器人所有关节的处理程序，如下所示：

```
function sysCall_init()
shoulder_pan_handle=sim.getObjectHandle('shoulder_pan_joint')
    shoulder_pitch_handle=sim.getObjectHandle('shoulder_pitch_
joint')
     elbow_roll_handle=sim.getObjectHandle('elbow_roll_joint')
    elbow_pitch_handle=sim.getObjectHandle('elbow_pitch_joint')
    wrist_roll_handle=sim.getObjectHandle('wrist_roll_joint')
    wrist_pitch_handle=sim.getObjectHandle('wrist_pitch_joint')
    gripper_roll_handle=sim.getObjectHandle('gripper_roll_
joint')
```

然后，我们设置关节角度的发布者，如下所示：

```
    j1_state_pub = simROS.advertise('/csim_demo/seven_dof_arm/
shoulder_pan/state', 'std_msgs/Float32')
```

我们必须为模型的每个关节复制这条线。我们需要成功地对关节命令的订阅者做同样的事情，如下所示：

```
j1_cmd_sub = simROS.subscribe('/csim_demo/seven_dof_arm/
shoulder_pan/cmd', 'std_msgs/Float32', 'j1Cmd_callback')
```

此外，在这种情况下，我们必须实例化一个新订阅者和一个新回调来处理传入的数据。例如，要读取 ROS 主题上发布的给定关节的关节值并应用正确的关节命令，我们将使用以下代码块：

```
function j1Cmd_callback( msg )
    sim.setJointTargetPosition( shoulder_pan_handle,
msg['data'] )
end
```

这里，我们使用 `setJointTargetPosition` 函数来更改给定关节的位置。此类函数的输入参数是 `joint` 对象的处理程序和要分配的值。开始仿真后，我们可以使用命令行工具移动一个所需的关节，如 `elbow_pitch` 关节，并发布一个值，如以下代码片段所示：

```
rostopic pub /csim_demo/seven_dof_arm/elbow_pitch/cmd std_msgs/
Float32 "data: 1.0"
```

同时，我们可以得到监听 `state` 主题的关节的位置，如下所示：

```
rostopic echo /csim_demo/seven_dof_arm/elbow_pitch/state
```

这显示在图 5.10 中。

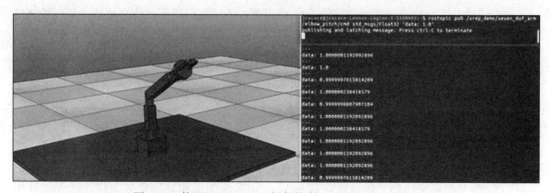

图 5.10　使用 RosInterface 插件控制 seven_dof_arm 关节

我们现在已经准备好实施控制算法，移动 7-DOF 机械臂的关节。在下一节中，我们将继续讨论机器人仿真器软件并介绍 Webots。

5.3　使用 ROS 设置 Webots

正如 CoppeliaSim 所要求的，我们需要在系统上安装 Webots，然后再使用 ROS 设置它。Webots 是 Windows、Linux 和 macOS 支持的多平台仿真软件。该软件最初由瑞士洛桑联邦理工学院（EPFL）开发。现在，它是由 Cyberbotics 开发的，并在免费开源的 Apache 2 许可下发布。Webots 提供了一个完整的开发环境来建模、编程和仿真机器人。它专为专业用途而设计，广泛应用于工业、教育和研究领域。

你可以选择不同的方式来安装仿真器。你可以从 Webots 网页（http://www.cyberbotics. com/#download）下载 .deb 包或者使用 Debian/Ubuntu 高级打包工具（APT）软件包管理器。假设你正在运行 Ubuntu，要首先验证 Cyberbotics 存储库，如下所示：

```
wget -qO- https://cyberbotics.com/Cyberbotics.asc | sudo
apt-key add -
```

然后，你可以通过添加 Cyberbotics 存储库来配置 APT 包管理器，如下所示：

```
sudo apt-add-repository 'deb https://cyberbotics.com/debian/
binary-amd64/'
sudo apt-get update
```

然后，使用以下命令继续安装 Webots：

```
sudo apt-get install webots
```

我们现在可以使用以下命令启动 Webots：

```
$ webots
```

执行此命令后，Webots 用户界面（UI）将打开。使用窗口顶部的仿真菜单，可以控制仿真、启动或暂停仿真或加速仿真的执行。

我们现在准备开始模拟机器人的运动和传感器。讨论如何开始用 Webots 为机器人编程之前，先概述其基本原理。

5.3.1　Webots 仿真器简介

Webots 仿真主要由以下三个要素组成：

- **世界配置文件**：与 Gazebo 一样，仿真环境是通过一个扩展名为 .wbt 的基于文本的世界文件来配置的。你可以直接从 Webots 界面创建和导出世界文件。世界文件中描述了所有仿真对象和机器人及其几何形状和纹理、位置和方向。Webots 已经包含了一些可以使用的示例世界文件。它们都包含在 Webots 的 `world` 子文件夹中。如果使用 APT 安装 Webots，则此类文件包含在 `/usr/local/Webots/projects/vehicles/worlds/` 文件夹中。

- **控制器**：每个仿真由一个或多个控制器程序处理。控制器可以用不同的编程语言实现，如 C、C++、Python 或 Java。此外，还支持 MATLAB 脚本。仿真开始时，关联的控制器作为单独的进程启动。即使在这种情况下，Webots 的主目录中已经有了一组基本控制器，它们被放置在 `controllers` 子文件夹中。通过这种方式，Webots 已经实现了不同的机器人功能，比如运动功能。

- **物理插件**：一组插件，可用于修改仿真的常规物理行为。它们可以用与控制器程序相同的语言编写。

ROS 和 Webots 之间的通信桥梁可以使用适当的控制器来实现，该控制器可以由仿真场景中的任何机器人使用，并且其作用类似于 ROS 节点，将所有 Webots 功能作为服务或主题提供给其他 ROS 节点。在探索其与 ROS 的集成之前，我们将开始讨论如何创建和编程第一个仿真场景。

5.3.2 使用 Webots 仿真移动机器人

本节的目标是从头开始创建一个仿真场景，包含对象和移动轮式机器人。为此，我们需要创造一个新的空世界。我们可以使用向导选项创建新的仿真场景。这个世界已经出现在 webots_demo_pkg 包的源代码中。要创建新的仿真，请使用顶栏菜单并选择 **Wizards | New Project Directory**。小程序将帮助你设置所有内容。单击 **Next** 选择项目目录。根据需要插入文件夹路径，并选择 mobile_robot 作为文件夹名称。你也可以选择一个世界名字；插入 robot_motion_controller.wbt 并小心地锁定 **Add a rectangle area** 选项。然后，单击 **Finish**，加载场景后，它应该类似于图 5.11。

图 5.11 Webots 的起始场景

场景中的每个对象都以分层方式组织，就像用户界面左侧面板的树状图所示。首先，我们们已经具备以下要素：

- `WorldInfo`：包含一组仿真参数，例如固定参考框架。
- `Viewpoint`：定义主要视点摄像机参数。

- TexturedBackground：定义仿真的背景图像。
- TexturedBackgroundlight：定义与背景相关的光。
- RectangleArea：表示仿真对象的地板。

在 Webots 中，这样的对象称为节点。每个节点都可以通过设置一些属性进行自定义，例如，双击 RectangleArea 元素，我们可以修改模板大小和墙壁的高度。现在，我们已经准备好将对象添加到场景中。从分层的面板中选择并折叠 RectangleArea 元素，然后单击上部面板中的 +（添加）按钮，如图 5.12 所示。

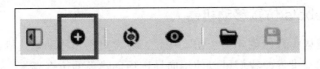

图 5.12   向 Webots 场景添加节点的按钮

Webots 的每个节点都由一个 PROTO 文件表示。这是一个包含对象定义的文本文件。Webots 已经包含不同的 PROTO 模型，用于在仿真场景中生成对象和机器人。单击 + 按钮后，选择 PROTO nodes（Webots Projects）| objects | factory | containers | WoodenBox（Solid）以在仿真中显示一个大木箱。使用 object 属性修改其大小和位置。你也可以使用鼠标轻松地移动盒子和定位它。请小心为对象指定合理的质量，因为在开始时它是 0。最后，我们准备导入移动机器人。与木箱完全一样，机器人由 PROTO 元素表示。Webots 提供不同的移动机器人模型和工业机器人模型。在本节中，我们将导入 e-puck 移动机器人。这是一个小型轮式差速驾驶教育平台，由多个距离传感器和车载摄像头组成。在我们将此模型或任何其他模型添加到环境中之前，必须确保仿真已暂停，并且虚拟时间为 0（可以使用重置按钮重置时间）。事实上，每次修改世界时，主工具栏上的虚拟时间计数器都应该显示 0:00:00:000。否则，每次保存时，每个对象的位置都可能累积错误。因此，对世界的任何修改都应该在场景重置并保存后执行。

再次选择 RectangleArea 并使用 + 按钮，选择（Webots Projects）/ robots / gctronic / e-puck / E-puck PROTO 元素。现在，将机器人放置在场景中，并保存世界。此外，在这种情况下，可以从 robot panel 属性中配置传感器参数（摄像机分辨率、视野等）。现在可以使用 Start 按钮开始仿真了。你还可以看到，由于它的传感器，这个机器人已经能够在环境中移动和避开障碍物。这是因为这个机器人已经实现了一个名为 e-puck_avoid_obstacles. 的控制器。你可以通过使用文本编辑器直接打开源代码，或使用 Webots 的集成文本编辑器来检查此控制器的源代码。在后一种情况下，单击 E-puck 节点元素中的控制器，然后单击 Edit.。结果显示在图 5.13 中。

正如你所看到的，这个控制器是用 C 语言实现的，所以对它所做的任何修改都必须事先编译以使其有效。现在，让我们尝试使用 Webots 编写第一个控制器。

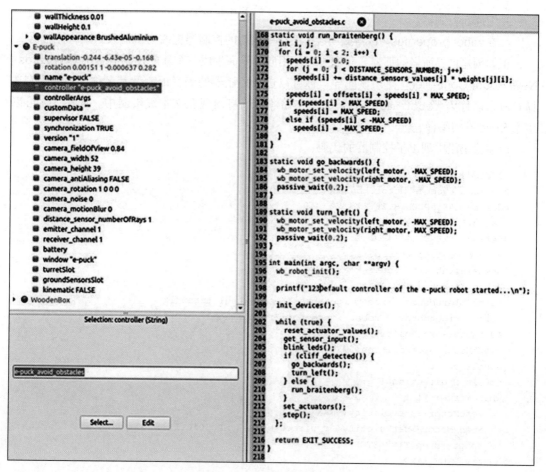

图 5.13　Webots 中的控制器编辑器

5.4　编写第一个控制器

在本节中，我们将为移动机器人编写第一个控制器。我们已经看到了控制器如何处理机器人的运动及其对传感器的感应。让我们改变 E-puck 机器人的控制器来移动一些固定的方向。我们可以为控制器选择不同的编程语言，本节将使用 C++。新控制器的目标是控制机器人轮子的速度，以显示 Webots 控制器的典型结构。

首先要做的是改变与移动机器人相关的控制器。请注意，每个机器人一次只能使用一个控制器。相反，我们可以将同一个控制器与不同的机器人相关联。要编写新控制器，我们必须遵循以下步骤：

1. 创建一个新的控制器文件。

2. 编写一个新控制器。

3. 编译新控制器。

4. 在 robot properties（机器人属性）面板中用新的控制器更改为机器人的默认控制器。

正如创建世界所做的那样，我们可以使用向导界面生成一个新的控制器。使用 Wizards | New Robot Controller。使用该向导，你可以选择控制器的编程语言及其名称：编程语言选择 C++，名称为 robot_motion。一些初始源代码将出现在文本编辑器中。现在，你可以使用 Build 按钮编译它。

以下代码段中列出了控制器的代码：

```
#include <webots/Robot.hpp>
#include <webots/Motor.hpp>
#define MAX_SPEED 6.28
//64 Milliseconds
#define TIME_STEP 64
using namespace webots;
int main(int argc, char **argv) {
 Robot *robot = new Robot();
 Motor *leftMotor = robot->getMotor("left wheel motor");
 Motor *rightMotor = robot->getMotor("right wheel motor");
 leftMotor->setPosition(INFINITY);
 rightMotor->setPosition(INFINITY);
 double t=0.0;
 double r_direction=1.0;
 while(true)  {
    leftMotor->setVelocity( MAX_SPEED*0.1);
    rightMotor->setVelocity( r_direction*MAX_SPEED*0.1);
    robot->step(TIME_STEP) ;
    t+= TIME_STEP;
    if ( t > 2000 ) {
        r_direction*=-1.0;
    }
    if( t > 4000) {
        r_direction = 1.0;
        t = 0.0;
    }
 }
 delete robot;
 return 0;
}
```

下面是对代码的解释。

让我们从包含头文件开始，以访问 Robot 函数及其电机，如下所示：

```
#include <webots/Robot.hpp>
#include <webots/Motor.hpp>
```

然后，我们定义车轮的最大速度为 6.28 弧度 / 秒，以及表示仿真采样时间的时间步长。

此时间以毫秒（ms）为单位。代码如下所示：

```
#define MAX_SPEED 6.28
#define TIME_STEP 64
```

在主函数中编写控制器程序。我们将开始对 Robot 和 Motors 对象进行实例化。对于 Robot 对象，其构造函数需要提供电机的名称。可以从描述机器人的 PROTO 文件中获取机器人的元素名称（在分层面板中右键单击机器人名称，然后选择 View PROTO Source）。下面的代码片段对代码进行了说明：

```
Robot *robot = new Robot();
Motor *leftMotor = robot->getMotor("left wheel motor");
Motor *rightMotor = robot->getMotor("right wheel motor");
```

为了控制机器人电机的速度，我们将其位置设置为 INFINITY，然后设置所需的速度，如下所示：

```
leftMotor->setPosition(INFINITY);
rightMotor->setPosition(INFINITY);
```

主回路由一个无限 while 回路组成，在该回路中，我们将每个电机的速度设置为最大速度的 10%，对于右侧电机，运动方向为：1.0 表示直线前进，-1.0 表示旋转。代码如下：

```
while(true)  {
    leftMotor->setVelocity( MAX_SPEED*0.1);
    rightMotor->setVelocity( r_direction*MAX_SPEED*0.1);
```

我们考虑设定控制速度的经过时间，如下：

```
t+= TIME_STEP;
```

最后，为了在每次迭代结束时启动机器人，我们需要调用 step 函数将命令发送到其电机。此函数将启动控制器的另一个回路之前的等待时间作为输入。该数字必须以 ms 为指定单位。代码如下所示：

```
robot->step(TIME_STEP) ;
```

现在，我们已经准备好使用 Build 按钮编译控制器，并将该控制器添加到机器人中。后一步可以直接在分层面板中进行，修改控制器字段并选择 robot_motion 控制器。

现在，你可以开始仿真并查看第一个 Webots 控制器的结果。在下文中，我们将集成 ROS 和 Webots。

使用 Webots 和 ROS 仿真机械臂

Webots ROS 集成需要两个方面：ROS 方面和 Webots 方面。ROS 端通过 webots_ros 软件包实现，而 Webots 通过标准控制器支持 ROS，该控制器可以添加到任何机器人模型中。

要将 Webots 与 ROS 结合使用，需要安装 webots_ros 软件包。这可以使用 APT 实现，如下所示：

```
sudo apt-get install ros-noetic-webots-ros
```

现在，我们必须改变之前用 ros 开发的控制器，如图 5.14 所示。

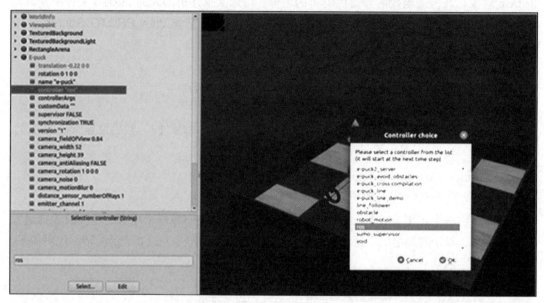

图 5.14　向 Webots 机器人添加 ros 控制器

仿真开始后，我们可以根据机器人传感器和执行器的配置，使用一组在 ROS 网络上实现 Webots 功能的服务直接与机器人交互。当然，roscore 必须在 ROS 网络中处于活动状态，否则会在 Webots 控制台中显示错误。Webots 只发布一个名为 /model_name 的主题。在本主题中，将发布仿真场景中当前处于活动状态的模型列表。这些信息是使用 Webots 服务的基础，事实上，Webots 使用特定语法在网络上声明其服务或主题：[robot_name]/[device_name]/[service/topic_name]。具体如下：

- [robot_name]：机器人的名称后面跟着进程 ID。
- [device_name]：此字段显示它所指的设备。
- [service/topic_name]：此字段与其对应的 Webots 函数相同或非常接近。

关于该主题发布的数据示例如图 5.15 所示。

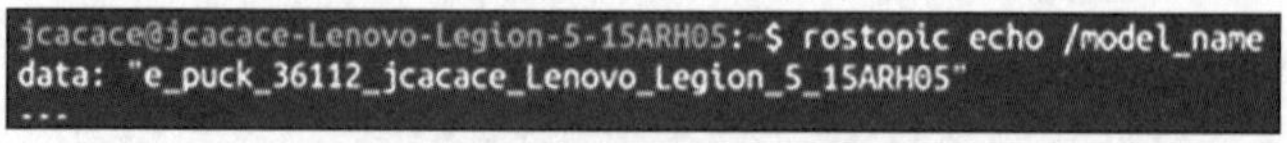

```
jcacace@jcacace-Lenovo-Legion-5-15ARH05:~$ rostopic echo /model_name
data: "e_puck_36112_jcacace_Lenovo_Legion_5_15ARH05"
---
```

图 5.15　Webots 发布的模型名称

现在，我们可以开始使用 Webots 服务了。ros 控制器非常通用，可以在每个机器人上执行。在不同的传感器中，e-puck 机器人配备了车载摄像头。要在 ROS 网络上流式传输摄像头数据，必须启用摄像头，我们可以使用 /camera/enable 服务。使用以下命令行工具启用它：

```
rosservice call /e_puck_36112_jcacace_Lenovo_Legion_5_15ARH05/
camera/enable "value: true"
```

此时，ROS 网络上发布了一个新的主题，代表摄像机拍摄的图像。你可以使用 image_view 插件查看此图像，如下所示：

```
rosrun image_view image:=/e_puck_36112_jcacace_Lenovo_
Legion_5_15ARH05/camera/image
```

类似地，我们可以启用和读取其他传感器，例如距离传感器，还可以设置机器人关节的位置、速度和扭矩。在我们的例子中，我们需要设置车轮的速度。

如前所述，ROS 的集成需要两个方面。在 ROS 方面，我们可以使用 webots_ros 包实现新节点。

5.5 使用 webots_ros 编写遥控节点

在本节中，我们将实现一个 ROS 节点，从 geometry_msgs::Twist 消息开始，直接控制 e-puck 机器人的轮子速度。为此，我们需要利用 webots_ros 作为依赖项。让我们创建一个 webots_demo_pkg 软件包，将 webots_ros 指定为依赖项，如下所示：

```
catkin_create_pkg webots_demo_pkg roscpp webots_ros geometry_
msgs
```

完整的源代码可以在本书中找到，下面将对其进行解释。首先定义一些有用的头文件，实现使用 Webots 服务所需的消息，如下所示：

```
#include "ros/ros.h"
#include <webots_ros/Int32Stamped.h>
#include <webots_ros/set_float.h>
#include <webots_ros/set_int.h>
#include <webots_ros/robot_get_device_list.h>
#include <std_msgs/String.h>
#include <geometry_msgs/Twist.h>
```

然后，声明一些变量来保存 ROS 回调收到的数据——有关机器人模式和速度的信息，如下所示：

```
static char modelList[10][100];
static int cnt = 0;
static float left_vel = 0.0;
static float right_vel = 0.0;
```

此节点中实现了两个回调，一个用于读取所需的线速度和角速度，并分配车轮的速度。下面的代码片段对此进行了说明：

```
void cmdVelCallback(const geometry_msgs::Twist::ConstPtr &vel)
{
    float wheel_radius = 0.205;
    float axes_length = 0.52;
    left_vel = ( 1/wheel_radius)*(vel->linear.x-axes_
length/2*vel->angular.z);
    right_vel = ( 1/wheel_radius)*(vel->linear.x+axes_
length/2*vel->angular.z);
}
```

另一个回调用于读取分配给 e-puck 机器人的模型名称，如下所示：

```
void modelNameCallback(const std_msgs::String::ConstPtr &name)
{
    cnt++;
    strcpy(modelList[cnt], name->data.c_str());
    ROS_INFO("Model #%d: %s.", cnt, name->data.c_str());
}
```

最后，我们必须实现设置控制机器人所需的一切的主函数。首先，初始化 ROS 节点和 NodeHandle 类，如下所示：

```
int main(int argc, char** argv ) {
    ros::init(argc, argv, "e_puck_manager");
    ros::NodeHandle n;
    std::string modelName;
```

然后，等待机器人模型被 Webots 流式传输。没有这些信息，就无法使用 Webots 服务。下面的代码片段进行了说明：

```
    ros::Subscriber nameSub = n.subscribe("model_name", 100,
modelNameCallback);
    while (cnt == 0 ) {
        ros::spinOnce();
    }
    modelName = modelList[1];
```

然后，定义 /cmd_vel 主题的订阅者，如下所示：

```
ros::Subscriber cmdVelSub = n.subscribe("cmd_vel", 1,
cmdVelCallback);
```

如前一节所述，为了控制机器人的速度轮，我们需要将轮的位置设置为 INFINITY。我们可以使用合适的 ROS 客户端，如下所示：

```
webots_ros::set_float wheelSrv;
wheelSrv.request.value = INFINITY;
ros::ServiceClient leftWheelPositionClient =
n.serviceClient<webots_ros::set_float>(modelName + "/left_
wheel_motor/set_position");
leftWheelPositionClient.call(wheelSrv);
ros::ServiceClient rightWheelPositionClient =
n.serviceClient<webots_ros::set_float>(modelName + "/right_
wheel_motor/set_position");
rightWheelPositionClient.call(wheelSrv)
```

我们还将速度设置为 0.0，如下所示：

```
wheelSrv.request.value = 0.0;
ros::ServiceClient leftWheelVelocityClient =
n.serviceClient<webots_ros::set_float>(modelName + "/left_
wheel_motor/set_velocity");
leftWheelVelocityClient.call( wheelSrv );
ros::ServiceClient rightWheelVelocityClient =
n.serviceClient<webots_ros::set_float>(modelName + "/right_
wheel_motor/set_velocity");
rightWheelVelocityClient.call( wheelSrv );
```

最后，在主回路中，我们必须做的唯一一件事是应用在 geometry_msgs::Twist 调用中计算的速度，如下所示：

```
ros::Rate r(10);
while(ros::ok()) {
  wheelSrv.request.value = left_vel;
  leftWheelVelocityClient.call( wheelSrv );

  wheelSrv.request.value = right_vel;
  rightWheelVelocityClient.call( wheelSrv );

  r.sleep();
  ros::spinOnce();
}
return 0;
}
```

现在，你可以使用上一章开发的 diff_wheeled_robot_control 软件包的键盘遥控节点，用 ROS 控制 Webots 中的移动机器人。首先，开始仿真，然后启动以下节点：

rosrun webots_demo_pkg e_puck_manager
roslaunch diff_wheeled_robot_control keyboard_teleop.launch

如前一章所述，你可以在仿真环境中使用键盘驱动机器人。最后，我们将讨论如何使用方便的启动文件启动仿真。

使用启动文件启动 Webots

在本节中，我们将看到如何使用启动文件直接启动 Webots。这由 `webots_ros` 软件包中已经提供的启动文件来完成。为了创建一个所需的 Webots 世界，我们需要包含这个启动文件，设置要启动的 `.wbt` 文件，如 `webots_demo_package/launch/e_puck_manager.launch` 启动文件所示。下面将显示并描述该文件。

在包含 `webots_ros` 启动文件之前，我们将 `no-gui` 参数设置为 `false` 以打开 Webots 的 UI，如下所示：

```
<launch>
  <arg name="no-gui" default="false" />
  <include file="$(find webots_ros)/launch/webots.launch">
    <arg name="mode" value="realtime"/>
    <arg name="no-gui" value="$(arg no-gui)"/>
```

在这里，我们设置了配置文件——放在 `package` 目录中的 `e_puck_ros.wbt` 世界文件，如下所示：

```
<arg name="world" value="$(find webots_demo_pkg)/scene/mobile_
robot/worlds/e_puck_ros.wbt"/>
  </include>
```

最后，启动 `e_puck_manager` 节点，以允许对机器人进行远程控制，如下所示：

```
  <node name="e_puck_manager" pkg="webots_demo_pkg" type="e_
puck_manager" output="screen" />
```

请注意，要使用此启动文件，我们需要将 `WEBOTS_HOME` 环境变量设置为指向 Webots 的根文件夹。如果你已经使用 APT 安装了 Webots，则可以设置此变量，将以下行添加到你的 `.bashrc` 文件中：

`zzecho "export WEBOTS_HOME=/usr/local/webots" >> ~/.bashrc`

现在你已经准备好使用启动文件启动 Webots 和 `e_puck_manager` 节点了。

5.6　总结

在本章中，我们主要演示了上一章中使用 Gazebo 已经完成的内容，使用了其他机器人仿真器：CoppeliaSim 和 Webots。它们是集成了不同技术的多平台仿真软件程序，用途非常广泛。由于其直观的用户界面，新用户可能更容易使用它们。

我们主要仿真了两个机器人，一个是使用前几章设计的 7-DOF 机械臂的 URDF 文件导入的，另一个是 Webots 仿真模型提供的流行的差速轮式机器人。我们学习了如何用 ROS 对接和控制我们的模型的机器人关节，以及如何使用主题来移动一个差速驱动的移动机器人。

在下一章中，我们将学习如何使用 ROS MoveIt! 软件包连接机械臂，以及如何使用 Navigation 栈连接移动机器人。

5.7　问题

我们现在应该能够回答以下问题：

- ROS 和 CoppeliaSim 如何通信？
- 以何种方式可以使用 ROS 控制 CoppeliaSim 仿真？
- 我们如何在 CoppeliaSim 中导入新的机器人模型并将其和 ROS 集成？
- Webots 可以作为独立软件使用吗？
- ROS 和 Webots 如何通信？

第 6 章
使用 ROS MoveIt! 与 Navigation 栈

在前面的章节中，我们已经讨论了如何对机械臂以及移动机器人进行设计与仿真。通过 ROS 操作系统控制器，我们在 Gazebo 下实现了对机械臂每个关节组件的控制，并通过 teleop 节点实现了移动机器人在 Gazebo 下的移动控制。

在本章中，我们将针对运动规划问题展开讨论。通过手动直接控制移动机器人的关节组件通常是一项艰巨的任务，尤其是我们期望移动机器人按照特定的速度运动或者移动到指定的位置的情况下。同样地，控制机器人运动并实现避障也需要对路径进行规划。基于上述原因，我们将通过 ROS 的 MoveIt! 以及 Navigation 栈来解决上述问题。

MoveIt! 是用于进行移动机器人操控的一组软件包和工具。其官网地址为：http://moveit.ros.org/，官网提供了相应的文档、使用 MoveIt! 的机器人列表，以及一系列实现抓取、拾放、使用逆运动学（Inverse Kinematics，IK）进行简单运动规划的演示示例。

MoveIt! 包含了截至目前用于运动规划、操控、3D 感知、运动学、碰撞检测、控制以及导航的软件。与基于命令行的交互（Command-Line Interface，CLI）不同，MoveIt! 提供了一些相当友好的图形化人机交互界面（Graphical User Interface，GUI），使得用户能够在 MoveIt! 中配置新的机器人。还有一个 ROS 可视化（RViz）插件，可以通过方便的 UI 进行运动规划。我们还将了解如何使用 MoveIt! 的 C++ 应用程序编程接口对机器人进行运动规划。

导航栈是主要用于移动机器人自主导航的有力工具和库的集合，包含一系列可以直接使用的导航算法，尤其适用于差速轮式机器人。基于这些栈，我们可以实现移动机器人的自主导航，这也是我们要在导航栈的使用中看到的最后一个概念。

本章首先介绍 MoveIt! 的封装、安装和架构。在讨论了 MoveIt! 的主要概念后，我们将了解如何为机械臂创建一个 MoveIt! 软件包，从而为机器人提供碰撞感知路径规划。使用此软件包，我们可以在 RViz 中执行运动规划（逆运动学），并可以与 Gazebo 或真实的机器人进行交互来执行路径。

然后，我们将围绕导航栈展开讨论，主要阐述如何使用**同步定位与地图构建**（Simultaneous Localization And Mapping，SLAM）以及**自适应蒙特卡罗定位**（Adaptive Monte Carlo Localization，AMCL）实现自主导航。

6.1 MoveIt! 架构

在 ROS 系统下使用 MoveIt! 之前，首先需要安装好 MoveIt!。安装方法十分简单，仅需一条指令即可。使用以下命令即可安装 MoveIt! 的核心（一组适用于 ROS Noetic 的插件与规划器）：

```
sudo apt-get install ros-noetic-moveit ros-noetic-moveit-
plugins ros-noetic-moveit-planners
```

下面开始介绍 MoveIt! 的架构。理解 MoveIt! 的架构有助于我们使用 MoveIt! 进行编程并与机器人进行交互。简要介绍 MoveIt! 的架构和重要概念之后，我们就开始介绍与机器人进行交互并进行机器人程序设计的内容。

MoveIt! 的架构如图 6.1 所示。

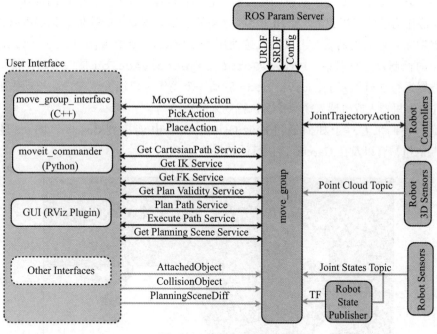

图 6.1 MoveIt! 的架构

我们也可以从 MoveIt! 的官网查看图 6.1，网址为：http://moveit.ros.org/documentation/concepts。

6.1.1 move_group 节点

move_group 是 MoveIt! 的核心，因为该节点充当机器人的各种组件的集成器，并根据用户的需求提供动作 / 服务。

从架构来看，很明显，move_group 节点以主题和服务的形式收集机器人信息，如点云、机器人的关节状态以及机器人的坐标变换（transform，TF）信息。

它从参数服务器收集机器人运动学数据，如**统一机器人描述格式**（Unified Robot Description Format，URDF）、**语义机器人描述格式**（Semantic Robot Description Format，SRDF）和配置文件。当我们为机器人生成一个 MoveIt! 功能包时，将会生成 SRDF 文件和配置文件。配置文件包含一个用于设置关节限制、感知、运动学、末端效应器等的参数文件。后面在我们为机器人生成 MoveIt! 功能包时，将具体查看这些文件。

在 MoveIt! 获取有关机器人及其配置的所有必要信息之后，我们就可以通过 UI 来指挥机器人了。此外，我们还可以使用 C++ 或 Python 的 MoveIt! API 来使用 move_group 节点执行拾取 / 放置、IK 和正向运动学解算（Forward Kinematics，FK）等操作。使用 RViz 运动规划插件，我们可以从 RViz GUI 命令机器人进行相关运动。

move_group 节点是一个简单的集成器，它不直接运行任何类型的运动规划算法，而是将所有功能作为插件连接起来。有用于运动学解算、运动规划等的插件。我们可以通过这些插件扩展功能。运动规划后，生成的轨迹使用 FollowJointTrajectoryAction 接口与机器人中的控制器进行对话。FollowJointTrajectoryAction 是一个动作接口，其中动作服务器运行在机器人上，move_node 启动一个动作客户端，该客户端与动作服务器对话，并在真实机器人或机器人模拟器上执行规划的轨迹。

下面，我们来看一下如何通过 RViz GUI 将 MoveIt! 连接到 Gazebo。图 6.2 显示了由 RViz 控制的机械臂以及在 Gazebo 内执行的轨迹。

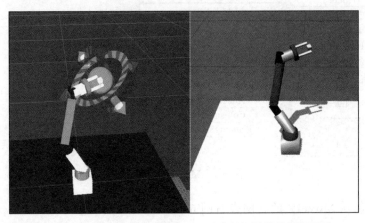

图 6.2   通过 RViz GUI 在 Gazebo 下进行机械臂控制的轨迹

接下来，我们将对 MoveIt! 的规划进行更多介绍。

6.1.2 基于 MoveIt! 的运动规划

假设我们知道机器人的初始位姿、机器人的期望目标位姿、机械臂的几何描述以及外部世界的几何描述，那么运动规划就是一种找到最佳运动路径的技术，通过规划使得机器人从起始位姿逐渐移动到目标位姿，同时永远不会接触任何障碍物，也不会与机器人的连杆发生碰撞。

在这种情况下，机器人几何结构通过 URDF 文件进行描述。我们还可以为机器人环境创建一个描述文件，并使用机器人的激光传感器或视觉传感器来绘制其操作空间，以避免在执行计划路径期间与出现的静态障碍物和动态障碍物发生碰撞。

考虑到机械臂的组成，运动规划器应该找到一个轨迹（由每个关节的关节空间组成），在该轨迹中，机器人的连杆永远不应该与环境碰撞，且避免自碰撞（即机械臂的两个连杆之间的碰撞），并且不违反关节限制。MoveIt! 可以通过插件接口与运动规划器进行交互。我们可以通过简单地更改插件来使用任何支持的运动规划器技术。这种方法具有高度的可扩展性，因此我们可以使用此接口尝试自己的自定义运动规划器。

`move_group` 节点通过 ROS 动作 / 服务器与运动规划器插件进行交互。MoveIt! 默认使用的规划程序库是**开放式运动规划库**（Open Motion Planning Library，OMPL）。读者可以访问 http://ompl.kavrakilab.org/ 找到有关此的更多信息。要开始进行运动规划，我们需要向运动规划器发送一个运动规划请求，该请求指定了我们的规划要求。规划要求可以是设置末端执行器的新目标位姿等，例如执行拾取和放置操作。

我们可以为运动规划器设置额外的运动学约束。以下是 MoveIt! 中的一些内置约束。

- **位置约束**：这些约束限制连杆的位置。
- **方向约束**：这些约束限制连杆的方向。
- **可见性约束**：这些约束限制连杆上的点在某些区域（传感器视图）中可见性。
- **关节约束**：这些约束将关节限制在其关节限制范围内。
- **用户指定的约束**：使用这些约束，用户可以使用回调函数定义自己的约束。

基于这些约束，我们可以发送运动规划请求，规划器会根据请求生成合适的轨迹。`move_group` 节点将从运动规划器生成一个符合所有约束的合适轨迹，然后将轨迹发送到机器人关节轨迹控制器。

6.1.3　运动规划请求适配器

运动规划请求适配器帮助对运动规划请求进行预处理，并对运动规划响应进行后处理。请求预处理的一个用途是帮助纠正关节状态中的任何违规行为；对于后处理，它可以将规划器生成的路径转换为时间参数化轨迹。以下是 MoveIt! 中的一些默认规划请求适配器。

- `FixStartStateBounds`：如果关节状态稍微超出关节限制，则此适配器可以将初始关节限制固定在限制范围内。
- `FixWorkspaceBounds`：该适配器指定了一个用于规划的工作空间，空间大小为 $10m \times 10m \times 10m$。
- `FixStartStateCollision`：如果现有关节配置发生冲突，则此适配器将对新的无冲突配置进行采样。它通过一个称为 `jiggle_factor` 的小因素来更改当前配置，从而创建新的配置。

- `FixStartStatePathConstraints`：当机器人的初始位姿不遵守路径约束时，则会使用此适配器。在这种情况下，它会在附近找到一个满足路径约束的位姿，并将该位姿用作初始状态。
- `AddTimeParameterization`：该适配器通过应用速度和加速度约束来参数化运动规划。

要规划运动轨迹，需要为 MoveIt! 提供规划场景。在场景中可以检索到有关障碍物和物体的信息，下面来看规划场景的内容。

6.1.4　MoveIt! 规划场景

规划场景是指机器人周围的环境以及机器人本体的状态。move_group 内部的规划场景监视器将维护规划场景的表示。move_group 节点内包含了另一个称为世界几何监视器的部分，该部分根据机器人的传感器和用户输入构建世界几何场景。

规划场景监视器从机器人读取 `joint_states` 主题，从世界几何监视器读取传感器信息和世界几何场景信息。它还接收来自占用地图监视器的数据，该监视器使用 3D 感知构建环境的 3D 表示，称为 octomap。

可以从由点云占用地图更新器插件处理的点云和由深度图像栅格占用地图更新器插件处理的深度图像生成 octomap。图 6.3 显示了 MoveIt! 中规划场景的概述，官方维基地址为 http://moveit.ros.org/documentation/concepts/。

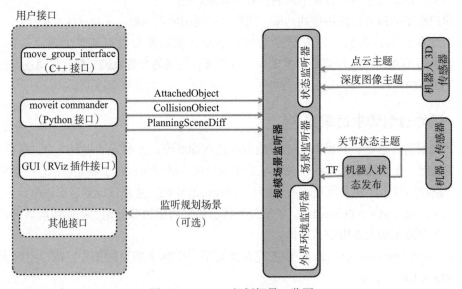

图 6.3　MoveIt! 规划场景一览图

MoveIt! 规划过程中涉及的其他元素，考虑了计算机械臂的 FK 和 IK 以及检查沿规划路径是否存在障碍物的可能性，如下所述。

6.1.5 MoveIt! 运动学处理

MoveIt! 为使用机器人插件切换 IK 算法提供了极大的灵活性。用户可以将自己的 IK 解算器编写为 MoveIt! 插件，并在需要时从默认解算器插件切换。MoveIt! 中的默认 IK 解算器是一个基于数值雅可比的解算器。与解析解算器相比，数值解算器可能需要时间来解算 IK。IKFast 软件包可用于生成使用解析方法求解 IK 的 C++ 代码，该代码可用于不同类型的机器人操作器，并且如果自由度（Degree Of Freedom，DOF）小于 seve，则性能更佳。此 C++ 代码也可以使用 ROS 工具转换为 MoveIt! 插件。我们将在接下来的章节中介绍转换方法。

FK 和雅可比求解已经集成到 MoveIt! 的 `RobotState` 类中，所以我们不需要使用插件来求解 FK。

6.1.6 MoveIt! 碰撞检测

在 MoveIt! 中，`CollisionWorld` 对象使用**灵活碰撞库**（Flexible Collision Library，FCL）功能包作为后端查找规划场景中的碰撞。MoveIt! 支持对不同类型的对象进行碰撞检测，例如网格和基本形状（如长方体、圆柱体、圆锥体、球体和 octomap）。

碰撞检测是运动规划过程中计算成本最高的任务之一。为了减少这种计算，MoveIt! 提供了一个称为**允许碰撞矩阵**（Allowed Collision Matrix，ACM）的矩阵，该矩阵包含了用于检查一对物体之间的碰撞所需要的对应二进制值。如果矩阵的值是 1，则意味着两个物体不存在碰撞。当物体总是相距很远，以至于它们永远不会碰撞时，我们可以将值设置为 1。优化 ACM 可以减少避免碰撞所需的总计算量。

在讨论了 MoveIt! 中的基本概念之后，我们现在可以继续讨论如何将机械臂与 MoveIt! 进行交互了。要将机械臂与 MoveIt! 交互，我们需要满足在图 6.1 中看到的组件的需求。`move_group` 节点需要 URDF、SRDF、配置文件和关节状态主题等参数，以及机器人的 TF（以此为信息依据进行运动规划）。

MoveIt! 提供了一个名为**设置助手**（Setup Assistant）的 GUI 工具来生成所有这些元素。以下部分将介绍使用设置助手生成 MoveIt! 配置的方法。

6.2 基于设置助手生成 MoveIt! 配置包

MoveIt! 的设置助手工具是一个用于对任意机器人进行 MoveIt! 配置的 GUI。该工具能够生成 SRDF、配置文件、启动文件以及通过机器人的 URDF 模型生成脚本，这些信息都是配置 `move_group` 节点所需的。

SRDF 文件包含了使用设置助手工具进行 MoveIt! 有关配置的机械臂关节、末端效应器关节、虚拟关节和碰撞 – 连杆对的详细信息。

配置文件包含有关运动学解算器、关节约束、控制器等的详细信息，这些信息也在配置过程中配置和保存。

使用生成的机器人配置包，我们可以在不存在真实机器人或模拟机器人的情况下在 RViz 中进行运动规划。

下面让我们启动配置向导，来学习构建机械臂配置包的分步过程。

步骤 1：启动设置助手

使用以下命令可以启动 MoveIt! 设置助手工具：

```
roslaunch moveit_setup_assistant setup_assistant.launch
```

上述命令将会启动一个给出两个选项的窗口：Create New MoveIt! Configuration Package 或 Edit Existing MoveIt! Configuration Package。这里我们选择第一个选项，创建一个新的包。如果我们已经有了一个 MoveIt! 的功能包，则可以选择第二个选项。

单击 Create New MoveIt! Configuration Package 按钮，将会显示如图 6.4 所示的界面。

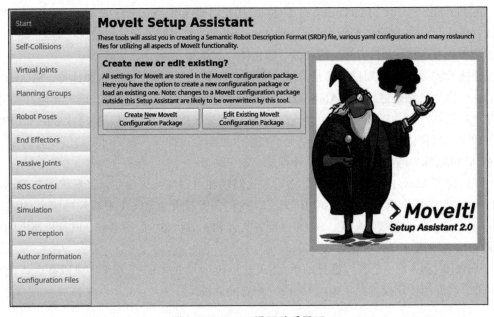

图 6.4　MoveIt! 设置助手界面

在这个步骤里，向导询问新机器人的 URDF 模型。为了选定 URDF 模型，我们可以单击 Browse 按钮，并导航至 mastering_ros_robot_description_pkg/urdf/ seven_dof_arm_with_rgbd.xacro 目录。选择该模型，然后单击 Load 按钮来加载 URDF。除了 URDF 文件，我们还可以选择 XML Macros（xacro）作为机器人模型来加载，如果选择了 xacro 格式的模型，则工具会将之转换为 URDF 格式。

如果成功加载并解析了机器人模型，我们将能够看到窗口显示出机器人的形象，如图 6.5 所示。

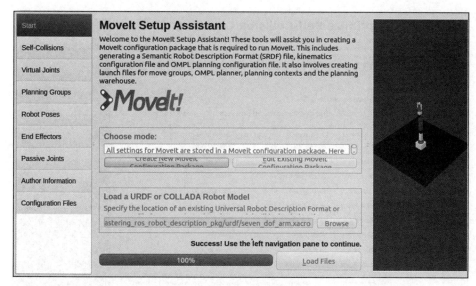

图 6.5　在 Setup Assistant 工具中成功解析机器人模型的图示

机器人现在已加载到设置助手中，我们可以开始为其配置 MoveIt! 了。

步骤 2：生成一个自碰撞矩阵

我们现在可以开始通过导航窗口的所有面板，来正确配置我们的机器人。在 Self-Collisions（自碰撞）选项卡中，MoveIt! 能够在机器人上通过碰撞检测搜索并禁用会发生碰撞的一对连杆。这样可以减少处理时间。该工具分析每个连杆对，并将连杆分类为始终处于碰撞、从不处于碰撞、机器人默认位置的碰撞、禁用相邻连杆、偶尔碰撞等类别，并禁用产生任何类型碰撞的连杆对。

图 6.6 显示了 Self-Collisions 窗口。

采样密度是用于检查自碰撞的随机位置的数量。如果密度很大，计算量会很高，但自碰撞会更低。默认值为 10 000。我们可以通过按下 Regenerate Default Collision Matrix（重新生成默认碰撞矩阵）按钮来看到各对禁用的连杆。通常列出禁用的连杆对需要几秒钟时间。

步骤 3：添加虚拟关节

虚拟关节能够将机器人连接到世界环境模型上。对于不移动的静态机器人来说，它们不是强制性的。当机械臂的底座位置不固定时，我们需要虚拟关节——例如，如果机械臂固定在移动机器人上，我们应该定义一个关于里程计参考系（odom）的虚拟关节。

对于本书中的机械臂示例，我们不需要添加虚拟关节。

步骤 4：添加规划组

规划组通常上是机械臂中一起规划的一组关节 / 连杆，最终实现连杆或末端执行器到达指定位置的目标。我们需要创建两个规划组——一个用于机械臂运动规划，一个用于夹持器（夹爪）运动规划。

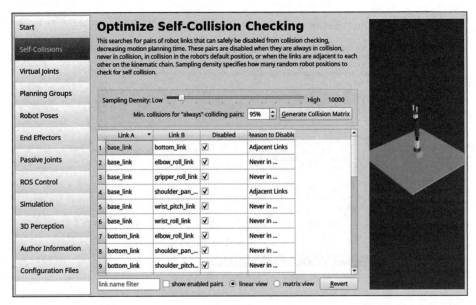

图 6.6 生成自碰撞矩阵图示

单击屏幕左侧的 Planning Groups 选项，然后单击 Add Group 按钮，我们可以看到图 6.7，它显示了设置的 arm 组。

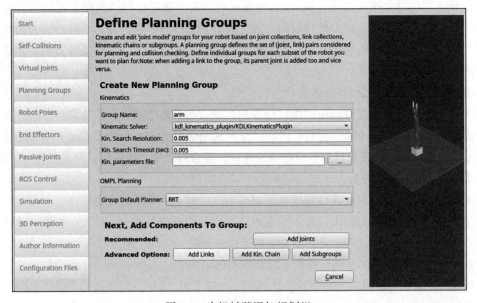

图 6.7 为机械臂添加规划组

这里，我们设置规划组名称为 arm，设置运动学解算器名称为 kdl_kinematics_plugin/KDLKinematicsPlugin，该解算器是 MoveIt! 默认的 IK 解算器。我们同样也可以为规划组选择一个默认的规划算法。例如，这里我们选择的是**快速搜索随机树算法**（Rapidly exploring Random Tree，RRT）。最后，当我们选择不同的方式将元素添加到规划组时，可以将其他参数保持在默认值——例如，我们可以指定组的关节、添加其连杆或直接指定运动学链。

在 arm 组中，我们首先必须添加一个运动学链，从 base_link 开始作为 grasping_frame 的第一个连杆。

添加一个名为 gripper 的组，我们不需要为 gripper 组设置运动学解算器。在这个组中，我们可以添加夹持器的关节和连杆。这些设置显示在图 6.8 中。

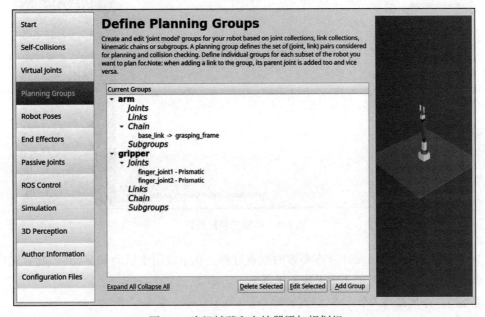

图 6.8　为机械臂和夹持器添加规划组

我们还可以添加不同的规划组，每一个规划组也可仅使用我们机器人的几个关节，而不使用整个运动学链。在下一步中，我们将看到如何为机器人配置一些固定位姿。

步骤 5：添加机器人位姿

在这一步中，我们可以在机器人配置中添加某些固定位姿，例如，我们可以指定起始位置或拾取 / 放置位置。优点是在使用 MoveIt! API 进行编程时，我们可以直接调用这些位姿，它们也被称为组状态。这些在拾取 / 放置和抓取操作中有许多应用。机器人可以轻松切换到这些固定位姿。若要添加位姿，可以单击 **Add Group** 按钮，然后为该位姿选择位姿名称和一组关节值。

步骤 6：设置机器人末端执行器

在本步骤中，我们命名机器人的末端执行器，并指定末端执行规划组、父连杆和父规划组。

我们可以为这个机器人添加任意数量的末端执行器。在我们的案例中，这是一种专为拾取和放置操作而设计的夹持器。

单击 Add End Effector 按钮并将末端执行器命名为 robot_eef。如图 6.9 所示，规划组名称为 arm，并移除父规划组。

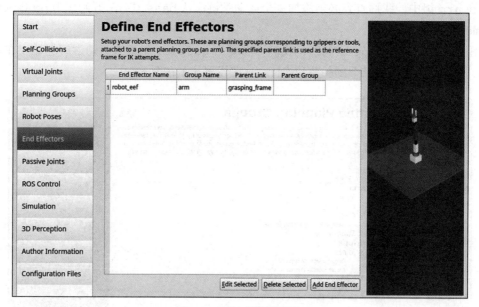

图 6.9   添加末端执行器

以上就是完整的 MoveIt! 基本要素的配置过程。在生成用于启动 MoveIt! 的配置文件之前，我们可以执行一些其他步骤来控制机器人。

步骤 7：添加被动关节

在这一步中，我们可以指定机器人的被动关节。被动关节是指那些没有任何执行器的关节，脚轮就是被动关节的一个典型例子。在运动规划过程中，规划器将忽略被动关节。

步骤 8：作者信息

在这一步中，机器人模型的作者可以添加个人信息，如他们的姓名和电子邮件地址，这是 catkin 向 ROS 社区发布模型所需要的。

步骤 9：生成配置文件

差不多完成了。我们正处于生成配置文件的最后阶段。在此步骤中，该工具将生成一个配置包，其中包含接口 MoveIt! 所需的文件。

单击 Browse 按钮，选择一个文件夹以保存由 Setup Assistant 工具生成的配置文件。在这里，我们可以看到这些文件生成在了一个名为 seven_dof_arm_config 的文件夹中。

我们可以将 `add_config` 或 `_generated` 与机器人名称一起用于配置包的命名。

单击 Generate Package 按钮，它将生成到给定文件夹的文件。

如果该过程成功，我们可以单击 Exit Setup Assistant，它将退出该工具。请注意，我们跳过了使用 Gazebo 模拟器或 ROS 控制软件包链接 MoveIt! 的一些步骤。我们将在本章的其余部分讨论并实现此链接过程。

图 6.10 显示了生成过程。

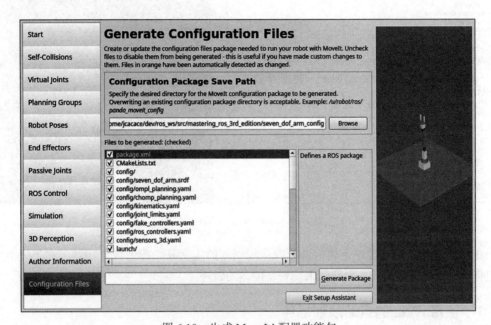

图 6.10　生成 MoveIt! 配置功能包

我们可以在 ROS 工作区中直接生成配置文件。下面，我们将使用此软件包。与前文内容一样，创建的机器人模型可以从书中的源代码中获得。

我们的机器人在 MoveIt! 中的配置现已完成。现在，我们可以使用 RViz 测试所有内容是否已正确配置，如 6.4 节所述。

6.3　在 RViz 中使用 MoveIt! 配置包进行机器人运动规划

MoveIt! 提供了一个 RViz 插件，允许开发人员进行运动规划。通过这个插件，可以设置机械臂所需的位姿，并生成运动轨迹来测试 MoveIt! 的规划能力。要将此插件与机器人模型一起启动，我们可以直接使用包含在 MoveIt! 配置包中的 MoveIt! 启动文件。该软件包由配置文件和启动文件组成，用于在 RViz 中启动运动规划。软件包中有一个演示启动文件，用于演示软件包的所有功能。

启动演示文件的命令如下所示：

```
roslaunch seven_dof_arm_config demo.launch
```

如果一切正常，我们将看到下面的 RViz 屏幕，图 6.11 展示的 RViz 正在加载 MoveIt! 提供的 `MotionPlanning` 插件。

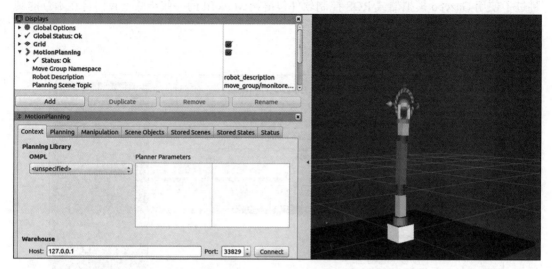

图 6.11　MoveIt! 的 RViz 插件

正如所看到的，通过这个插件，可以从规划器的定义开始配置规划问题。在下一节中，我们将看到如何配置新的规划问题来规划新的运动轨迹。

6.3.1　使用 RViz 的运动规划插件

从图 6.11 中，我们可以看到 RViz 的运动规划（Motion Planning）插件加载在屏幕左侧。Motion Planning 窗口中有几个选项卡，如 Context、Planning 等。默认选项卡是 Context，我们可以看到默认的 Planning Library 是 OMPL，它以绿色显示。这表明 MoveIt! 成功加载运动规划库。如果没有加载，则无法执行运动规划。

接下来是 Planning 选项卡。这是最常用的选项卡之一，用于指定开始状态和目标状态，以及规划和执行路径。接下来显示的是 Planning 选项卡的 GUI，如图 6.12 所示。

我们可以在 Query 面板下为机器人分配一个开始状态和目标状态。使用 Plan 按钮，我们可以规划从开始状态到目标状态的路径，如果规划成功，就可以执行该路径。默认情况下，执行是在虚拟控制器上完成的。我们可以将这些控制器更改为轨迹控制器，用于在 Gazebo 或真实的机器人中执行规划的轨迹。

我们可以通过使用附着于夹爪上的交互式标记来设置机器人末端执行器的起始位姿和目标位姿。我们可以对标记位姿进行平移和旋转，如果有规划解决方案，则可以看到橙色的机械臂。在某些情况下，即使末端效应器标记位姿移动，机械臂也不会移动，如果机械臂没有到达标记位姿，我们可以认为该位姿中没有 IK 解决方案。我们可能需要更多的自由度才能到达那里，或者到达这种目标位姿的过程中连杆之间可能会发生一些碰撞。

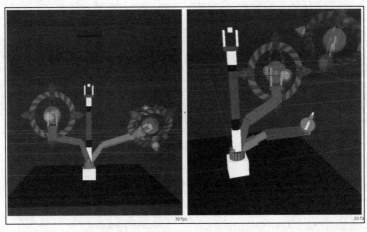

图 6.12　MoveIt! RViz Planning 选项卡

图 6.13 显示了一个有效的目标位姿和一个无效的目标位姿。

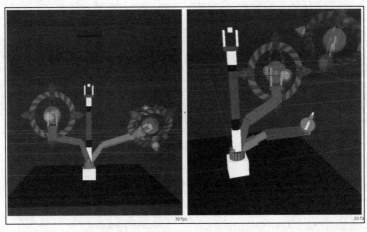

图 6.13　机器人有效目标位姿与无效目标位姿在 RViz 中的示意图

　　绿色机械臂代表机械臂的起始位姿，橙色代表目标位姿。在左侧屏幕截图中，如果我们按下 Plan 按钮，MoveIt! 会规划从开始位姿到目标位姿的路径。在右侧屏幕截图中，我们可以观察到两件事：首先，橙色机械臂的一个连杆组件是红色的，这意味着目标位姿处于自碰撞状态；其次，查看末端效应器标记，可以看到，它离实际的末端执行器很远，而且它也变成了红色。

　　我们还可以在开始状态和目标状态下使用 random valid（如图 6.12 所示）选项进行一些快速动作规划。如果我们将目标状态设置为 random valid 并按下 Update 按钮，它将生成一个随机有效的目标位姿。单击 **Plan** 按钮，我们可以看到正在运行的运动计划。

我们可以使用 MotionPlanning 插件中的各种选项自定义 RViz 可视化效果。图 6.14 显示的是该插件的一些设置。

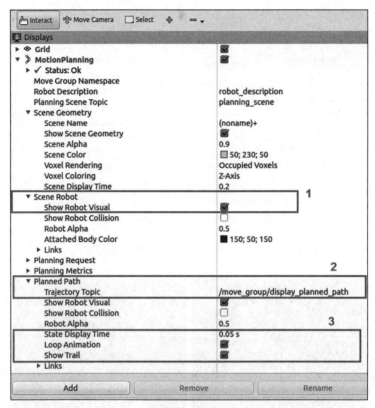

图 6.14　RViz 中 MotionPlanning 插件的一些设置

第一个标记区域是场景机器人（Scene Robot），它将显示机器人模型，如果不勾选该选项，我们将看不到任何机器人模型。第二个标记区域是轨迹主题（Trajectory Topic），RViz 在其中获得可视化轨迹，如果我们想设置运动规划的动画并显示运动轨迹，则需要选中启用此选项。

图 6.15 显示了插件设置中的其他部分之一。

在前面的屏幕截图中，我们可以看到 **Query Start State** 和 **Query Goal State** 选项。这些选项可以可视化机械臂的起始位姿和目标位姿，如图 6.13 所示。**Show Workspace**

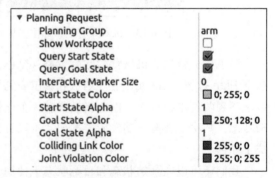

图 6.15　MotionPlanning 插件中的规划请求设置

可将机器人周围的立方体工作空间（世界几何体）可视化。可视化可以帮助调试我们的运动规划算法，并详细了解机器人的运动行为。

在下一节中，我们将看到如何将 MoveIt! 的配置包连接到 Gazebo，从而在 Gazebo 中执行 MoveIt! 生成的轨迹。

6.3.2 MoveIt! 配置包与 Gazebo 交互

我们已经对机械臂进行了 Gazebo 模拟，并将控制器连接到了机械臂上。为了实现 Gazebo 与 MoveIt! 的交互，我们需要一个具有 FollowJointTrajectoryAction 接口的轨迹控制器，正如我们在 6.2 节所提到的那样。

下面我们就开始介绍如何实现 MoveIt! 配置包与 Gazebo 交互的步骤。

步骤 1：为 MoveIt! 编写控制器配置文件

为了能够将 MoveIt! 生成的轨迹控制器传递给 Gazebo，首先需要创建一个配置文件。对于本书而言，该配置文件已经生成，名称为 ros_controllers.yaml，存放于 seven_dof_arm_config 功能包的 config 文件夹下。

以下即为 ros_controllers.yaml 定义的一个示例：

```
controller_list:
  - name: seven_dof_arm/seven_dof_arm_joint_controller
    action_ns: follow_joint_trajectory
    type: FollowJointTrajectory
    default: true
    joints:
      - shoulder_pan_joint
      - shoulder_pitch_joint
      - elbow_roll_joint
      - elbow_pitch_joint
      - wrist_roll_joint
      - wrist_pitch_joint
      - gripper_roll_joint

  - name: seven_dof_arm/gripper_controller
    action_ns: follow_joint_trajectory
    type: FollowJointTrajectory
    default: true
    joints:
      - finger_joint1
      - finger_joint2
```

控制器配置文件包含两个控制器接口的定义，一个用于机械臂，另一个用于夹爪器。控制器中使用的动作类型为 FollowJointTrajectory，动作名称空间为 follow_joint_trajectory。我们必须列出每组中的关节。default:true 表示将使用默认控制器，即

MoveIt! 中用于与关节进行通信的主要控制器。

步骤 2：创建控制器启动文件

我们需要创建一个名为 `seven_dof_arm_moveit_controller_manager.launch` 的启动文件来启动轨迹控制器。文件名称的命名规则是机器人名称加上 `_moveit_controller_ manager`。

以下是启动文件 `seven_dof_arm_config/launch/seven_dof_arm_moveit_controller_manager.launch` 的定义：

```
<launch>
<!-- loads moveit_controller_manager on the parameter server
which is taken as argument
if no argument is passed, moveit_simple_controller_manager will
be set -->
<arg name="moveit_controller_manager" default="moveit_simple_
controller_manager/MoveItSimpleControllerManager" />
<param name="moveit_controller_manager" value="$(arg moveit_
controller_manager)"/>
<!-- loads ros_controllers to the param server -->
<rosparam file="$(find seven_dof_arm_config)/config/ros_
controllers.yaml"/>
</launch>
```

此启动文件启动 `MoveItSimpleControllerManager` 程序，并加载 `controllers.yaml` 中定义的关节轨迹控制器。

步骤 3：为 Gazebo 创建控制器配置文件

创建 MoveIt! 配置文件后，还需要为 Gazebo 创建一个控制器配置文件和一个启动文件。

创建一个名为 `trajectory_control.yaml` 的文件，该文件包含了需要加载到 Gazebo 的 ROS 控制器列表。

读者可以从第 4 章创建的 `seven_dof_arm_gazebo` 功能包中找到，该功能包位于 `/config` 文件夹下。

以下是该文件给出的相关定义的一部分代码：

```
seven_dof_arm:
  arm_controller:
     type: position_controllers/JointTrajectoryController
     joints:
       - shoulder_pan_joint
       - shoulder_pitch_joint
       - elbow_roll_joint
     - elbow_pitch_joint
       - wrist_roll_joint
       - wrist_pitch_joint
       - gripper_roll_joint
     constraints:
```

```
goal_time: 0.6
stopped_velocity_tolerance: 0.05
shoulder_pan_joint: {trajectory: 0.1, goal: 0.1}
shoulder_pitch_joint: {trajectory: 0.1, goal: 0.1}
elbow_roll_joint: {trajectory: 0.1, goal: 0.1}
elbow_pitch_joint: {trajectory: 0.1, goal: 0.1}
wrist_roll_joint: {trajectory: 0.1, goal: 0.1}
wrist_pitch_joint: {trajectory: 0.1, goal: 0.1}
gripper_roll_joint: {trajectory: 0.1, goal: 0.1}
stop_trajectory_duration: 0.5
state_publish_rate:  25
action_monitor_rate: 10
```

在这里, 我们创建了一个名为 position_controllers/JointTrajectoryController 的配置, 该配置具有用于机械臂和夹持器的 FollowJointTrajectory 接口。我们还定义了与每个关节相关的**比例积分微分**（Proportional-Integral-Derivative, PID）增益, 它可以提供平滑的运动控制。

步骤 4: 为 Gazebo 轨迹控制器创建启动文件

创建配置文件后, 我们可以将控制器与 Gazebo 一起加载。为此, 我们必须创建一个启动文件, 用于通过单个命令中的接口启动 Gazebo、轨迹控制器和 MoveIt!。

对应的启动文件名为 seven_dof_arm_bringup_moveit.launch, 该启动文件包含了启动上述程序所需的所有命令, 相应的代码如下所示:

```
<launch>
  <include file="$(find seven_dof_arm_gazebo)/launch/seven_dof_
arm_with_rgbd_world.launch" />
  <rosparam file="$(find seven_dof_arm_gazebo)/config/
trajectory_control.yaml" command="load"/>
  <rosparam file="$(find seven_dof_arm_gazebo)/config/seven_
dof_arm_gazebo_joint_states.yaml" command="load"/>
  <node name="seven_dof_arm_joint_state_spawner"
pkg="controller_manager" type="spawner" respawn="false"
output="screen" ns="/seven_dof_arm" args="joint_state_
controller arm_controller"/>
  <node name="robot_state_publisher" pkg="robot_state_
publisher" type="robot_state_publisher" respawn="false"
output="screen">
    <remap from="/joint_states" to="/seven_dof_arm/joint_
states" />
  </node>
  <node name="joint_state_publisher" pkg="joint_state_
publisher" type="joint_state_publisher" />
    <remap from="joint_states" to="/seven_dof_arm/joint_
states" />
  <include file="$(find seven_dof_arm_config)/launch/planning_
context.launch">
    <arg name="load_robot_description" value="false" />
```

```
    </include>
    <include file="$(find seven_dof_arm_config)/launch/move_
group.launch">
        <arg name="publish_monitored_planning_scene" value="true"
/>
    </include>
    <include file="$(find seven_dof_arm_config)/launch/moveit_
rviz.launch">
        <arg name="rviz_config" value="$(find seven_dof_arm_
config)/launch/moveit.rviz"/>
    </include>
</launch>
</launch>
```

该启动文件在 Gazebo 中生成机器人模型，发布关节状态，连接位置控制器，连接轨迹控制器，最后启动在 MoveIt! 功能包内的 `moveit_ planning_execution.launch` 启动文件，从而启动 MoveIt! 节点以及 RViz。如果默认情况下没有加载 MotionPlanning 插件，我们可能需要在 RViz 中加载该插件。

我们可以在 RViz 内启动运动规划，并使用以下命令在 Gazebo 模拟中执行：

```
$ roslaunch seven_dof_arm_gazebo seven_dof_arm_bringup_moveit.
launch
```

需要注意的是，在正确启动规划场景之前，我们需要使用以下命令安装 MoveIt! 以使用 ROS 控制器所需的一些软件包：

```
sudo apt-get install ros-noetc-joint-state-controller
ros-noetic-position-controllers ros-noetic-joint-trajectory-
controller
```

在安装了前面的软件包之后，我们就可以启动规划场景了。这将启动 RViz 和 Gazebo，我们可以在 RViz 内进行运动规划。运动规划完成后，单击 **Execute** 按钮，将轨迹发送到 Gazebo 控制器。然后读者应该看到如图 6.16 所示的界面。

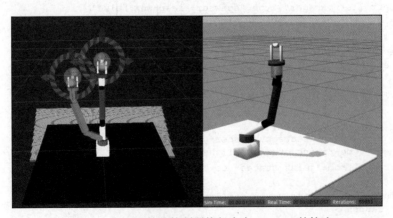

图 6.16   Gazebo 轨迹控制器执行来自 MoveIt! 的轨迹

现在，MoveIt! 与仿真机器人以及真实机器人之间的链接已经完成。在我们完成本章的第一部分内容之前，看看如何简单地理解 MoveIt! 与 Gazebo 的正常连接。

步骤 5：调试 Gazebo-MoveIt! 接口

在本步骤中，我们将讨论该接口中的一些常见问题和调试技术。

如果轨迹没有在 Gazebo 上执行，请首先列出主题进行查看，命令如下所示：

```
rostopic list
```

如果 Gazebo 控制器正常启动，则我们将看到如图 6.17 所示的关节 – 轨迹主题信息。

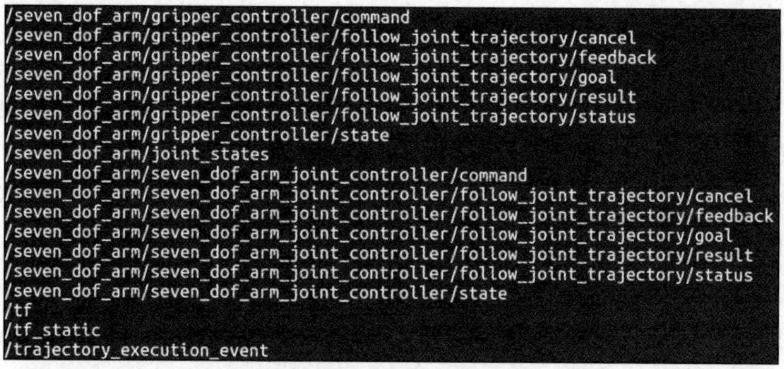

图 6.17　Gazebo-ROS 轨迹控制器主题

我们可以看到来自 arm 和 gripper 规划组的 follow_joint_trajectory。如果控制器没有准备好，则 Gazebo 不会执行相应的轨迹。

同样地，我们还可以在执行启动文件时查看终端输出的信息，如图 6.18 所示。

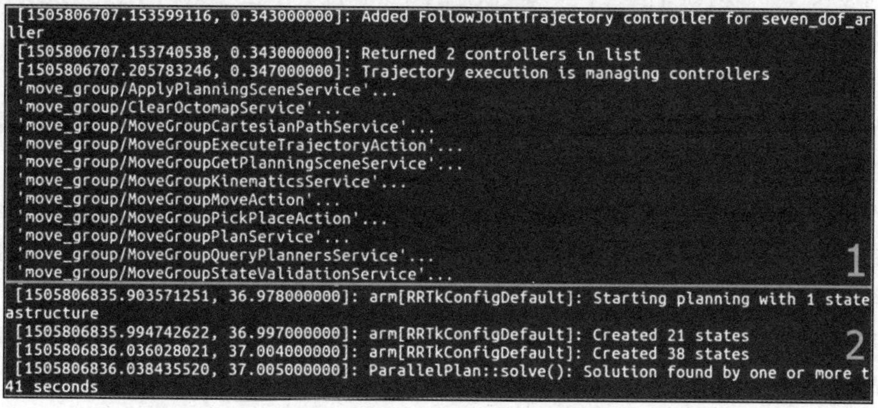

图 6.18　成功执行轨迹后的终端信息

在图 6.18 中，第一部分显示了 MoveItSimpleControllerManager 已经能够连接到 Gazebo 控制器，如果不能连接到控制器，则将会提示不能连接到控制器。第二部分则显示了成功执行运动规划的信息。如果没有成功执行运动规划，则 MoveIt! 不会将轨迹发送到 Gazebo。

下一节，我们将讨论 ROS 导航栈的内容，并对在 Gazebo 中进行导航功能的仿真所需要的接口进行介绍。

6.4 理解 ROS 导航栈

ROS 导航包的主要目的是将机器人从起始位置移动到目标位置，而不会与环境发生任何碰撞。ROS 导航软件包实现了几种与导航相关的算法，可以轻松帮助移动机器人实现自主导航。

用户只需要输入机器人的目标位置和来自传感器 [如车轮编码器、**惯性测量单元**（Inertial Measurement Unit，IMU）和**全球定位系统**（Global Positioning System，GPS）] 的机器人里程计数据，以及其他传感器数据流，如激光扫描仪数据或来自传感器 [例如**红绿蓝 − 深度**（Red-Green-Blue Depth，RGB-D）传感器] 的 3D 点云。导航包的输出是速度命令，该命令将驱动机器人到达给定的目标位置。

导航栈包含了标准算法的实现，包括 SLAM、A*（star）、Dijkstra 以及 amcl 等，这些算法可以在应用程序中直接使用。

6.4.1 导航栈的硬件需求

ROS 导航栈设计得很通用化。机器人只需满足一些硬件要求，以下列表列出了这些需求：

- Navigation 包在差速驱动和完整约束条件下能够更好地工作。此外，移动机器人应通过发送 x: velocity、y: velocity（线速度）和 theta: velocity（角速度）形式的速度命令来控制。
- 机器人应配备视觉（rgb-d）传感器或激光传感器，以绘制环境地图。
- 导航栈在方形和圆形移动底座上表现更好。其他任意形状上也可以工作，但性能无法保证。

图 6.19 取自 ROS 网站（http://wiki.ros.org/navigation/Tutorials/RobotSetup），显示了导航栈的基本构建模块。我们可以看到每个模块的用途以及如何为自定义机器人配置导航栈。

根据图 6.19，要为自定义机器人配置导航包，我们必须提供与导航栈交互的功能模块。以下列表提供了作为导航栈输入的所有模块的说明。

- **里程计数据源**：机器人的里程计数据为机器人提供了相对于其起始位置的位置。主要的里程计来源是车轮编码器、IMU 和 2D/3D 相机（视觉里程计）。odom 值应发布到导航栈，该栈的消息类型为 nav_msgs/Odometry。odom 信息可以保持机器人的位置和速度。里程测量数据是导航栈的强制输入。

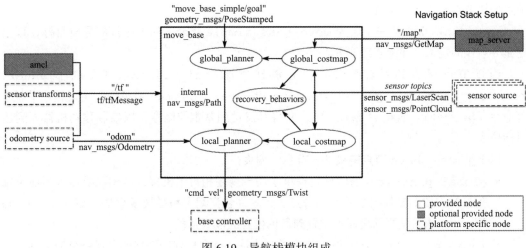

图 6.19　导航栈模块组成

- **传感器数据源**：我们必须向导航栈提供激光扫描数据或点云数据，以绘制机器人环境地图。这些数据与里程计相结合，构建了机器人的全局和局部代价地图。这里使用的主要传感器是激光扫描仪。数据类型应为 `sensor_msgs/LaserScan` 或 `sensor_msgs/PointCloud`。
- `sensor transforms/tf`：机器人应使用 ROS TF 发布机器人坐标系之间的关系。
- `base_controller`：基本控制器的主要功能是将导航栈的输出转换为旋转（`geometry_msgs/Twist`）消息，并将其转换为机器人的相应电机速度。

导航栈的可选节点是 `amcl` 和 `map_server`，它们使得机器人能够进行定位并帮助保存/加载机器人地图。

6.4.2　使用导航软件包

在使用导航栈之前，我们讨论了 MoveIt! 以及 `move_group` 节点。在导航栈中，还有一个类似于 `move_group` 的节点，称为 `move_base` 节点。从图 6.19 中可以清楚地看出，`move_base` 节点从传感器、关节状态、TF 和里程计中获取输入，这与我们在 MoveIt! 中看到的 `move_group` 节点非常相似。

下面让我们了解有关 `move_base` 节点的更多信息。

理解 move_base 节点

`move_base` 节点来自一个名为 `move_base` 的包。该软件包的主要功能是在其他导航节点的帮助下，将机器人从当前位置移动到目标位置。该包中的 `move_base` 节点链接全局规划器和局部规划器以进行路径规划，如果机器人被困在某个障碍物中，则连接到 `rotate-recovery` 包，并连接全局代价地图（costmap）和代价地图以获得地图。

`move_base` 节点基本上是 `SimpleActionServer` 的一个实现，它采用消息类型（`geometry_msgs/PoseStamped`）的目标位姿。我们可以使用 `SimpleActionClient`

节点向该节点发送目标位置。

move_base 节点从一个名为 move_base_simple/teal 的主题订阅导航目标，该主题是导航栈的输入，如图 6.19 所示。

当该节点接收到目标位姿时，它链接到 global_planner、local_planner、recovery_behavior、global_costmap 和 local_costmap 等组件，生成输出 [即速度命令（geometry_msgs/Twist）]，并将其发送到基本控制器，以控制移动机器人到达目标位姿。

以下是 move_base 节点链接的所有包的列表：

- global-planner：该软件包提供了用于规划相对于机器人地图从机器人当前位置到目标位置的最佳路径的库和节点。该软件包实现了路径搜索算法，如 A*、Dijkstra 等，用于查找从当前机器人位置到目标位置的最短路径。
- local-planner：该软件包的主要功能是在全局规划器规划的全局路径的基础上进行机器人导航。局部规划器将读取里程计和传感器读数，并向机器人控制器发送适当的速度命令，以完成全局路径规划中的一部分。基本的 local-planner 包主要包括轨迹展开和动态窗口算法。
- rotate-recovery：该软件包通过进行 360 度旋转来帮助机器人避开局部障碍。
- clear-costmap-recovery：该软件包用于通过将导航栈使用的当前代价地图更改为静态地图来清除代价地图，从而避开局部障碍。
- costmap-2D：该软件包的主要用途是绘制机器人环境图。机器人只能相对于地图规划一条路径。在 ROS 中，我们创建的地图是 2D 或 3D 占用栅格地图，这种地图是通过一组小的网格对环境进行表示。每个小的网格都有一个概率值，该概率值指示该小网格是否被占用。costmap-2D 包可以通过订阅激光扫描或点云的传感器值以及里程计值来构建环境的栅格地图。通常既有用于全局导航的全局代价地图，也有用于局部导航的局部代价地图。

以下是与 move_base 节点进行交互的其他功能包：

- map-server：map-server 包允许我们保存和加载 costmap-2D 包生成的地图。
- amcl：amcl 是一种在地图中定位机器人的方法。这种方法使用粒子滤波器，在概率论的帮助下，跟踪机器人相对于地图的位姿。在 ROS 系统中，amcl 接受 sensor_msgs/LaserScan 消息以创建地图。
- gmapping：gmapping 软件包是算法 Fast SLAM 的实现，该算法利用激光扫描数据和里程计来构建 2D 占用栅格地图。

在讨论了导航栈的每个功能块之后，我们看看它是如何真正工作的。

6.4.3 使用导航栈

在上一节中，我们看到了 ROS 导航栈中每个模块的功能。下面让我们一起学习一下整个系统是如何工作的。机器人需要发布一个合适的里程计值、TF 信息和来自激光的传感器数据，同时还需要一个基本控制器和周围环境的地图。

如果所有这些要求都得到满足，我们就可以开始使用导航包了。以下部分对与机器人导航问题相关的主要要素进行了总结。

在地图上进行定位

机器人要执行的第一步是在地图上定位自己。amcl 软件包有助于在地图上定位机器人。

发送目标并进行路径规划

得到机器人的当前位置后，我们可以向 move_base 节点发送目标位置。move_base 节点将这个目标位置发送给全局规划器，全局规划器将规划机器人从当前位置到目标位置的路径。

该规划是相对于全局 costmap 的，全局 costmap 是地图服务器提供的。全局规划器将此路径发送给局部规划器，由局部规划器执行全局规划的各个部分。

局部规划器从 move_base 节点获取里程计和传感器值，并为机器人找到无碰撞的局部规划路径。局部规划器与局部 costmap 相关联，局部 costmap 可以监控机器人周围的障碍物。

碰撞恢复行为

全局 costmap 和局部 costmap 与激光扫描数据相关联。如果机器人被困在某个地方，导航包将触发恢复行为节点，例如清除 costmap 恢复或旋转恢复节点。

发送速度指令

局部规划器以旋转消息的形式生成速度指令，该消息包含 move_base 控制器使用的线速度和角速度（geometry_msgs/Twist）。机器人基座控制器将旋转信息转换为等效电机速度。

至此，我们已经了解的导航功能包与导航栈的组成与使用，下面可以为机器人安装和配置 ROS 导航栈了。

6.5　使用 SLAM 构建地图

在开始配置导航栈之前，我们需要先安装它。ROS 桌面完全安装不会安装 ROS 导航栈。我们必须使用以下命令单独安装导航栈：

```
sudo apt-get install ros-noetic-navigation
```

完成导航包的安装之后，我们就开始学习如何构建机器人环境地图。这里使用的机器人是差速轮式机器人，该机器人满足导航栈的所有三个要求。

ROS gmapping 包是 SLAM 开源实现的一个封装，称为 OpenSLAM (https://openslam-org.github.io/gmapping.html)。该包包含一个名为 slam_gmapping 的节点，它是 SLAM 的一种实现，根据激光扫描数据和移动机器人位姿创建 2D 占用栅格地图。

　　SLAM 的基本硬件要求是水平安装在机器人顶部的激光扫描仪和机器人里程计数据。这个机器人已经满足了这些要求。我们可以通过以下过程使用 gmapping 包生成环境的 2D 地图。

　　在使用 gmapping 操作之前，我们需要使用以下命令进行安装：

```
sudo apt-get install ros-noetic-gmapping
```

完成安装后，接下来我们需要为机器人配置 gmapping。

6.5.1　为 gmapping 创建启动文件

　　为 gmapping 进程创建启动文件时的主要任务是设置 slam_gmapping 节点和 move_base 节点的参数。slam_gmapping 节点是 ROS gmapping 包中的核心节点。slam_gmapping 节点订阅激光数据（sensor_msgs/LaserScan）和 TF 数据，并发布占用栅格地图数据作为输出（nav_msgs/OccupancyGrid）。这个节点是高度可配置的，我们可以微调参数以提高作图精度。有关参数请参阅网址 http://wiki.ros.org/gmapping。

　　我们需要配置的下一个节点是 move_base 节点，主要配置参数是全局 costmap 和局部 costmap 参数、局部规划器和 move_base 参数。相应的参数列表非常长，我们在几个 **YAML 非标记语言**（YAML Ain't Markup Language，YAML）文件中对这些参数进行表示。每个参数都包含在 diff_wheeled_robot_gazebo 包内的 param 文件夹中。

　　以下代码是此机器人使用的 gmapping.launch 文件。启动文件位于 diff_wheeled_robot_gazebo/launch 文件夹中。启动文件包含大量参数，并包含了一些配置文件。首先，我们定义了将发布激光扫描仪数据的主题，如下所示：

```
<launch>
  <arg name="scan_topic" default="scan" />
```

然后，启动文件包含 gmapping 节点，如下所示：

```
  <node pkg="gmapping" type="slam_gmapping" name="slam_
gmapping" output="screen">
```

gmapping 节点的一个重要元素是创建地图所涉及的参考系：表示机器人底座的基本参考系和表示考虑车轮里程计计算机器人位置参考系的里程（odom）参考系。代码如下所示：

```
<param name="base_frame" value="base_footprint"/>
<param name="odom_frame"value="odom"/>
```

然后，是一组用于调节地图构建算法的行为的参数。我们可以将参数分为以下几类。激光扫描仪参数如下所示：

```
<param name="maxUrange" value="6.0"/>
<param name="maxRange" value="8.0"/>
<param name="sigma" value="0.05"/>
<param name="kernelSize" value="1"/>
<param name="lstep" value="0.05"/>
```

```
<param name="astep" value="0.05"/>
<param name="iterations" value="5"/>
<param name="lsigma" value="0.075"/>
<param name="ogain" value="3.0"/>
<param name="lskip" value="0"/>
<param name="minimumScore" value="100"/>
<param name="particles" value="80"/>
```

模型参数如下所示：

```
<param name="srr" value="0.01"/>
<param name="srt" value="0.02"/>
<param name="str" value="0.01"/>
<param name="stt" value="0.02"/>
```

其他用于地图更新的参数如下所示：

```
<param name="linearUpdate" value="0.5"/>
<param name="angularUpdate" value="0.436"/>
<param name="temporalUpdate" value="-1.0"/>
<param name="resampleThreshold" value="0.5"/>
<remap from="scan" to="$(arg scan_topic)"/>
<param name="map_update_interval" value="5.0"/>
```

地图初始化以及分辨率参数如下所示：

```
<param name="xmin" value="-1.0"/>
<param name="ymin" value="-1.0"/>
<param name="xmax" value="1.0"/>
<param name="ymax" value="1.0"/>
<param name="delta" value="0.05"/>
```

似然采样参数如下所示：

```
<param name="llsamplerange" value="0.01"/>
<param name="llsamplestep" value="0.01"/>
<param name="lasamplerange" value="0.005"/>
<param name="lasamplestep" value="0.005"/>
```

完成参数设置后，我们就可以在差速驱动机器人上启动地图构建节点了。

6.5.2 在差速驱动机器人上运行 SLAM

我们可以构建一个名为 diff_wheeled_robot_gazebo 的 ROS 包，并运行 gmapping.launch 文件来构建地图。以下代码片段显示了启动地图构建过程所需执行的命令。

首先使用 Willow Garage 世界环境模型启动机器人仿真（如图 6.21 所示），命令如下所示：

```
roslaunch diff_wheeled_robot_gazebo diff_wheeled_gazebo_full.
launch
```

然后使用以下命令打开 gmapping 启动文件：

```
roslaunch diff_wheeled_robot_gazebo gmapping.launch
```

如果 gmapping 启动文件运行正常，则我们将在终端看到如图 6.20 所示的提示信息。

```
[ INFO] [1505810240.049575967, 15.340000000]: Loading from pre-hydro parameter style
[ INFO] [1505810240.168699314, 15.381000000]: Using plugin "static_layer"
[ INFO] [1505810240.384469019, 15.449000000]: Requesting the map...
[ INFO] [1505810240.663457937, 15.552000000]: Resizing costmap to 288 X 608 at 0.050000 m/pix
[ INFO] [1505810240.871384865, 15.650000000]: Received a 288 X 608 map at 0.050000 m/pix
[ INFO] [1505810240.897210021, 15.656000000]: Using plugin "obstacle_layer"
[ INFO] [1505810240.913185546, 15.660000000]:     Subscribed to Topics: scan bump
[ INFO] [1505810241.183408917, 15.714000000]: Using plugin "inflation_layer"
[ INFO] [1505810241.592248141, 15.851000000]: Loading from pre-hydro parameter style
[ INFO] [1505810241.730240828, 15.900000000]: Using plugin "obstacle_layer"
[ INFO] [1505810241.978042290, 16.015000000]:     Subscribed to Topics: scan bump
[ INFO] [1505810242.124180243, 16.057000000]: Using plugin "inflation_layer"
[ INFO] [1505810242.504991688, 16.191000000]: Created local_planner dwa_local_planner/DWAPlannerROS
[ INFO] [1505810242.518319734, 16.198000000]: Sim period is set to 0.20
[ INFO] [1505810244.343111055, 16.967000000]: Recovery behavior will clear layer obstacles
[ INFO] [1505810244.546680028, 17.020000000]: Recovery behavior will clear layer obstacles
[ INFO] [1505810244.697982461, 17.046000000]: odom received!
```

图 6.20　gmapping 地图构建过程中的终端消息

接下来，可以启动键盘遥控操作程序，以便在环境中手动导航机器人。只有覆盖整个区域，机器人才能绘制环境地图。启动命令如下所示：

```
roslaunch diff_wheeled_robot_control keyboard_teleop.launch
```

读者可以直接从 UI 在 Gazebo 中添加元素，例如，可以在仿真中添加 Willow Garage 办公室场景，如图 6.21 所示。

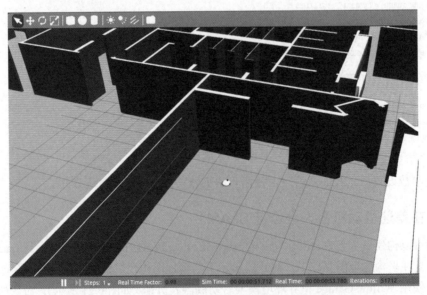

图 6.21　使用 Willow Garage 办公室场景进行机器人仿真

我们可以启动 RViz 并添加一个名为 **Map** 的显示类型和 /map 的主题名称。

我们可以通过键盘遥控操作开始在世界环境内移动机器人，且可以看到根据环境构建的地图。图 6.22 显示了 RViz 中显示的完整环境地图。

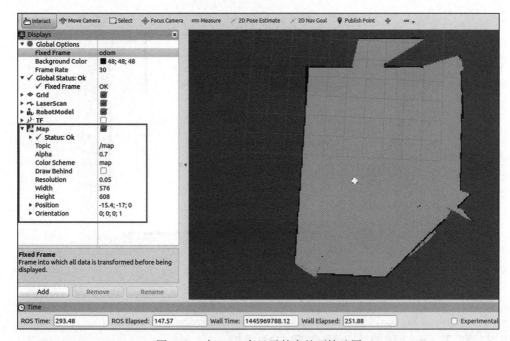

图 6.22 在 RViz 中显示的完整环境地图

我们可以使用以下命令保存构建的地图。此命令将监听 map 主题并生成包含整个地图的图像。map_server 包执行此操作，命令如下所示：

```
rosrun map_server map_saver -f willo
```

要使用上述命令完成地图保存操作，需要安装地图服务器，命令如下所示：

```
sudo apt-get install ros-noetic-map-server
```

这里，willo 是地图文件的名称。地图文件存储为两个文件：一个是包含地图元数据和图像名称的 YAML 文件，另一个是具有占用栅格地图编码数据的图像。图 6.23 是前面命令运行时没有任何错误的部分输出界面。

```
jcacace@robot:~$ rosrun map_server map_saver -f willo
[ INFO] [1505810794.895750258]: Waiting for the map
[ INFO] [1505810795.117276658, 21.621000000]: Received a 288 X 608 map @ 0.050 m/pix
[ INFO] [1505810795.119888038, 21.621000000]: Writing map occupancy data to willo.pgm
[ INFO] [1505810795.138065942, 21.632000000]: Writing map occupancy data to willo.yaml
[ INFO] [1505810795.138632329, 21.632000000]: Done
```

图 6.23 保存地图时的终端截图

保存的地图编码图像如图 6.24 所示。如果机器人能够提供准确的机器人里程测量数据，我们将获得类似于环境的精确地图。基于精确的地图，通过高效的路径规划，将能提高机器人的导航精度。

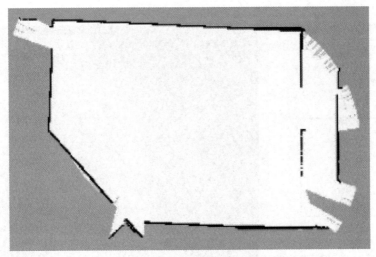

图 6.24　保存的地图编码图像

接下来，我们开始执行在上述地图上进行定位与导航的处理。

6.5.3　基于 amcl 和静态地图实现自主导航

ROS 的 amcl 包提供了用于在静态地图上定位机器人的节点。该节点订阅来自机器人的激光扫描数据、基于激光扫描的地图和 TF 信息。amcl 节点估计机器人在地图上的位姿，并发布其相对于地图的估计位置。

如果我们根据激光扫描数据创建一个静态地图，则机器人可以使用 amcl 和 move_base 节点从地图的任何位姿开始进行自主导航。第一步是创建一个启动文件，用于启动 amcl 节点。amcl 节点是高度可定制的，我们可以通过各种参数来对该节点进行配置。ROS 软件包站点提供了这些参数的列表 (http://wiki.ros.org/amcl)。

6.5.4　创建 amcl 启动文件

下面给出一个典型的 amcl 启动文件。amcl 节点是在 amcl.launch.xml 文件内配置的，该文件位于 diff_wheeled_robot_gazebo/launch/include 包中。move_base 节点也在 move_base.launch.xml 文件中单独配置。我们在 gmapping 过程中创建的地图文件，使用 map_server 节点在其中加载，如下所示：

```
<arg name="map_file" default="$(find diff_wheeled_robot_
gazebo)/maps/test1.yaml"/>

  <node name="map_server" pkg="map_server" type="map_server"
args="$(arg map_file)" />
```

```xml
<include file="$(find diff_wheeled_robot_gazebo)/launch/
includes/amcl.launch.xml">

    <arg name="initial_pose_x" value="0"/>
    <arg name="initial_pose_y" value="0"/>
    <arg name="initial_pose_a" value="0"/>

</include>
```

然后，我们在其中包括 `move_base` 的启动文件，如下所示：

```xml
<include file="$(find diff_wheeled_robot_gazebo)/launch/
includes/move_base.launch.xml"/>
</launch>
```

以下是从 `amcl.launch.xml` 中截取的一段代码。这个文件有点长，因为我们必须为 amcl 节点配置很多参数：

```xml
<launch>
  <arg name="use_map_topic"   default="false"/>
  <arg name="scan_topic"      default="scan"/>
  <arg name="initial_pose_x" default="0.0"/>
  <arg name="initial_pose_y" default="0.0"/>
  <arg name="initial_pose_a" default="0.0"/>

  <node pkg="amcl" type="amcl" name="amcl">
    <param name="use_map_topic"              value="$(arg use_
map_topic)"/>
    <!-- Publish scans from best pose at a max of 10 Hz -->
    <param name="odom_model_type"            value="diff"/>
    <param name="odom_alpha5"                value="0.1"/>
    <param name="gui_publish_rate"           value="10.0"/>
    <param name="laser_max_beams"             value="60"/>
    <param name="laser_max_range"            value="12.0"/>
```

创建这个启动文件后，我们可以使用下面概述的过程启动 amcl 节点。

首先在 Gazebo 中启动机器人的仿真，命令如下所示：

roslaunch diff_wheeled_robot_gazebo diff_wheeled_gazebo_full. launch

然后使用以下命令运行 amcl 启动文件：

roslaunch diff_wheeled_robot_gazebo amcl.launch

以上 amcl 启动文件正常加载的话，终端将会显示类似图 6.25 的信息。

如果 amcl 工作正常，我们可以开始命令机器人使用 RViz 进入地图上的某个位置，如图 6.26 所示，其中箭头指示目标位置。我们可以在 RViz 中启用 LaserScan、Map 和 Path 可视化插件，以查看激光扫描、全局 / 局部代价地图和全局 / 本地路径。使用 RViz 中的 2D

Nav Goal 按钮，我们可以命令机器人到达指定位置。

机器人将规划到达该点的路径，并向机器人控制器发出速度命令以到达该位置，如图 6.26 所示。

```
[ INFO] [1505821904.100025792, 139.365000000]: Using plugin "static_layer"
[ INFO] [1505821904.277281445, 139.434000000]: Requesting the map...
[ INFO] [1505821904.489128458, 139.541000000]: Resizing costmap to 512 X 480 at 0.050000 m/pix
[ INFO] [1505821904.667453907, 139.643000000]: Received a 512 X 480 map at 0.050000 m/pix
[ INFO] [1505821904.675176680, 139.648000000]: Using plugin "obstacle_layer"
[ INFO] [1505821904.681719452, 139.648000000]:     Subscribed to Topics: scan bump
[ INFO] [1505821904.813327088, 139.699000000]: Using plugin "inflation_layer"
[ INFO] [1505821905.081866940, 139.802000000]: Using plugin "obstacle_layer"
[ INFO] [1505821905.194340020, 139.871000000]:     Subscribed to Topics: scan bump
[ INFO] [1505821905.323469494, 139.903000000]: Using plugin "inflation_layer"
[ INFO] [1505821905.674954354, 140.036000000]: Created local_planner dwa_local_planner/DWAPlannerROS
[ INFO] [1505821905.689447045, 140.040000000]: Sim period is set to 0.20
[ INFO] [1505821907.560275254, 141.046000000]: Recovery behavior will clear layer obstacles
[ INFO] [1505821907.785016235, 141.138000000]: Recovery behavior will clear layer obstacles
[ INFO] [1505821907.949123108, 141.197000000]: odom received!
```

图 6.25　执行 amcl 时的终端截图

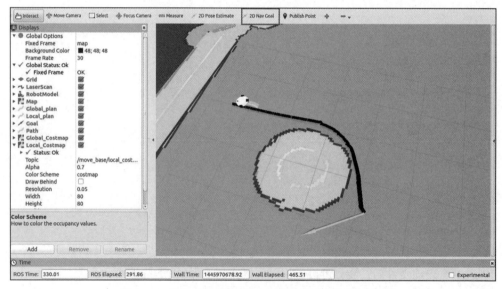

图 6.26　使用 amcl 和地图实现自主导航过程示意图

在图 6.26 中，我们可以看到机器人的路径中放置了一个随机的障碍物，并且机器人成功规划了一条路径来避开障碍物。

我们可以通过向 RViz 添加一个位姿数组来查看机器人周围的 amcl 粒子云，主题是 /particle_cloud。图 6.27 显示了机器人周围的 amcl 粒子云。

现在，机器人能够将自己定位到地图中。粒子云的形状为我们提供了有关定位质量的信息。它代表了定位系统对机器人位姿的不确定性。如果云非常分散，则意味着系统对机器人的整体位姿非常不确定。在图 6.27 中，我们可以看到一个非常紧缩的云，它代表了定位系统的低不确定性，即定位精度相对比较高。

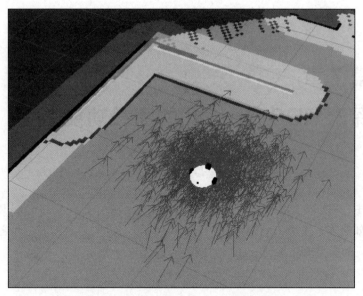

图 6.27 amcl 粒子云与里程计示意图

6.6 总结

本章简要介绍了 MoveIt! 以及 ROS 导航栈的相关内容，并在 Gazebo 模拟环境下通过一个机械臂展示了相应的功能。本章以 MoveIt! 开始论述，讨论了有关 MoveIt! 的详细概念。在此基础上，我们对 MoveIt! 与 Gazebo 的交互方法进行了介绍，然后在 Gazebo 模拟环境下对 MoveIt! 生成的轨迹进行了执行演示。

在本章的第二部分，我们重点介绍了 ROS 导航栈的内容。首先讨论了导航栈的基本概念和工作原理。然后介绍了在 Gazebo 中与导航栈进行交互的过程步骤，并介绍了使用 SLAM 构建地图的方法。最后介绍了使用 amcl 和静态地图进行自主导航的内容。

在下一章中，我们将讨论 pluginlib、nodelets 和控制器。

以下是基于本章内容的几个问题。

6.7 问题

- MoveIt! 功能包的主要作用是什么？
- move_group 节点在 MoveIt! 中的重要性是什么？
- move_base 节点在导航栈中的目的是什么？
- SLAM 和 amcl 功能包的功能是什么？

第 7 章

探索 ROS MoveIt! 的高级功能

在第 6 章中，我们介绍了 ROS 的操作和导航。在本章中，我们将介绍 ROS MoveIt! 的高级功能，例如避障、使用 3D 传感器进行感知、抓取、拾取和放置。在此之后，我们将学习如何将机器人的操控硬件与 MoveIt! 连接起来。

7.1 使用 move_group 的 C++ 接口进行运动规划

第 6 章讨论了如何与机械臂交互，以及如何使用 MoveIt! 的 RViz 运动规划插件来规划机器人的运动路径。在本节中，我们将看到如何使用 move_group 的 C++ API 通过编程方式控制机器人运动。用 RViz 可以进行运动规划，当然也可以通过 move_group 的 C++ API 用编程方式实现运动规划。

使用 C++ API 的第一步是创建一个依赖 MoveIt! 的 ROS 软件包。我们可以使用以下命令创建同样的软件包：

```
catkin_create_pkg seven_dof_arm_test catkin cmake_modules
interactive_markers moveit_core moveit_ros_perception moveit_
ros_planning_interface pluginlib roscpp std_msgs
```

让我们开始使用 move_group API 来执行规划好的轨迹。

7.1.1 使用 MoveIt! C++ API 规划随机路径

我们将学习的第一个示例是用 MoveIt! C++ API 进行随机运动规划。你可以从 src 文件夹中找到源码文件 test_random.cpp，如下是代码及每行的注释。当我们执行这个节点时，它将规划出一条随机路径并执行。

```cpp
#include <moveit/move_group_interface/move_group_interface.h>
int main(int argc, char **argv)
{
  ros::init(argc, argv, "move_group_interface_demo");
  // start a ROS spinning thread
```

```
ros::AsyncSpinner spinner(1);
spinner.start();
// this connects to a running instance of the move_group node
//move_group_interface::MoveGroup group("arm");
moveit::planning_interface::MoveGroupInterface group("arm");
// specify that our target will be a random one
group.setRandomTarget();
// plan the motion and then move the group to the sampled
target
group.move();
ros::waitForShutdown();
}
```

为了编译该源码，我们需要将下面几行代码添加到 CMakeLists.txt 文件中。你也可以从已有的软件包中获取完整的 CMakeLists.txt 文件：

```
add_executable(test_random_node src/test_random.cpp)
add_dependencies(test_random_node seven_dof_arm_test_generate_
messages_cpp)
target_link_libraries(test_random_node
${catkin_LIBRARIES})
```

我们用 catkin_make 编译该软件包。首先检查 test_random.cpp 是否可以正常编译，如果源码编译正常，我们就可以进行测试了。

下面的命令将启动 RViz，同时将加载带有运动规划插件的 7-DOF 机械臂：

roslaunch seven_dof_arm_config demo.launch

在 RViz 中移动末端执行器以检查是否一切正常。

使用下面的命令运行该 C++ 节点以规划出一个随机位置：

rosrun seven_dof_arm_test test_random_node

图 7.1 所示为 RViz 的输出。机械臂将随机选择一个 IK 有效的位姿作为目标点，并从当前位置开始进行运动规划。

在这个例子中，我们只是尝试让机器人的末端执行器移动到一个随机的、可行的目标位姿。在下一节中，我们将为它指定所需的位姿。

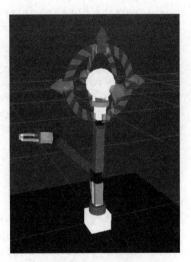

图 7.1　使用 move_group API
进行随机运动规划

7.1.2　使用 MoveIt! C++ API 规划自定义路径

我们在前面的例子中学习了随机运动规划。在本节中，我们将学习如何控制机器人末端执行器移动到指定的目标位姿。下面的示例 test_custom.cpp 将实现这个目标。在开始时，我们必须包含 MoveIt! 的头文件。代码如下所示：

```
#include <moveit/move_group_interface/move_group_interface.h>
#include <moveit/planning_scene_interface/planning_scene_
interface.h>
#include <moveit/move_group_interface/move_group_interface.h>
#include <moveit_msgs/DisplayRobotState.h>
#include <moveit_msgs/DisplayTrajectory.h>
#include <moveit_msgs/AttachedCollisionObject.h>
#include <moveit_msgs/CollisionObject.h>
```

然后，我们在 MoveIt! 上初始化规划界面和发布者以可视化轨迹，代码如下所示：

```
int main(int argc, char **argv)
{
  //ROS initialization
  ros::init(argc, argv, "move_group_interface_tutorial");
  ros::NodeHandle node_handle;
  ros::AsyncSpinner spinner(1);
  spinner.start();
  sleep(2.0);
  //Move group setup
  moveit::planning_interface::MoveGroupInterface group("arm");
  moveit::planning_interface::PlanningSceneInterface planning_
scene_interface;
  ros::Publisher display_publisher = node_handle.
advertise<moveit_msgs::DisplayTrajectory>("/move_group/display_
planned_path", 1, true);
  moveit_msgs::DisplayTrajectory display_trajectory;
  ROS_INFO("Reference frame: %s",    group.
getEndEffectorLink().c_str());
```

最后，我们为机械臂目标设定一个固定的预期位姿，并要求规划和执行生成的轨迹。代码如下所示：

```
  //Target pose setup
  geometry_msgs::Pose target_pose1;
  target_pose1.orientation.w = 0.726282;
  target_pose1.orientation.x= 4.04423e-07;
  target_pose1.orientation.y = -0.687396;
  target_pose1.orientation.z = 4.81813e-07;
  target_pose1.position.x = 0.0261186;
  target_pose1.position.y = 4.50972e-07;
  target_pose1.position.z = 0.573659;
  group.setPoseTarget(target_pose1);
  //Motion planning
  moveit::planning_interface::MoveGroupInterface::Plan my_plan;
  moveit::planning_interface::MoveItErrorCode success = group.
```

```
plan(my_plan);
  ROS_INFO("Visualizing plan 1 (pose goal) %s", success.val ?
"":"FAILED");
  // Sleep to give Rviz time to visualize the plan.
  sleep(5.0);
  ros::shutdown();
}
```

下面是为编译源代码添加的额外代码行：

```
add_executable(test_custom_node src/test_custom.cpp)
add_dependencies(test_custom_node seven_dof_arm_test_generate_
messages_cpp)
target_link_libraries(test_custom_node
${catkin_LIBRARIES})
```

下面是执行自定义节点的命令：

rosrun seven_dof_arm_test test_custom_node

图 7.2 显示了 `test_custom_node` 的执行结果。

然而，在上述例子中，我们是在自由空间中进行的轨迹规划。当机器人所处的环境充满障碍物时，运动规划能力更加重要。下一节我们将了解如何添加碰撞检测。

图 7.2　使用 MoveIt! C++ API 的自定义运动规划

7.1.3　使用 MoveIt! 进行机械臂的碰撞检测

在运动规划和 IK 求解算法中，碰撞检测及避障是 MoveIt! 同时进行的重要任务。MoveIt! 可以利用内置的**碰撞检测库**（Flexible Collision Library，FCL，`http://gamma.cs.unc.edu/FCL/fcl_docs/webpage/generated/index.html`）处理自碰撞以及与环境的碰撞检测。FCL 是一个实现各种碰撞检测和避障算法的开源项目。MoveIt! 利用 FCL 的强大功能，用 `collision_detection::CollisionWorld` 类处理规划场景内的碰撞。MoveIt! 的碰撞检测包括各种对象，如网格、基本形状（立方体和圆柱体），以及 **OctoMap**（`http://octomap.github.io/`）。其中，OctoMap 库实现了一个 3D 占据栅格（称为八叉树），它包含相关环境中障碍物的概率信息。MoveIt! 软件包可以用 3D 点云信息构建 OctoMap，也可以直接将 OctoMap 提供给 FCL 进行碰撞检测。

与运动规划一样，碰撞检测也是计算密集型的。我们可以用**允许碰撞矩阵**（Allowed Collision Matrix，ACM）的参数微调两个主体（如机器人连杆和环境）之间的碰撞检测。如果在 ACM 中将两个连杆之间的碰撞值设置为 1，则不会进行任何碰撞检测。我们可以用该矩阵设置距离较远的连杆，这样我们就可以通过优化这个矩阵来优化碰撞检测过程。

向 MoveIt! 添加碰撞对象

我们可以向 MoveIt! 的规划场景中添加一个碰撞对象，这样就能看到运动规划的工作原理。对于添加碰撞对象，我们可以使用可直接从 MoveIt! 接口导入的网格文件，当然，也可以通过 MoveIt! API 编写 ROS 节点来添加。

首先我们讨论如何用 ROS 节点添加碰撞对象。

在 seven_dof_arm_test/src 文件夹的 add_collision_object.cpp 节点中，我们启动一个 ROS 节点并创建一个 moveit::planning_interface::PlanningSceneInterface 对象，它可以访问 MoveIt! 的规划场景并在当前场景中执行任何动作。现在，我们将增加 5 秒的休眠时间以等待 planningSceneInterface 对象实例化，如下所示：

```
moveit::planning_interface::PlanningSceneInterface
current_scene; 0);
```

下一步，我们需要创建一个碰撞对象消息 moveit_msgs::CollisionObject 的实例，该消息将被发送到当前规划场景。在这里，我们正在为一个圆柱体创建一个碰撞对象信息，并且该信息被指定为 seven_dof_arm_cylinder。当我们将这个对象添加到规划场景中时，对象的名称就是它的标识符（ID），如下面的代码片段所示：

```
moveit_msgs::CollisionObject cylinder;
cylinder.id = "seven_dof_arm_cylinder";
```

在创建碰撞对象信息之后，我们必须定义另一个类型的消息 shape_msgs::SolidPrimitive，该信息用于定义我们使用的基本形状及这些形状的属性。在该示例中，我们正在创建一个圆柱体对象。如下面的代码所示，我们必须定义该对象的形状类型和维数，以及圆柱体的宽度和高度：

```
shape_msgs::SolidPrimitive primitive;
primitive.type = primitive.CYLINDER;
primitive.dimensions.resize(3);
primitive.dimensions[0] = 0.6;
primitive.dimensions[1] = 0.2;
primitive.dimensions[2] = 0.2;
```

创建了形状信息后，我们必须创建一个 geometry_msgs::Pose 信息来定义这个对象的位姿。我们定义一个尽可能接近机器人的位姿。在规划场景中创建对象后，我们也可以改变其位姿，代码如下所示：

```
geometry_msgs::Pose;
pose.orientation.w = 1.0;
pose.position.x =  0.0;
pose.position.y = -0.4;
pose.position.z =  -0.4;
```

定义碰撞对象的位姿后，我们需要添加定义过的基本形状对象及其相对于碰撞检测对象的位姿。我们需要执行的操作是添加规划场景，代码如下所示：

```
cylinder.primitives.push_back(primitive);
```

```
cylinder.primitive_poses.push_back(pose);
cylinder.operation = cylinder.ADD;
```

在下一步中，我们创建一个名为 collision_objects、类型为 moveit_msgs::
CollisionObject 的向量，并将碰撞对象插入该向量中，代码如下所示：

```
std::vector<moveit_msgs::CollisionObject> collision_
objects;
collision_objects.push_back(cylinder);
```

我们将使用以下代码将碰撞对象向量添加到当前规划场景中。PlanningScene-
Interface 类中的 addCollisionObjects() 被用于将对象添加到规划场景中：

```
current_scene.addCollisionObjects(collision_objects);
```

下面是用于在 CmakeLists.txt 中进行编译的代码：

```
add_executable(add_collision_object src/add_collision_
object.cpp)
add_dependencies(add_collision_object seven_dof_arm_test_
generate_messages_cpp)
target_link_libraries(add_collision_object
${catkin_LIBRARIES})
```

让我们看看这个节点是如何使用 MoveIt! 的运动规划插件在 RViz 中工作的。我们将运行
seven_dof_arm_config 软件包中的 demo.launch 文件以测试该节点：

roslaunch seven_dof_arm_config demo.launch

然后添加以下碰撞对象：

rosrun seven_dof_arm_test add_collision_object

当我们运行 add_collision_object 节点时，会显示出一个绿色圆柱体，我们也可
以移动这个碰撞对象，如图 7.3 所示。将碰撞对象成功添加到规划场景中后，它将在 **Scene
Objects** 选项卡中列出。我们可以单击该对象并修改其位姿。针对机器人的任意连杆，我们
都可以为其添加新的碰撞模型。这里有一个 **Scale** 选项可以缩放碰撞模型。

RViz 运动规划插件也提供了向规划场景中导入 3D 网格模型的选项卡。点击 **Import File**
按钮即可进行模型文件的导入。图 7.4 展示了一个导入的立方体网格 DAE 文件，该文件是与
规划场景中的圆柱一起导入的。我们可以用 **Scale** 滑动条放大碰撞对象，也可以用 **Manager
Pose** 选项设置想要的位姿。当我们将机械臂末端执行器移动到这些碰撞对象上时，MoveIt!
将检测到碰撞。MoveIt! 不仅可以检测到自碰撞，还可以检测到与环境之间的碰撞。

当机械臂接触到对象时，碰撞的连杆会变红。在自碰撞中，碰撞的连杆也会变红。当
然，我们可以在运动规划插件的设置中修改碰撞的颜色。

从规划场景中移除碰撞对象

从规划场景中移除碰撞对象是很容易的。我们需要创建一个 moveit::planning_interface::PlanningSceneInterface 对象，就像我们在前面的例子中所做的那样，然后再加一些延时：

```
moveit::planning_interface::PlanningSceneInterface current_
scene;
sleep(5.0);
```

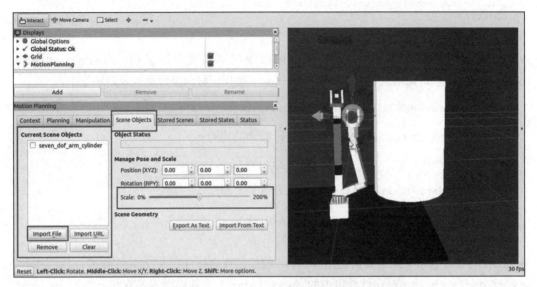

图 7.3　使用 MoveIt! C++ API 将碰撞对象添加到 RViz

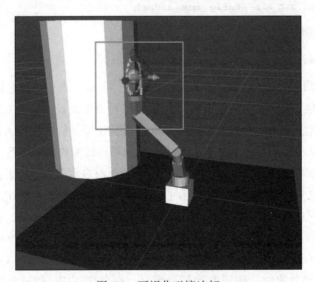

图 7.4　可视化碰撞连杆

接下来，我们需要创建一个包含碰撞对象 ID 的字符串向量（vector）。在这里，碰撞对象 ID 是 seven_dof_arm_cylinder。将该字符串赋值给这个向量后，我们将调用

removeCollision-Objects(object_ids)，它可以从规划场景中将碰撞对象移除。

该代码片段如下：

```
std::vector<std::string> object_ids;
object_ids.push_back("seven_dof_arm_cylinder");
current_scene.removeCollisionObjects(object_ids);
```

此代码片段位于 seven_dof_arm_test / src / remove_collision_object.cpp。

向机器人连杆上添加一个碰撞对象

了解了如何在规划场景中插入和移除对象后，现在我们讨论如何在机器人身上附加或分离这些对象。ROS MoveIt! 的这一重要特性使我们能够操作这些对象。实际上，将对象附着到机器人上后，被抓取对象也被添加到避障空间内。通过这种方式，机器人可以在工作空间中自由移动、避障、抓取对象。我们将要在这里讨论的代码是 seven_dof_arm_test/src/attach_detach_objs.cpp 源代码。如前面的示例所示，创建 moveit::planning_interface::PlanningSceneInterface 对象后，我们必须初始化 moveit_msgs::AttachedCollisionObject 实例，完善相关信息，如哪些场景对象将附着到机器人的指定连杆上，代码如下所示：

```
moveit_msgs::AttachedCollisionObject attached_object;
attached_object.link_name = "grasping_frame";
attached_object.object = grasping_object;
current_scene.applyAttachedCollisionObject( attached_object );
```

在该示例中，附着到机器人连杆的 grasping_object 是在 add_collision_object.cpp 示例中使用的那个。当对象成功附着到机器人上时，MoveIt! 中显示的颜色将从绿色变为紫色，并随着机器人一起移动。要从机器人本体中分离一个对象，我们应该调用目的对象的 applyAttachedCollisionObject 函数，并将其操作从 ADD 改为 REMOVE：

```
grasping_object.operation = grasping_object.REMOVE;
attached_object.link_name = "grasping_frame";
attached_object.object = grasping_object;
```

让我们继续该示例，检查机械臂的自碰撞。

使用 MoveIt! API 检查自碰撞

我们已经了解了如何在 RViz 中检测碰撞，但是如果想要在 ROS 节点中获得碰撞信息，该如何做呢？在本节中，我们将讨论如何用 ROS 代码获取机器人的碰撞信息。这个示例可以检查自碰撞和环境碰撞，并告知哪些连杆发生了碰撞。check_collision 文件位于 seven_dof_arm_test/src 文件夹中，如下代码会将机器人的运动学模型加载到规划场景中：

```
robot_model_loader::RobotModelLoader robot_model_loader("robot_
description");
```

```
robot_model::RobotModelPtr kinematic_model = robot_model_
loader.getModel();
planning_scene::PlanningScene planning_scene(kinematic_model);
```

要测试机器人当前状态下的自碰撞，我们可以创建 collision_detection::
CollisionRequest 和 collision_detection::CollisionResult 类的两个实例，
分别命名为 collision_request 和 collision_result。创建好这些对象后，将它们
传递给 MoveIt! 碰撞检查函数 planning_scene.checkSelfCollision()，它可以在
collision_result 对象中给出碰撞结果。我们可以打印详细信息，如下面的代码片段所示：

```
planning_scene.checkSelfCollision(collision_request, collision_
result);
ROS_INFO_STREAM("1. Self collision Test: "<< (collision_result.
collision ? "in" : "not in")
<< " self collision");
```

如果想要测试某个特定组中的碰撞，我们可以通过上面提到的 group_name 来实现，
如下面的代码所示（这里的 group_name 是 arm）：

```
collision_request.group_name = "arm";
current_state.setToRandomPositions();
//Previous results should be cleared
collision_result.clear();
planning_scene.checkSelfCollision(collision_request, collision_
result);
ROS_INFO_STREAM("3. Self collision Test(In a group): "<<
(collision_result.collision ? "in" : "not in"));
```

要执行完整的碰撞检测，我们必须使用函数 planning_scene.checkCollision()。
我们需要在这个函数中指定机器人当前的状态和 ACM 矩阵。

下面就是用这个函数执行完整碰撞检测的代码：

```
collision_detection::AllowedCollisionMatrix acm = planning_
scene.getAllowedCollisionMatrix();
robot_state::RobotState copied_state = planning_scene.
getCurrentState();
planning_scene.checkCollision(collision_request, collision_
result, copied_state, acm);
ROS_INFO_STREAM("6. Full collision Test: "<< (collision_result.
collision ? "in" : "not in")
<< " collision");
```

使用以下命令启动运动规划演示并运行该节点：

roslaunch seven_dof_arm_config demo.launch

运行碰撞检测节点：

rosrun seven_dof_arm_test check_collision

你将得到一份报告，如图 7.5 所示。机器人现在没有碰撞，如果有碰撞的话，它会发送碰撞报告信息。

```
[ INFO] [1512837566.744018279]: 1. Self collision Test: not in self collision
[ INFO] [1512837566.744073739]: 2. Self collision Test(Change the state): in
[ INFO] [1512837566.744108096]: 3. Self collision Test(In a group): in
[ INFO] [1512837566.744122925]: 4. Collision points valid
[ INFO] [1512837566.744167799]: 5. Self collision Test: in self collision
[ INFO] [1512837566.744179527]: 6 . Contact between: elbow_pitch_link and wrist_pitch_link
[ INFO] [1512837566.744227589]: 6. Self collision Test after modified ACM: not in self collision
[ INFO] [1512837566.744262790]: 6. Full collision Test: not in collision
```

图 7.5　碰撞检测消息

到目前为止，我们只是模拟执行动作，没有连接 MoveIt! 和 Gazebo。然而，要利用机器人的感知能力，需要一个真正的机器人或仿真机器人。在下一节中，我们将讨论如何将 Gazebo 仿真的深度传感器与 MoveIt! 连接起来。

7.2　使用 MoveIt! 和 Gazebo 进行感知

到目前为止，在 MoveIt! 中，我们只使用过一个机械臂。在本节中，我们将学习如何将 3D 视觉传感器数据与 MoveIt! 连接起来。该传感器可以用 Gazebo 进行仿真，也可以用 `openni_launch` 软件包直接连接 RGB-D 传感器（如 Kinect 或 Intel RealSense）。这里，我们将用 Gazebo 来仿真。我们将在 MoveIt! 中添加传感器以创建机器人周围环境的地图。下面的命令将在 Gazebo 中启动机械臂和华硕 Xtion Pro 的仿真：

```
roslaunch seven_dof_arm_gazebo seven_dof_arm_obstacle_world.
launch
```

该命令将打开带有机械臂关节控制器的 Gazebo 和用于 3D 视觉传感器的 Gazebo 插件。我们可以添加一张桌子和一个待抓取对象到仿真器中，如图 7.6 所示，只需简单地单击并将它们拖动到工作区即可。我们可以创建任何类型的桌子和对象。图 7.6 中显示的对象仅用于演示。此外，我们可以编辑模型的 SDF 文件，这样就可以改变模型的大小和形状。

使用以下命令启动仿真后，需要检查生成的主题：

```
rostopic list
```

确保我们得到 RGB-D 摄像机主题，如图 7.7 所示。

我们可以使用以下命令查看 RViz 中的点云：

```
rosrun rviz rviz -f base_link
```

现在，我们可以添加 `PointCloud2` 数据和机器人模型，从而得到如图 7.8 所示的输出。

确认了来自 Gazebo 插件的点云数据后，我们必须将一些文件添加到这个机械臂的

MoveIt! 配置软件包（即 `seven_dof_arm_config`）中，用于将点云数据从 Gazebo 复制到 MoveIt! 规划场景中。

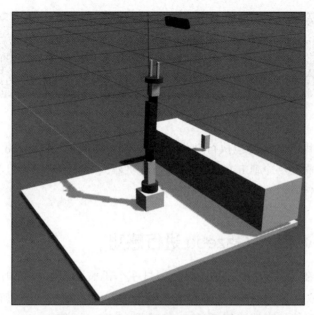

图 7.6　Gazebo 中的机械臂和待抓取对象

```
/rgbd_camera/depth/camera_info
/rgbd_camera/depth/image_raw
/rgbd_camera/depth/points
/rgbd_camera/ir/camera_info
/rgbd_camera/ir/image_raw
/rgbd_camera/ir/image_raw/compressed
/rgbd_camera/ir/image_raw/compressed/parameter_descriptions
/rgbd_camera/ir/image_raw/compressed/parameter_updates
/rgbd_camera/ir/image_raw/compressedDepth
/rgbd_camera/ir/image_raw/compressedDepth/parameter_descriptions
/rgbd_camera/ir/image_raw/compressedDepth/parameter_updates
/rgbd_camera/ir/image_raw/theora
/rgbd_camera/ir/image_raw/theora/parameter_descriptions
/rgbd_camera/ir/image_raw/theora/parameter_updates
/rgbd_camera/parameter_descriptions
/rgbd_camera/parameter_updates
/rgbd_camera/rgb/camera_info
/rgbd_camera/rgb/image_raw
/rgbd_camera/rgb/image_raw/compressed
/rgbd_camera/rgb/image_raw/compressed/parameter_descriptions
/rgbd_camera/rgb/image_raw/compressed/parameter_updates
/rgbd_camera/rgb/image_raw/compressedDepth
/rgbd_camera/rgb/image_raw/compressedDepth/parameter_descriptions
/rgbd_camera/rgb/image_raw/compressedDepth/parameter_updates
/rgbd_camera/rgb/image_raw/theora
/rgbd_camera/rgb/image_raw/theora/parameter_descriptions
/rgbd_camera/rgb/image_raw/theora/parameter_updates
/rgbd_camera/rgb/points
```

图 7.7　列出 RGB-D 摄像机主题

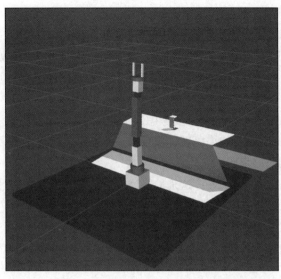

图 7.8　在 RViz 中可视化点云数据

机器人的环境可以用八叉树来表示 (https://en.wikipedia.org/wiki/Octree)，八叉树可以用 OctoMap 库来构建，我们已在上一节中学过。OctoMap 被作为插件引入了MoveIt!，称为 Occupany Map Updator 插件，它可以从不同类型的传感器输入来更新八叉树，例如从点云和来自 3D 视觉传感器的深度图像。目前，有下面这些用于处理 3D 数据的插件。

- PointCloudOccupancymap Updater：这个插件可以接受点云形式的输入（sensor_msgs/PointCloud2）。
- DepthImageOccupancymapUpdater：这个插件可以接受深度图像形式的输入（sensor_msgs/Image）。

第一步是为这些插件编写配置文件。这些配置文件包含机器人用到的插件及其参数属性。第一个插件的配置文件可以在 seven_dof_arm_config/config 文件夹中找到，文件名为 sensor_3d.yaml。

该文件的定义如下所示：

```
sensors:
- sensor_plugin: occupancy_map_monitor/PointCloudOctomapUpdater
  point_cloud_topic: /rgbd_camera/depth/points
  max_range: 5
  padding_offset: 0.01
  padding_scale: 1.0
  point_subsample: 1
  filtered_cloud_topic: filtered_cloud
```

sensor_plugin 是常规参数，它指定我们在机器人中使用的插件名称。

下面是这个传感器插件的各个参数。

- `point_cloud_topic`：插件将监听以获取点云数据的主题。
- `max_range`：以米为单位的距离限值，超过该范围的点不会被处理。
- `padding_offset`：当滤波的点云包含机器人连杆（自滤波）时，该值将考虑机器人连杆及其附加的对象。
- `padding_scale`：自滤波时需要考虑这个值。
- `point_subsample`：如果更新过程较慢，可以对点进行二次采样。如果我们让这个值大于 1，则将忽略该点。
- `filtered_cloud_topic`：这是最终滤波后的点云主题。通过本主题，我们将得到经过处理的点云，它主要用于调试。

如果使用 DepthImageOctomapUpdater 插件，我们需要另一个不同的配置文件。虽然在示例机器人中没有使用该插件，但是我们也可以看看它的用法和属性：

```
sensors:
 - sensor_plugin: occupancy_map_monitor/
DepthImageOctomapUpdater
    image_topic: /head_mount_kinect/depth_registered/image_raw
    queue_size: 5
    near_clipping_plane_distance: 0.3
    far_clipping_plane_distance: 5.0
    skip_vertical_pixels: 1
    skip_horizontal_pixels: 1
    shadow_threshold: 0.2
    padding_scale: 4.0
    padding_offset: 0.03
    filtered_cloud_topic: output_cloud
```

同样，`sensor_plugin` 是指定我们在机器人中使用的插件名称的常规参数。

下面是这个传感器插件的各个参数。

- `image_topic`：传输图像的主题。
- `queue_size`：订阅的深度图像主题的消息队列大小。
- `near_clipping_plane_distance`：到传感器的最小有效距离。
- `far_clipping_plane_distance`：到传感器的最大有效距离。
- `skip_vertical_pixels`：从图像的上部和下部跳过的像素数。如果我们将该值设置为 5，它将从图像的上部和下部跳过 5 列。
- `skip_horizontal_pixels`：在水平方向上跳过的像素数。
- `shadow_threshold`：因为填充，点在某些情况下可能出现在机器人连杆的下方。`shadow_threshold` 参数删除距离大于该阈值的点。

讨论了 OctoMap 更新插件及其属性后，我们来看看初始化该插件及其参数的启动文件。我们需要创建的第一个文件位于 seven_dof_arm_config/launch 文件夹，名为

seven_dof_arm_moveit_sensor_manager.launch。下面就是该文件的定义，启动文件基本只是加载了插件的参数：

```
<launch>
<rosparam command="load" file="$(find seven_dof_arm_config)/
config/sensor_3d.yaml" />
</launch>
```

我们需要编辑的下一个文件是 sensor_manager.launch，它位于 launch 文件夹。该文件的定义如下：

```
<launch>
  <!-- This file makes it easy to include the settings for
sensor managers -->

  <!-- Params for the octomap monitor -->
  <!--  <param name="octomap_frame" type="string" value="some
frame in which the robot moves" /> -->
  <param name="octomap_resolution" type="double" value="0.015"
/>
  <param name="max_range" type="double" value="5.0" />


  <!-- Load the robot specific sensor manager; this sets the
moveit_sensor_manager ROS parameter -->

  <arg name="moveit_sensor_manager" default="seven_dof_arm" />
  <include file="$(find seven_dof_arm_config)/launch/$(arg
moveit_sensor_manager)_moveit_sensor_manager.launch.xml" />


</launch>
```

下面这行代码被注释掉了，因为它仅适用于移动机器人。在我们的示例中，机器人是固定的。如果它固定于一个移动机器人上，我们就可以设置该机器人的坐标系为 odom 或 odom_combined：

```
<param name="octomap_frame" type="string" value="some frame in
which the robot moves" />
```

下面的参数是 OctoMap 的分辨率，用于在 RViz 中进行可视化（单位是米）。超出距离限值（max_range）的值将被丢弃：

```
<param name="octomap_resolution" type="double" value="0.015"
/>
<param name="max_range" type="double" value="5.0" />
```

现在接口已经添加完成，我们可以测试 MoveIt! 的接口。用下面的命令启动 Gazebo 进行感知：

```
roslaunch seven_dof_arm_gazebo seven_dof_arm_bringup_obstacle_
moveit.launch
```

此时，RViz 有了传感器支持。我们可以在图 7.9 中看到机器人前面的 OctoMap。

图 7.9   在 RViz 中可视化 OctoMap

当场景中出现新元素时，生成的 OctoMap 会不断更新，并在运动规划过程中用于生成无障碍路径。

不过，在前面的示例中，我们只是考虑了机械臂在工作场景中安全移动的可能性。机械臂的一个重要功能是搬运物体。让我们在下一节讨论如何与场景物体交互，以便对其进行操作。

7.3   使用 MoveIt! 操作对象

对物体进行操作是机械臂的主要用途之一。在机器人的工作空间范围内拾取物体并将其放置到不同位置，这种能力在工业和研究应用中非常有用。拾取的过程也被称为抓取，这是一个很复杂的任务，因为需要许多约束才能以适当的方式抓取对象。人类可以利用自己的智力来处理抓取操作，但是机器人需要一定的规则。约束之一就是力量的控制。末端执行器应该能够调整抓取物体的抓取力，同时要求抓住物体时不能对物体造成任何形变。另外，需要以最佳抓握姿态来抓取物体，该抓握姿态应该考虑其形状和姿态。在本节中，我们将与 MoveIt! 的场景对象交互，仿真拾取和放置操作。

7.3.1   使用 MoveIt! 执行拾取和放置任务

我们可以用各种方式来拾取和放置对象。其中一种方式是使用预定义的关节序列值。在这种方式下，我们将待抓取对象放置在已知位置上，然后提供关节值或正向运动学来将机器人移动到该位置。另外一种方式是在没有任何视觉信息引导的情况下使用逆向运动学进行。在这种方式中，通过求解 IK 来命令机器人移动到相对于其基坐标系的笛卡儿位置上。通过这种方式，机器人可以到达该位置并拾取物体。还有一种方式是使用外部传感器，例如通过视觉传感器计算拾取和放置的位置。在这种方式中，视觉传感器用于识别物体的位置，然后对该物体进行运动学求解以使机械臂到达其位置。当然，使用视觉传感器需要开发出具备鲁棒性的算法来执行对象的识别和跟踪，并且能够计算抓取该对象的最佳抓握姿态。但在本节中，我们想要演示一个拾取和放置动作序列，通过定义接近和抓取位置来拾取对象，然后将其放置在其工作空间内的另一个位置上。我们可以使用 Gazebo 来完成这个例子，或者仅使用 MoveIt! 的演示界面。该示例的完整源码位于 seven_dof_arm_test/src/pic_place.cpp 文件中。正如我们看到的，首先初始化规划场景：

```
ros::init(argc, argv, "seven_dof_arm_planner");
ros::NodeHandle node_handle;
ros::AsyncSpinner spinner(1);
spinner.start();
moveit::planning_interface::MoveGroupInterface group("arm");
moveit::planning_interface::PlanningSceneInterface planning_
scene_interface;
sleep(2);
moveit::planning_interface::MoveGroupInterface::Plan my_plan;
const robot_state::JointModelGroup *joint_model_group =
group.getCurrentState()->getJointModelGroup("arm");
```

我们必须创造机器人的工作环境。在这个上下文中，我们手动创建两个对象：一张桌子和一个待抓取对象。我们的目标是将待抓取对象从初始位置取出，并将其转移到另一个位置。如下所示，我们开始创建碰撞对象：

```
moveit::planning_interface::PlanningSceneInterface current_
scene;
geometry_msgs::Pose;
shape_msgs::SolidPrimitive primitive;
primitive.type = primitive.BOX;
primitive.dimensions.resize(3);
primitive.dimensions[0] = 0.03;
primitive.dimensions[1] = 0.03;
primitive.dimensions[2] = 0.08;
moveit_msgs::CollisionObject grasping_object;
```

创建一个待抓取对象，如下所示：

```
grasping_object.id = "grasping_object";
pose.orientation.w = 1.0;
pose.position.y =  0.0;
pose.position.x =  0.33;
```

```
pose.position.z =  0.35;
grasping_object.primitives.push_back(primitive);
grasping_object.primitive_poses.push_back(pose);
grasping_object.operation = grasping_object.ADD;
grasping_object.header.frame_id = "base_link";
primitive.dimensions[0] = 0.3;
primitive.dimensions[1] = 0.5;
primitive.dimensions[2] = 0.32;
```

创建一张桌子，如下所示：

```
moveit_msgs::CollisionObject grasping_table;
grasping_table.id = "grasping_table";
pose.orientation.w = 1.0;
pose.position.y =  0.0;
pose.position.x =  0.46;
pose.position.z =  0.15;
grasping_table.primitives.push_back(primitive);
grasping_table.primitive_poses.push_back(pose);
grasping_table.operation = grasping_object.ADD;
grasping_table.header.frame_id = "base_link";
```

将碰撞对象添加到规划场景中，如下所示：

```
std::vector<moveit_msgs::CollisionObject> collision_objects;
collision_objects.push_back(grasping_object);
collision_objects.push_back(grasping_table);
current_scene.addCollisionObjects(collision_objects);
```

现在规划场景已经配置好了，我们可以请求机器人向工作空间中预先配置好的位置运动，这样就可以让末端执行器靠近物体并执行拾取操作：

```
geometry_msgs::Pose target_pose;
target_pose.orientation.x = 0;
target_pose.orientation.y = 0;
target_pose.orientation.z = 0;
target_pose.orientation.w = 1;
target_pose.position.y = 0.0;
target_pose.position.x = 0.28;
target_pose.position.z = 0.35;
group.setPoseTarget(target_pose);
group.move();
sleep(2);
target_pose.position.y = 0.0;
target_pose.position.x = 0.34;
target_pose.position.z = 0.35;
group.setPoseTarget(target_pose);
group.move();
```

如果抓取成功了，为了将被抓取的对象放置于工作空间的另一个位置，我们可以将该对象黏附到机器人的末端执行器上：

```
moveit_msgs::AttachedCollisionObject att_coll_object;
att_coll_object.object.id = "grasping_object";
att_coll_object.link_name = "gripper_finger_link1";
att_coll_object.object.operation = att_coll_object.object.ADD;
planning_scene_interface.applyAttachedCollisionObject(att_coll_
object);
target_pose.position.y = 0.0;
target_pose.position.x = 0.34;
target_pose.position.z = 0.4;
group.setPoseTarget(target_pose);
group.move();
//---
target_pose.orientation.x = -1;
target_pose.orientation.y = 0;
target_pose.orientation.z = 0;
target_pose.orientation.w = 0;
target_pose.position.y = -0.1;
target_pose.position.x = 0.34;
target_pose.position.z = 0.35;
group.setPoseTarget(target_pose);
group.move();
```

最后，我们必须将对象从机器人的夹爪中移除：

```
grasping_object.operation = grasping_object.REMOVE;
attached_object.link_name = "grasping_frame";
attached_object.object = grasping_object;
current_scene.applyAttachedCollisionObject( attached_object );
```

可以启动 MoveIt! 的 demo 来运行此示例：

roslaunch seven_dof_arm_config demo.launch

通过执行以下命令运行拾取和放置程序：

rosrun seven_dof_arm_test pick_place

如图 7.10 所示是抓取过程。

下面解释抓取过程中的各个步骤。

- 在第一步中，我们可以看到一个绿色的方块，这是机器人将要抓取的对象。我们已经在规划场景中使用 pick_and_place 节点创建了这个对象。节点的第一个操作就是让机器人的末端执行器接近待抓取对象。
- 接近这个对象后，生成一个有效抓取它的轨迹。抓取完成后，绿色方块会被附着在机器人的夹爪上，它的颜色会变成紫色。

- 拾取方块后，机器人将把它运送到工作空间中的另一个位置，然后将它放在桌子上。如果目标位置上存在有效的 IK，夹爪将抓着对象沿着规划的轨迹运动。
- 最后，对象被放在桌子上，并与机器人的夹爪分离。

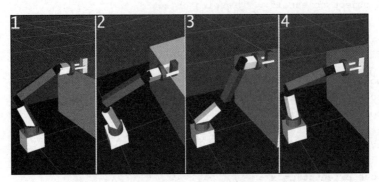

图 7.10　用 MoveIt! 实现的拾取和放置动作序列

执行拾取和放置任务的另一种方法是使用 MoveIt! 提供的动作。启动 MoveIt! 后，有两个动作服务启动，具体如下。

- `pickup`：该动作接受 `moveit_msgs::PickupGoal` 消息，我们需要指定待抓取对象和可能的抓取配置列表。这些配置放在 `moveit_msgs::Grasp` 中，在接近、抓取过程中，我们都必须设置完整的关节位置和末端执行器位置。
- `place`：该动作会将物体放置在一个平面上。它需要 `moveit_msgs::PlaceGoal` 类型的消息指定可能被抓取的对象及其被放置的位置。

使用 MoveIt! 提供的动作虽然可以确保拾取和放置任务的成功，但却需要大量预先规划的信息，这使得它们难以在高级、复杂和动态的机器人应用中使用。

7.3.2　在 Gazebo 和真实的机器人中应用抓取和放置动作

在 MoveIt! 演示中执行的抓取动作序列使用的是伪控制器。我们可以把轨迹发送到真正的机器人或 Gazebo。在 Gazebo 中，我们可以启动抓取场景来执行这个动作。

在实际硬件中，唯一的区别是我们需要为机械臂创建关节轨迹控制器。一种常用的硬件控制器是 DYNAMIXEL，详见下一节。

7.4　了解用于机器人硬件接口的 DYNAMIXEL ROS 伺服控制器

到目前为止，我们已经学习了用 Gazebo 仿真的 MoveIt! 接口。在本节，我们将学习如何替换 Gazebo 并将一个真实的机器人与 MoveIt! 连接。我们来讨论 DYNAMIXEL 伺服舵机和 ROS 控制器。

7.4.1　DYNAMIXEL 伺服舵机

　　DYNAMIXEL 伺服舵机是一种用于高端机器人应用的智能、高性能、网络驱动模块化的执行器。这些舵机由一家名为 ROBOTIS 的韩国公司制造，在机器人爱好者中非常受欢迎，因为它们可以提供出色的位置和扭矩控制，并且还能提供各种反馈，例如位置、速度、温度和电压等。它们的一个有用功能是可以用菊花链的方式来组网。此功能在多关节系统中非常有用，如机械臂、人形机器人、蛇形机器人等。该舵机可以用 ROBOTIS 提供的 USB 转 DYNAMIXEL 控制器设备来直接连接到 PC 上。该控制器有 USB 接口，当它插入 PC 中时，它将作为一个虚拟 COM 端口。我们可以将数据发送到该端口上，并在内部将 RS 232 协议转换为 TTL 和 RS 485 标准。给 DYNAMIXEL 接电后，连接上 USB 转 DYNAMIXEL 控制器就可以使用它了。DYNAMIXEL 舵机支持 TTL 和 RS 485 标准。图 7.11 显示了一个名为 MX-106 的 DYNAMIXEL 舵机和 USB 转 DYNAMIXEL 控制器。

DYNAMIXEL 舵机　　　　　USB 转 DYNAMIXEL

图 7.11　DYNAMIXEL 舵机和 USB 转 DYNAMIXEL 控制器

　　目前市面上有不同系列的 DYNAMIXEL 舵机，例如 MX-28、MX-64，以及 RX-28、RX-64、RX-106 等。图 7.12 展示了如何使用 USB 端口连接 DYNAMIXEL 电机到 PC。

USB 接口

USB 转 DYNAMIXEL 控制器　　电源线

图 7.12　DYNAMIXEL 舵机通过 USB 转 DYNAMIXEL 控制器连接到 PC

　　多个 DYNAMIXEL 设备可以按顺序（或菊花链）连接在一起，如图 7.12 所示。每个 DYNAMIXEL 在其控制器内部都有一个固件设置。我们可以在控制器内部指定舵机的 ID、关节限值、位置限值、位置命令、PID 值、电压限值等。DYNAMIXEL 提供了 ROS 驱动程序和控制器，可在 `http://wiki.ros.org/dynamixel_motor` 获得。

7.4.2 DYNAMIXEL-ROS 接口

用于连接 DYNAMIXEL 电机的 ROS 栈名为 `dynamixel_motor`。该栈包含一系列 DYNAMIXEL 电机的接口，如 MX-28、MX-64、MX-106、RX-28、RX-64、EX-106、AX-12 和 AX-18。该栈包含下面这些软件包。

- `dynamixel_driver`：该软件包是 DYNAMIXEL 的驱动程序，可以在 PC 与 DYNAMIXEL 之间进行底层 IO 通信。该驱动程序包含前面提到的系列舵机的硬件接口，并且可以通过该软件包对 DYNAMIXEL 进行读写操作。该软件包被上层软件包调用，例如 `dynamixel_controllers`。少数情形下，用户才需要直接使用该软件包。

- `dynamixel_controllers`：这是一个上层调用的软件包，我们可以用该软件包为机器人的每个 DYNAMIXEL 关节创建一个 ROS 控制器。该软件包含一个可配置的节点、服务和脚本，可用于启动、停止和重启一个或多个控制器插件。在每个控制器中，我们可以设置速度和扭矩。每个 DYNAMIXEL 控制器都可以用 ROS 参数进行设置，也可以通过加载 YAML 文件来修改参数。`dynamixel_controllers` 软件包支持位置、扭矩和轨迹控制器。

- `dynamixel_msgs`：该软件包含在 `dynamixel_motor` 栈中使用的消息定义。

Dynamixel 伺服电机可用于构建具有多自由度的真实机械臂，详见下一节。

7.5 7-DOF 机械臂与 ROS MoveIt!

在本节中，我们将讨论一个名为 COOL arm-5000 的 7-DOF 机械臂，它由一家名为 ASIMOV Robotics 的公司生产，如图 7.13 所示。该机器人采用 DYNAMIXEL 舵机。我们将看到如何使用 `dynamixel_controllers` 将基于 DYNAMIXEL 的机械臂连接到 ROS。

COOL 机械臂完全兼容 ROS 和 MoveIt!，主要用于教育和科研。下面是机械臂的详细信息。

- **自由度（DOF）**：7 自由度
- **执行器类型**：DYNAMIXEL MX-64 和 MX-28
- **关节列表**：肩部横滚角、肩部俯仰角、肘部横滚角、肘部俯仰角、手腕偏航角、手腕俯仰角和手腕横滚角
- **有效负载**：5kg
- **工作范围**：1m
- **工作空间**：2.09 m³
- **重复精度**：±0.05mm
- **三指夹爪**

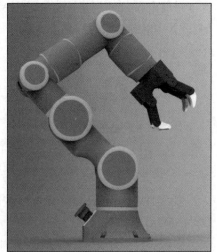

图 7.13 COOL 机械臂

7.5.1　为 COOL 机械臂创建一个控制器软件包

第一步是为 COOL 机械臂创建一个控制器软件包，用于连接 ROS。该软件包可以在本书附带的代码中找到。创建软件包之前，我们需要安装 dynamixel_controllers 软件包：

```
sudo apt-get install ros-kinetic-dynamixel-controllers
```

下面这条命令将创建带有依赖项的控制器软件包。该软件包的重要依赖项是 dynamixel_controllers 软件包。

```
catkin_create_pkg cool5000_controller roscpp rospy dynamixel_
controller std_msgs sensor_msgs
```

下一步是为每个关节创建配置文件。配置文件名是 cool5000.yaml，其中包含每个控制器的名称、类型及其参数的定义。我们可以在 cool5000_controller/config 文件夹中看到该配置文件。我们必须为这个机械臂的 7 个关节创建参数。下面是该配置文件的代码片段：

```
joint1_controller:
    controller:
        package: dynamixel_controllers
        module: joint_position_controller
        type: JointPositionController
    joint_name: joint1
    joint_speed: 0.1
    motor:
        id: 0
        init: 2048
        min: 320
        max: 3823
joint2_controller:
    controller:
        package: dynamixel_controllers
        module: joint_position_controller
        type: JointPositionController
    joint_name: joint2
    joint_speed: 0.1
    motor:
        id: 1
        init: 2048
        min: 957
        max: 3106
```

控制器配置文件中涉及关节名称、控制器软件包、控制器类型、关节转速、电机 ID、初始位置以及关节的最小和最大限值。我们可以根据需要连接多个电机，然后通过把它们包含在配置文件中来创建控制器参数。下一个要创建的是 joint_trajectory controller

配置文件。MoveIt! 只能在机器人具有 FollowJointTrajectory 动作服务器时才能连接。配置文件 cool5000_trajectory_controller.yaml 位于 cool5000_controller/config 文件夹中，其定义如以下代码所示：

```
cool5000_trajectory_controller:
    controller:
        package: dynamixel_controllers
        module: joint_trajectory_action_controller
        type: JointTrajectoryActionController
    joint_trajectory_action_node:
        min_velocity: 0.0
        constraints:
            goal_time: 0.01
```

创建了 JointTrajectory 控制器后，我们需要创建一个 joint_state_aggregator 节点，该节点用于整合和发布机械臂关节的状态。你可以从 cool5000_controller/src 文件夹中找到该节点的源码 joint_state_aggregator.cpp。该节点的功能是订阅每个控制器的控制状态（消息类型为 dynamixel::JointState），并将控制器的每个消息都整合进 sensor_msgs::JointState 消息中，然后在 /joint_states 主题中发布。该消息是所有 DYNAMIXEL 控制器的关节状态的聚合。下面是 joint_state_aggregator.launch 的定义，它运行 joint_state_aggregator 节点及其参数，位于 cool5000_controller/launch 文件夹中：

```
<launch>
    <node name="joint_state_aggregator" pkg="cool5000_
controller" type="joint_state_aggregator" output="screen">
    <rosparam>
            rate: 50
            controllers:
                    - joint1_controller
                    - joint2_controller
                    - joint3_controller
                    - joint4_controller
                    - joint5_controller
                    - joint6_controller
                    - joint7_controller
                    - gripper_controller
        </rosparam>
    </node>
</launch>
```

我们可以用位于 launch 文件夹中的 cool5000_controller.launch 来启动整个控制器。该启动文件中的代码将启动 PC 与 DYNAMIXEL 舵机之间的通信，并且还将启动控制管理器。控制管理器的参数包括串口号、波特率、舵机 ID 范围和刷新频率。

```
<launch>

    <!-- Start the Dynamixel motor manager to control all
cool5000 servos -->

    <node name="dynamixel_manager" pkg="dynamixel_controllers"
type="controller_manager.py" required="true" output="screen">
        <rosparam>
            namespace: dxl_manager
            serial_ports:
                dynamixel_port:
                    port_name: "/dev/ttyUSB0"
                    baud_rate: 1000000
                    min_motor_id: 0
                    max_motor_id: 6
                    update_rate: 20
        </rosparam>
    </node>
```

下一步，通过读取控制器的配置文件来启动控制器生成器，如下所示：

```
    <!-- Load joint controller configuration from YAML file
to parameter server -->
  <rosparam file="$(find cool5000_controller)/config/cool5000.
yaml" command="load"/>

    <!-- Start all  Cool Arm joint controllers -->
    <node name="controller_spawner" pkg="dynamixel_controllers"
type="controller_spawner.py"
        args="--manager=dxl_manager
            --port dynamixel_port
            joint1_controller
            joint2_controller
                joint3_controller
                joint4_controller
                joint5_controller
                joint6_controller
        joint7_controller
                gripper_controller"
        output="screen"/>
```

在下一段代码中，它将从控制器配置文件启动 JointTrajectory 控制器，如下所示：

```
    <!-- Start the cool5000 arm trajectory controller -->
    <rosparam file="$(find cool5000_controller)/config/
cool5000_trajectory_controller.yaml" command="load"/>
    <node name="controller_spawner_meta" pkg="dynamixel_
controllers" type="controller_spawner.py"
    args="--manager=dxl_manager
```

```
--type=meta
cool5000_trajectory_controller
joint1_controller
joint2_controller
joint3_controller
joint4_controller
joint5_controller
joint6_controller"
output="screen"/>
```

下面的代码将从 `cool5000_description` 软件包中启动 `joint_state_aggregator`
节点和机器人描述，如下所示：

```
<!-- Publish combined joint info -->
<include file="$(find cool5000_controller)/launch/joint_
state_aggregator.launch" />

<param name="robot_description" command="$(find xacro)/xacro.
py '$(find cool5000_description)/robots/cool5000.xacro'" />
<node name="joint_state_publisher" pkg="joint_state_
publisher" type="joint_state_publisher" output="screen">
    <rosparam param="source_list">[joint_states]</rosparam>
    <rosparam param="use_gui">FALSE</rosparam>
</node>
```

以上就是 COOL 机械臂控制器包的内容。接下来，我们需要在 COOL 机械臂的 MoveIt!
配置软件包中配置控制器，该软件包是 `cool5000_moveit_config`。

7.5.2　COOL 机械臂的 MoveIt! 配置

第一步是配置 `controllers.yaml`，它位于 `cool5000_moveit_config/config`
文件夹中。目前，我们只专注于移动机械臂，而不处理夹具控制。所以配置只包含了机械臂
的关节组。该文件的定义如下：

```
controller_list:
  - name: cool5000_trajectory_controller
    action_ns: follow_joint_trajectory
    type: FollowJointTrajectory
    default: true
    joints:
      - joint1
      - joint2
      - joint3
      - joint4
      - joint5
      - joint6
      - joint7
```

下面是 `cool5000_description_moveit_controller_manager.launch.xml` 文件的定义（该文件位于 `cool5000_moveit_config/launch` 文件夹中）：

```
<launch>
<!--
 Set the param that trajectory_execution_manager needs to find
the controller plugin
-->
<arg name="moveit_controller_manager" default="MoveIt_simple_
controller_manager/MoveItSimpleControllerManager"/>

<param name="MoveIt_controller_manager" value="$(arg MoveIt_
controller_manager)"/>

<!-- load controller_list -->

<rosparam file="$(find cool5000_moveit_config)/config/
controllers.yaml"/>
</launch>
```

配置了 MoveIt! 后，我们就可以使用它了。为机械臂提供一个适当的电源，然后用 USB 将 DYNAMIXEL 与 PC 连接。我们将看到生成了一个串口设备，它可能是 /dev/ttyUSB0 或 /dev/ttyACM0。根据设备名来修改启动文件中的端口名称。

用下面的命令启动 cool5000 机械臂控制器：

roslaunch cool5000_controller cool5000_controller.launch

启动 RViz 演示，并开始进行路径规划。如果我们按下 **Execute** 按钮，轨迹将在机械臂上执行：

roslaunch cool5000_moveit_config 5k.launch

COOL 机械臂和一个随机的姿势（在 RViz 中显示）如图 7.14 所示。

图 7.14 COOL-Arm-5000 原型机及其 MoveIt! 可视化

MoveIt! 是解决机器人操作任务的基本工具，无论是在研究中还是在工业应用中。MoveIt!
可以很容易地与 Kuka、ABB 或 Universal Robot 等公司的真实硬件集成，详见第 15 章。

7.6　总结

在本章中，我们探索了 MoveIt! 的一些高级功能，展示了如何编写 C++ 代码来控制仿真
和真实的机械臂。本章从讨论使用 MoveIt! 进行碰撞检测开始，我们看到了如何使用 MoveIt!
API 添加碰撞对象，并将网格直接导入规划场景。我们讨论了使用 MoveIt! API 检测碰撞
的 ROS 节点，并且在学习了碰撞之后转向使用 MoveIt! 进行感知。我们将仿真的点云数据
连接到 MoveIt!，并在 MoveIt! 中创建了一个 OctoMap。之后，我们转向使用 DYNAMIXEL
伺服舵机及其 ROS 控制器的 MoveIt! 硬件接口。最后，我们看到了 COOL 机械臂以及它与
MoveIt! 的接口，它是完全使用 DYNAMIXEL 控制器构建的。在下一章中，我们将讨论空中
机器人，以及如何使用 ROS 对它们进行集成和编程。

7.7　问题

- FCL 库在 MoveIt! 中的作用是什么？
- MoveIt! 是如何绘制环境 OctoMap 的？
- 机器人如何在抓住物体后避开障碍物？
- DYNAMIXEL 伺服舵机的主要特点是什么？

第 8 章
ROS 在空中机器人上的应用

在前面的章节中,我们只学习了地面机器人和工业机器人。在过去的十年里,一种新的系统变得非常流行——飞行机器人,也称为无人驾驶飞行器(UAV),简称无人机。如今,无人机的外形和尺寸各不相同。总的来说,它们可以分为固定翼(类似飞机的飞行器)和旋翼(有多个垂直轴转子的飞行器)无人机。现代无人机装配了机载计算机和传感器,这些装备使它们真正成为的自主机器人,能够执行不同的任务,例如自主导航。使用 ROS 可以读取无人机的传感器并向空中平台发送命令。除了真实的无人机,还可以使用 Gazebo 来仿真各种航空系统的硬件和传感器。

本章分为两部分。第一,我们将学习空中机器人的基本组件和最常见的自动驾驶仪之一:Pixhawk 板,还将学习如何使用 ROS 和 Px4 飞行控制栈与它交互。第二,我们将专门学习无人机旋翼的仿真,对机器人及其螺旋桨的动力学进行建模。

8.1 使用空中机器人

目前,飞行器很受欢迎。甚至在由无线网络控制器控制的配置中,一些飞行器也可以对环境做出反应,停留在空中。这类飞行器可以使用外部传感器来估计它们的状态和位姿,从而自主飞行。当然,使飞行机器人能够自主飞行要比让地面机器人自主导航复杂得多,原因如下:

- **稳定**:飞行机器人必须能够调整其位姿来保持其相对于环境的位置和方向。惯性传感器无法完成这项任务,因为它们不能估计由外部干扰(如风或地面气流)引起的位置发散,或由**惯性测量单元**(IMU)传感器产生的可能误差。
- **计算资源少**:与地面机器人相比,飞行平台存在有效负载问题。因此,只能使用小而轻的硬件。所以,必须使用小型配套计算机。
- **调试问题**:在传感器融合与控制策略的开发过程中,调试并不是一项容易的工作。错误的参照系或控制增益相关的问题会导致空中平台的坠落。这可能会对机器人和附近的人造成伤害。
- **与地面站的通信**:无人机配套计算机和地面站之间的通信通常依赖低功率和慢通信协

议，以应对无人机和地面计算机之间的距离问题。

这些机器人的另一个问题是机器人的控制器是在集成嵌入式板上实现的。这被称为自动驾驶仪，在某些情况下，机器人的运动性能严格取决于自动驾驶仪。接下来，我们将讨论基本的无人机硬件传感器和它们各自的自动驾驶功能。然后，我们将学习如何通过与 ROS 结合模拟一个真正的飞行机器人。

8.1.1　UAV 硬件

无人机的核心是自动驾驶仪。它负责板载传感器的初始化和连接，还负责接收输入以正确控制无人机的执行器（螺旋桨）。无人机有不同的平台配置，最常见的是四旋翼飞行器（也叫四旋翼机）。它有 4 个电机，可以用交叉（X）或正（+）配置驱动。此外，在它们的同轴版本中，四旋翼机有两条电机线。四旋翼机的每一个轴都有两个电机和同轴安装的螺旋桨，总共有 6 个。对于六旋翼机和八旋翼机也是如此。然而，控制策略并不直接依赖于机身配置，因为自动驾驶仪直接将控制数据转换为电机输入。

自动驾驶仪的主要传感器是 IMU。该模块用于计算飞行的姿态、高度和方向。它通常包括以下内容：

- **陀螺仪**，用于确定飞行器的姿态，包括俯仰和滚动。这是飞行器的旋转运动。
- **加速计**，测定飞行器相对于三个轴的速度变化率。
- **高度表或气压计**，测定飞行器在地面上的高度。在低空，向下的声呐传感器可以用来确定几米的高度。
- **磁力计**，可以充当罗盘，以地球磁场作为参考，用来指示船的方向。

惯性传感器结合这些传感器来测量和显示与四旋翼飞行器飞行特性有关的完整信息。通常，这个单元将在所有三维空间中测量飞行器的加速度和方向。

这些传感器允许室内和室外飞行。然而，它们会在飞行过程中积累一些微小的误差。无人机的另一个重要传感器是 GPS。GPS 使机器人能够根据经纬度估计自身的全局位置，从而稳定自己的位置。但是，这种传感器只能在室外使用。因此，室内环境中必须使用基于视觉或**激光雷达**传感器的其他技术。现在我们已经研究了自动驾驶仪的基本元素，下面我们学习一种常用于空中机器人的开源自动驾驶仪——Pixhawk 自动驾驶仪。

8.1.2　Pixhawk 自动驾驶仪

在市场上已经存在的各种开源自动驾驶仪中，Pixhawk 自动驾驶仪非常受欢迎。它已经发布了多个不同的版本，具有多种不同的硬件功能。如图 8.1 所示是一个这样的板，以及它的数字输入 / 输出信号。

图 8.1　Pixhawk v1 自动
驾驶仪板

该板有多个输入和输出连接器，用于与外部传感器交互或使用 USB 串行通信将自动驾驶仪连接到配套 PC。

这个板就像 Arduino 板一样可以从头开始编程。此外，自动驾驶仪控制器代码是开源的，可以修改以应用更改和自定义无人机行为。这款自动驾驶仪有两个主要的控制栈。

- **ArduCopter**：https://ardupilot.org/
- **PX4**：https://px4.io/

这两个软件栈在性能方面没有太大的区别。主要的区别在于许可和支持控制代码开发的社区。每一种都支持一套具有不同机身的飞行器（也包括地面和水下飞行器）。

在本章中，我们主要考虑 PX4 控制栈。PX4 由两个主要层组成。

- **飞行栈**：实现飞行控制系统。
- **中间件**：这是一个通用层，可以支持任何类型的自主机器人，并提供内部 / 外部通信和硬件集成。

PX4 控制栈支持所有共享相同代码的不同机身。飞行栈是自动驾驶飞行器的制导、导航和控制算法的集合。它包括固定翼、多旋翼和**垂直起降（VTOL）**机体的控制器，以及姿态和位置的估计器。注意，即使我们没有真正的空中平台和自动驾驶仪，也可以通过将自动驾驶仪连接到 ROS Gazebo 模拟器来修改、编译和运行安装在自动驾驶仪上的代码。

在下一节中，我们将在系统中安装 PX4 飞行栈，然后讨论如何在笔记本电脑上模拟和编程自动驾驶仪代码。虽然我们将简要概述固件控制代码，但不会尝试对自动驾驶仪的源代码进行任何修改。

8.2 使用 PX4 飞行控制栈

PX4 固件允许开发人员直接在 Linux 系统的自动驾驶仪板上模拟运行代码。此外，还可以修改自动驾驶仪的源代码，并在 Pixhawk 板上重新加载新版本。首先在系统上下载并安装固件。尽管不是强制性的，但将其与 ROS 链接可以方便地将其放置在 ROS 工作区中。请进入 ROS 工作区并使用以下命令来下载自动驾驶仪代码：

```
git clone https://github.com/PX4/PX4-Autopilot.git --recursive
```

该存储库包含在 ROS-Gazebo 仿真中运行 PX4 固件所需的所有文件，使用配备摄像机、深度摄像机、激光扫描仪等的不同四旋翼无人机。仿真是在现实世界中飞行之前测试 PX4 代码更改的一种快速、简单和安全的方法。当你没有飞行器时，使用 PX4 飞行是一个很好的方式。

注意，我们在 clone 命令中使用 --recursive 选项来下载主存储库中包含的所有子模块。这意味着自动驾驶仪源代码的某些部分存储在由主存储库链接的其他外部存储库中。clone 命令可能需要几分钟。注意，在 clone 命令完成后，创建一个叫作 PX4-

Autopilot 的新目录。此文件夹中包含在嵌入式控制器（自动驾驶仪）上修改和上传固件以及在不同模拟器上模拟源代码所需的所有文件。即使它没有被编译成 ROS 包，固件目录也被识别为 ROS 包，去链接所有必要的元素。此外，这个包的名称是 px4。注意，目录的名称不一定代表 ROS 包的名称。所以，当你把这个目录克隆到你的 ROS 工作空间后，可以用下面的命令加入固件文件夹：

```
roscd px4
```

安装以下依赖项集，之后可以编译这个包并开始模拟了：

```
sudo apt install python3-pip
pip3 install --user empy
pip3 install --user toml
pip3 install --user numpy
pip3 install --user packaging
sudo apt-get install libgstreamer-plugins-base1.0-dev
pip3 install --user jinja2
```

安装 mavros 包，以允许 ROS/ 飞行控制单元（FCU）通信：

```
sudo apt-get install ros-noeitc-mavros ros-noeitc-mavros-msgs
```

安装地理数据集：

```
sudo /opt/ros/noetic/lib/mavros/install_geographiclib_datasets.
sh
```

运行以下命令来编译它：

```
roscd px4 && make px4_sitl_default
```

在本例中，我们对特定的目标使用 make 命令。这是**循环中的软件（SITL）**目标。这允许我们模拟固件源代码。如前所述，模拟器允许 PX4 飞行代码在模拟世界中控制在计算机中建模的飞行器。在我们启动模拟后，可以使用地面站软件（如 **QGroundControl**）、一个外接 API 或无线电控制器手柄，像我们与真正的飞行器进行交互一样与该飞行器进行交互。它们支持不同的模拟器，完整的列表可以在链接 https://docs.px4.io/master/en/simulation/ 中找到。我们将使用 Gazebo 启动 PX4 控制代码，在固件源的根目录下运行以下命令：

```
make px4_sitl default gazebo
```

该命令将使用 3DR IRIS 四旋翼机启动一个新的 Gazebo 场景，如图 8.2 所示。

注意，这是 Gazebo 的独立版本，还没有与 ROS 链接。你可以选择要编译的其他目标。例如，要编译真正的 Pixhawk 的固件，可以使用以下命令：

```
make px4_fmu-v2_default
```

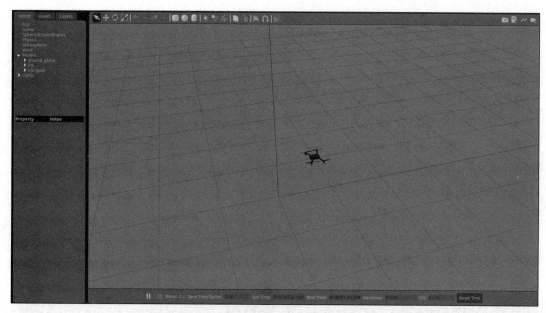

图 8.2 3DR IRIS 四旋翼机在 Gazebo 中用 PX4 控制栈模拟

你可以以不同的方式与模拟器进行交互。最简单的方法是使用地面控制站程序，如 **QGroundControl**。使用这个软件，你可以起飞和降落模拟无人机，并在环境中移动它。你还可以设置一些参数来配置自动驾驶仪的行为和调优控制器增益。

启动 QGroundControl 必须使用以下命令：

```
sudo usermod -a -G dialout $USER
sudo apt-get remove modemmanager -y
sudo apt install gstreamer1.0-plugins-bad gstreamer1.0-libav
gstreamer1.0-gl -y
```

下载 QGroundControl App，如下所示：

```
wget https://s3-us-west-2.amazonaws.com/qgroundcontrol/latest/
QGroundControl.AppImage
chmod +x QGroundControl.AppImage
```

启动 PX4 模拟和 QGroundControl 软件：

```
./QGroundControl.AppImage
```

弹出用户界面，如图 8.3 所示。

注意，如果你启动一个真正的自动驾驶仪，将使用相同的方法（采用有线或无线）连接到你的笔记本电脑。在将 PX4 控制栈连接到 ROS 之前，先简要讨论 PX4 软件架构。

图 8.3   QGroundControl 用户界面

8.2.1 PX4 固件架构

尽管我们不会修改 PX4 控制栈的默认固件，但需要了解它是如何组织的。整个系统架构如图 8.4 所示。

控制器的源代码被分割成独立的模块 / 程序（如图 8.4 所示）。每个构建块恰好对应一个模块。这些模块与 ROS 一样，可以在固件主目录的源文件夹中找到。PX4 软件模块通过名为 uORB 的发布 / 订阅消息总线相互通信。使用发布 / 订阅协议的含义如下：

- 该系统是响应式的——它是异步的，当有新数据可用时将立即更新。所有的操作和通信都是完全并行的。
- 系统组件可以以线程安全的方式从任何地方使用数据。飞行栈是自主无人机的制导、导航和控制算法的集合。它包括固定翼、多旋翼和无人机机身的控制器，以及姿态和位置的估计器。

具体而言，PX4 软件架构的主要模块如下：

- **估计器**：它接受一个或多个传感器输入，将它们组合起来计算飞行器状态，例如，根据 IMU 传感器数据计算姿态。
- **控制器**：这是一个以设定值和测量值或估计状态（过程变量）作为输入的组件。它的目标是通过调整过程变量的值，使其与设定值相匹配。输出是最终达到设定值的修正。例如，位置控制器以位置设定值作为输入，过程变量是当前估计的位置，输出采用姿态和推力设定值的形式，使飞行器向期望位置移动。

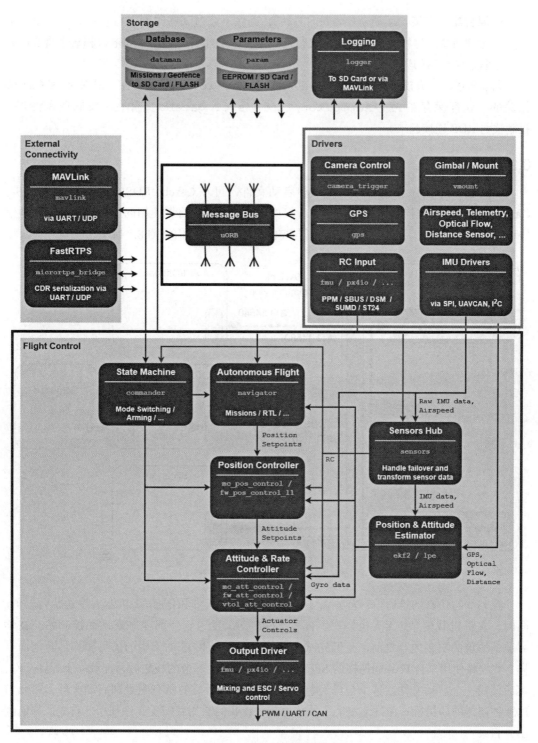

图 8.4　PX4 控制栈模块

● **混合器**：它接收运动命令（如向右转），确保不超过某些限制并将它们转换为单独的运动命令。这种转换针对特定飞行器类型，取决于各种因素，如电机相对于重心的布置、飞行器的转动惯量。

如前所述，所有模块源代码都保存在 PX4-Autopilot/src 文件夹。而 ROS 和 Gazebo 相关的一切都保存在 PX4-Autopilot/Tools/sitl_gazebo 文件夹。我们现在将 PX4 控制栈与 ROS 连接起来。

8.2.2 PX4 SITL

px4 包已经包含了有用的源代码和启动文件，可在 Gazebo ROS 框架中仿真无人机。Gazebo ROS 与 PX4 控制栈的集成的实现归功于大量空中飞行器使用的通信协议。这种通信协议称为 mavlink。在此背景下，仿真与控制软件之间的通信如图 8.5 所示。

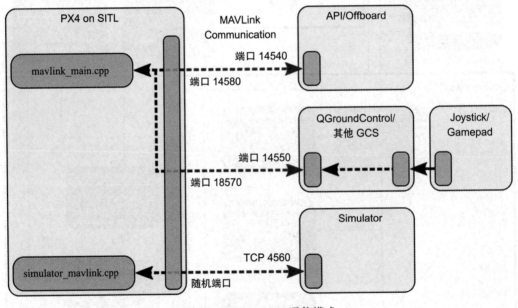

图 8.5 PX4/Gazebo 通信模式

控制栈与仿真场景通信，首先需要接收传感器数据，同时向仿真机器人发送执行器值。同时，它将机载信息（无人机姿态、位置、GPS 等）发送到**外部程序**或**地面控制站**。在学习通信协议的更多内容之前，我们先试着开始一个嵌入 ROS 框架中的仿真操作。与前面一样，我们将使用来自 PX4 固件栈的 SITL 工具。编译完上一节的栈之后，加载一个配置文件，然后使用一个启动文件。这个包已经包含了启动 ROS 所需的所有配置和启动文件，以及与 PX4 控制器的通信桥。在讨论发生了什么之前，让我们从加载配置文件开始。首先，导航到 px4 目录：

```
roscd px4
```

加载配置文件：

```
source Tools/setup_gazebo.bash $(pwd) $(pwd)/build/px4_sitl_
default
export ROS_PACKAGE_PATH=$ROS_PACKAGE_PATH:$(pwd)
export ROS_PACKAGE_PATH=$ROS_PACKAGE_PATH:$(pwd)/Tools/sitl_
gazebo
```

将这些行添加到 `.bashrc` 文件。现在，启动仿真：

```
roslaunch px4 mavros_posix_sitl.launch
```

与之前的执行相比，没有发生任何变化。现在可以使用一组 ROS 主题和服务。这些可以从无人机获取信息并控制它行动。可以使用 `rostopic list` 命令查看所有的主题。例如，如果你对无人机的姿态感兴趣，可以查看 `/mavros/imu/data` 主题。但 mavros 是什么？ mavros 建立了 ROS 和 PX4 软件的通信。在下一节中，我们将讨论这个通信桥。

8.3　PC/ 自动驾驶仪通信

为了从空中平台（仿真或真实）发送和接收信息，我们可以使用以下两种模式。

- **地面站**：高级软件，可以连接到自动驾驶仪来发送命令，如起飞和降落或中继航路点导航信息。
- **API**：编程 API 允许开发人员管理机器人的行为。

在这两种情况下，通信都由 MAVLink 协议管理。**微型飞行器链路（MAVLink）**是一种与小型无人飞行器通信的协议。它是一个只包含头文件的消息屏蔽库，主要用于**地面控制站（GCS）**与无人飞行器之间的通信，以及用于飞行器子系统的相互通信。一个数据包示例如图 8.6 所示。

消息不超过 263 字节。发送方为了方便接收方知道数据包来自哪里，总是填 System ID 和 Component ID 字段。系统 ID 是每个飞行器或地面站的唯一 ID。地面站通常使用较高的系统 ID，如 255，而飞行器默认使用 1。组件 ID 对于地面站或飞行控制员，通常为 1。Message ID 字段在消息名称旁边的 common.xml 和 ardupilot.xml 中。例如，HEARTBEAT 消息 ID 为 0。最后，消息的数据部分保存正在发送的各个字段值。目前，MAVLink 的最新版本是 2.0，与第一版协议是兼容的。如果一个设备能理解 MAVLink2 消息，那么它当然也能理解 MAVLink1 消息。在传输协议方面，MAVLink 是基于串行通信的。因此，通过实现经典的串行通信，可以读取来自该板基于**用户数据报协议（UDP）**的消息。

总之，MAVLink 提供了获取无人机数据的标准通信协议并向它们发送命令。与许多其他控制栈一样，PX4 使用 MAVLink 通信框架，用于连接地面控制站（GCS）或外部 PC。无人机生成的 MAVLink 消息包括以下几点。

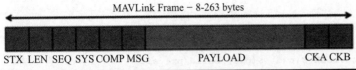

Byte Index	Content	Value	Explanation
0	Packet start sign	v1.0:0xFE (v0.9:0x55)	Indicates the start of a new packet.
1	Payload length	0-255	Indicates length of the following payload.
2	Packet sequence	0-255	Each component counts up his send sequence. Allows to detect packet loss
3	System ID	1-255	ID of the SENDING system. Allows to differentiate different MAVs on the same network
4	Component ID	0-255	ID of the SENDING component. Allows to differentiate different components of the same system, e. g. the IMU and the autopilot.
5	Message ID	0-255	ID of the message - the id defines what the payload "means" and how it should be correctly decoded.
6 to (n+6)	Data	(0-255) bytes	Data of the message, depends on the message id.
(n+7) to (n+8)	Checksum (low byte, high byte)		ITU X.25/SAE AS-4 hash, **excluding packet start sign, so bytes 1..(n+6)** Note: The checksum also includes MAVLINK_CRC_EXTRA (Number computed from message fields. Protects the packet from decoding a different version of the same packet but with different variables).

图 8.6 MAVLink 协议

- **全局位置**：无人机固定 GPS 的输出。
- **局部位置**：无人机的笛卡儿位置，由全局位置和其他本地传感器生成。
- **姿态**：关于无人机姿态的信息。

无人机可接受的指令有以下几种。

- **起飞**：在特定的全局位置和一定的高度起飞。
- **设定值**：要达到的位置。位置可以用不同的方式指定——本地、全局、位置和速度设定点都是设定的。
- **飞行模式**：所需的飞行模式。飞行模式决定了飞行机器人如何对用户的输入做出反应和控制飞行器的移动。

不同模式包括位置控制、姿态控制和 OFFBOARD 模式。当使用 OFFBOARD 模式时，飞行器遵守通过 MAVLink 提供的位置、速度或姿态设定值。在这种情况下，设定点可由一台配套计算机（通常通过串行电缆或 Wi-Fi 连接）提供。我们不需要从头开始实现 MAVLink 协议，可以使用这个库的 ROS 包装器，称为 mavros。

mavros ROS 包

不需要使用 MAVLink 库从头开发 MAVLink 协议。我们可以使用名为 mavros 的 ROS 包装器。此包基于 MAVLink 通信协议，提供一个可用于各种自动驾驶仪的通信驱动程序。

它还为控制站或配套 PC 提供 UDP MAVLink 桥。mavros 是一个可扩展的包——主节点可以通过插件扩展。通常使用以下命令安装 mavros：

```
sudo apt-get install ros-noetic-mavros ros-noetic-mavros-msgs
ros-noetic-mavros-extras
```

如你所见，我们也从 mavros 安装了一些额外的包。这些包提供不包括在 mavros 中的额外节点和插件。它可以用一组启动和配置文件执行。让我们试着为 PX4 控件配置 mavros，可以用不同的参数来配置 mavros 的运行方式，如下所示。

- fcu_url：定义了串行通信的地址点。可以是本地网络连接或串行通信设备的定义地址。例如，对于通过 USB 连接到 PC 的板，它是 /dev/ttyACM0:57600。在此例中，物理设备地址为 /dev/ttyACM0，通信的 UDP 端口为 57600。
- pluginlists_yaml：这是 yaml 配置文件，用于定义使用 mavros 启动的插件列表。每个插件发布和监听一个特定的主题或服务。
- config_yaml：每个插件的配置从 mavros 节点开始。这些文件的示例作为 apt 包的一部分安装在你的系统中。

现在准备创建我们的第一个 ROS 包来控制仿真无人机的运动。

8.4　编写 ROS-PX4 应用程序

现在创建一个新的包，我们将在其中存储使用 ROS 从仿真无人机发送和接收数据所需的所有源文件和启动文件。输入 ROS 源工作区并使用以下命令：

```
catkin_create_project px4_ros_ctrl roscpp mavros_msgs
geometry_msgs
```

如你所见，这个包取决于 mavros_msgs。它将被用来检索无人机的数据。这里，我们将讨论控制飞行器的 ROS 节点。完整的代码可以在本书的源代码中找到，位于 src/px4_ctrl_example.cpp 源文件中。

为了实现目标，我们需要进行以下操作：

1. 启动四旋翼飞行器。启动飞行器使电机开始旋转。这可以通过 ROS 服务使用 mavros。可以使用 /mavros/cmd/arming 服务。
2. 切换到 OFFBOARD 模式。之后，电机就会开始旋转，我们就可以向无人机发送输入了。必须启用 OFFBOARD 模式来接受外部命令。即使在这种情况下，我们也可以使用 ROS 服务：/mavros/set_mode。
3. 发送所需的位置。我们可以要求无人机到达一个新的位置，只需发布在 /mavros/setpoint_position/local 主题上。
4. 降落。我们可以使用 /mavros/cmd/land 来使无人机降落。

让我们检查一下代码。像往常一样，我们从头文件开始。除了常见的 ROS 头文件外，还包括一组使用 mavros 消息的头文件：

```
#include "ros/ros.h"
#include "geometry_msgs/PoseStamped.h"
```

我们使用 State 消息来获取自动驾驶仪状态的信息，使用 CommandBool 和 CommandTOL 消息来使机器人做动作，使用 SetMode 命令来改变无人机的操作模式（例如外部控制模式、位置控制模式等）：

```
#include "mavros_msgs/State.h"
#include "mavros_msgs/CommandBool.h"
#include "mavros_msgs/SetMode.h"
#include "mavros_msgs/CommandTOL.h"
Then, we declare the mavros_msgs::State data used to store
information about that state of the UAV, provided by the
autopilot. This message contains different information. For
example, if the autopilot is properly connected and armed (the
vehicle is fully powered and its motors may be turning).
mavros_msgs::State mav_state;
Finally, we declare the callback for this message.
void mavros_state_cb( mavros_msgs::State mstate) {
  mav_state = mstate;
}
int main(int argc, char** argv ) {
  ros::init(argc, argv, "px4_ctrl_example");
  ros::NodeHandle nh;
```

我们将使用一个接受 CommandBool 消息类型的 ROS 服务。服务名称为 /mavros/cmd/arming。类似地，我们可以改变操作模式，使用 /mavros/set_mode 和 /mavros/cmd/land 服务要求无人机着陆：

```
  ros::ServiceClient arming_client =
nh.serviceClient<mavros_msgs::CommandBool>("mavros/cmd/
arming");
  ros::ServiceClient set_mode_client =
nh.serviceClient<mavros_msgs::SetMode>("mavros/set_mode");
  ros::ServiceClient land_client =
nh.serviceClient<mavros_msgs::CommandTOL>("/mavros/cmd/land");
Then, we subscribe to the state message and publish the
position command using the /mavros/state and /mavros/setpoint_
position/local topics.
  ros::Subscriber mavros_state_sub =      nh.subscribe( "/
mavros/state", 1, mavros_state_cb);
  ros::Publisher          local_pos_pub =
nh.advertise<geometry_msgs::PoseStamped>("mavros/setpoint_
position/local", 1);
```

我们准备改变机器人的操作方式。必须选择 OFFBOARD 模式从外部计算机发送控制数据。因此，我们使用 SetMode 消息的 custom_mode 字段，并用 "OFFBOARD" 字符串填充它。然后，我们调用客户端，如下所示：

```
mavros_msgs::SetMode offb_set_mode;
offb_set_mode.request.custom_mode = "OFFBOARD";
if( set_mode_client.call(offb_set_mode) && offb_set_mode.
response.mode_sent){
    ROS_INFO("Manual mode enabled");
}
```

现在，我们已经准备好装系统了。在本例中，我们设置 CommandBool 消息为 true（如要解除，则设置值为 false）：

```
mavros_msgs::CommandBool arm_cmd;
arm_cmd.request.value = true;
if( arming_client.call(arm_cmd) && arm_cmd.response.success){
    ROS_INFO("Ready to be armed");
}
```

等待系统正确安装：

```
while(!mav_state.armed ) {
    usleep(0.1*1e6);
ros::spinOnce();
}
ROS_INFO("Vehicle armed");
```

使用 geometry_msgs::PoseStamped 来设置想要到达的位置：

```
geometry_msgs::PoseStamped pose;
pose.pose.position.x = 1;
pose.pose.position.y = 0;
pose.pose.position.z = 2;
```

在这个程序的主循环中，我们只是发送所需的点，然后等待 20 秒后无人机到达目的地。注意，在 OFFBOARD 模式下，自动驾驶仪要求所需的控制输入是连续的。否则，一个自动驾驶仪上的看门狗将实现**返回地面（RTL）**安全控制方式：

```
ros::Rate r(10);
float t = 0.0;
while( ros::ok() &&  (t < 20.0) ) {
  local_pos_pub.publish(pose);
    t += (1.0/10.0);
    r.sleep();
    ros::spinOnce();
}
```

使用地面服务将无人机带回地面：

```
mavros_msgs::CommandTOL land_srv;
```

```
land_client.call( land_srv );
return 0;
}
```

现在准备启动这个节点。首先，我们必须启动 Gazebo 模拟和 mavros 节点。我们可以启动控制节点。

可以使用 px4_ros.launch 文件中包含的 px4_ros_ctrl 包来启动模拟器。稍后将讨论该文件的部分内容。我们首先初始化一些参数，如机器人在仿真场景中的位置：

```
<launch>
        <arg name="x" default="0"/>
        <arg name="y" default="0"/>
        <arg name="z" default="0"/>
        <arg name="R" default="0"/>
        <arg name="P" default="0"/>
        <arg name="Y" default="0"/>
```

其他参数与 PX4 控制栈密切相关。特别地，必须指定自动驾驶仪和机器人模型所使用的姿态和位姿估计算法。默认选择扩展卡尔曼滤波 (ekf)，飞行器代表机器人模型。PX4 包含多个型号的多旋翼机模型，并以 .sdf 文件的形式存储在 PX4-Autopilot/Tools/sitl_gazebo/models/ 文件夹中：

```
<arg name="est" default="ekf2"/>
        <arg name="vehicle" default="iris"/>
        <arg name="sdf" default="$(find mavlink_sitl_gazebo)/
models/$(arg vehicle)/$(arg vehicle).sdf"/>
```

飞行器和作为 ROS 参数声明的估计器也被用于设置以下变量环境：

```
<env name="PX4_SIM_MODEL" value="$(arg vehicle)" />
<env name="PX4_ESTIMATOR" value="$(arg est)" />
```

设置 Gazebo ROS 参数：

```
<arg name="gui" default="true"/>
<arg name="debug" default="false"/>
<arg name="verbose" default="false"/>
<arg name="paused" default="false"/>
<arg name="respawn_gazebo" default="false"/>
```

我们可以选择是否以交互模式启动节点。在前一种情况下，我们可以使用交互式表向自动驾驶仪发送命令，比如起飞、降落或重启自动驾驶仪代码：

```
<arg name="interactive" default="true"/>
        <arg unless="$(arg interactive)" name="px4_command_arg1"
value="-d"/>
        <arg           if="$(arg interactive)" name="px4_command_
arg1" value=""/>
```

最后，我们准备启动 px4 包的 SITL 节点。这个节点负责用于模拟 PX4 控制栈的真实功能，如状态估计、运动动作（如起飞或航路点导航），以及所有的安全层。如果我们不启动这个节点，将只模拟一个多旋翼：

```
<node name="sitl" pkg="px4" type="px4" output="screen"
  args="$(find px4)/build/px4_sitl_default/etc -s etc/init.d-
posix/rcS $(arg px4_command_arg1)" required="true"/>
```

然后，在仿真场景中生成模型：

```
<node name="$(anon vehicle_spawn)" pkg="gazebo_ros"
type="spawn_model" output="screen" args="-sdf -file $(arg sdf)
-model $(arg vehicle) -x $(arg x) -y $(arg y) -z $(arg z) -R
$(arg R) -P $(arg P) -Y $(arg Y)"/>
```

最后，我们需要启动 mavros 来与空中平台交换数据。mavros 启动时带有一组启动和配置文件。因此，我们包括在同一 ROS 包的 px4.launch 文件。这个文件的内容稍后会讨论。重要的是要定义 fcu_url 元素——飞行控制单元的地址。在这种情况下，我们指的是运行模拟的计算机的 IP 和端口：

```
<arg name="fcu_url" default="udp://:14540@localhost:14557"/>
<arg name="respawn_mavros" default="false"/>

    <include file="$(find px4_ros_ctrl)/launch/px4.launch">
      <arg name="fcu_url" value="$(arg fcu_url)"/>
    </include>
```

接下来报告 px4.launch 的文件内容。这里我们启动 mavros 节点，它包含两个 YAML 配置文件，如下所示。

- pluginlists_yaml 配置文件指定了哪些 mavros 插件必须使用通过白名单和黑名单的定义加载。
- config_yaml 配置文件允许你配置加载的插件。

在本例中，我们将使用默认配置文件：

```
<include file="$(find mavros)/launch/node.launch">
    <arg name="pluginlists_yaml" value="$(find mavros)/
launch/px4_pluginlists.yaml" />
    <arg name="config_yaml" value="$(find mavros)/launch/
px4_config.yaml" />
 </include>
```

在本例中，我们使用默认配置文件。

在看到启动文件的内容之后，我们可以使用下面的命令开始 px4 控制节点：

```
roslaunch px4_ros_ctrl px4_ros.launch
rosrun px4_ros_ctrl px4_ctrl_example
```

通常情况下，机器人是通过一系列连续的位置来指挥的，这些位置可以在特定的速度或加速度约束下精确地操纵机器人。这就是轨迹规划的原理。在下一节中，我们将讨论如何向机器人自动驾驶仪发送轨迹。

8.4.1　编写轨迹流线

在前面的例子中，我们发布了一个要到达的点，无人机试图使用最大的加速度和速度到达这个点。然而，我们可能想要通过流轨迹的速度剖面来更好地控制机器人运动。在这种情况下，我们需要使用 mavros_msgs::PositionTarget 消息而不是简单的 geometry_msgs:: PoseStamped 消息。使用 PositionTarget，我们可以指定无人机的位置和速度。该消息的定义如下。

第一个字段是头文件：

```
std_msgs/Header header
```

现在我们可以选择参考系了。参考系由消息定义中已经提供的一组常量定义。我们将在 8.6 节讨论参考系。注意，只支持 FRAME_LOCAL_NED 和 FRAME_BODY_NED：

```
uint8 coordinate_frame
uint8 FRAME_LOCAL_NED = 1
uint8 FRAME_LOCAL_OFFSET_NED = 7
uint8 FRAME_BODY_NED = 8
uint8 FRAME_BODY_OFFSET_NED = 9
```

现在，我们可以设置帮助我们定义控制消息的一些元素的位掩码。例如，我们可能决定只流化无人机的速度或位置。我们还可以设置它忽略绕 z 轴的旋转：

```
uint16 type_mask
uint16 IGNORE_PX = 1
uint16 IGNORE_PY = 2
uint16 IGNORE_PZ = 4
uint16 IGNORE_VX = 8
uint16 IGNORE_VY = 16
uint16 IGNORE_VZ = 32
uint16 IGNORE_AFX = 64
uint16 IGNORE_AFY = 128
uint16 IGNORE_AFZ = 256
uint16 FORCE = 512    uint16 IGNORE_YAW = 1024
uint16 IGNORE_YAW_RATE = 2048
```

最后，我们可以设置三个笛卡儿轴的位置、速度和加速度，以及无人机偏航的位置和速度：

```
geometry_msgs/Point position
geometry_msgs/Vector3 velocity
geometry_msgs/Vector3 acceleration_or_force
float32 yaw
float32 yaw_rate
```

例如，如果我们只想输出位置，而忽略速度和加速度数据，则应该在 ROS 节点中包含以下代码：

```
mavros_msgs::PositionTarget ptarget;
    ptarget.coordinate_frame = mavros_
msgs::PositionTarget::FRAME_LOCAL_NED;
    ptarget.type_mask =
    mavros_msgs::PositionTarget::IGNORE_VX |
    mavros_msgs::PositionTarget::IGNORE_VY |
    mavros_msgs::PositionTarget::IGNORE_VZ |
    mavros_msgs::PositionTarget::IGNORE_AFX |
    mavros_msgs::PositionTarget::IGNORE_AFY |
    mavros_msgs::PositionTarget::IGNORE_AFZ |
    mavros_msgs::PositionTarget::FORCE |
    mavros_msgs::PositionTarget::IGNORE_YAW_RATE;
```

此源代码使用本地 NED 作为参考系。参考系指定如何在世界或仿真环境中定位一个点或一个对象。因此，了解参考系对于无人机的定位和发送正确的运动命令都是很重要的。PX4 自动驾驶仪内部只有一个参考系，称为北、东、下（NED）参考系。这意味着机器人的 x 沿前进方向为正，y 沿右方向为正，z 向下为正。同时，ROS 和 Gazebo 用于全球定位的默认参考系为 ENU（右、前、向上）。因此，当使用 mavros 包时，所有发送到自动驾驶仪的东西都必须在 ENU 参考系中。mavros 收到的所有东西也将在 ENU 内。当我们想要从外部估计无人机的位置时，例如使用 SLAM 算法，这个信息就特别重要。注意，在前面的消息中，我们也能够在主参考系中指定命令（使用 FRAME_BODY_NED 常量）。在这种情况下，目标位置将根据无人机的旋转来解释。

8.4.2 PX4 的外部位姿估计

为了在飞行过程中保持稳定，无人机需要知道自己在固定坐标系（世界坐标系）中的位置。惯性传感器（如 IMU）不够精确，无法完成这项任务。因此，需要使用外部传感器，如 GPS、激光雷达或摄像机。无人机的典型控制回路如图 8.7 所示。

在**位置控制回路**（外回路）中，需要无人机当前的位置。当可用时，这些信息直接通过 GPS 检索。

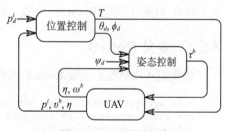

图 8.7 PX4 控制回路

然而，在某些情况下，例如，当你在室内飞行时，GPS 不能被使用，此时，必须估计机器人的位置来稳定和控制空中机器人位置。外部传感器可以用来估计无人机的姿态。**Optitrack 和 Vicon** 系统在该领域非常受欢迎。这些系统提供高性能光学跟踪（包括运动捕捉软件和高速跟踪摄像机）。简而言之，这些系统就像高精度和超快的 GPS。此外，无人机必须能够使用机载传感器来估计其位姿，如标准摄像机、深度摄像机或**激光雷达**。在这种情况下，SLAM 算法很合适。近年来，许多传感器已经在市场上出售，可以利用 FPGA 器件重建其位姿以加快计算过程。英特尔 **Realsense t265** 跟踪摄像机就是这种情况。

这款摄像机的信息请参考以下 URL：`https://www.intelrealsense.com/tracking-camera-t265`。PX4 控制栈可以配置为接收来自配套 PC 的位置估计。这可以使用 PX4 参数和 `mavros` 插件进行配置。要启用外部位姿估计，可以使用 `vision_pose_estimate` 插件来配置以下参数。打开 QGroundControl，设置如下参数：

- `EKF2_AID_MASK`：从这里你可以选择外部估算源的列表。要使用外部位姿，选择 `vision_position_fusion` 和 `vision_yaw_fusion`。
- `EKF2_HGT_MODE`：你必须选择视觉源来估计无人机的高度。

我们现在可以使用 ENU 参考系中的 `geometry_msgs::PoseStamped` 消息类型在 `/mavros/vision_pose/` 主题上传输所需的位置。请注意，系统只检查流数据，而不检查在正确的参考系中报告的数据。

使用 PX4 栈模拟无人机涉及多个元素。在本章的第一部分，我们关注了自动驾驶仪代码和 Gazebo 之间的联系。现在的问题是：Gazebo 如何有效地仿真无人机的传感器和动力学？这个问题的答案要感谢一组由 RotorS 实现的 Gazebo 插件。我们将在 8.6 节讨论。

8.5　使用 RotorS 仿真框架

前面，我们讨论了如何使用 Gazebo ROS 仿真飞行控制器单元代码。然而，在某些情况下，我们可能只关注使用基本传感器（如 IMU、GPS 等）和螺旋桨仿真无人机动力学。这就是 RotorS 模拟器的目标。该模拟器提供了一组配置文件和 ROS 包形状的模型来仿真不同类型的无人机。除了标准模型，RotorS 允许开发人员从零开始配置新的多旋翼系统。简而言之，这个 ROS 包以 Gazebo 插件的形式实现传感器和机制，并可以安装在多旋翼上。在本节中，我们将在 ROS 上安装 RotorS。稍后，我们将创建一个新的四旋翼模型。

8.5.1　安装 RotorS

让我们从在系统上安装 RotorS 开始。要完成此步骤，你应该安装以下依赖项：

```
sudo apt-get install ros-noetic-joy ros-noetic-octomap-
ros ros-noetic-mavlink protobuf-compiler libgoogle-glog-dev
ros-noetic-control-toolbox
```

现在，在你的 ROS 工作区中克隆 RotorS 存储库：

```
roscd && cd ../src
git clone https://github.com/ethz-asl/rotors_simulator.git
```

然后，使用 `catkin_make` 命令编译工作区。

如果编译结束而没有发生任何错误，那么就可以使用 RotorS 提供的模型之一启动仿真器了。此外，该软件包实现了一个无人机控制器来命令其在仿真世界中的位置。例如，要仿真六旋翼的模型，可以使用以下命令：

```
roslaunch rotors_gazebo mav_hovering_example.launch mav_
name:=firefly world_name:=basic
```

下面的代码片段解释了 mav_hovering_exmaple.launch 文件。首先，使用 mav_name 定义无人机类型。在这个例子中，我们选择了 firefly：

```
<launch>
  <arg name="mav_name" default="firefly"/>
```

然后，我们设置环境变量添加用于向 Gazebo 启动仿真的配置文件。特别地，GAZEBO_MODEL_PATH 包含 Gazebo 将在其中搜索模型的目录列表，而 GAZEBO_RESOURCE_PATH 包含其他资源的目录列表，如世界文件和媒体文件：

```
 <env name="GAZEBO_MODEL_PATH" value="${GAZEBO_MODEL_
PATH}:$(find rotors_gazebo)/models"/>
  <env name="GAZEBO_RESOURCE_PATH" value="${GAZEBO_RESOURCE_
PATH}:$(find rotors_gazebo)/models"/>
```

然后，我们可以开始 Gazebo：

```
<include file="$(find gazebo_ros)/launch/empty_world.launch">
    <arg name="world_name" value="$(find rotors_gazebo)/
worlds/$(arg world_name).world" />
    <arg name="debug" value="$(arg debug)" />
    <arg name="paused" value="$(arg paused)" />
    <arg name="gui" value="$(arg gui)" />
    <arg name="verbose" value="$(arg verbose)"/>
  </include>
```

根据无人机类型，包括一组启动文件。下面的一个是在 Gazebo 仿真器中生成模型：

```
 <group ns="$(arg mav_name)">
    <include file="$(find rotors_gazebo)/launch/spawn_mav.
launch">
    <arg name="mav_name" value="$(arg mav_name)" />
    <arg name="model" value="$(find rotors_description)/urdf/
mav_generic_odometry_sensor.gazebo" />
    <arg name="enable_logging" value="$(arg enable_logging)"
/>
    <arg name="enable_ground_truth" value="$(arg enable_
ground_truth)" />
    <arg name="log_file" value="$(arg log_file)"/>
    </include>
```

现在，机器人可以被控制了。所以，下一步是运行控制器节点使无人机的每个螺旋桨产生速度。同样，这是 RotorS 包集合中提供的节点 lee_position_controller_node：

```
    <node name="lee_position_controller_node" pkg="rotors_
```

```
control" type="lee_position_controller_node" output="screen">
    <rosparam command="load" file="$(find rotors_gazebo)/
resource/lee_controller_$(arg mav_name).yaml" />
    <rosparam command="load" file="$(find rotors_gazebo)/
resource/$(arg mav_name).yaml" />
    <remap from="odometry" to="odometry_sensor1/odometry" />
    </node>
```

最后，使用 hovering_example 节点来控制机器人。该节点的目标是使用 geometry_ msgs::Pose 数据发布一个设定值：

```
<node name="hovering_example" pkg="rotors_gazebo"
type="hovering_example" output="screen"/>
```

hovering_example 节点可以与你的节点切换来驱动机器人进入仿真环境。综上所述，依靠 RotorS 来仿真和控制带有 ROS 的无人机比使用 PX4 SITL 和 ROS 更容易。有了 RotorS，你可以直接向飞行器发送命令。然而，首先必须实现自主导航例程。在继续介绍如何定义新的多旋翼模型之前，我们先检查一下 RotorS 的元素并讨论其软件包的内容。

8.5.2 RotorS 软件包

RotorS 仿真器被分成不同的软件包，如图 8.8 所示。

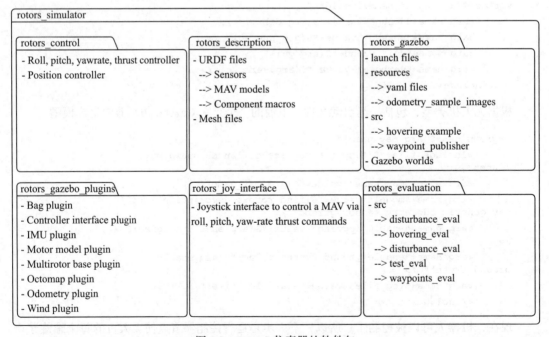

图 8.8 RotorS 仿真器的软件包

RotorS 的主要组成部分如下所示。

- rotors_description：rotors_description 软件包包含 xacro 文件和仿真中涉及的组件（传感器、无人机框架等）的 3D 模型。
- rotors_control：该软件包包含一组无人机的低层控制器，可以根据所需的位置输入生成螺旋桨的速度。
- rotors_gazebo_plugins：这个软件包包含一组 Gazebo 插件，用于模拟无人机传感器和螺旋桨。所有型号将包括以下插件：

  IMU 插件：该插件模拟惯性传感器。

  电机模型插件：该插件模拟无人机电机的动力学。

  多旋翼基座插件：该插件根据电机速度计算并应用无人机基座连杆的力和力矩。

  里程计插件：该插件模拟了一个里程计传感器，以便流式传输无人机的位置和方向。

  RotorS Gazebo-ROS 接口：该插件代表了 RotorS ROS 消息和 Gazebo 仿真场景之间的通信层。如果这个插件加载失败，你就不能使用任何 ROS 主题来命令机器人。此外，这个插件只能加载一个实例。因此，在 Gazebo 世界文件中加载这个插件很方便。
- rotors_gazebo：这个软件包包含启动文件，用于启动 Gazebo 仿真器中的不同模型。

RotorS 包中包含的元素的组合允许你创建新的机器人，或修改已经实现的机器人，添加传感器或更改它们的动态参数（如机器人的质量或惯性）。

为了理解这些插件是如何工作的，我们通过检查可用的 ROS 主题来启动 firefly 机器人：

```
roslaunch rotors_gazebo mav_hovering_example.launch mav_
name:=firefly world_name:=basic
rostopic list
```

ROS 网络中活跃的突出主题如下。

- /firefly/command/motor_speed：这是系统的唯一输入，表示无人机每个螺旋桨的速度。消息类型是 mav_msgs 包（http://wiki.ros.org/mav_msgs）的一部分。这个主题接受一条 mav_msgs::Actuator 消息，定义如下：

```
std_msgs/Header header
  uint32 seq
  time stamp
  string frame_id
float64[] angles
float64[] angular_velocities
float64[] normalized
```

在这种背景下，我们感兴趣的是 angular_velocities。这是一个向量，它的大小取决于机器人电机的数量。此时，我们有一个包含 6 个元素的向量。

- /firefly/odometry_sensor1/odometry：这个主题由里程计插件发布，表示无人机的估计位置、方向和速度。本主题输出一条 nav_msgs/Odometry 消息。
- /firefly/motor_speed/${num_motor}：这个主题是由一个建模电机的插件发

布的。它可以用于调试。

- /firefly/imu：该主题由 IMU 插件发布，代表无人机的姿态。

注意，所有主题都以无人机的名称开始，因为这是在启动文件的变量中设置的命名空间。下一节，我们将看看如何定义一个新的无人机模型。

8.5.3 创建一种新的无人机模型

RotorS 仿真器有几种不同配置的无人机模型。你可以添加新的机器人模型和所需的电机数量，并可以放置在机器人基础框架的任何地方。在 RotorS 框架中导入一个新模型，我们需要定义包含多旋翼的所有关节、链接和传感器的 xacro 文件。rotors_description包包含一组 xacro 文件，用于实现不同的宏，从而简化创建 UAV 的过程。特别地，下面的 xacro 文件将含在我们的机器人中：

- multirotor_base.xacro 文件包含了无人机的主要元素。它为机器人设置 base_link。
- component_snippets.xacro 文件包含几个与仿真相关的组件（传感器、电机等）的宏。

我们将参考这些文件来创建新模型。现在让我们为 IRIS 机器人创建一个模型。第一步是创建一个新的 ROS 包，它依赖于 rotors_description 包中位于前面列出的 xacro 文件：

catkin_create_pkg iris_model roscpp rotors_description mav_msgs

现在，我们必须创建 urdf 目录。在这个目录中创建两个 xacro 文件：iris.xacro文件和 iris_base.xacro 文件。注意，我们将使用来自其他 RotorS 包的其他资源（例如CAD 模型、附加宏文件等）。因此，新包将依赖于 rotors_description 包。

让我们从 iris_base.xacro 文件开始。首先，定义机器人的名称：

```
<?xml version="1.0"?>
<robot name="iris" xmlns:xacro="http://ros.org/wiki/xacro">
```

然后，我们包含另外两个 xacro 文件——一个包含重要的宏（component_snippets.xacro 文件），另一个包含多旋翼的主框架（iris.xacro 文件）：

```
  <xacro:include filename="$(find rotors_description)/urdf/
component_snippets.xacro" />
  <xacro:include filename="$(find iris_model)/urdf/iris.xacro"
/>
```

最后，我们包含两个传感器：imu 传感器。这将使用 component_snippets.xacro文件中定义的 default_imu 宏和里程计传感器：

```
    <xacro:default_imu namespace="${namespace}" parent_
link="${namespace}/base_link" />
```

里程计插件必须配置以下参数。

- 在启动文件中指定的机器人的命名空间，用于将传感器正确链接到机器人的基本链接：

```
<xacro:odometry_plugin_macro
  namespace="${namespace}"
  odometry_sensor_suffix="1"
  parent_link="${namespace}/base_link"
```

- 数据流的主题（位置、速度）：

```
      pose_topic="odometry_sensor1/pose"
    pose_with_covariance_topic="odometry_sensor1/pose_
with_covariance"
      position_topic="odometry_sensor1/position"
      transform_topic="odometry_sensor1/transform"
      odometry_topic="odometry_sensor1/odometry"
      parent_frame_id="world"
      child_frame_id="${namespace}/odometry_sensor1"
```

- 可能的误差。这用于注入里程计测量误差，以获得更真实的仿真：

```
mass_odometry_sensor="0.00001"
measurement_divisor="1"
measurement_delay="0"
unknown_delay="0.0"
noise_normal_position="0 0 0"
noise_normal_quaternion=»0 0 0»
noise_normal_linear_velocity=»0 0 0»
noise_normal_angular_velocity=»0 0 0»
noise_uniform_position=»0 0 0»
noise_uniform_quaternion=»0 0 0»
noise_uniform_linear_velocity=»0 0 0»
noise_uniform_angular_velocity=»0 0 0»
enable_odometry_map=»false»
odometry_map=»»
image_scale=»»>
  <inertia ixx=»0.00001» ixy=»0.0» ixz=»0.0»
iyy=»0.00001» iyz=»0.0» izz=»0.00001» /> <!-- [kg m^2]
[kg m^2] [kg m^2] [kg m^2] [kg m^2] [kg m^2] -->
  <origin xyz=»0.0 0.0 0.0» rpy=»0.0 0.0 0.0» />
</xacro:odometry_plugin_macro>
</robot>
```

我们现在可以定义 iris.xacro 文件。这个文件可能非常长，它包含机器人的每个螺旋桨以及其他传感器的定义。文件的第一部分还包含一些参数的定义。我们可以选择在仿真视图中减慢螺旋桨的旋转速度，并设置 CAD 文件作为机器人框架使用：

```
<?xml version="1.0"?>
<robot name="iris" xmlns:xacro="http://ros.org/wiki/xacro">
  <!-- Properties -->
  <xacro:property name="namespace" value="$(arg namespace)" />
```

```
  <xacro:property name="rotor_velocity_slowdown_sim" value="10"
/>
  <xacro:property name="use_mesh_file" value="true" />
  <xacro:property name="mesh_file" value="package://rotors_
description/meshes/iris.dae" />
```

现在，必须确定一些无人机的特定参数，如其质量、惯性、臂长等。此外，旋翼的动态模型还考虑了电机和力矩等常数。这些参数取决于电机的模式：

```
  <xacro:property name="mass" value="1.5" />
  <xacro:property name="body_width" value="0.47" />
  <xacro:property name="body_height" value="0.11" />
  <xacro:property name="mass_rotor" value="0.005" />
  <xacro:property name="arm_length_front_x" value="0.13" />
  <xacro:property name="arm_length_back_x" value="0.13" />
  <xacro:property name="arm_length_front_y" value="0.22" />
  <xacro:property name="arm_length_back_y" value="0.2" />
  <xacro:property name="rotor_offset_top" value="0.023" />
  <xacro:property name="radius_rotor" value="0.1" />
  <xacro:property name="motor_constant" value="8.54858e-06" />
  <xacro:property name="moment_constant" value="0.016" />
  <xacro:property name="time_constant_up" value="0.0125" />
  <xacro:property name="time_constant_down" value="0.025" />
  <xacro:property name="max_rot_velocity" value="838" />
  <xacro:property name="rotor_drag_coefficient"
value="8.06428e-05" />
  <xacro:property name="rolling_moment_coefficient"
value="0.000001" />
```

现在可以定义一些属性块来指定机体和旋翼惯性：

```
  <!-- Property Blocks -->
  <xacro:property name="body_inertia">
      <inertia ixx="0.0347563" ixy="0.0" ixz="0.0"
iyy="0.0458929" iyz="0.0" izz="0.0977" /> <!-- [kg.m^2] [kg.
m^2] [kg.m^2] [kg.m^2] [kg.m^2] [kg.m^2] -->
  </xacro:property>
  <xacro:property name="rotor_inertia">
      <xacro:box_inertia x="${radius_rotor}" y="0.015"
z="0.003" mass="${mass_rotor*rotor_velocity_slowdown_sim}" />
  </xacro:property>
```

现在，我们包含另一个 xacro 文件，用于实例化多旋翼的主要部分。在包含这个文件之后，我们将访问 multirotor_base_macro 宏块，该宏块根据平台的大小和仿真场景中使用的网格文件填充：

```
  <xacro:include filename="$(find rotors_description)/urdf/
multirotor_base.xacro" />
  <!-- Instantiate multirotor_base_macro once -->
```

```
<xacro:multirotor_base_macro
    robot_namespace="${namespace}"
    mass="${mass}"
    body_width="${body_width}"
    body_height="${body_height}"
    use_mesh_file="${use_mesh_file}"
    mesh_file="${mesh_file}"
    >
    <xacro:insert_block name="body_inertia" />
</xacro:multirotor_base_macro>
```

在文件的其余部分中，我们简单地实例化无人机的电机。我们正在建模一个四旋翼无人机，它将包括 4 个不同的电机。我们可以使用以下参数自由配置每个旋翼的参数。

- **方向**：该参数表示螺旋桨的旋转方向。可设置为 cw: clockwise 或 ccw: counterclockwise。
- **电机号**：这是旋翼的 ID。所有的电机必须有一个唯一的 ID。
- **原点块**：该块是正确创建无人机模型的基础，因为它代表了相对于无人机中心的电机位置。

请注意，其中一些参数的值，如旋转方向或电机常数和力矩常数，将取决于你开发的控制器。在下面的块中，我们实例化电机 0。为此，我们使用 multirotor_base.xacro 文件中定义的 vertical_rotor 宏：

```
<xacro:vertical_rotor
    robot_namespace="${namespace}"
    suffix="front_right"
    direction="ccw"
    motor_constant="${motor_constant}"
    moment_constant=»${moment_constant}»
    parent=»${namespace}/base_link»
    mass_rotor=»${mass_rotor}»
    radius_rotor=»${radius_rotor}»
    time_constant_up=»${time_constant_up}»
    time_constant_down=»${time_constant_down}»
    max_rot_velocity=»${max_rot_velocity}»
    motor_number=»0»
    rotor_drag_coefficient=»${rotor_drag_coefficient}»
    rolling_moment_coefficient=»${rolling_moment_
coefficient}»
    color=»Blue»
    use_own_mesh=»false»
mesh=»»>
    <origin xyz=»${arm_length_front_x} -${arm_length_front_y}
${rotor_offset_top}» rpy=»0 0 0» />
    <xacro:insert_block name=»rotor_inertia» />
</xacro:vertical_rotor>
```

添加电机 1，逆时针旋转：

```xml
<xacro:vertical_rotor
    robot_namespace="${namespace}"
    suffix="back_left"
    direction="ccw"
    motor_constant="${motor_constant}"
    moment_constant="${moment_constant}"
    parent="${namespace}/base_link"
    mass_rotor="${mass_rotor}"
    radius_rotor="${radius_rotor}"
    time_constant_up="${time_constant_up}"
    time_constant_down="${time_constant_down}"
    max_rot_velocity="${max_rot_velocity}"
    motor_number="1"
    rotor_drag_coefficient="${rotor_drag_coefficient}"
                            rolling_moment_
coefficient="${rolling_moment_coefficient}"
    color="Red"
    use_own_mesh="false"
    mesh="">
    <origin xyz="-${arm_length_back_x} ${arm_length_back_y}
${rotor_offset_top}" rpy="0 0 0" />
    <xacro:insert_block name="rotor_inertia" />
</xacro:vertical_rotor>
```

添加电机 2，顺时针旋转：

```xml
<xacro:vertical_rotor robot_namespace="${namespace}"
    suffix="front_left"
    direction="cw"
    motor_constant="${motor_constant}"
    moment_constant=»${moment_constant}»
    parent=»${namespace}/base_link»
    mass_rotor=»${mass_rotor}»
    radius_rotor=»${radius_rotor}»
    time_constant_up=»${time_constant_up}»
    time_constant_down=»${time_constant_down}»
    max_rot_velocity=»${max_rot_velocity}»
    motor_number=»2»
    rotor_drag_coefficient=»${rotor_drag_coefficient}»
    rolling_moment_coefficient=»${rolling_moment_
coefficient}»
    color=»Blue»
    use_own_mesh=»false»
    mesh=»»>
    <origin xyz=»${arm_length_front_x} ${arm_length_front_y}
${rotor_offset_top}» rpy=»0 0 0» />
```

```
    <xacro:insert_block name=»rotor_inertia» />
  </xacro:vertical_rotor>
```

最后，添加最后一个电机 3，顺时针旋转：

```
  <xacro:vertical_rotor robot_namespace="${namespace}"
      suffix="back_right"
      direction="cw"
      motor_constant="${motor_constant}"
      moment_constant="${moment_constant}"
      parent="${namespace}/base_link"
      mass_rotor="${mass_rotor}"
      radius_rotor="${radius_rotor}"
      time_constant_up="${time_constant_up}"
      time_constant_down="${time_constant_down}"
      max_rot_velocity="${max_rot_velocity}"
      motor_number="3"
      rotor_drag_coefficient="${rotor_drag_coefficient}"
      rolling_moment_coefficient="${rolling_moment_
coefficient}"
      color="Red"
      use_own_mesh="false"
      mesh="">
      <origin xyz="-${arm_length_back_x} -${arm_length_back_y}
${rotor_offset_top}" rpy="0 0 0" />
      <xacro:insert_block name="rotor_inertia" />
  </xacro:vertical_rotor>
</robot>
```

现在我们已经定义了无人机模型。为了用这个新的无人机开始仿真，需要创建一个
Gazebo 世界文件和一个启动文件。让我们从在 `iris_model` 包中定义一个 Gazebo 世界文
件开始。在 `iris_model` 包中创建一个 world 目录，然后创建一个 empty.world 文件：

```
roscd iris_model
mkdir world && cd world
touch empty.world
```

该文件的内容如下。与往常一样，我们加入了一些模型来定义地面和环境光，如下所示：

```
<?xml version="1.0" ?>
<sdf version="1.4">
  <world name="default">
      <include>
      <uri>model://ground_plane</uri>
      </include>
      <include>
      <uri>model://sun</uri>
      </include>
```

然后，我们必须包括 RotorS Gazebo-ROS 接口插件，以便使用 ROS 主题控制机器人的电机，并从 Gazebo 场景中检索传感器信息：

```
<plugin name="ros_interface_plugin" filename="librotors_gazebo_
ros_interface_plugin.so"/>
```

如前所述，无人机通常使用 GPS 定位。因此，可以添加一个球坐标参考系统，将平面坐标（x、y 和 z）转换为球坐标（纬度、经度和高度）。我们还可以添加纬度原点和经度原点，如下所示：

```
<spherical_coordinates>
    <surface_model>EARTH_WGS84</surface_model>
    <latitude_deg>47.3667</latitude_deg>
     <longitude_deg>8.5500</longitude_deg>
      <elevation>500.0</elevation>
       <heading_deg>0</heading_deg>
    </spherical_coordinates>
```

最后，我们加入动态解算器，如下所示：

```
        <physics type='ode'>
         <ode>
        <solver>
            <type>quick</type>
            <iters>1000</iters>
            <sor>1.3</sor>
        </solver>
        <constraints>
            <cfm>0</cfm>
            <erp>0.2</erp>
                    <contact_max_correcting_vel>100</contact_
max_correcting_vel>
            <contact_surface_layer>0.001</contact_surface_
layer>
        </constraints>
        </ode>
        <max_step_size>0.01</max_step_size>
        <real_time_factor>1</real_time_factor>
        <real_time_update_rate>100</real_time_update_rate>
        <gravity>0 0 -9.8</gravity>
        </physics>
    </world>
</sdf>
```

开始仿真之前的最后一步是编写适当的启动文件来启动之前创建的世界并在其中生成 IRIS 模型。在 iris_model/launch 目录中创建一个启动文件，该文件非常类似于前面讨论的 mav_hovering_example 程序。它们有两个主要区别。第一个是要加载的世界文件是使用 world_name 参数定义的，我们在其中加载位于 iris_model 文件夹中的世界文件，如下所示：

```
    <arg name="world_name" value="$(find iris_model)/worlds/
empty.world" />
```

第二个是要加载的模型，我们在其中引用 iris_base.xacro 文件，如下所示：

```
  <arg name="model" value="$(find iris_model)/urdf/iris_base.
xacro" />
```

使用以下命令启动仿真：

roslaunch iris_model spawn_iris.launch

我们现在可以控制机器人电机了，下一节详细讨论这一点。

8.5.4　与 RotorS 电机模型交互

在本节中，我们将创建一个 ROS 节点，与之前开发的 IRIS 无人机模型的电机交互。让我们在 iris_model 包的 src 文件夹中创建一个名为 motor_example.cpp 的源文件。

首先，我们包含 mav_msgs::Actuators 头文件，将命令发送给无人机，如下所示：

```
#include "ros/ros.h"
#include "mav_msgs/Actuators.h"
using namespace std;
```

在 main 函数中，我们定义了 /iris/gazebo/command/motor_speed 主题的发布者，如下所示：

```
int main(int argc, char ** argv ) {
    ros::init(argc, argv, "motor_example");
    ros::NodeHandle nh;
    ros::Publisher actuators_pub;
    actuators_pub = nh.advertise<mav_msgs::Actuators>("/iris/
gazebo/command/motor_speed", 1);
    ros::Rate r(10);
```

此代码的目标是要求每个电机以 800 rad/s 的速度旋转，每次移动一个电机。我们现在调整执行器消息的 angular_velocities 字段，以考虑无人机的所有 4 个电机，如下所示：

```
mav_msgs::Actuators m;
m.angular_velocities.resize(4);
while(ros::ok()) {
  for(int i=0; i<4; i++) {
    for(int j=0; j<4; j++) {
        if( i!=j) m.angular_velocities[j] = 0.0;
        else m.angular_velocities[i] = 800;
      }
```

最后，我们发布执行器消息，如下所示：

```
        actuators_pub.publish(m);
        ros::spinOnce();
        sleep(1);
    }
  }
  return 0;
}
```

编译完这段代码后，我们可以测试电机是否正常运行。

启动 Gazebo 仿真：

roslaunch iris_model spawn_iris.launch

向机器人电机发送输入：

rosrun iris_model motor_example

现在你可以在 Gazebo 场景中看到，电机将依次旋转，你可以编程控制器来调节 4 个旋翼的速度，以便在仿真世界中稳定和移动机器人。

8.6 总结

本章介绍了空中机器人的概念，并讨论了它们的主要组成部分。我们还描述了用于开发无人机自定义应用程序的最著名的自动驾驶板之———运行 PX4 自动驾驶仪的 Pixhawk 控制板。在学习了如何使用真实的多旋翼平台并将其与 ROS 集成之后，我们接着讨论了两种仿真模式。在实际无人机上运行控制算法之前，对控制算法的效果进行仿真是非常重要的，可以防止对机器人和附近的人造成伤害。

在下一章中，我们将讨论如何将微控制器板和执行器与 ROS 连接起来。

8.7 问题

- 什么是空中机器人？
- 空中机器人的主要组成部分是什么？
- PX4 控制栈是什么？
- PX4 SITL 和 RotorS 模拟的主要区别是什么？

第三部分
ROS 机器人硬件原型开发

本部分包括第 9 ～ 11 章，我们将讨论机器人的硬件原型开发，探讨机器人传感器接口、嵌入式电路板接口，以及如何使用 ROS 构建一个实际的差速机器人。

第 9 章
将 I/O 板传感器和执行器连接到 ROS

在前面的章节中,我们讨论了 ROS 中使用的不同类型的插件框架。在本章中,我们将讨论一些硬件组件的接口及其交互操作,主要是传感器和执行器如何通过 I/O 板与 ROS 进行交互。我们将研究如何使用 I/O 板(如 Arduino、Teensy、Raspberry Pi 4、Jetson Nano 和 Odroid-XU4)实现传感器与 ROS 的交互,同时还将讨论智能执行器(如 DYNAMIXEL)与 ROS 的交互。

9.1 理解 Arduino-ROS 接口

Arduino 是市场上最流行的开源开发板之一。编程的便捷性和硬件的性价比使 Arduino 获得了巨大的成功。大多数 Arduino 板配备 Atmel 微控制器,处理器位数从 8 位到 32 位各有不同,时钟速度从 8 兆赫到 84 兆赫。Arduino 可用于机器人的快速原型制作。Arduino 在机器人领域的主要应用是连接传感器和执行器,用于与计算机通信,接收高级命令,并使用 UART 协议将传感器的数值发送给计算机。

市场上有不同种类的 Arduino。如何选择一块合适的处理板主要取决于我们要实现的机器人应用程序的性质。让我们来看看可以用于初级用户、中级用户和高级用户的一些处理板型号,如图 9.1 所示。

初级用户:Arduino UNO

中级用户:Arduino Mega

高级用户:Arduino DUE

图 9.1 不同版本的 Arduino 板

在图 9.2 中,我们将简要介绍每个 Arduino 板的规格,并看看它可以部署在哪里。下面让我们看看如何实现 Arduino 与 ROS 的连接。

板	Arduino UNO	Arduino Mega 2560	Arduino DUE
处理器	ATmega328P	ATmega2560	ATSAM3X8E
工作电压 / 输入电压	5V/7-12V	5V/7-12V	3.3V/7-12V
CPU 速度	16 MHz	16 MHz	84 MHz
模拟输入 / 模拟输出	6/0	16/0	12/2
数字 IO/ 脉宽调变	14/6	54/15	54/12
EEPROM[KB]	1	4	-
SRAM[KB]	2	8	96
Flash[KB]	32	256	512
USB	Regular	Regular	2 Micro
UART	1	4	4
应用程序	基本的机器人和传感器接口	中级机器人应用程序	高端机器人应用程序

图 9.2 不同 Arduino 板的比较

9.2 Arduino-ROS 接口

机器人中计算机和 I/O 板之间的大部分通信通过 UART 协议进行。当设备相互通信时,两端应该有一些程序可以翻译来自每个设备的串行命令。我们可以实现从处理板到计算机的数据接收和传输的逻辑,反之亦然。每个 I/O 板中的交互代码可能不同,因为没有进行对应通信的标准库。

Arduino-ROS 接口是 Arduino 板与计算机之间的标准通信方式。目前该接口仅支持 Arduino 处理板及 Arduino IDE 支持的处理板使用,例如 OpenCR (https://robots.ros.org/opencr/) 和 Teensy (https://www.pjrc.com/teensy/)。对于其他处理板,我们可能需要编写一个自定义的 ROS 接口。教程参见 http://wiki.ros.org/rosserial_client/Tutorials。读者可以在以下链接中找到支持 rosserial 协议的处理板列表: http://wiki.ros.org/rosserial。

下一节将提供关于 ROS 中 rosserial 包的详细信息。

9.2.1 理解 ROS 中的 rosserial 包

rosserial 包是一组标准化的通信协议,用于 ROS 和字符设备(如串口和套接字)之间的通信。rosserial 协议可以将标准 ROS 消息和服务数据类型转换为等效的嵌入式设备数据类型。它还通过多路复用字符设备(https://askubuntu.com/questions/1021394/what-is-a-character-device)的串行数据实现多主题支持。通过在数据包上添加头字节和尾字节,将串行数据以数据包的形式发送。数据包表示如图 9.3 所示。

每个字节的函数如下。

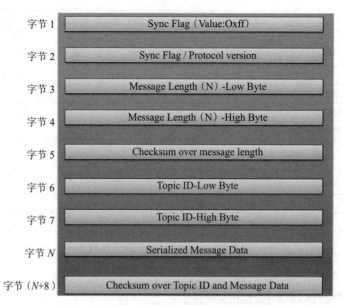

字节 1　　Sync Flag（Value:0xff）

字节 2　　Sync Flag / Protocol version

字节 3　　Message Length（N）-Low Byte

字节 4　　Message Length（N）-High Byte

字节 5　　Checksum over message length

字节 6　　Topic ID-Low Byte

字节 7　　Topic ID-High Byte

字节 N　　Serialized Message Data

字节（N+8）　Checksum over Topic ID and Message Data

图 9.3　rosserial 数据包

- **同步标志**（Sync Flag）：这是数据包的第一个字节，其数值总是 `0xff`。
- **同步标志 / 协议版本**（Sync Flag/Protocol version）：该字节在 ROS Groovy 版本上是 `0xff`，之后被设置为 `0xfe`。
- **消息长度**（Message Length）：这是数据包的长度。
- **消息长度校验和**（Checksum over message length）：这是数据包长度的校验和，用于查找数据包的损坏情况。
- **主题 ID**（Topic ID）：这是分配给每个主题的 ID，`0-100` 的范围分配给与系统相关的功能。
- **序列化**（Serialized Message Data）**消息数据**：这是与每个主题相关联的数据。
- **主题 ID 和消息数据的校验和**（Checksum over Topic ID and Message Data）：这是用于查找数据包 corruption 的主题及其串行数据的校验和。

包长度的校验和使用以下公式计算：

校验和 = 255 −（（主题 ID 低字节 + 主题 ID 高字节 +…+ 数据字节值）% 256）

ROS 客户端库（如 `roscpp`、`rospy` 和 `roslisp`）使我们能够使用不同的编程语言开发 ROS 节点。其中有一个可以帮助我们从嵌入式设备（如 Arduino 和基于 linux 的嵌入式板）开发 ROS 节点，叫作 `rosserial_client` 库。使用 `rosserial_client` 库，我们可以从 Arduino 和其他嵌入式板平台开发 ROS 节点。下面是每个平台的 `rosserial_client` 库列表。

- `rosserial_arduino`：这个 `rosserial_client` 工作在 Arduino 平台上，如 Arduino UNO、Leonardo、Mega 和 Due 系列的先进机器人项目。

- `rosserial_embeddedlinux`：该客户端支持嵌入式 Linux 平台，如 VEXPro、Chumby 闹钟、WRT54GL 路由器等。
- `rosserial_windows`：这是 Windows 平台的客户端。
- `rosserial_mbed`：Mbed 平台的客户端库。
- `rosserial_tivac`：TI 的 LaunchPad 板（TM4C123GXL 和 TM4C1294XL）的客户端库。
- `ross-teensy`：Teensy 平台的客户端库。

在计算机端，我们需要一些其他 ROS 节点来解码串行消息，并将其转换为来自 `rosserial_client` 库的确切主题。以下包有助于解码串行数据。

- `rosserial_python`：这是推荐使用的计算机端节点，用于处理来自设备的串行数据，完全用 Python 编写。
- `rosserial_server`：这是 `rosserial` 在计算机端的一个 C++ 实现。与 `rosserial_python` 相比，它的内置功能更少，但可以用于高性能应用程序开发。

我们主要专注于从 Arduino 运行 ROS 节点。首先，我们将看到如何在计算机上设置 `rosserial` 包，然后讨论如何在 Arduino IDE 中设置 `rosserial_arduino` 客户端。

在 Ubuntu 20.04 上安装 rosserial 软件包

为了在 Ubuntu 20.04 的 Arduino IDE 中启用 ROS，我们必须安装 `rosserial` ROS 包，然后设置 Arduino-ROS 客户端库与 ROS 环境通信。我们可以使用以下命令在 Ubuntu 上安装 `rosserial` 软件包：

1. 使用 apt 包管理器安装 `rosserial` 包二进制文件：

```
sudo apt install ros-noetic-rosserial ros-noetic-
rosserial-arduino ros-noetic-rosserial-python
```

2. 要在 Arduino 中安装 `rosserial_client` 库 `ros_lib`，必须下载最新的 Linux 32/64 位 Arduino IDE。

安装 Arduino IDE 最简单的选项之一是使用 Arduino snap 工具（`https://snapcraft.io/arduino`）。通过 snap 应用商店安装 Arduino IDE 可以使用如下命令：

```
sudo snap install Arduino
```

你可以在 Ubuntu 的 Unity Dash 搜索框中搜索 "Arduino" 来找到 Arduino IDE。如果你想下载最新的二进制文件，可以使用下面的链接下载 Arduino IDE：`https://www.arduino.cc/en/main/software`。在本书中，我们使用的是 Arduino IDE 1.8.x，你可以从链接 `https://www.arduino.cc/en/main/OldSoftwareReleases` 下载。

在这里，我们下载 Linux 64 位版本，并复制 Arduino IDE 文件夹到 Ubuntu 桌面。Arduino 需要 Java 运行时支持才能运行它。如果还没有安装，我们可以使用以下命令安装它：

```
sudo apt install default-jre
```

3. 在安装 Java 运行时之后，我们可以使用以下命令切换 `arduino` 文件夹。`x` 是你的

Arduino IDE 版本：

```
cd ~/Desktop/arduino-1.8.x-linux64/
```

4. 使用以下命令启动 Arduino：

```
./arduino
```

图 9.4 是 Arduino IDE 窗口。

5. 进入 File | Preference 来配置 Arduino 的 sketchbook 文件夹。Arduino IDE 将草图存储在这个位置。我们在用户的 home 文件夹中创建了一个名为 Arduino1 的文件夹，并将这个文件夹设置为 Sketchbook location，如图 9.5 所示。

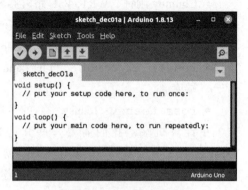

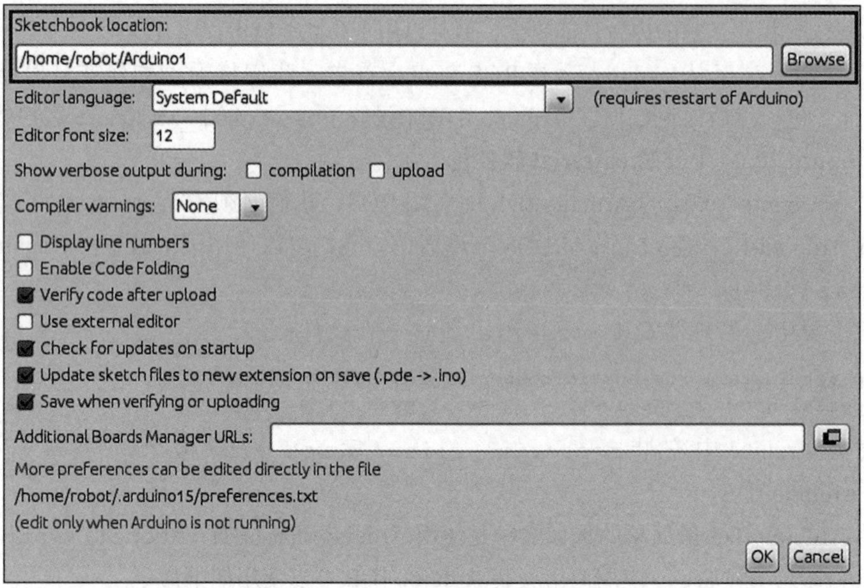

图 9.4 Arduino IDE 窗口

图 9.5 Arduino IDE 中的首选项

我们将在 Arduino1 文件夹中看到一个名为 libraries 的文件夹。

6. 进入 Arduino IDE 菜单，选择 Sketch | Include Library | Manage Libraries，搜索 rosserial，如图 9.6 所示。

安装在 Library Manager 中看到的 rosserial 库。读者已经在 Arduino1 文件夹中安装了 Arduino ROS 库，现在可以开始在 Arduino 板中实现 ROS 节点。

下面是安装 Arduino ROS 库的另一种方法：http://wiki.ros.org/rosserial_arduino/Tutorials/Arduino%20IDE%20Setup。

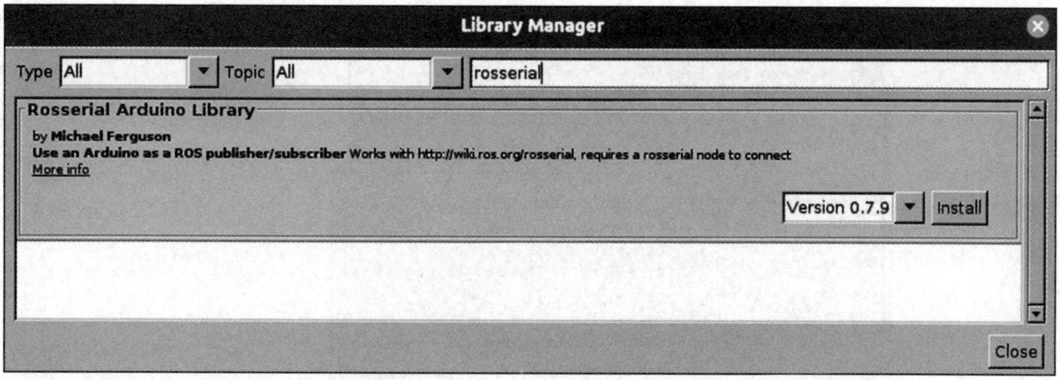

图 9.6 Arduino Library Manager

这些 ROS 消息和服务将转换为 Arduino C/ C++ 代码等效，如下所示：

- ROS 消息的转换：

```
ros_package_name/msg/Test.msg  --> ros_package_name::Test
```

- ROS 服务的转换：

```
ros_package_name/srv/Foo.srv  --> ros_package_name::Foo
```

例如，如果我们包含 #include <std_msgs/UInt16.h>，就可以实例化 std_msgs::
UInt16 编号。

我们可以选择使用任何示例（如图 9.7 所示），并确保它正在正确构建，以确保
rosserial_arduino 包 API 正常工作。下面讨论构建 ROS Arduino 节点所需的 API。

9.2.2 理解 Arduino 中的 ROS 节点 API

下面是 ROS Arduino 节点的基本结构。我们可以看到每一行代码的功能：

```
#include <ros.h>

ros::NodeHandle nh;

void setup() {
  nh.initNode();
}

void loop() {
  nh.spinOnce();
}
```

在 Arduino 中创建 NodeHandle 可以使用以下代码行完成：

```
ros::NodeHandle nh;
```

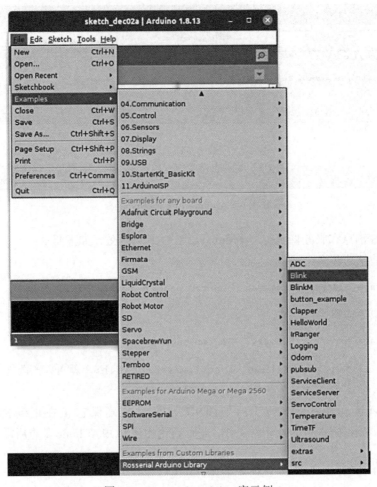

图 9.7   Rosserial_Arduino 库示例

注意，应该在 setup() 函数之前声明 Nodehandle，它将为叫作 nh 的 Nodehandle 实例提供一个全局作用域。这个节点的初始化在 setup() 函数中完成：

```
nh.initNode();
```

当设备启动时，Arduino 的 setup() 函数只执行一次。注意，我们只能从一个串行设备创建一个节点。

在 loop() 函数内部，我们必须使用以下代码行来执行 ROS 回调一次：

```
nh.spinOnce();
```

我们可以在 Arduino 中创建 Subscriber 和 Publisher 对象，就像其他 ROS 客户端库一样。以下是定义订阅者和发布者的过程。

在 Arduino 中定义 Subscriber 对象：

```
ros::Subscriber<std_msgs::String> sub("talker", callback);
```

这里，我们定义了订阅 String 消息的订阅者。callback 是回调函数，当在 talker 主题上有 String 消息可用时执行。下面给出的是处理 String 数据的回调示例：

```
std_msgs::String str_msg;

ros::Publisher chatter("chatter", &amp;str_msg);

void callback ( const std_msgs::String&amp; msg){
  str_msg.data = msg.data;

  chatter.publish( &amp;str_msg );

}
```

注意，callback()、Subscriber 和 Publisher 定义将位于用来获取全局作用域的 setup() 函数之上。在这里，我们使用 const std_msgs::String&msg 接收 String 数据。

下面的代码展示了如何在 Arduino 中定义 Publisher 对象：

```
ros::Publisher chatter("chatter", &amp;str_msg);
```

下面的代码展示了如何发布字符串消息：

```
chatter.publish( &amp;str_msg );
```

在定义了发布者和订阅者之后，我们必须在 setup() 函数中初始化它：

```
nh.advertise(chatter);
nh.subscribe(sub);
```

有一些 ROS API 用于从 Arduino 进行登录。以下是支持的不同登录的 API：

```
nh.logdebug("Debug Statement");
nh.loginfo("Program info");
nh.logwarn("Warnings.");
nh.logerror("Errors..");
nh.logfatal("Fatalities!");
```

我们可以在 Arduino 中使用 ROS 内置函数（如 Time 和 Duration）来检索当前 ROS 时间：

- 提取当前 ROS 时间的函数如下：

```
ros::Time begin = nh.now();
```

- 将 ROS 时间换算为秒的函数如下：

```
double secs = nh.now().toSec();
```

- 以秒为单位创建持续时间的函数如下：

```
ros::Duration ten_seconds(10, 0);
```

在本节中，我们已经看到了 ROS-Arduino 库中的重要函数。在下一节中，我们将了解如何使用这些函数来实现不同的应用程序。

9.2.3　ROS-Arduino 发布者和订阅者示例

第一个使用 Arduino 和 ROS 接口的示例是一个聊天和谈话接口。用户可以向 talker 主题发送 String 消息，Arduino 将在 chatter 主题中发布相同的消息。下面为 Arduino 实现了 ROS 节点，我们将详细讨论这个示例：

```cpp
#include <ros.h>
#include <std_msgs/String.h>

//Creating Nodehandle
ros::NodeHandle  nh;

//Declaring String variable
std_msgs::String str_msg;

//Defining Publisher
ros::Publisher chatter("chatter", &str_msg);
//Defining callback
void callback ( const std_msgs::String& msg){

  str_msg.data = msg.data;
  chatter.publish( &str_msg );

}


//Defining Subscriber
ros::Subscriber<std_msgs::String> sub("talker", callback);


void setup()
{
  //Initializing node
  nh.initNode();
  //Start advertising and subscribing
  nh.advertise(chatter);
  nh.subscribe(sub);
}

void loop()
{
  nh.spinOnce();
  delay(3);
}
```

我们可以编译上面的代码，将代码上传到 Arduino 板。在编译代码之前，请选择本例中使用的所需 Arduino 板和 Arduino IDE 的设备串口。

进入 Tools | Boards 选择当前的 Arduino 单板，进入 Tools | Port 选择单板的设备端口名称。我们在这些示例中使用 Arduino Mega。

编译并上传代码后，我们可以在连接 Arduino 和计算机的计算机上启动 ROS 串行客户端节点，使用如下命令：

在一个新的终端启动 roscore：

roscore

现在我们可以启动 rosserial Python 客户端：

rosrun rosserial_python serial_node.py /dev/ttyACM0

在本例中，我们在端口 /dev/ttyACM0 上运行 serial_node.py。我们可以通过列出 /dev 目录的内容来搜索端口名。注意，使用这个端口需要 root 权限。在这种情况下，我们可以使用下面的命令改变权限来读取和写入所需端口上的数据：

sudo chmod 666 /dev/ttyACM0

我们在这里使用 rosserial_python 节点作为 ROS 桥接节点。我们必须提及设备名称和波特率作为参数。默认的波特率为 57600。我们可以根据应用程序和 rosserial_python 包（在 http://wiki.ros.org/rosserial_python 中给出）中 serial_node.py 的使用情况更改波特率。如果 ROS 节点和 Arduino 节点之间的通信是正确的，我们会得到如图 9.8 所示的消息。

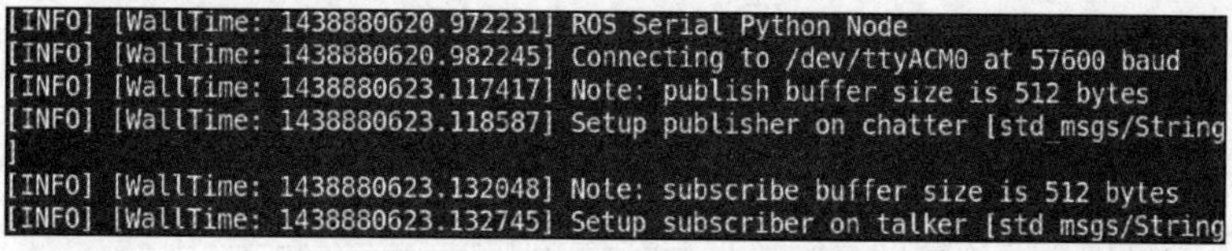

```
[INFO] [WallTime: 1438880620.972231] ROS Serial Python Node
[INFO] [WallTime: 1438880620.982245] Connecting to /dev/ttyACM0 at 57600 baud
[INFO] [WallTime: 1438880623.117417] Note: publish buffer size is 512 bytes
[INFO] [WallTime: 1438880623.118587] Setup publisher on chatter [std_msgs/String
]
[INFO] [WallTime: 1438880623.132048] Note: subscribe buffer size is 512 bytes
[INFO] [WallTime: 1438880623.132745] Setup subscriber on talker [std_msgs/String
```

图 9.8　运行 rosserial_python 节点

当 serial_node.py 从计算机上开始运行时，它将发送一些称为查询包的串行数据包，以获取从 Arduino 节点接收到的主题数量、主题名称和主题类型。我们已经看到了用于 Arduino ROS 通信的串行数据包的结构。图 9.9 给出的是从 serial_node.py 发送到 Arduino 的查询包的结构。

查询主题包含诸如**同步标志**、**ROS 版本**、消息长度、MD5 的和、**主题 ID** 等字段。当 Arduino 上接收到查询包时，它将回复一个主题信息消息，其中包含主题名称、类型、长度、主题数据等。图 9.10 是 Arduino 的典型响应包。

如果没有对查询数据包的响应，将再次发送查询包。通信中的同步是基于 ROS 时间的。

查询包

第1个字节 第2个字节 第3个字节 第4个字节 第5个字节 第6个字节 第7个字节 第8个字节

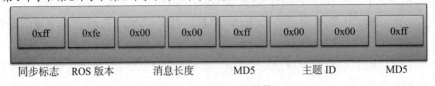

0xff	0xfe	0x00	0x00	0xff	0x00	0x00	0xff

同步标志   ROS 版本   消息长度   MD5   主题 ID   MD5

图 9.9   查询包的结构

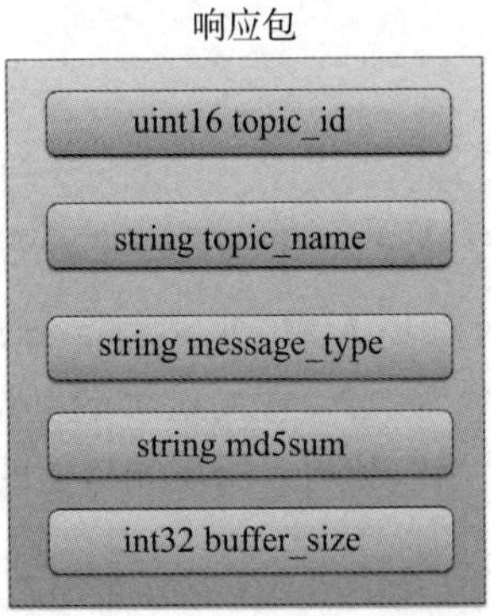

响应包

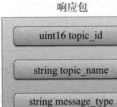

uint16 topic_id

string topic_name

string message_type

string md5sum

int32 buffer_size

图 9.10   响应包的结构

从图 9.11 中，我们可以看到当运行 `serial_node.py` 时，分配给发布和订阅的缓冲区大小是 512 字节。缓冲区的分配取决于我们正在使用的每个微控制器上可用的 RAM 的数量。图 9.11 是每个 Arduino 控制器的缓冲区分配表。我们可以通过更改 `ros.h` 中的 BUFFER_SIZE 宏来覆盖这些设置。

AVR 模型	缓冲区大小	发布者 / 订阅者
ATMEGA 168	150 字节	6/6
ATMEGA 328P	280 字节	25/25
其他	512 字节	25/25

图 9.11   缓冲区分配表

Arduino 中 ROS 的 `float64` 数据类型也有一些限制。它将被截断为 32 位。此外，当我们使用字符串数据类型时，使用无符号 char 指针来节省内存。

运行 `serial_node.py` 后，我们将使用以下命令获得 ROS 主题列表：

rostopic list

我们可以看到，像 chatter 和 talker 这样的主题正在生成。我们可以使用下面的命令将消息发布到 talker 主题：

rostopic pub -r 5 talker std_msgs/String "Hello World"

它将以 5 的速率发布 "Hello World" 消息。

我们可以引用 chatter 主题，这将得到与我们发布的相同的消息：

rostopic echo /chatter

在本节中，我们已经看到了一个基本的发布者－订阅者设置。在下一节中，我们将看到如何使用按钮和 ROS 主题来闪烁 LED。

9.2.4 ROS-Arduino 示例：用按钮闪烁 LED

在本例中，我们可以将 LED 和按钮连接到 Arduino，并使用 ROS 控制它们。当按下按钮时，Arduino 节点会向一个名为 pushed 的主题发送 True 值，同时，它会打开 Arduino 板上的 LED。

如图 9.12 所示是这个示例的电路。

图 9.12 按钮连接 Arduino

下面是 ROS-Arduino 代码片段，用于在 Arduino 中闪烁一个 LED 并处理一个按钮事件。

我们必须定义一个布尔消息来发布按钮的状态。为此，我们还创建了一个名为 pushed 的发布器。所以，一旦按钮被按下，状态就会在 pushed 主题中发布：

```
std_msgs::Bool pushed_msg;
ros::Publisher pub_button("pushed", &amp;pushed_msg);
```

初始化发布者对象，为 LED 和接口按钮分配 Arduino 引脚。LED 引脚配置为输出，按钮引脚配置为输入：

```
nh.advertise(pub_button);
pinMode(led_pin, OUTPUT);
pinMode(button_pin, INPUT);
```

为了通过按钮引脚处理输入信号，我们必须启用内部的上拉电阻。我们可以通过向连接到按钮的引脚写入 HIGH 值来启用它：

```
digitalWrite(button_pin, HIGH);
```

可以使用 digitalRead() 读取按钮引脚的值。该值将被颠倒并存储在一个变量中以获得初始值：

```
last_reading = ! digitalRead(button_pin);
```

在代码的主循环中，我们首先检查按钮的脱扣（https://www.arduino.cc/en/Tutorial/BuiltInExamples/Debounce），如果按钮值稳定，则打开 LED，并将按钮状态发布到 pushed 主题：

```
void loop()
{

  bool reading = ! digitalRead(button_pin);

  if (last_reading!= reading){
      last_debounce_time = millis();
      published = false;
  }
  if ( !published &amp;&amp; (millis() - last_debounce_time)  >
debounce_delay) {
    digitalWrite(led_pin, reading);
    pushed_msg.data = reading;
    pub_button.publish(&amp;pushed_msg);
    published = true;
  }
   last_reading = reading;
  nh.spinOnce();
}
```

前面的代码只在按钮释放后处理键的脱扣和更改按钮状态。上面的代码可以上传到 Arduino 并连接 ROS，使用以下命令：

1. 开始 roscore：

roscore

2. 开始 serial_node.py：

rosrun roserial_python serial_node.py /dev/ttyACM0

3. 我们可以通过引用 pushed 主题来查看按钮按下事件：

rostopic echo pushed

当按下按钮时，我们将得到如图 9.13 所示的值。

图 9.13　Arduino 按下按钮的输出

我们已经看到了如何使用 ROS 主题连接一个按钮来闪烁 LED。现在我们将看到如何在 Arduino 中连接一个加速度计，并将数据作为 ROS 主题发布。

9.2.5　ROS-Arduino 示例：加速度计 ADXL 335

在本例中，我们将通过 ADC 引脚将加速度计 ADXL 335 连接到 Arduino Mega，并使用 ROS 工具 rqt_plot 绘制数值图。

图 9.14 为 ADXL 335 与 Arduino 的连接电路。

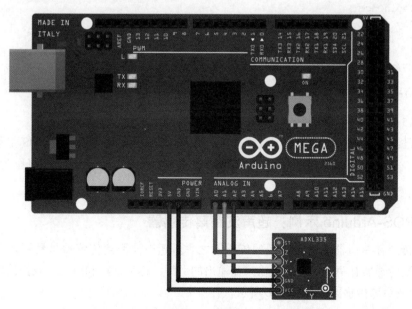

图 9.14　ADXL 335 与 Arduino 的连接电路

ADXL 335 是一个模拟加速度计。我们可以简单地连接到 ADC 端口并读取数字值。下面是 ADXL 335 与 Arduino ADC 接口的代码片段和嵌入式代码的解释。

rosserial_arduino 包具有 Adc 消息类型，可用于此应用程序。我们创建一个 Adc 消息变量，并创建一个 ROS 发布者来开始发布 Adc 值：

```
ros::NodeHandle nh;
rosserial_arduino::Adc adc_msg;
ros::Publisher pub("adc", &amp;adc_msg);
```

我们平均模拟读数以消除一些噪声：

```
int averageAnalog(int pin){
  int v=0;
  for(int i=0; i<4; i++) v+= analogRead(pin);
  return v/4;
}
```

在 loop() 方法中，我们可以将 x、y 和 z 轴的 ADC 值插入 ADC 消息中，并将它们发布到一个名为 /adc 的主题中。我们可以使用 rqt_plot 工具绘制这些值：

```
void loop()
{
  adc_msg.adc0 = averageAnalog(xpin);
  adc_msg.adc1 = averageAnalog(ypin);
  adc_msg.adc2 = averageAnalog(zpin);
  pub.publish(&amp;adc_msg);
  nh.spinOnce();
  delay(10);
}
```

下面的命令是在一个图中绘制三个轴的值：

rqt_plot adc/adc0 adc/adc1 adc/adc2

图 9.15 是 ADC 三个频道的数据截图。

我们已经了解了如何将加速度计连接到 Arduino，以及如何将值作为 ROS 主题发布。在下一节中，我们将了解如何将超声波距离传感器与 Arduino 连接，并将值作为 ROS 主题发布。

9.2.6 ROS-Arduino 示例：超声波距离传感器

距离传感器是机器人中最常用的传感器之一。超声波距离传感器是最便宜的传感器之一。超声波传感器有两个用于处理输入和输出的引脚，称为回声和触发。我们使用的是 HC-SR04 超声波距离传感器，如图 9.16 所示。

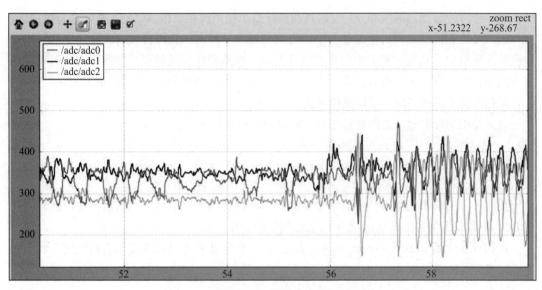

图 9.15　使用 rqt_plot 绘制 ADXL 335 值

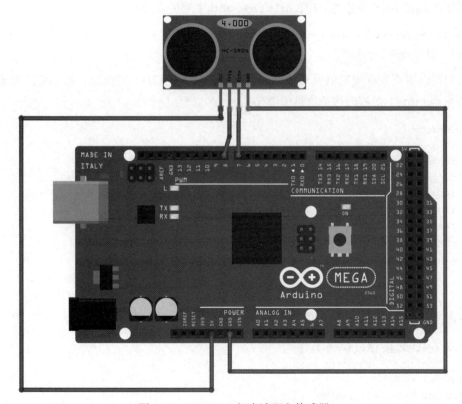

图 9.16　HC-SR04 超声波距离传感器

超声波声传感器包括两部分：发射机和接收器。超声波距离传感器的工作原理是这样的：当在超声波传感器的触发针上施加一个短时间的触发脉冲时，超声波发射机将声音信号发送到机器人环境中。从发射机发出的声音信号击中一些障碍物并反射到传感器中。反射声波由超声波接收器收集，产生输出信号，该输出信号与接收反射声波信号所需的时间有关。

用超声波距离传感器计算距离的公式

以下是用于计算超声波距离传感器到障碍物的距离的公式：

$$距离 = 速度 \times 时间$$
$$声速 = 343 \text{ m/s}$$
$$因此，距离 = 17\,150 \times 时间\,(单位：cm)$$

我们可以用输出的脉冲持续时间来计算到障碍物的距离。下面是使用超声波传感器并使用 ROS 中的范围消息定义通过超声主题发送值的代码。

我们可以使用 ROS sensor_msgs/Range 消息定义来处理超声波传感器数据。我们包含了以下头文件来获取 ROS 消息：

```
#include <sensor_msgs/Range.h>
```

创建 Range ROS 消息类型并在 ultrasound 主题中发布它：

```
sensor_msgs::Range range_msg;
ros::Publisher pub_range( "/ultrasound", &amp;range_msg);
```

我们可以用不会改变的值填充 range 消息。例如，帧 ID、视图域、最小范围和最大范围可以在 setup() 函数的这条消息中填充：

```
void setup() {

  range_msg.radiation_type = sensor_msgs::Range::ULTRASOUND;
  range_msg.header.frame_id =  frameid;
  range_msg.field_of_view = 0.1;  // fake
  range_msg.min_range = 0.0;
  range_msg.max_range = 60;
  pinMode(trigPin, OUTPUT);
  pinMode(echoPin, INPUT);

}
```

下面的函数将返回物体到超声波传感器的距离：

```
float getRange_Ultrasound(){

 int val = 0;
 for(int i=0; i<4; i++) {
digitalWrite(trigPin, LOW);
```

```
delayMicroseconds(2);
digitalWrite(trigPin, HIGH);
delayMicroseconds(10);
digitalWrite(trigPin, LOW);
duration = pulseIn(echoPin, HIGH);

//Calculate the distance (in cm) based on the speed of sound.
 val += duration;
}
return val / 232.8 ;

}
```

在 `loop()` 方法中，`range` 值每 50ms 发布一次，这是稳定传感器所需的时间：

```
void loop() {
   if ( millis() >= range_time ){
    int r =0;

    range_msg.range = getRange_Ultrasound();
    range_msg.header.stamp = nh.now();
    pub_range.publish(&amp;range_msg);
    range_time =  millis() + 50;
  }
  nh.spinOnce();

 delay(50);
}
```

我们可以使用以下命令绘制距离值：

- 开始 `roscore`：

  roscore

- 开始 `serial_node.py`：

  rosrun rosserial_python serial_node.py /dev/ttyACM0

- 使用 `rqt_plot` 绘制值：

  rqt_plot /ultrasound

如图 9.17 所示，中心线表示与传感器的当前距离（`range`）。上一行是 `max_range`，下一行是 `min_range`。

我们已经了解了如何将超声波距离传感器连接到 Arduino，并在 ROS 主题中发布距离值。在下一节中，我们将看到如何从 Arduino 生成里程计数据，并将其作为 ROS 主题发布。

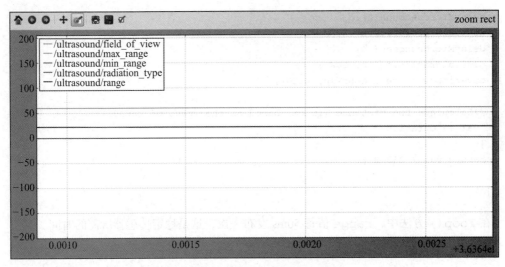

图 9.17　绘制超声波传感器距离值

9.2.7　ROS-Arduino 示例：里程计数据发布器

在这个示例中，我们将看到如何从 Arduino 节点向计算机发送 odom 消息。此示例可用于机器人中计算 odom 并将其发送到 ROS 导航栈作为输入。电机编码器可用于计算 odom 并可传输到计算机。在这个示例中，我们将看到如何在不获取电机编码器值的情况下为一个在做圆周运动的机器人发送 odom。

下面的代码将创建一个 TransformBroadcaster 对象来发布 base_link 和 odom 帧之间的转换：

```
geometry_msgs::TransformStamped t;
tf::TransformBroadcaster broadcaster;
```

我们将在 setup() 函数中初始化 TF 广播器：

```
void setup()
{
  nh.initNode();
  broadcaster.init(nh);
}
```

使用圆周方程生成一个里程数值 X、Y 和 theta：

```
void loop()
{
  double dx = 0.2;
  double dtheta = 0.18;

  x += cos(theta)*dx*0.1;
```

```
y += sin(theta)*dx*0.1;
theta += dtheta*0.1;

if(theta > 3.14)
  theta=-3.14;
```

发布当前 odom 值作为 base_link 和 odom 之间的转换：

```
t.header.frame_id = odom;
t.child_frame_id = base_link;

t.transform.translation.x = x;
t.transform.translation.y = y;

t.transform.rotation = tf::createQuaternionFromYaw(theta);
t.header.stamp = nh.now();

broadcaster.sendTransform(t);
nh.spinOnce();

delay(10);
}
```

上传代码后，运行 roscore 和 rosserial_node.py。我们可以在 RViz 中查看 tf 和 odom。打开 RViz 并查看 tf，我们将看到 odom 指针在 RViz 上做圆周运动，如图 9.18 所示。

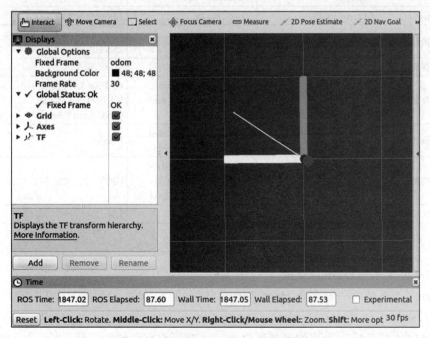

图 9.18 从 Arduino 可视化里程计数据

我们已经了解了如何从 Arduino 生成里程计数据，并将值作为 ROS 主题发布。在下一节中，我们会看到如何将不同的 Arduino 类板连接到 ROS。

9.3 将非 Arduino 板连接到 ROS

Arduino 板是机器人常用的板，但如果我们想要一个比 Arduino 更强大的板呢？在这种情况下，我们可能需要为该板编写一个自定义驱动程序，它可以将串行消息转换为主题。以下链接可以帮助你为新单板编写自定义驱动程序：`http://wiki.ros.org/action/fullsearch/rosserial_client/Tutorials/Adding%20Support%20for%20New%20Hardware`。

9.3.1 设置 Odroid-C4、树莓派 4 和 Jetson Nano 用于安装 ROS

Odroid-C4 和树莓派 4 都是单片机，外形系数很低，只有信用卡大小。这些单片机可以安装在机器人上，我们可以在机器人上安装 ROS。

如图 9.19 所示是 Odroid-C4、树莓派 4 和 Jetson Nano 的主要规格对比。

设备	Odroid-C4	树莓派 4	Jetson Nano
CPU	2.0 GHz quad-core ARM Cortex-A55 CPU from Amlogic	1.5 GHz quad-core ARM Cortex A72-64-bit CPU from Broadcom	quad-core ARM A57 @ 1.43 GHz
GPU	Mali-G31 GPU	VideoCore IV	128-core Maxwell
内存	4 GB	2GB、4GB 或 8GB	2GB、4 GB 64-bit LPDDR4 25.6 GB/s
存储器	SD 卡插槽或 eMMC 模块	SD 卡插槽	SD 卡插槽
外部接口	4 × USB 3.0,1 × Micro USB 2.0 (OTG), HDMI 2.0,Gigabit Ethernet	2 × USB 3.0,2 × micro-HDMI,Ethernet, 3.5 mm audio jack	4 × USB 3.0, USB 2.0,Micro-B,HDMI and display port,Gigabit Ethernet
操作系统	Android、Ubuntu/Linux	Raspbian、Ubuntu/Linux、Windows 10、Android	Ubuntu
内部接口	GPIO、SPI、I2C、ADC、PWM	Camera interface(CSI)、Display interface (DSI)、GPIO、SPI、I2C、JTAG	GPIO、I2C、I2S、SPI、UART
价格	$50	$35、$55、$75	$54、$99

图 9.19　各板的比较

如图 9.20 所示是 Odroid-C4 板。

Odroid-C4 板是由一家名为 **Hard Kernel** 的公司生产的。Odroid-C4 单板的官方网站：`https://www.hardkernel.com/shop/odroid-c4/`。

Odroid-C4 是 Odroid 家族的最新板之一。也有更便宜和性能更低的板，如 Odroid-C1+

和 C2。所有这些板都支持 ROS。一种流行的单板计算机是树莓派，它是由位于英国的树莓派基金会（Raspberry Pi Foundation）制造的（`https://www.raspberrypi.org`）。

如图 9.21 所示是树莓派 4 的电路板。

图 9.20　Odroid-C4 板

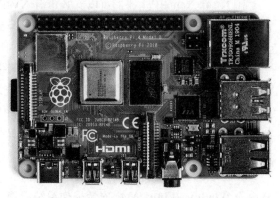

图 9.21　树莓派 4 板

我们可以在 Odroid 上安装 Ubuntu 和 Android。还有一些非官方的 Linux 发行版，如 Debian mini、Kali Linux、Arch Linux 和 Fedora，并支持诸如 ROS、OpenCV、PCL 等库。要在 Odroid 上获得 ROS，我们可以安装一个新版的 Ubuntu 20.04，并像标准桌面计算机一样手动安装 ROS，或者直接下载非官方的 Odroid 发行版，其中已经安装了 ROS。

NVIDIA Jetson Nano（如图 9.22 所示）是英伟达的一款流行且价格实惠的基于 ARM 的 SBC。Jetson Nano 有两个版本，一个是 2GB 的，一个是 4GB 的。与其他两种板相比，Nano 在深度学习应用中进行基于 GPU 的计算方面具有很大的优势。

Odroid 板的 Ubuntu 20.04 图片可以从 `https://wiki.odroid.com/odroid-c4/odroid-c4` 下载。读者可以从 `https://wiki.odroid.com/odroid-c4/os_images/ubuntu` 下载 Ubuntu MATE 桌面版或 Ubuntu 最小图像板。

前面提到的 wiki 页面上给出了 Odroid-C4 支持的其他操作系统的列表。

图 9.22　Jetson Nano 板

树莓派 4 的官方操作系统图片详见 `https://www.raspberrypi.org/software/`。树莓派基金会支持的官方操作系统是树莓派操作系统（以前称为 Raspbian）。有一个非官方的 Ubuntu MATE 发行版也适用于树莓派 4：`https://ubuntu-mate.org/ports/raspberry-pi/`。

树莓派的操作系统有 32 位和 64 位两种版本。64 位版本的操作系统性能优于 32 位版本。

从我的个人经验来看，Ubuntu 和 Raspbian 操作系统都可以正常工作。相比树莓派操作系统，我更喜欢 Ubuntu MATE，因为 Ubuntu 有最新的软件包，如果读者在桌面上使用 Ubuntu 20.04，那么操作系统没有太大的区别。

在 Jetson Nano 中，我们可以安装带有 NVIDIA 驱动程序的定制版 Ubuntu 18.04。你可以在以下链接中找到安装说明：`https://developer.nvidia.com/embedded/learn/getting-started-jetson`。

你可以在前面的 URL 中找到每个板的入门指南。

为 Odroid-C4、树莓派 4 和 Jetson Nano 安装操作系统镜像

我们可以下载用于 Odroid 的 Ubuntu 镜像和用于树莓派 4 的 Ubuntu 镜像，并将它们安装到微型 SD 卡上，最好是 32GB。在 FAT32 文件系统中格式化微型 SD 卡，或者使用 SD 卡适配器或 USB 存储卡读卡器连接到计算机。

我们可以安装 Windows 或 Linux 操作系统。在这些单板上安装操作系统的步骤如下。

为 Windows/Linux/Mac 安装操作系统镜像

在 Windows/Linux/Mac 中，有一个叫作 balenaEtcher 的工具（如图 9.23 所示），它被设计用来将操作系统闪存到 SD 卡上。如果你计划将任何操作系统镜像闪存到 Odroid 或树莓派，这个工具将会派上用场。你可以从 `https://www.balena.io/etcher/` 网站下载该工具。

从上述链接安装完成后，运行 balenaEtcher。选择下载的镜像，选择目标存储卡驱动器，并将镜像写入驱动器。

图 9.23   树莓派 /Odroid/Jetson Nano 的 balenaEtcher 成像仪

完成此向导后，我们可以将微型 SD 卡放入 Odroid/ 树莓派，并启动操作系统。

在树莓派 4/Odroid/Nano 上安装 ROS

如果你在树莓派 /Odroid 操作系统上使用 Ubuntu 20.04，则可以按照官方的 ROS Noetic 安装程序安装 ROS：`http://wiki.ros.org/noetic/Installation/Ubuntu`。

如果你使用的是树莓派操作系统，下面的教程将帮助你安装 ROS：

- `http://wiki.ros.org/noetic/Installation/Debian`
- `https://varhowto.com/install-ros-noetic-raspberry-pi-4/`

从计算机连接 Odroid-C4、树莓派 4 和 Jetson Nano

我们可以和 Odroid-C4、树莓派 4 和 Jetson Nano 一起工作，只需连接到 HDMI 显示端

口，并像普通计算机一样将键盘和鼠标连接到 USB。这是使用这些板最简单的方法。

在大多数项目中，这些主板会被放置在机器人上，所以我们不能将显示器和键盘连接到它们。有几种方法将这些板连接到计算机。如果我们能把这些主板联网就好了。以下方法可以将这些板联网，同时，我们可以通过 SSH 协议进行远程连接：

- **通过 SSH 方式使用 Wi-Fi 路由器和 Wi-Fi 适配器远程连接**：这种方式需要一台可上网的 Wi-Fi 路由器和单板上的 Wi-Fi 适配器来获得 Wi-Fi 支持。计算机和主板都连接到同一个 Wi-Fi 网络，所以每个都有一个 IP 地址，并可以使用该地址进行通信。
- **使用以太网热点直接连接**：我们可以通过 Dnsmasq（一款免费的 DNS 转发器和 DHCP 服务器软件，在 Linux 系统中使用的系统资源很少）使用 SSH 共享互联网连接和通信。使用这个工具，我们可以将笔记本电脑的 Wi-Fi 网络连接到以太网，并将板连接到计算机的以太网端口。这种通信可用于静态运行的机器人。如果你使用的是 Windows 操作系统，可以考虑购买一个名为 **Connectify Hotspot**（https://www. connectify.me/）的应用程序，它可以用来做与 Dnsmasq 相同的工作。你可以轻松地在 Windows 中创建以太网热点。

第一种方法非常容易配置，它是用 SSH 连接同一网络上的两台电脑。你可以在两个系统上安装 openssh-server，这样两个系统都可以使用 ssh 命令和它的 IP 地址进行连接。你可以使用以下命令安装 openssh-server 服务器：

```
sudo apt install openssh-server
```

在两个系统上安装 ssh-server 后，你可以尝试使用以下命令连接到任何计算机：

- 从计算机连接到 Odroid：

```
ssh odroid@odroid_ip_address
password is odroid
```

- 从计算机连接到树莓派：

```
ssh pi@rpi_ip_adress
password is raspberry
```

在 Linux 中，可以使用 ifconfig 命令找到每个设备的 IP 地址。在 Windows 中，使用的是 ipconfig 命令。要获取用户名，可以运行 whoami 命令。

第二种方法是通过以太网线将单板直接连接到笔记本电脑。这种方法可以在机器人不移动的情况下使用。在这种方式下，主板和笔记本电脑可以同时通过 SSH 协议进行通信，并且可以共享互联网访问。这种方法的优点是，因为它是有线的，所以我们将从远程连接获得比 Wi-Fi 连接更多的带宽。我们在本章中使用这种方法处理 ROS。

配置以太网热点

下面是在 Ubuntu 中创建以太网热点并通过此连接共享 Wi-Fi 网络的步骤。

在网络设置中单击 Edit Connections…，然后单击 Add 添加一个新的连接，如图 9.24 所示。

图 9.24　在 Ubuntu 中配置网络连接

创建一个 Ethernet 连接，在 IPv4 设置中，修改方法为 Shared to other computers，并设置连接名称为 Share，如图 9.25 所示。

图 9.25　创建一个通过以太网共享的新连接

插入微型 SD 卡，接通所需主板的电源，将主板的以太网口通过 Lan 网线连接到计算机。当主板启动时，我们将看到共享网络自动连接到单板网络。

我们可以使用以下命令与主板通信：

- Odroid：

  ```
  ssh odroid@ip_address
  password is odroid
  ```

- 树莓派 4：

  ```
  ssh pi@ip_adress
  password is raspberry
  ```

- Jetson Nano：

  ```
  ssh nvidia@nano_ip_adress
  password is nano
  ```

在主板上执行 SSH 之后，我们可以在像计算机一样的主板上启动 roscore 和大多数

ROS 命令。我们将看到两个使用这些主板的示例，一个用于闪烁 LED 灯，另一个用于操作按钮。我们将用来处理 Odroid 和树莓派的 GPIO 引脚的库叫作 WiringPi。官方的 WiringPi 已被弃用，因此我们将使用非官方的 WiringPi 库。对于 Jetson Nano GPIO 处理，NVIDIA 提供了 jetson-gpio 库（https://github.com/NVIDIA/jetson-gpio）。

Odroid 和树莓派有相同的引脚布局，大多数树莓派 GPIO 库都移植到 Odroid，这将使编程更容易。我们在本章中用于 GPIO 编程的库之一是 WiringPi。WiringPi 基于 C++ API，可以通过 C++ API 访问单板 GPIO。

接下来，我们将看一下在 Odroid 和树莓派 2 上安装 WiringPi 的说明。

在 Odroid-C4 上安装 WiringPi

在 Odroid-C4 上安装 WiringPi 的操作步骤如下。这是 WiringPi 的定制版本，不能与树莓派 4 一起使用：

```
git clone https://github.com/hardkernel/wiringPi.git
cd wiringPi
sudo ./build
```

Odroid-C4 有 40 个引脚，如图 9.26 所示。

图 9.26　Odroid-C4 的引脚

我们已经看到了在 Odroid-C4 上 WiringPi 库的安装和引脚图。在下一节中，我们将看到如何在树莓派 4 上安装 WiringPi。

在树莓派 4 上安装 WiringPi

以下步骤可用于在树莓派 4 上安装 WiringPi：

```
git clone https://github.com/WiringPi/WiringPi.git
cd WiringPi
sudo ./build
```

如图 9.27 所示是树莓派 4 和 WiringPi。

P1: The Main GPIO connector							
WiringPi Pin	BCM GPIO	Name	Header		Name	BCM GPIO	WiringPi Pin
		3.3v	1	2	5v		
8	Rv1:0 - Rv2:2	SDA	3	4	5v		
9	Rv1:1 - Rv2:3	SCL	5	6	0v		
7	4	GPIO7	7	8	TxD	14	15
		0v	9	10	RxD	15	16
0	17	GPIO0	11	12	GPIO1	18	1
2	Rv1:21 - Rv2:27	GPIO2	13	14	0v		
3	22	GPIO3	15	16	GPIO4	23	4
		3.3v	17	18	GPIO5	24	5
12	10	MOSI	19	20	0v		
13	9	MISO	21	22	GPIO6	25	6
14	11	SCLK	23	24	CE0	8	10
		0v	25	26	CE1	7	11

P5: Secondary GPIO connector (Rev. 2 Pi only)							
WiringPi Pin	BCM GPIO	Name	Header		Name	BCM GPIO	WiringPi Pin
		5v	1	2	3.3v		
17	28	GPIO8	3	4	GPIO9	29	18
19	30	GPIO10	5	6	GPIO11	31	20
		0v	7	8	0v		

图 9.27　树莓派 4 和 WiringPi

下面是树莓派 4 的 ROS 示例。

9.3.2　在树莓派 4 上使用 ROS 闪烁 LED

这是一个基本的 LED 示例，它可以闪烁连接到 WiringPi（即电路板上的第 12 个引脚）的第一个引脚的 LED。LED 阴极连接到 GND 引脚，第 12 个引脚作为阳极。如图 9.28 所示为带有 LED 的树莓派电路。

我们可以使用以下命令创建示例 ROS 包：

```
catkin_create_pkg ros_wiring_example roscpp std_msgs
```

读者将从 ros_wiring_examples 文件夹中获得现有的包：

```
#include "ros/ros.h"
#include "std_msgs/Bool.h"
#include <iostream>
```

图 9.28　树莓派 4 的 LED

```
//Wiring Pi header
#include "wiringPi.h"

//Wiring PI first pin

#define LED 1

//Callback to blink the LED according to the topic value
void blink_callback(const std_msgs::Bool::ConstPtr&amp; msg)
{

 if(msg->data == 1){
  digitalWrite (LED, HIGH) ;
  ROS_INFO("LED ON");
  }
 if(msg->data == 0){
   digitalWrite (LED, LOW) ;
  ROS_INFO("LED OFF");
    }
}
int main(int argc, char** argv)
```

```
{
  ros::init(argc, argv,"blink_led");
  ROS_INFO("Started Raspberry Blink Node");
   //Setting WiringPi
  wiringPiSetup ();  //Setting LED pin as output
  pinMode(LED, OUTPUT);
  ros::NodeHandle n;
  ros::Subscriber sub = n.subscribe("led_blink",10,blink_
callback);
  ros::spin();
}
```

这段代码将订阅一个名为 led_blink 的主题，它是一个布尔类型。如果我们发布 1 到这个主题，它将打开 LED。如果我们发布 0，那么 LED 将关闭。

9.3.3　在树莓派 2 上使用 ROS 通过按钮闪烁 LED

下一个示例是处理来自按钮的输入。当我们按下按钮时，代码将发布到 led_blink 主题并闪烁 LED。当开关关闭时，LED 也将处于 off 状态。LED 连接到第 12 个引脚和 GND，按钮连接到第 11 个引脚和 GND。图 9.29 显示了这个示例的电路。Odroid 的电路也是一样的。

图 9.29　树莓派 2 的电路图

下面是 LED 和按钮的接口代码。代码可以命名为 button.cpp 保存在 src 文件夹中：

```
#include "ros/ros.h"
#include "std_msgs/Bool.h"

#include <iostream>
#include "wiringPi.h"

//Wiring PI 1
#define BUTTON 0
#define LED 1
```

下面的代码片段是 led_blink ROS 主题回调函数：

```
void blink_callback(const std_msgs::Bool::ConstPtr&amp; msg)
{

 if(msg->data == 1){

   digitalWrite (LED, HIGH) ;
  ROS_INFO("LED ON");
   }

 if(msg->data == 0){
   digitalWrite (LED, LOW) ;
  ROS_INFO("LED OFF");
   }


 }
```

初始化树莓派的 ROS 节点和引脚用于输出和输入。输出引脚用于 LED，输入引脚用于连接按钮。我们还必须启用处理输入的上拉电阻器：

```
int main(int argc, char** argv)
{

  ros::init(argc, argv,"button_led");
  ROS_INFO("Started Raspberry Button Blink Node");
  wiringPiSetup ();

  pinMode(LED, OUTPUT);
  pinMode(BUTTON, INPUT);
    pullUpDnControl(BUTTON, PUD_UP); // Enable pull-up resistor
on button
```

接下来，为 led_blink 主题创建订阅者和发布者对象。当我们按下按钮，发布者就会发布，这个主题的订阅者将控制 LED：

```
ros::NodeHandle n;
ros::Rate loop_rate(10);

ros::Subscriber sub = n.subscribe("led_blink",10,blink_
callback);
    ros::Publisher chatter_pub = n.advertise<std_
msgs::Bool>("led_blink", 10);


std_msgs::Bool button_press;
button_press.data = 1;

std_msgs::Bool button_release;
button_release.data = 0;

  while (ros::ok())
  {
        if (!digitalRead(BUTTON)) // Return True if button
pressed
    {
      ROS_INFO("Button Pressed");
      chatter_pub.publish(button_press);
    }
    else
    {
      ROS_INFO("Button Released");
      chatter_pub.publish(button_release);
    }
    ros::spinOnce();
    loop_rate.sleep();
  }
}
```

接下来给出用于构建这两个示例的 CMakeLists.txt。WiringPi 代码需要链接到 WiringPi 库。我们在 CMakeLists.txt 文件中添加下面的代码:

```
cmake_minimum_required(VERSION 2.8.3)
project(ros_wiring_examples)

find_package(catkin REQUIRED COMPONENTS
  roscpp
  std_msgs
)

find_package(Boost REQUIRED COMPONENTS system)

//Include directory of wiring Pi
set(wiringPi_include "/usr/local/include")
```

```
include_directories(
  ${catkin_INCLUDE_DIRS}
  ${wiringPi_include}
)

//Link directory of wiring Pi
LINK_DIRECTORIES("/usr/local/lib")


add_executable(blink_led src/blink.cpp)

add_executable(button_led src/button.cpp)

target_link_libraries(blink_led
  ${catkin_LIBRARIES} wiringPi
 )

target_link_libraries(button_led
  ${catkin_LIBRARIES} wiringPi
 )
```

使用 catkin_make 构建项目, 我们可以运行每个示例。要执行基于 WiringPi 的代码, 我们需要 root 权限。

9.3.4 在树莓派 4 上运行示例

我们已经构建了项目, 在运行示例之前, 我们应该为树莓派做以下设置。读者可以通过 SSH 登录到树莓派来完成此设置。

我们需要将以下行添加到 root 用户的 .bashrc 文件中。以 root 用户的 .bashrc 文件为例:

```
sudo -i
nano .bashrc
```

在文件末尾添加以下行:

```
source /opt/ros/noetic/setup.sh
source /home/pi/catkin_ws/devel/setup.bash
export ROS_MASTER_URI=http://localhost:11311
```

现在, 我们可以在树莓派 4 中使用不同的终端登录, 并运行以下命令来执行 blink_ demo 程序。

在终端启动 roscore:

```
roscore
```

在另一个终端以 root 用户运行可执行文件:

```
sudo -s
cd   /home/pi/catkin_ws/build/ros_wiring_examples
./blink_led
```

启动 `blink_led` 节点后，在另一个终端上发布 1 到 `led_blink` 主题：

- 下面是设置 LED 为 ON 状态的代码：

```
rostopic pub /led_blink std_msgs/Bool 1
```

- 下面是设置 LED 为 OFF 状态的代码：

```
rostopic pub /led_blink std_msgs/Bool 0
```

- 在另一个终端上运行按钮 LED 节点：

```
sudo -s
cd   /home/pi/catkin_ws/build/ros_wiring_examples
./button_led
```

按下按钮，我们可以看到 LED 正在闪烁。我们还可以通过回显主题 `led_blink` 来检查按钮状态：

```
rostopic echo /led_blink
```

9.4 将 DYNAMIXEL 执行器连接到 ROS

市场上最新的智能执行器之一是 DYNAMIXEL，由一家名为 Robotis 的公司生产。DYNAMIXEL 伺服系统有多种版本，如图 9.30 所示。

图 9.30   不同类型的 DYNAMIXEL 伺服系统

这些智能执行器在 ROS 中有完整的支持，也有明确的文档。

DYNAMIXEL 的官方 ROS wiki 页面：`http://wiki.ros.org/dynamixel_controllers/Tutorials`。

9.5 总结

本章介绍了 I/O 板与 ROS 的接口以及为其添加传感器。我们已经讨论了 Arduino 的流行 I/O 板 Arduino 到 ROS 的接口，以及接口的基本组件，如 LED、按钮、加速计、超声波传感器等。在介绍了 Arduino 的接口之后，我们讨论了如何在树莓派 2 和 Odroid-XU4 上设置 ROS，还介绍了一些基于 ROS 和 WiringPi 的 Odroid 和树莓派的基本示例。最后，我们研究了 DYNAMIXEL 智能执行器在 ROS 中的接口。

本章填补了将机器人传感器和执行器连接到 I/O 板或计算机的空白。使用这些知识，你可以为机器人选择一个合适的 I/O 板，并将其与 ROS 连接。

下一章将从零开始创建差速驱动机器人，并将机器人与 ROS 连接。

以下是基于本章内容的一些问题。

9.6 问题

- 有哪些不同的 rosserial 软件包？
- rosserial_arduino 的主要功能是什么？
- rosserial 协议是如何工作的？
- Odroid 和树莓派主板之间的主要区别是什么？

第 10 章
使用 ROS、OpenCV 和 PCL 编程视觉传感器

在前一章中,我们讨论了如何在 ROS 中使用 I/O 板连接传感器和执行器。在本章中,我们将讨论如何在 ROS 中连接各种视觉传感器,并使用**开源计算机视觉**(OpenCV)和**点云库**(PCL)等库对它们进行编程。机器人视觉是任何机器人操作物体和在环境中导航的一个重要方面。市场上有很多 2D/3D 视觉传感器,其中大多数传感器都有与 ROS 接口的驱动程序包。首先,我们将讨论如何将视觉传感器与 ROS 连接,以及如何使用 OpenCV 和 PCL 对它们进行编程。最后,我们将讨论如何使用基准标记库来开发基于视觉的机器人应用程序。

10.1 软硬件需求

学习本章之前,你需要安装以下软件和硬件:
- **硬件**:一台笔记本电脑,一个 Linux 支持的网络摄像头,还有**可选**的深度摄像机和激光雷达。
- **软件**:带有 ROS Noetic 的 Ubuntu 20.04。

我们首先用必要的 ROS 包和库配置系统,以便使用 ROS 与机器人视觉应用程序一起工作。在下一节中,我们将简要介绍 OpenCV 库及其 ROS 中的接口包。

10.2 理解 ROS-OpenCV 接口软件包

OpenCV 是最流行的开源实时计算机视觉库之一,主要是用 C/ C++ 编写的。OpenCV 附带 BSD 许可证,对学术和商业应用都是免费的。OpenCV 可以使用 C/ C++、Python 和 Java 进行编程,它支持多平台,如 Windows、Linux、Mac OS X(即 macOS)、Android 和 iOS。OpenCV 有大量的计算机视觉 API,可用于实现计算机视觉应用程序。OpenCV 库的网页可以在 `https://opencv.org/` 上找到。

OpenCV 库通过一个名为 `vision_opencv` 的 ROS 栈与 ROS 进行连接。`vision_opencv` 包含两个重要的包,用于 OpenCV 与 ROS 的连接,如下所示。
- `cv_bridge`: `cv_bridge` 包包含一个提供 API 的库,用于将 OpenCV 图像数据类型

cv::Mat 转换为 ROS 图像消息 sensor_msgs/Image，反之亦然。简而言之，它可以充当 OpenCV 和 ROS 之间的桥梁。当我们想要将它们发送到另一个节点时，可以使用 OpenCV API 来处理图像，并将其转换为 ROS 图像消息。我们将在接下来的小节中讨论如何进行这种转换。

- image_geometry：在使用摄像机之前，首先要校准它。image_geometry 包包含用 C++ 和 Python 编写的库，这有助于使用校准参数校正图像的几何形状。该包使用名为 sensor_msgs/CameraInfo 的消息类型来处理校准参数并提供 OpenCV 图像校正函数。

在本节中，我们将研究 ROS 中用于连接 OpenCV 库的一些重要软件包，以实现 2D 机器人视觉应用程序，还将学习如何将 ROS 连接到 PCL 来执行 3D 点云处理。

10.3　理解 ROS-PCL 接口软件包

点云是空间中的一组 3D 点，代表一个 3D 形状 / 物体。点云数据中的每个点都用 X、Y 和 Z 值来表示。此外，它不仅仅是空间中的一个点，还可以在每个点上保存诸如 RGB 或 HSV 等值（https://en.wikipedia.org/wiki/Point_cloud）。PCL 库是一个用于处理 3D 图像和点云数据的开源项目。

与 OpenCV 一样，它也是在 BSD 许可下的，对于学术和商业用途都是免费的。它也是一个跨平台包，支持 Linux、Windows、macOS 和 Android/iOS 等操作系统。

该库包含用于滤波、分割、特征提取等的标准算法，这些算法是实现基于不同点云的应用程序所必需的。点云库的主页可以访问 http://pointclouds.org/。

点云数据可以通过 Kinect、Asus Xtion Pro、Intel RealSense 等传感器获取。我们可以将这些数据用于机器人应用程序，如物体检测、抓取和操作。PCL 与 ROS 紧密集成，用于处理来自各种传感器的点云数据。perception_pcl 栈是 PCL 库的 ROS 接口。它由用于将点云数据从 ROS 发送到 PCL 数据类型的包组成，反之亦然。perception_pcl 由以下包组成。

- pcl_conversions：这个包提供了将 PCL 数据类型转换为 ROS 消息的 API，反之亦然。
- pcl_msgs：这个包包含 ROS 中与 PCL 相关的消息的定义。PCL 消息是 ModelCoefficients、PointIndices、PolygonMesh 和 Vertices。
- pcl_ros：该软件包是 ROS 与 PCL 之间的桥梁。这个包包含连接 ROS 消息到 PCL 数据类型的桥接的工具和节点，反之亦然。

在下一节中，我们将讨论 ROS perception 栈的安装，并了解每个包的各种功能。

安装 ROS perception

在本节中，我们将安装一个名为 perception 的包，它是 ROS 的综合软件包，包含所

有与感知相关的包, 如 OpenCV、PCL 等:

```
sudo apt install ros-noetic-perception
```

ROS perception 栈包含以下 ROS 软件包。

- image_common: 这个综合软件包包含在 ROS 中用于处理图像的通用功能。综合软件包由以下包列表组成 (http://wiki.ros.org/image_common):
  - image_transport: 该软件包可以在发布和订阅图像时压缩图像, 这样可以节省带宽 (http://wiki.ros.org/image_transport)。我们使用的大多数压缩方法是 JPEG/PNG 压缩和用于流媒体视频的 Theora。我们还可以向 image_transport 添加自定义压缩方法。
  - camera_calibration_parsers: 这个包包含一个从 XML 文件读取 / 写入摄像机校准参数的程序。该软件包主要用于摄像机驱动程序访问校准参数。
  - camera_info_manager: 这个包包含一个用于保存、恢复和加载校准信息的程序。它主要由摄像机驱动程序使用。
  - polled_camera: 这个包包含从轮询摄像机驱动程序 (例如, prosilica_camera) 请求图像的接口。
- image_pipeline: 这个综合软件包包含处理摄像机驱动程序的原始图像的包。这个元包完成的处理包括校准、畸变消除、立体视觉处理、深度图像处理等。以下包出现在这个综合软件包中 (http://wiki.ros.org/image_pipeline):
  - camera_calibration: 将 3D 世界与 2D 摄像机图像联系起来的一个重要工具就是 calibration。该软件包提供了在 ROS 中进行单目图像校准和立体图像校准的工具。
  - image_proc: 这个包中的节点介于摄像机驱动程序和视觉处理节点之间。它可以处理校准参数, 校正失真的原始图像, 并将图像转换成不同的颜色格式。
  - depth_image_proc: 这个包包含用于处理来自 Kinect 和 3D 视觉传感器的深度图像的节点和节点小程序。这些节点小程序可以对深度图像进行处理, 生成点云数据。
  - stereo_image_proc: 该软件包的节点可以处理一对摄像机图像, 如消除畸变。它与 image_proc 包相同, 不同的是它处理两个摄像机——一个用于立体视觉, 另一个用于开发点云数据和视差图像。
  - image_rotate: 这个包包含旋转输入图像的节点。
  - image_view: 这是一个简单的 ROS 工具, 用于查看 ROS 消息主题。它还可以查看立体图像和视差图像。
- image_transport_plugins: 这些插件用于 ROS 图像传输, 以便以不同的压缩级别或不同的视频编解码器发布和订阅 ROS 图像。这有助于减少带宽和延迟 (http://wiki.ros.org/image_transport_plugins)。
- laser_pipeline: 这是一组可以处理激光数据的软件包, 例如滤波并将其转换为 3D 笛卡儿点和组装这些数据以形成点云（`https://wiki.ros.org/laser_pipeline`）。`laser_pipeline` 栈包含以下软件包：

- `laser_filters`：这个包包含一些节点，用于过滤原始激光数据中的噪声，删除机器人足迹内的激光点，并删除激光数据中的伪值。
- `laser_geometry`：在对激光数据进行滤波后，必须考虑激光扫描仪的倾斜角度和偏斜角度，将激光的范围和角度有效地转换为三 D 笛卡儿坐标。
- `laser_assembler`：这个包可以将激光扫描组装成 3D 点云或 2.5D 扫描。
- `perception_pcl`：这是 PCL-ROS 接口的栈。
- `vision_opencv`：OpenCV-ROS 接口的栈。

在本节中，我们学习了如何安装 ROS 感知包以及 ROS perception 栈中包含的 ROS 包列表。在下一节中，我们将学习如何在 ROS 中连接 USB 网络摄像头。

10.4 连接 ROS 与 USB 网络摄像头

我们可以在 ROS 中与普通的网络摄像头或笔记本电脑摄像头连接。总的来说，没有特定于我们必须安装使用网络摄像机 ROS 的软件包。如果摄像头在 Ubuntu/Linux 中工作，ROS 驱动程序也可能支持它。插入摄像机后，检查是否已创建 /dev/videoX 设备文件。你还可以通过使用 Cheese、VLC 等应用程序来检查这一点。查看 Ubuntu 上是否支持网络摄像头的指南可以访问 `https://help.ubuntu.com/community/Webcam`。

我们可以通过使用下面的命令找到系统中存在的视频设备：

```
ls /dev/ | grep video
```

如果你得到的输出是 `video0`，那么就确认可以使用 USB 摄像机。

在确保摄像头支持 Ubuntu 之后，我们可以使用以下命令安装一个名为 `usb_cam` 的 ROS 摄像头驱动程序：

```
sudo apt install ros-noetic-usb-cam
```

我们可以从源代码中安装最新版本的 `usb_cam` 软件包。该驱动程序可在 GitHub 上访问：`https://github.com/ros-drivers/usb_cam`。

`usb_cam` 包包含一个名为 `usb_cam_node` 的节点，它是 USB 摄像头的驱动程序。我们必须在运行该节点之前配置一些 ROS 参数。运行 ROS 节点及其参数，`usb_cam-test.launch` 文件可以使用配套的参数来启动 USB 摄像头驱动程序：

```
<launch>
  <node name="usb_cam" pkg="usb_cam" type="usb_cam_node"
output="screen" >
    <param name="video_device" value="/dev/video0" />
    <param name="image_width" value="640" />
```

```
    <param name="image_height" value="480" />
    <param name="pixel_format" value="yuyv" />
    <param name="camera_frame_id" value="usb_cam" />
    <param name="io_method" value="mmap"/>
  </node>
  <node name="image_view" pkg="image_view" type="image_view"
respawn="false" output="screen">
    <remap from="image" to="/usb_cam/image_raw"/>
    <param name="autosize" value="true" />
  </node>
</launch>
```

这个启动文件将以 usb_cam_node 开始，包含视频 device /dev/video0，分辨率为 640×480 像素。这里的像素格式是 YUV（https://wiki.videolan.org/YUV）。在初始化 usb_cam_node 之后，它将启动一个 image_view 节点，用于显示来自驱动程序的原始图像。我们可以使用以下命令启动前一个文件：

roslaunch usb_cam usb_cam-test.launch

我们将得到以下消息，以及如图 10.1 所示的图像预览。

图 10.1 使用图像视图工具的 USB 摄像机视图

驱动程序生成的主题如图 10.2 所示。这些都是原始的、压缩的和 Theora 编解码器主题。

```
/image_view/output
/image_view/parameter_descriptions
/image_view/parameter_updates
/rosout
/rosout_agg
/usb_cam/camera_info
/usb_cam/image_raw
/usb_cam/image_raw/compressed
/usb_cam/image_raw/compressed/parameter_descriptions
/usb_cam/image_raw/compressed/parameter_updates
/usb_cam/image_raw/compressedDepth
/usb_cam/image_raw/compressedDepth/parameter_descriptions
/usb_cam/image_raw/compressedDepth/parameter_updates
/usb_cam/image_raw/theora
/usb_cam/image_raw/theora/parameter_descriptions
/usb_cam/image_raw/theora/parameter_updates
```

图 10.2 USB 摄像机驱动程序生成的主题列表

我们可以使用以下命令在另一个窗口中可视化图像：

```
rosrun image_view image_view image:=/usb_cam/image_raw
```

如你从主题列表中看到的，由于我们安装了 image_transport 包，图像以多种方式发布，包括压缩和未压缩两种方式。后一种格式对通过网络将图像发送到其他 ROS 节点或将主题的视频数据存储在包文件中非常有用，它们在硬盘上占用很少的空间。要使用来自远程机器或同一机器的包文件的压缩图像，必须使用 image_transport 包的 republish 节点以未压缩的格式重新发布它：

```
rosrun image_transport republish [input format] in:=<in_topic_
base> [output format] out:=<out_topic>
```

下面是一个示例：

```
rosrun image_transport republish compressed in:=/usb_cam/image_
raw [output format] out:=/usb_cam/image_raw/republished
```

注意，在前面的示例中，我们使用主题基名称作为输入（/usb_cam/img_raw），而不是它的压缩版本（/usb_cam/image_raw/compressed）。

通过这些，我们学会了如何从摄像机中获取和处理图像。现在，让我们来看看摄像机校准。

10.5 校准 ROS 摄像机

像所有的传感器一样，摄像机也需要校准，我们可以纠正摄像机图像中由于其内部参数所造成的畸变，以及从摄像机坐标中找到世界坐标。

引起图像畸变的主要参数是径向畸变和切向畸变。利用摄像机校准算法，我们可以对这些参数建模，也可以通过计算摄像机校准矩阵（包含焦距和主点）从摄像机坐标计算出真实的坐标。

摄像机校准可以使用经典的黑白棋盘、对称圆形图案或非对称圆形图案。根据每一种模式，我们可以用不同的方程得到校准参数。使用一定的校准工具，我们可以检测到这些模式，并将每一个检测到的模式作为一个新的方程。当校准工具检测到足够多的模式时，它就可以计算摄像机的最终参数。

ROS 提供了一个名为 camera_calibration（http://wiki.ros.org/camera_calibration/Tutorials/MonocularCalibration）的包来进行摄像机校准，它是图像管道栈的一部分。我们可以对单目摄像机、立体摄像机和 3D 传感器（如 Kinect 和 Intel RealSense）等进行校准。

在进行校准之前，我们必须先下载 ROS Wiki 页面中提到的棋盘模式，然后将其打印并粘贴到一些硬纸板上。这是我们用来校准的模式。这个棋盘是 8×6 的，大小为 $108m^2$。

运行 usb_cam 启动文件启动摄像头驱动程序。我们将使用来自 /usb_cam/image_raw 主题的原始图像运行 ROS 的摄像机校准节点。下面的命令将运行带有必要参数的校准节点：

```
rosrun camera_calibration cameracalibrator.py --size 8x6
--square 0.108 image:=/usb_cam/image_raw camera:=/usb_cam
```

这将弹出一个校准窗口。当我们向摄像机显示校准模式并检测到它时，我们将看到如图 10.3 所示的输出。

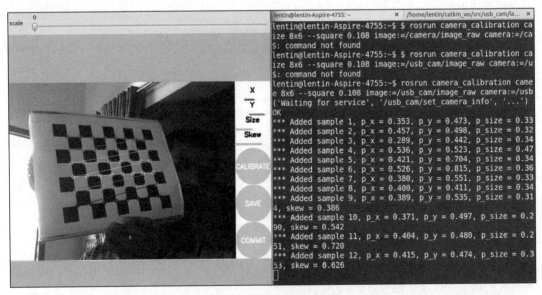

图 10.3　ROS 摄像机校准

在 X 和 Y 方向移动校准模式。如果校准器节点获得足够多的采样点，则窗口上的 CALIBRATE 按钮将变为激活状态。当我们按下这个 CALIBRATE 按钮时，它将使用这些采样点计算摄像机参数（计算它们需要一些时间）。计算完成后，SAVE 和 COMMIT 两个按钮将在窗口内激活，如图 10.4 所示。如果我们按下 SAVE 按钮，它将把校准参数保存到 /tmp/calibrationdata.tar.gz 文件中。如果我们按下 COMMIT 按钮，新的校准参数将通过服务调用在摄像机驱动程序中更新。你也可以在 ~/.ros/camera_info/<camera_name.yaml> 中找到这些校准参数。其中 camera_name 是摄像机驱动程序的名称。

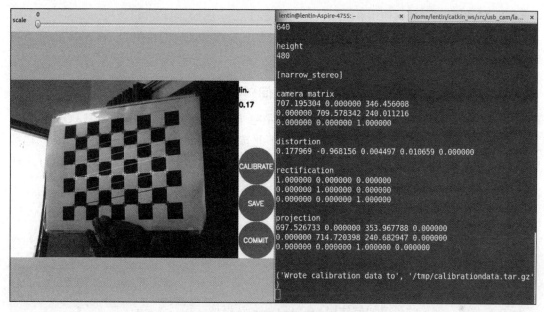

图 10.4　生成摄像机校准参数文件

现在，如果我们重新启动摄像机驱动程序，将看到 YAML 校准文件与驱动程序一起加载。生成的校准文件如下所示：

```
image_width: 640
image_height: 480
camera_name: head_camera
camera_matrix:
rows: 3
cols: 3
data: [707.1953043273086, 0, 346.4560078627374, 0,
709.5783421541863, 240.0112155124814, 0, 0, 1]
distortion_model: plumb_bob
distortion_coefficients:
rows: 1
cols: 5
data: [0.1779688561999974, -0.9681558538432319,
0.004497434720139909, 0.0106588921249554, 0]
rectification_matrix:
rows: 3
```

```
cols: 3
data: [1, 0, 0, 0, 1, 0, 0, 0, 1]
projection_matrix:
  rows: 3
  cols: 4
  data: [697.5267333984375, 0, 353.9677879190494, 0, 0,
714.7203979492188, 240.6829465337159, 0, 0, 0, 1, 0]
```

我们已经学习了如何使用 ROS `camera_calibration` 包校准摄像机，下面将学习如何将 ROS 图像消息和 OpenCV 数据类型互相转换。这将帮助我们使用 OpenCV 库处理 ROS 图像消息。

使用 cv_bridge 在 ROS 和 OpenCV 之间转换图像

在本节中，我们将学习如何在 ROS 图像消息（`sensor_msgs/Image`）和 OpenCV 图像数据类型（`cv::Mat`）之间进行转换。用于此转换的主要 ROS 包是 `cv_bridge`，它是 `vision_opencv` 栈的一部分。`cv_bridge` 中的 ROS 库称为 CvBridge，它帮助执行这种转换。我们可以在代码中使用 CvBridge 库并执行此转换。图 10.5 显示了如何在 ROS 和 OpenCV 之间进行转换。

在这里，CvBridge 库充当将 ROS 消息转换为 OpenCV 图像的桥接器，反之亦然。在下面的例子中，我们将学习如何执行 ROS 和 OpenCV 之间的转换。

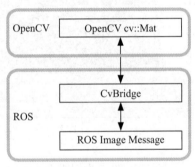

图 10.5　使用 CvBridge 转换图像

利用 ROS 和 OpenCV 进行图像处理

在本节中，我们将学习如何使用 `cv_bridge` 从摄像机驱动程序获取图像，以及如何使用 OpenCV API 转换和处理图像。让我们看看这个示例是如何工作的：

- 从 `/usb_cam/image_raw` 主题（`sensor_msgs/Image`）订阅来自摄像机驱动程序的图像。
- 使用 CvBridge 将 ROS 图像转换为 OpenCV 图像类型。
- 使用 OpenCV 的 API 处理 OpenCV 图像，并找到图像边缘。
- 将边缘检测的 OpenCV 图像类型转换为 ROS 图像消息并发布到 `/edge_detector/processed_image` 主题。

按照以下步骤构建此示例：

1. 为实验创建一个 ROS 包。

你可以从 `Chapter 10` 代码文件夹中得到这个包。你也可以使用以下命令创建一个新包：

```
catkin_create_pkg cv_bridge_tutorial_pkg cv_bridge image_
transport roscpp sensor_msgs std_msgs
```

这个包主要依赖于 `cv_bridge`、`image_transport` 和 `sensor_msgs`。

2. 创建必要的源文件。

你可以从 Chapter_10/cv_bridge_tutorial_pkg/src 文件夹中获得示例 sample_cv_bridge_node.cpp 文件的源代码。

3. 代码说明。

下面是 cv_bridge node.cpp 源代码的说明：

```
#include <image_transport/image_transport.h>
```

4. 这里，我们使用 image_transport 包来发布和订阅 ROS 中的图像：

```
#include <cv_bridge/cv_bridge.h>
#include <sensor_msgs/image_encodings.h>
```

5. 这个头文件包括 CvBridge 类和代码中所有与图像编码相关的函数：

```
#include <opencv2/imgproc/imgproc.hpp>
#include <opencv2/highgui/highgui.hpp>
```

6. 以下是主要的 OpenCV 图像处理模块和 GUI 模块，它们在我们的代码中提供图像处理和 GUI API：

```
    image_transport::ImageTransport it_;
public:
  Edge_Detector()
    : it_(nh_)
  {
    // Subscribe to input video feed and publish output
video feed
    image_sub_ = it_.subscribe("/usb_cam/image_raw", 1,
      &ImageConverter::imageCb, this);

    image_pub_ = it_.advertise("/edge_detector/raw_
image", 1);
```

让我们更详细地看看 image_transport::ImageTransport it_。这行代码创建了 ImageTransport 的一个实例，用于发布和订阅 ROS 图像像消息。下文将提供关于 ImageTransport API 的更多信息。

使用 image_transport 发布和订阅图像

ROS image_transport 非常类似于 ROS 发布者和订阅者，用于发布或订阅图像以及摄像机信息。我们可以使用 ros::Publisher 发布图像数据，但图像传输是一种更有效的发送图像数据的方法。

图像传输 API 由 image_transport 包提供。使用这些 API，我们可以以不同的压缩格式传输图像。例如，我们可以以未压缩图像、JPEG/PNG 压缩图像或 Theora（https://www.theora.org/）在单独的主题中压缩的形式传输它。我们还可以通过添加插件来添加不同的传输格式。默认情况下，我们可以看到压缩和 Theora 传输：

```
image_transport::ImageTransport it_;
```

In the following line, we are creating an instance of the
ImageTransport class:

```
image_transport::Subscriber image_sub_;
image_transport::Publisher image_pub_;
```

After that, we declare the subscriber and publisher objects
for subscribing and publishing the images, using the **image_
transport** object:

```
image_sub_ = it_.subscribe("/usb_cam/image_raw", 1,
    &ImageConverter::imageCb, this);
image_pub_ = it_.advertise("/edge_detector/processed_image",
1);
```

The following is how we subscribe and publish an image:

```
    cv::namedWindow(OPENCV_WINDOW);
  }
  ~Edge_Detector()
  {
    cv::destroyWindow(OPENCV_WINDOW);
  }
```

这就是订阅和发布 image。cv::namedWindow()（这是一个 OpenCV 函数，用于创建显示图像的 GUI）的方式。这个函数中的参数是窗口的名称。在类析构函数内部，我们正在销毁命名窗口。

使用 cv_bridge 将 OpenCV 转换为 ROS 图像

这是一个图像回调函数，它使用 CvBridge 的 API 将 ROS 图像消息转换为 OpenCV cv::Mat 类型。下面是将 ROS 转换为 OpenCV 的代码，反之亦然：

```
  void imageCb(const sensor_msgs::ImageConstPtr& msg)
  {

    cv_bridge::CvImagePtr cv_ptr;
    namespace enc = sensor_msgs::image_encodings;

    try
    {
      cv_ptr = cv_bridge::toCvCopy(msg, sensor_msgs::image_
encodings::BGR8);
    }
    catch (cv_bridge::Exception& e)
    {
      ROS_ERROR("cv_bridge exception: %s", e.what());
      return;
    }
```

在 CvBridge 方面，我们应该从创建一个 CvImage 的实例开始。下面的命令会创建 CvImage 指针：

```
cv_bridge::CvImagePtr cv_ptr;
```

CvImage 类型是由 cv_bridge 提供的一个类，它由 OpenCV 图像及其编码、ROS 头文件等信息组成。使用这种类型，我们可以很方便地将 ROS 图像转换为 OpenCV，反之亦然：

```
cv_ptr = cv_bridge::toCvCopy(msg, sensor_msgs::image_
encodings::BGR8);
```

我们可以用两种方式处理 ROS 图像消息：可以使用图像的副本，也可以共享图像数据。当我们使用图像副本时，可以处理图像，但如果我们使用共享指针，则不能修改数据。我们可以使用 toCvCopy() 来创建 ROS 图像副本，toCvShare() 函数用于获取图像的指针。在这些函数中，我们应该注意 ROS 消息和编码类型：

```
if (cv_ptr->image.rows > 400 && cv_ptr->image.cols > 600){
detect_edges(cv_ptr->image);
    image_pub_.publish(cv_ptr->toImageMsg());
}
```

这里，我们将从 CvImage 实例中提取图像及其属性，然后从这个实例访问 cv::Mat 对象。这段代码只是检查图像的行和列是否在特定的范围内，如果为真，它将调用另一个名为 detect_edges(cv::Mat) 的方法，该方法将处理作为参数提供的图像，并显示边缘检测到的图像：

```
image_pub_.publish(cv_ptr->toImageMsg());
```

前一行会在将边缘检测到的图像转换为 ROS 图像消息后发布该图像。这里，我们使用 toImageMsg() 函数将 CvImage 实例转换为 ROS 图像消息。

寻找图像边缘

在将 ROS 图像转换为 OpenCV 类型之后，必须调用 detect_edges(cv::Mat) 函数来查找图像的边缘。我们可以使用以下内置的 OpenCV 函数来实现这一点：

```
cv::cvtColor( img, src_gray, CV_BGR2GRAY );
cv::blur( src_gray, detected_edges, cv::Size(3,3) );
cv::Canny( detected_edges, detected_edges, lowThreshold,
lowThreshold*ratio, kernel_size );
```

这里，cvtColor() 函数将把 RGB 图像转换为灰色空间，而 cv::blur() 函数对图像进行模糊处理。之后，利用 Canny 边缘检测器提取图像的边缘。

可视化原始图像和边缘检测图像

这里，我们使用 imshow() OpenCV 函数显示图像数据，该函数由窗口名和图像名组成：

```
cv::imshow(OPENCV_WINDOW, img);
cv::imshow(OPENCV_WINDOW_1, dst);
cv::waitKey(3);
```

详细查看代码后，让我们学习如何编辑 CMakeLists.txt 文件来构建前面的代码。

编辑 CMakeLists.txt 文件

CMakeLists.txt 文件的定义如下。在本例中，我们需要使用 OpenCV 的支持，因此我们应该包含 OpenCV 头文件的路径，并将源代码与 OpenCV 库链接起来：

```
include_directories(
  ${catkin_INCLUDE_DIRS}
  ${OpenCV_INCLUDE_DIRS}
)

add_executable(sample_cv_bridge_node src/sample_cv_bridge_node.
cpp)

## Specify libraries to link a library or executable target
against
 target_link_libraries(sample_cv_bridge_node
   ${catkin_LIBRARIES}
   ${OpenCV_LIBRARIES}
 )
```

现在我们已经编辑了 ROS 包中的 CMakeLists.txt 文件，让我们学习如何构建软件包并运行应用程序。

构建并运行一个示例

在使用 catkin_make 构建包之后，我们可以通过执行以下步骤运行节点。

1. 启动摄像头驱动程序：

```
roslaunch usb_cam usb_cam-test.launch
```

2. 运行 cv_bridge 示例节点：

```
rosrun cv_bridge_tutorial_pkg sample_cv_bridge_node
```

3. 如果一切正常，我们将得到两个窗口，如图 10.6 所示。第一个窗口显示的是原始图像，而第二个窗口显示的是经过处理的边缘检测到的图像。

图 10.6　原始图像和边缘检测图像

现在我们已经学习了如何运行 ROS-OpenCV 应用程序，下面学习如何将高级深度传感器（如 Kinect、Asus Xtion Pro 和 Intel RealSense）与 ROS 连接。

10.6　将 Kinect 和 Asus Xtion Pro 与 ROS 连接

到目前为止，我们使用的网络摄像头只能提供周围环境的 2D 视觉信息。为了获得周围环境的 3D 信息，我们必须使用 3D 视觉传感器或测距仪，如激光测距仪。我们将在本章讨论一些 3D 视觉传感器，如 Kinect、Asus Xtion Pro（如图 10.7 所示）、Intel RealSense 和 Hokuyo 激光扫描仪。

图 10.7　上：Kinect；下：Asus Xtion Pro

我们首先要讨论的两个传感器是 Kinect 和 Asus Xtion Pro。这两个设备都需要**开源自然交互（OpenNI）**驱动程序库才能在 Linux 中运行。OpenNI 充当 3D 视觉设备和应用程序软件之间的中间件。OpenNI 驱动程序集成到 ROS 中，我们可以使用以下命令安装这些驱动程序。这些软件包帮助我们连接 OpenNI 的设备，如 Kinect 和 Asus Xtion Pro：

```
sudo apt install ros-noetic-openni2-launch ros-noetic-openni2-
camera
```

上面的命令将安装 OpenNI 驱动程序和启动文件，以启动 RGB/ 深度流。成功安装这些包后，我们可以使用以下命令启动驱动程序：

```
roslaunch openni2_launch openni2.launch
```

该启动文件将从设备的原始数据转换为可用的数据，如 3D 点云、视差图像和深度图像，以及使用 ROS 节点的 RGB 图像。

除了 OpenNI 驱动程序之外，还有另一个驱动程序叫作 lib-freenect。这个驱动程序的通用启动文件被组织到一个名为 rgbd_launch 的包中。这个包包含用于 freenect 和 openni 驱动程序的常用启动文件。

我们可以使用 RViz 可视化 OpenNI ROS 驱动程序生成的点云。

运行 RViz 的命令如下：

```
rosrun RViz RViz
```

将固定帧设置为 /camera_depth_optical_frame，添加 PointCloud2 显示页，并将主题设置为 /camera/depth/points。这是 IR 摄像机的未注册点云，可以匹配 RGB 相机，并且只使用深度摄像机生成点云，如图 10.8 所示。

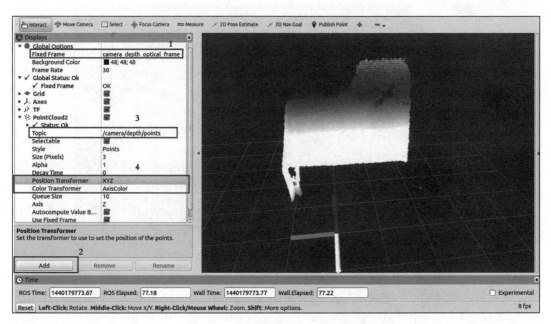

图 10.8　RViz 中的未注册点云视图

我们可以通过使用 Dynamic Reconfigure GUI 启用注册的点云。为此，使用以下命令：

```
rosrun rqt_reconfigure rqt_reconfigure
```

你将在 rqt 中得到以下 Dynamic Reconfigure 插件，如图 10.9 所示。

单击 camera|driver 并勾选 depth_registration。将点云更改为 /camera/depth_registered/points，将 Color Transformer 更改为 RViz 中的 RGB8。RViz 中注册的点云如图 10.10 所示。它从深度摄像机和 RGB 摄像机获取信息来生成点云。

学习了如何在 ROS 中设置 Kinect 和 Asus Xtion Pro 的界面。我们还学习了如何通过这些深度传感器可视化点云。在下一节中，我们将学习如何连接 Intel RealSense 与 ROS。

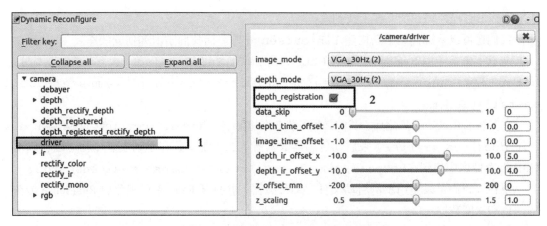

图 10.9 Dynamic Reconfigure GUI

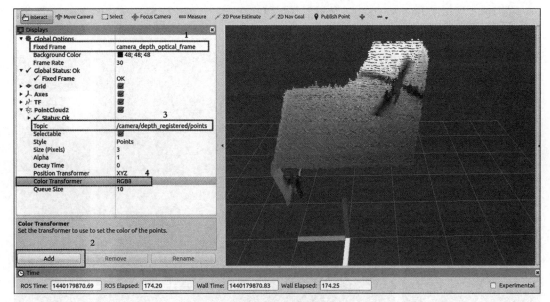

图 10.10 注册点云

10.7 连接 Intel RealSense 摄像机与 ROS

其中一款来自 Intel 的新型 3D 深度传感器是 RealSense。在撰写本书时,该传感器的不同版本已经发布(激光雷达摄像机 L515、D400 系列、D435、T265、F200、R200 和 SR30)。为了将 RealSense 传感器与 ROS 连接起来,我们必须安装 librealsense 库。

你可以使用 apt 包管理器安装 librealsense 库。关于设置这个库的详细说明可以在 https://github.com/IntelRealSense/librealsense/blob/master/doc/

distribution_linux.md 上找到。

我们还可以从源代码手动构建 librealsense 库。让我们学习如何安装库。

从以下链接下载 RealSense SDK（https://www.intelrealsense.com/sdk-2/）：https://github.com/IntelRealSense/librealsense/blob/master/doc/installation.md。

在安装了 RealSense 库之后，我们必须安装 ROS 包装器（https://dev.intelrealsense.com/docs/ros-wrapper）来启动传感器数据流。二进制安装和手动安装步骤可以在以下 GitHub 存储库中找到：https://github.com/IntelRealSense/realsense-ros。

现在，我们可以使用示例启动文件启动传感器，并打开 RViz 来可视化由 RealSense 传输的颜色和深度数据：

```
roslaunch realsense2_camera rs_camera.launch
```

图 10.11 展示了 Intel RealSense 传感器如何可视化点云、深度图像、RGB 图像和 IR 图像。

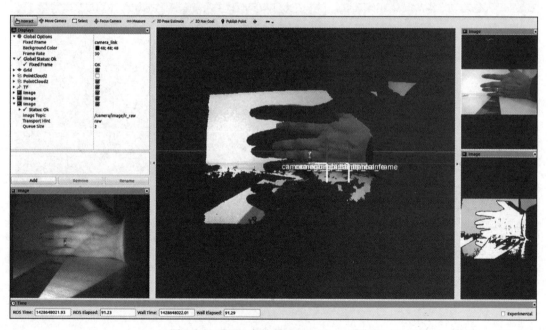

图 10.11 RViz 中的 Intel RealSense 视图

以下是由 RealSense 驱动程序生成的重要主题：

```
sensor_msgs::PointCloud2
/camera/depth/color/points  point cloud with RGB

sensor_msgs::Image
/camera/image/image_raw                raw image for RGB
sensor
```

```
/camera/depth/image_rect_raw            raw image for depth
sensor
/camera/infra1/image_rect_raw           raw image for
infrared sensor
```

有了这些，我们学习了如何从摄像机中设置 Intel RealSense ROS 包和可视化不同的图像数据。在下一节中，我们将学习如何将深度摄像机中的点云和深度图像数据转换为激光扫描数据。

把点云转换成激光扫描

3D 视觉传感器最重要的应用之一是模仿激光扫描仪的功能。大多数机器人的 2D/3D 映射和定位算法都使用激光扫描数据作为输入。我们可以使用 3D 视觉传感器制作一个假激光扫描仪，方法是获取点云数据 / 深度图像的切片，并将其转换为激光测距数据。在 ROS 中，我们有一组包可以用来将点云数据转换为激光扫描：

- depthimage_to_laserscan：这个包包含从视觉传感器获取深度图像并根据提供的参数生成 2D 激光扫描的节点。节点的输入是深度图像和摄像机信息参数，其中包括校准参数。将其转换为激光扫描数据后，将在 /scan 主题中发布激光扫描数据。节点参数为 scan_height、scan_time、range_min、range_max 和输出帧的 ID。该软件包的官方 ROS Wiki 页面可以在 http://wiki.ros.org/depthimage_to_laserscan 上找到。
- pointcloud_to_laserscan：这个包将真实的点云数据转换为 2D 激光扫描，而不是像前面的包中那样拍摄深度图像。这个包的官方 Wiki 页面可以在 http://wiki.ros.org/pointcloud_to_laserscan 上找到。

第一个包适用于正常应用，然而，如果传感器已经放置在一个角度，最好使用第二个包。另外，第一个包比第二个包需要更少的处理。在这里，我们使用 depthimage_to_laserscan 包来转换激光扫描。我们可以使用以下命令安装 depthimage_to_laserscan 和 pointcloud_to_laserscan：

```
sudo apt install ros-noetic-depthimage-to-lasersca ROS-noetic-
pointcloud-to-laserscan
```

通过创建一个新的 ROS 包，我们可以开始将 OpenNI 设备的深度图像转换为 2D 激光扫描仪。

我们可以使用下面的命令创建一个包来执行这个转换：

```
catkin_create_pkg fake_laser_pkg depthimage_to_laserscan
nodelet roscpp
```

创建一个名为 launch 的文件夹。然后，在这个文件夹中创建一个名为 start_laser.launch 的启动文件。你可以从 fake_laser_pkg/launch 文件夹中获得这个包和文件：

```
<launch>
  <!-- "camera" should uniquely identify the device. All topics
are pushed down
        into the "camera" namespace, and it is prepended to tf
frame ids. -->
  <arg name="camera"        default="camera"/>
  <arg name="publish_tf"   default="true"/>


  . . .

  . . .
  <group if="$(arg scan_processing)">
    <node pkg="nodelet" type="nodelet"       name="depthimage_
to_laserscan" args="load      depthimage_to_laserscan/
DepthImageToLaserScanNodelet $(arg      camera)/$(arg camera)_
nodelet_manager">
      <!-- Pixel rows to use to generate the laserscan. For
each        column, the scan willreturn the minimum value for
those        pixels centered vertically in the image. -->
      <param name="scan_height" value="10"/>
      <param name="output_frame_id" value="/$(arg
camera)_depth_frame"/>
      <param name="range_min" value="0.45"/>
      <remap from="image" to="$(arg camera)/$(arg        depth)/
image_raw"/>
      <remap from="scan" to="$(arg scan_topic)"/>


  . . .

  . . .
</launch>
```

下面的代码片段将启动节点，以便将深度图像转换为激光扫描数据：

```
<node pkg="nodelet" type="nodelet" name="depthimage_
to_laserscan" args="load depthimage_to_laserscan/
DepthImageToLaserScanNodelet $(arg camera)/$(arg camera)_
nodelet_manager">
```

现在，让我们启动这个文件，以便在 RViz 中查看激光扫描数据。

可以使用以下命令启动文件：

roslaunch fake_laser_pkg start_laser.launch

这样做后，我们将在 RViz 中看到激光扫描数据，如图 10.12 所示。

如图 10.12 所示，首先，我们可以将 Fixed Frame 设置为 camera_depth_frame，然后按 Add 按钮，在 RViz 中显示 LaserScan 数据类型。在 RViz 中加载 LaserScan 显示类型后，设置 Topic 为 /scan。设置主题后，将 Color Transformer 更改为 Intensity。

我们可以在视口中看到激光数据。

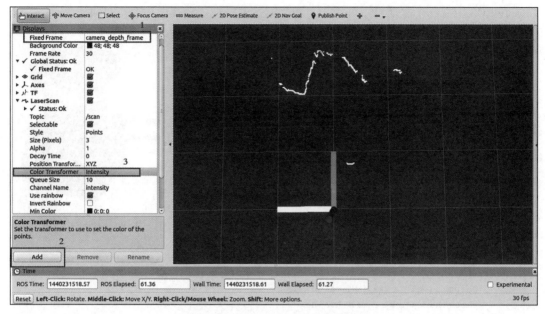

图 10.12 RViz 中的激光扫描数据

10.8 连接 Hokuyo 激光雷达与 ROS

我们可以在 ROS 中连接不同范围的激光雷达。市场上最流行的激光雷达之一是 Hokuyo 激光雷达（如图 10.13 所示，`http://www.robotshop.com/en/hokuyo-utm-03lx-laser-scanning-rangefinder.html`）。

图 10.13 不同系列的 Hokuyo 激光雷达

其中最常用的 Hokuyo 激光扫描仪型号是 UTM-30LX（如图 10.14 所示）。该传感器快速、准确，适用于机器人应用程序。该设备有一个用于通信的 USB 2.0 接口，射程为 30 米，分辨率为毫米级。扫描的范围约为 270 度。

在 ROS 中有一个驱动程序可用于与激光雷达进行连接。其中一个接口叫作 urg_node（http://wiki.ros.org/urg_node）。

我们可以使用以下命令安装这个包：

```
sudo apt install ros-noetic-urg-node
```

当设备连接到 Ubuntu 系统时，它将创建一个名为 ttyACMx 的设备。在终端中输入 dmesg 命令检查设备的名称。以下命令可以修改 USB 设备权限：

```
sudo chmod a+rw /dev/ttyACMx
```

图 10.14　Hokuyo UTM-30LX

使用 hokuyo_start.launch 启动文件启动激光扫描设备：

```
<launch>
  <node name="urg_node" pkg="urg_node" type="urg_node"
output="screen">
        <param name="serial_port" value="/dev/ttyACM0"/>
    <param name="frame_id" value="laser"/>
    <param name="angle_min" value="-1.5707963"/>
        <param name="angle_max" value="1.5707963"/>
  </node>
  name="RViz" pkg="RViz" type="RViz" respawn="false"
output="screen" args="-d $(find hokuyo_node)/hokuyo_test.vcg"/>
</launch>
```

这个启动文件启动节点，并从 /dev/ttyacm0 设备获取激光数据。在 RViz 窗口中可以查看激光数据，如图 10.15 所示。

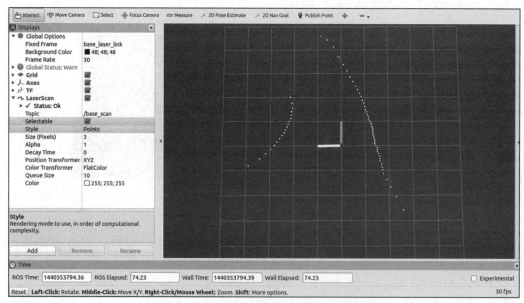

图 10.15　RViz 中的 Hokuyo 激光扫描数据

我们已经学习了如何将 Hokuyo 激光扫描仪与 ROS 连接，并在 RViz 中可视化数据。在下文中，我们将学习如何将 RPLIDAR 和 YDLIDAR 与 ROS 连接起来。

RPLIDAR 和 YDLIDAR 与 ROS 的接口

如果你打算为喜欢的机器人项目使用低成本的激光雷达，那么有一些解决方案可以使用。来自 SLAMTEC 的 RPLIDAR（https://www.slamtec.com/en/）和 YDLIDAR（https://www.ydlidar.com/）是两种性价比较高的机器人激光雷达解决方案，如图 10.16 所示。

RPLIDAR　　　　　　　　　　　　　　　　　　　YDLIDAR

图 10.16　RPLIDAR 和 YDLIDAR

这两种模型都有一个可用的 ROS 驱动程序，你可以在以下链接找到。

- RPLIDAR ROS 驱动包：`https://github.com/slamtec/rplidar_ros`
- YDLIDAR ROS 驱动包：`https://github.com/YDLIDAR/ydlidar_ros`

在本节中，我们学习了如何在 ROS 中连接不同的激光雷达传感器。在下一节中，我们将学习如何在 ROS 中使用点云数据。

10.9　使用点云数据

我们可以处理来自 Kinect 或其他 3D 传感器的点云数据来执行各种各样的任务，如 3D 对象检测与识别、障碍物回避、3D 建模等。在本节中，我们将介绍一些基本功能，即使用 PCL 库及其 ROS 接口。我们将学习以下主题：

- 如何在 ROS 中发布点云。
- 如何订阅和处理点云。
- 如何将点云数据写入 PCD 文件。
- 如何从 PCD 文件读取和发布点云。

让我们通过一个 C++ 示例学习如何将点云数据作为 ROS 主题发布。

10.9.1　如何发布点云

在本例中，我们将学习如何使用 `sensor_msgs/PointCloud2` 消息发布点云数据。代码将使用 PCL API 来处理和创建点云，并将 PCL 云数据转换为 `PointCloud2` 消息类型。

你可以在 `pcl_ros_tutorial/src` 文件夹中找到 `pcl_publisher.cpp` 示例代码文件。这里解释了代码的重要部分：

```
#include <ros/ros.h>

// point cloud headers
#include <pcl/point_cloud.h>
#include <pcl_conversions/pcl_conversions.h>
```

上面的头文件（headers）包含了处理 PCL 数据以及在 PCL 和 ROS 之间转换所需的函数：

```
#include <sensor_msgs/PointCloud2.h>
```

下面是处理点云数据的 ROS 消息头文件。我们必须包含这个头文件来访问 PointCloud 消息定义：

```
ros::Publisher pcl_pub = nh.advertise<sensor_
msgs::PointCloud2> ("pcl_output", 1);
```

让我们看看如何创建发布者对象来发布点云。如你所见，我们在这里使用的 ROS 消息是 `sensor_msgs::PointCloud2`，这是我们通过包含 `sensor_msgs/PointCloud2.h` 文件获得的：

```
pcl::PointCloud<pcl::PointXYZ> cloud;
```

现在，创建一个特定的 `pointcloud` 类型对象来存储点云数据：

```
sensor_msgs::PointCloud2 output;
```

然后，创建一个点云 ROS 消息实例来发布点云数据：

```
//Insert cloud data
cloud.width  = 50000;
cloud.height = 2;
cloud.points.resize(cloud.width * cloud.height);
for (size_t i = 0; i < cloud.points.size (); ++i)
{
    cloud.points[i].x = 512 * rand () / (RAND_MAX + 1.0f);
    cloud.points[i].y = 512 * rand () / (RAND_MAX + 1.0f);
    cloud.points[i].z = 512 * rand () / (RAND_MAX + 1.0f);
}
```

现在，让我们学习如何在点云对象消息中插入点。这里，我们将一组随机点分配给点云对象：

```
pcl::toROSMsg(cloud, output);
output.header.frame_id = "point_cloud";
```

将点云对象转换为 ROS 消息：

```
ros::Rate loop_rate(1);
while (ros::ok())
{
    //publishing point cloud data
  pcl_pub.publish(output);
    ros::spinOnce();
    loop_rate.sleep();
}

return 0;
```

在前面的代码中，我们将转换后的点云消息发布到 /pcl_output 主题。

在下一节中，我们将学习如何订阅和处理来自 /pcl_output 主题的点云数据。

10.9.2 如何订阅和处理点云

在本节中，我们将查看一个 ROS C++ 示例，它可以订阅 topic:/pcl_output 点云。订阅此点云之后，我们将从 VoxelGrid 类中应用一个滤波器到 PCL，以对订阅的云进行下采样，同时保持其与原始云相同的形状。你可以在 pcl_ros_tutorial 包的 src 文件夹中找到 pcl_filter.ccp 示例代码文件。现在，让我们看看这段代码的重要部分。

这段代码有一个名为 cloudHandler 的类，它包含从 /pcl_output 主题订阅点云数据的所有函数：

```
#include <ros/ros.h>
#include <pcl/point_cloud.h>
#include <pcl_conversions/pcl_conversions.h>
#include <sensor_msgs/PointCloud2.h>
//Vortex filter header
#include <pcl/filters/voxel_grid.h>
```

让我们看看订阅和处理点云所需的重要头文件。pcl/filters/voxel_grid.h 头文件包含了 VoxelGrid 过滤器的定义，该过滤器用于对点云进行下采样：

```
class cloudHandler
{
public:
    cloudHandler()
    {

//Subscribing pcl_output topics from the publisher
//This topic can change according to the source of point cloud

    pcl_sub = nh.subscribe("pcl_output", 10,
&cloudHandler::cloudCB, this);
//Creating publisher for filtered cloud data
```

```
        pcl_pub = nh.advertise<sensor_msgs::PointCloud2>("pcl_
filtered", 1);
    }
```

接下来，我们将创建一个名为 cloudHandler 的类。它有一个用于 pcl_output 主题
的订阅者创建函数和回调函数，以及一个用于发布经过过滤的点云的 publisher 对象：

```
//Creating cloud callback
    void cloudCB(const sensor_msgs::PointCloud2& input)
    {
        pcl::PointCloud<pcl::PointXYZ> cloud;
        pcl::PointCloud<pcl::PointXYZ> cloud_filtered;


        sensor_msgs::PointCloud2 output;
        pcl::fromROSMsg(input, cloud);

     //Creating VoxelGrid object
      pcl::VoxelGrid<pcl::PointXYZ> vox_obj;
     //Set input to voxel object
     vox_obj.setInputCloud (cloud.makeShared());

      //Setting parameters of filter such as leaf size
     vox_obj.setLeafSize (0.1f, 0.1f, 0.1f);

     //Performing filtering and copy to cloud_filtered variable
     vox_obj.filter(cloud_filtered);
       pcl::toROSMsg(cloud_filtered, output);
       output.header.frame_id = "point_cloud";
        pcl_pub.publish(output);
    }
```

下面是 pcl_output 主题的回调函数。回调函数将 ROS PCL 消息转换为 PCL 数据
类型，然后使用 VoxelGrid 过滤器对转换后的 PCL 数据进行下采样，然后在将其转换为
ROS 消息后将过滤后的 PCL 发布到 /pcl_filtered 主题：

```
int main(int argc, char** argv)
{
    ros::init(argc, argv, "pcl_filter");
    ROS_INFO("Started Filter Node");
    cloudHandler handler;
    ros::spin();
    return 0;
}
```

在 main() 函数中，我们创建了 cloudHandler 类的对象，并调用 ros::spin() 函
数来等待 /pcl_output 主题。

在下文中，我们将学习如何将 /pcl_output 中的点云数据存储到文件中 .PCD 文件可以用来存储点云数据。

如何将点云数据写入 PCD 文件

我们可以使用以下代码将点云数据保存到 PCD 文件中。它可以在 src 文件夹中找到，它的文件名是 pcl_write.cpp：

```cpp
#include <ros/ros.h>
#include <pcl/point_cloud.h>
#include <pcl_conversions/pcl_conversions.h>
#include <sensor_msgs/PointCloud2.h>
//Header file for writing PCD file
#include <pcl/io/pcd_io.h>
```

下面是处理 PCD 和从文件中读 / 写它所需要的重要头文件：

```cpp
void cloudCB(const sensor_msgs::PointCloud2 &input)
{
    pcl::PointCloud<pcl::PointXYZ> cloud;
    pcl::fromROSMsg(input, cloud);

//Save data as test.pcd file
    pcl::io::savePCDFileASCII ("test.pcd", cloud);
}
```

只要在 /pcl_output 主题中有可用的点云消息，前面的回调函数 cloudCB 就会执行。接收到的点云 ROS 消息必须使用 pcl::io:: savePCDFileASCII() 函数转换为 PCL 数据类型并保存为 PCD 文件：

```cpp
main (int argc, char **argv)
{
    ros::init (argc, argv, "pcl_write");

    ROS_INFO("Started PCL write node");

    ros::NodeHandle nh;
    ros::Subscriber bat_sub = nh.subscribe("pcl_output", 10,
cloudCB);

    ros::spin();

    return 0;
}
```

通过这些，我们学习了如何将点云数据写入文件。现在，让我们学习如何读取 PCD 文件并将点云作为主题发布。

10.9.3 从 PCD 文件读取和发布点云

这段代码可以读取 PCD 文件并将点云发布到 /pcl_output 主题。pcl_read.cpp 文件可以在 src 文件夹中找到:

```
#include <ros/ros.h>
#include <pcl/point_cloud.h>
#include <pcl_conversions/pcl_conversions.h>
#include <sensor_msgs/PointCloud2.h>
#include <pcl/io/pcd_io.h>
```

在这段代码中,我们使用的是与写点云时相同的头文件:

```
main(int argc, char **argv)
{
    ros::init (argc, argv, "pcl_read");
    ROS_INFO("Started PCL read node");

    ros::NodeHandle nh;
    ros::Publisher pcl_pub = nh.advertise<sensor_
msgs::PointCloud2> ("pcl_output", 1);
```

在 main() 函数中,我们创建了一个 ROS 发布者对象来发布从 PCD 文件中读取的点云:

```
    sensor_msgs::PointCloud2 output;
    pcl::PointCloud<pcl::PointXYZ> cloud;

//Load test.pcd file
    pcl::io::loadPCDFile ("test.pcd", cloud);

    pcl::toROSMsg(cloud, output);
    output.header.frame_id = "point_cloud";
```

在上面的代码中,使用 pcl::io::loadPCDFile() 函数读取 PCL 数据。然后,通过 pcl::toROSMsg() 函数将其转换为相当于 ROS 的点云消息:

```
    ros::Rate loop_rate(1);
    while (ros::ok())
    {
//Publishing the cloud inside pcd file
        pcl_pub.publish(output);
        ros::spinOnce();
        loop_rate.sleep();
    }

    return 0;
}
```

在前面的循环中，我们以 1Hz 的频率将 PCD 发布到一个主题：

我们可以创建一个名为 `pcl_ros_tutorial` 的 ROS 包来编译这些例子：

```
catkin_create_pkg pcl_ros_tutorial pcl pcl_ros roscpp sensor_
msgs
```

否则，我们可以使用现有的包。

在 `pcl_ros_tutorial/src` 文件夹中创建前面的示例为 `pcl_publisher.cpp`、`pcl_filter.cpp`、`pcl_write.cpp` 和 `pcl_read.cpp`。

创建一个 `CMakeLists.txt` 文件来编译所有的源代码：

```
## Declare a cpp executable
add_executable(pcl_publisher_node src/pcl_publisher.cpp)
add_executable(pcl_filter src/pcl_filter.cpp)
add_executable(pcl_write src/pcl_write.cpp)
add_executable(pcl_read src/pcl_read.cpp)

target_link_libraries(pcl_publisher_node
   ${catkin_LIBRARIES}
 )
target_link_libraries(pcl_filter
   ${catkin_LIBRARIES}
 )
target_link_libraries(pcl_write
   ${catkin_LIBRARIES}
 )
target_link_libraries(pcl_read
   ${catkin_LIBRARIES}
 )
```

使用 catkin_make 构建这个包。现在，我们可以运行 `pcl_publisher_node` 并使用以下命令查看 RViz 内部的点云：

```
rosrun RViz RViz -f point_cloud
```

图 10.17 是来自 `pcl_output` 的点云截图。

我们可以运行 `pcl_filter` 节点来订阅这个云并进行体素网格过滤。图 10.18 显示了 /`pcl_filtered` 主题的输出，即下采样的结果。

我们可以通过使用 `pcl_write` 节点写入 `pcl_output` 云，并通过使用 `pcl_read` 节点读取或发布它。

这是本章的最后一个主题。在本节中，我们学习了如何在 ROS 中读取、写入、滤波和发布点云数据。现在，让我们总结一下这一章。

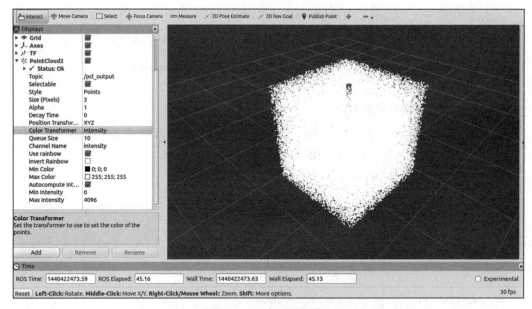

图 10.17   点云可视化

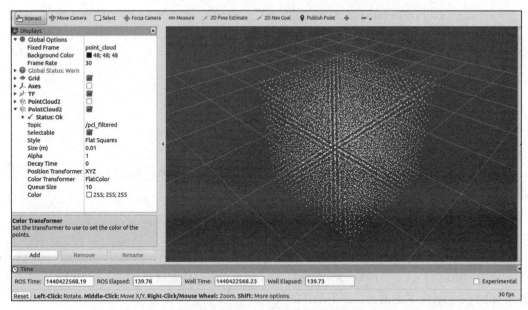

图 10.18   RViz 中滤波后的 PCL 云

10.10   总结

本章是关于 ROS 中的视觉传感器及其编程的。我们研究了用于连接摄像机和 3D 视觉传感器的接口包，如 `vision_opencv` 和 `perception_pcl`。并且研究了每个包以及它们在这些栈中的功能。我们还研究了如何使用 ROS cv_bridge 连接一个基本的网络摄像头和处理图像。在讨论了 cv_bridge 之后，我们研究了如何将各种 3D 视觉传感器和激光雷达与 ROS 连接起来。之后，我们学习了如何使用 PCL 库和 ROS 处理来自这些传感器的数据。在下一章中，我们将学习如何使用 ROS 构建自主移动机器人。

下面是基于本章内容的几个问题。

10.11　问题

- vision_opencv 栈中的包是什么？
- perception_pcl 栈中的包是什么？
- cv_bridge 的函数是什么？
- 如何将 PCL 云转换为 ROS 消息？
- 如何使用 ROS 进行分布式计算？

第 11 章
在 ROS 中构建与连接差速驱动移动机器人硬件

在前一章中，我们讨论了 ROS 环境下机器人视觉的应用方法。在本章中，我们将介绍如何构建差速驱动配置的自主移动机器人硬件，以及如何使用 ROS Control 将机器人与 ROS 连接。在此基础上，我们将进一步介绍如何为这个机器人配置 ROS Navigation Stack，并执行 SLAM 和 AMCL 来实现机器人的自主移动。本章旨在向读者介绍如何构建定制移动机器人，并将其与 ROS 进行连接和交互。

本章将讨论如何以 **DIY** 的方式构建一个自主移动机器人，即**研究教育模块化 / 移动开放**（Research Education Modular/Mobile Open，Remo），开发其高级应用软件和底层控制固件，并将其与 ROS Control 和 ROS Navigation Stack 连接。这个名为 Remo 的机器人是 Franz Pucher 进行 ROS 学习的一部分，它从 Packt 出版社（`http://learn-robotics.com`）出版的机器人书籍和 Joseph Lentin 的 ROS 课程中获得了有价值的输入。构建这个机器人的步骤在 `https://ros-mobile-robots.com` 发布的在线文档中进行了讨论。在本章中，我们将学习更多关于实现 ROS Control `hardware_interface::RobotHW` C++ 类，以及配置 ROS Navigation Stack 来使用 SLAM 和 AMCL 执行自主导航的内容。我们已经在第 6 章讨论了相关内容，并利用 Gazebo 对差速驱动机器人进行了仿真，实现了 SLAM 和 AMCL。在学习本章时，要求读者具备 Remo 硬件的条件，然而，我们可以基于前一章所学习的内容，将该部分使用一个仿真机器人进行替代。

11.1　技术要求

在 GitHub 上的 `https://github.com/ros-mobile-robots` 中有设置差速驱动机器人所需的 ROS 包。主要的软件存储库地址是 `https://github.com/ros-mobile-robots/diffbot`。它包含了仿真以及操作一个真实的机器人的配置与软件包，还提供了基于开发 PC 与机器人进行交互的功能包。对于硬件，读者可以构建自己的两轮差速驱动机器人，类似于 `diffbot_description` 包中提供的机器人，或者使用 `https://github.com/ros-mobile-robots/remo_description` 中的 `stl` 文件 3D 打印一个更稳定的 Remo 机器人。软件和硬件的技术要求详见后文。

11.1.1　软件要求

对于开发 PC，读者需要在 Ubuntu 20.04（`https://releases.ubuntu.com/20.04/`）上安装 ROS Noetic。在安装在 Remo 上的树莓派 4 B **单板机**（SBC）中，我们使用 `arm64` 架构的 Ubuntu Mate 20.04。我们使用 `git-lfs` 从 Git 存储库中克隆大型 `stl` 文件。在这两种版本的 Ubuntu 上都需要安装以下软件：

```
sudo apt install git-lfs
```

在开发 PC 以及机器人的 SBC 上，读者需要将计算机连接到同一个局域网中，并启动 `ssh` 协议，从而将开发 PC（客户端）连接到机器人上，机器人上需要运行 `open-ssh` 服务器。在 Ubuntu Mate 20.04 安装该服务器的命令如下所示：

```
sudo apt install openssh-server
```

与微控制器一起工作所需的另一个接口设置是将用户添加到两台机器（SBC 和开发 PC）上的 `dialout` 组。该操作可以通过以下命令完成，然后重新启动系统：

```
sudo adduser <username> dialout
```

当读者在新的 catkin 工作空间中克隆 `diffbot` 存储库后，将会发现两个 YAML 文件（`diffbot_dev.repos` 和 `remo-robot.repos`），它们列出了所需的源依赖项以及它们的版本控制类型、存储库地址和克隆这些依赖项的相对路径。这里 `remo_robot.repos` 用于在真正的机器人上克隆源代码依赖项。

为了使用这样的 YAML 文件并克隆列出的依赖项，我们使用 vcstool（`http://wiki.ros.org/vcstool`）中的命令行工具，它取代了 wstool（`http://wiki.ros.org/vcstool`）：

1. 在一个新的 catkin 工作空间中，将 `diffbot` 库克隆到 `src` 文件夹中：

```
ros_ws/src$ git clone --depth 1 --branch 1.0.0 https://
github.com/ros-mobile-robots/diffbot.git
```

2. 确保从 `diffbot_dev.repos` 或 `remo_robot.repos` YAML 文件中的 catkin 工作空间的根目录和管道中执行 `vcs import` 命令。无论是开发 PC 还是 Remo 的 SBC，在克隆依赖项时，具体执行哪一个命令均取决于读者在哪里执行命令：

```
vcs import < src/diffbot/diffbot_dev.repos
```

3. 在机器人的 SBC 上执行下面的命令：

```
vcs import < src/diffbot/remo_robot.repos
```

在使用 vcstool 获得源依赖项之后，我们可以编译工作空间。要成功编译存储库的包，必须安装二进制依赖项。由于所需的依赖项已经在每个 ROS 包的 `package.xml` 中指定，因此 rosdep 命令可以从 Ubuntu 存储库中安装所需的 ROS 包：

```
rosdep install --from-paths src --ignore-src -r -y
```

最后，需要使用 catkin_make 或 catkin tools 构建开发机器上的工作空间和机器人的 SBC。下面使用的是预装了 ROS 的 catkin_make：

```
catkin_make
```

11.1.2　网络设置

ROS 是一个分布式计算环境。这使得我们可以运行计算成本要求较高的任务，例如在高性能的机器上运行可视化或路径规划，并将目标发送给运行在性能较低的硬件上的机器人，如使用树莓派 4 B 的 Remo。更多细节请参阅 ROS 网络设置页面（http://wiki.ros.org/ROS/NetworkSetup）和 ROS 环境变量页面（http://wiki.ros.org/ROS/EnvironmentVariables）。

处理大计算量任务的开发机器和 Remo 之间的设置为将 ROS_MASTER_URI 环境变量设置为开发机器的 IP 地址。为此，在开发机器的 bashrc 和机器人的 SBC 中添加 export ROS_MASTER_URI=http://{IP-OF-DEV-MACHINE}:11311/ 代码行。这将使开发机器成为 ROS 的控制主机，在执行本章的命令之前，读者需要在该主机上执行 roscore 命令。

11.1.3　硬件要求

网址 https://github.com/ros-mobile-robots/remo_description 上的存储库包含 Remo 的机器人描述。Remo 是一个模块化移动机器人平台，基于 NVIDIA 的 JetBot。目前可用的部件可以使用 remo_description 存储库中提供的 stl 文件进行 3D 打印。读者可以通过使用构建体积为 $15 \times 15 \times 15$（单位 cm）的 3D 打印机自行打印，也可以在网上购买 3D 打印服务。

11.2　一款 DIY 自主移动机器人——Remo 简介

在第 6 章中，我们讨论了一些强制性的移动机器人与 ROS Navigation Stack 的接口需求。这些都有在 http://wiki.ros.org/navigation/Tutorials/RobotSetup 上提到：

- **测距源**：机器人应发布相对于起始位置的里程表 / 位置数据。提供里程表测量信息的必要硬件部件是轮编码器和惯性测量单元（IMU）。
- **传感器源**：应该有一个激光扫描仪或视觉传感器。激光扫描仪数据是使用 SLAM 建立地图过程中必不可少的数据。
- **使用 tf 进行传感器转换**：机器人需要基于 ROS 转换来发布传感器转换和其他机器人组件坐标数据的转换。

- **底盘控制器**：一个 ROS 节点，它可以将来自 Navigation Stack 的旋转消息转换为相应的电机速度。

我们可以检查出现在 Remo 机器人上的组件，并确定它们是否满足 Navigation Stack 的要求。

11.2.1　Remo 硬件组件

图 11.1 是一个 3D 打印的 Remo 机器人及其组件，满足 ROS Navigation Stack 的要求。下面对该机器人的各部分组件进行介绍。

图 11.1　Remo 原型

- **Dagu 直流齿轮电机编码器**（https://www.sparkfun.com/products/16413）：该电机运行的电压范围为 3 V~9 V，并在 4.5 V 提供 80 RPM 的转速。电机轴连接到正交编码器，变速箱输出轴最大转速为 542 次 / 转。编码器是里程计数据的一个来源。
- **Adafruit Feather 电机驱动器**（https://www.adafruit.com/product/2927）：该电机驱动器可以控制两个步进电机或四个有刷直流电机。对于 Remo 机器人而言，使用了两个有刷直流电机端子。它采用 I2C 协议，工作在 3.3 V 电压下进行通信。为了给单板供电并给电机提供电压，支持电压范围为 4.5 V~13.5 V，每个电桥提供 1.2 A 的电流。
- **Teensy 3.2**（https://www.pjrc.com/teensy/）：Remo 有一个 Teensy 微控制器，用于连接电机驱动器和编码器。它可以从 SBC 接收控制命令，并可以通过电机驱动器给电机发送适当的信号。Teensy 3.2 运行在 72 MHz 频率上，这足以处理读取编码器节拍。另一种选择是配备 600 MHz Cortex-M7 芯片的 Teensy 4.0。
- **SLAMTEC RPLIDAR A2 M8**（https://www.slamtec.com/en/Lidar/A2）：该

激光扫描仪是来自 SLAMTEC 的 RPLIDAR A2 M8，角度范围为 360 度。它的探测半径为 16m。需要注意的是，读者也可以使用 SLAMTEC RPLIDAR A1，但由于其尺寸更大，因此需要对激光雷达平台的 stl 文件进行适应性修改，读者可以在 remo_description/mesh /remo 文件夹中找到该文件。

- **树莓派摄像机 v2**（https://www.raspberrypi.org/products/camera-module-v2/）：该款摄像机是搭载了索尼 IMX219 800 万像素传感器的官方树莓派摄像机模块，它可以用于各种任务，如车道跟踪等。

- **树莓派 4 B**：这是一个来自树莓派基金会的 SBC，我们可以在它的 SD 卡上安装 Ubuntu 和 ROS。SBC 通过 Teensy MCU 与 RPLIDAR 连接，以获取传感器和里程计数据。运行在 SBC 上的节点计算机器人各帧之间的 tf 转换，并运行 ROS Control 硬件接口。树莓派 SBC 被放置在 Remo 的可替换载板上。在 remo_description 包中，还提供了另一个可以搭载 Jetson Nano 的载板文件。

- **电源和电池组**：机器人使用两种电源。一个 15 000 mAh 的充电宝为树莓派及其周边设备（如 Teensy MCU 和 RPLIDAR）提供 5V 电源。另一个电源用于通过电机驱动器为电机供电，电机驱动器是连接到电机驱动器的电机电源输入端子的电池组。Remo 使用 8 节可充电 AA 电池（1.2 V, 2000 mAh) 的电池组，可提供 9.6 V 的总电压。

- **Wi-Fi 适配器（可选，推荐）**：虽然树莓派有内置的 Wi-Fi 模块，但它的连通性可能很弱。因此，建议使用外接 USB Wi-Fi 适配器，以便从开发 PC 与机器人进行可靠连接。

- **MPU 6050 IMU（可选）**：该机器人使用的 IMU 是 MPU 6050，它是加速度计、陀螺仪和**数字运动处理器**（DMP）的组合。这些传感器的数值可以用来计算里程计和编码器数据。

- **OAK-1, OAK-D（可选）**：带有 IMX378 传感器的 4K 摄像机模块，由于其搭载了 Movidius Myriad X 芯片，因此能够运行神经网络推理算法。OAK-D 是一种立体摄像机，配有两个同步灰度全局快门摄像机（OV9282 传感器），可提供深度信息。读者可以在 remo_description 包中找到可用于安装这些摄像机的 3D 打印摄像机支架文件。

我们可以从硬件列表中检查 ROS Navigation Stack 的所有需求是否得到满足。图 11.2 为该机器人的硬件组成框图。

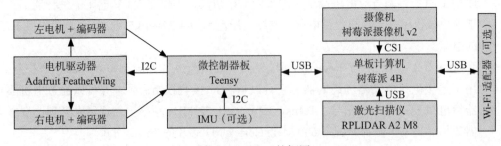

图 11.2 Remo 的框图

Teensy 3.2 微控制器板连接到编码器和可选的 IMU 传感器以及电机驱动执行器。它基于 rosserial 协议通过 USB 与树莓派 4 B 进行通信。电机驱动器和可选的 IMU 通过 I2C 与微控制器交换数据。RPLIDAR 配备一个串行 USB 转换器，因此可以连接到 SBC 的一个 USB 端口。电机编码器传感器通过微控制器的 GPIO 引脚连接。各部件连接图如图 11.3 所示。

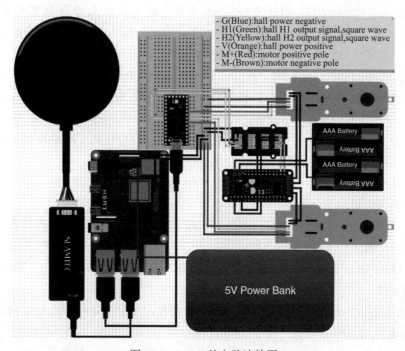

图 11.3　Remo 的电路连接图

在验证了 Navigation Stack 的硬件需求之后，下面我们对 Remo 的软件需求进行介绍。

11.2.2　ROS Navigation Stack 的软件需求

diffbot 和 remo_description 存储库包含以下 ROS 包：

- diffbot_base：这个功能包包含了 ROS Navigation Stack 所需的基本控制器组件的平台特定代码。它由用于 Teensy MCU 的基于 rosserial 的固件和在 SBC 上运行的 C++ 节点组成，该节点实例化 ROS Control 硬件接口，接口包括用于真实机器人的 controller_manager 控制循环。底层的 base_controller 组件从硬件读取编码器节拍，计算角关节的位置和速度，并将它们发布到 ROS Control 硬件接口。通过这个接口可以使用 ROS Control（http://wiki.ros.org/diff_drive_controller）中的 diff_drive_controller 包。它为差速驱动移动底座提供了一个控制器（即 DiffDriveController），从 teleop 节点或 ROS Navigation Stack 接收的命令中计算目标关节速度。计算出的目标关节速度被转发到底层基础控制器，在那里将它们与测量的速度进行比较，使用两个独立的 PID 控制器计算合适的电机 PWM 信号，每个电机一个。

- diffbot_bringup：启动文件以打开硬件驱动节点（摄像头、激光雷达、微控制器等）以及来自 diffbot_base 包的 C++ 节点。
- diffbot_control：用于对在 Gazebo 下仿真的机器人以及真实机器人的 ROS Control 的 DiffDriveController 和 JointStateController 的配置。在这个包中的启动文件的帮助下，将参数配置加载到参数服务器上。
- remo_description：这个包包含了 Remo 的 URDF 及其传感器描述。它使你可以传递参数来可视化不同类型的摄像机和 SBC。它还定义了 gazebo_ros_control 插件。Remo 的描述基于 https://github.com/ros-mobile-robots/mobile_robot_description 上的描述，它提供了一个模块化的 URDF 结构，使读者能够更容易地构建自己的差速驱动机器人模型。
- diffbot_gazebo：针对 Remo 和 Diffbot 的特定模拟启动和配置文件，将在 Gazebo 仿真器中使用。
- diffbot_msgs：特定于 Remo 和 Diffbot 的消息定义，例如，编码器数据的消息定义在这个包中。
- diffbot_navigation：这个包包含所有 ROS Navigation Stack 工作所需的配置和启动文件。
- diffbot_slam：同步定位与地图构建的配置，使用诸如 gmapping 的实现来创建环境地图。

在概述了满足 Navigation Stack 要求的差速驱动机器人的 ROS 包之后，下一节将实现基本控制器组件。

11.3 为差速驱动机器人开发底层控制器和 ROS Control 高级硬件接口

在接下来的两节中，将开发 Navigation Stack 中提到的基本控制器。对于 Remo，这个特定平台的节点将被拆分为两个软件组件。

第一个组件是 diffbot::DiffBotHWInterface，它继承自 hardware_interface::RobotHW，充当机器人硬件和 ROS Control 包之间的接口，ROS Control 包与 Navigation Stack 通信，并提供 diff_drive_controller（http://wiki.ros.org/diff_drive_controller）——来自 ROS Control 的可用控制器之一。通过 gazebo_ros_control 插件，可以在仿真和真实机器人中使用相同的控制器（包括其配置）。ROS Control 在模拟和现实世界中的概述如图 11.4 所示（http://gazebosim.org/tutorials/?tut=ros_control）。

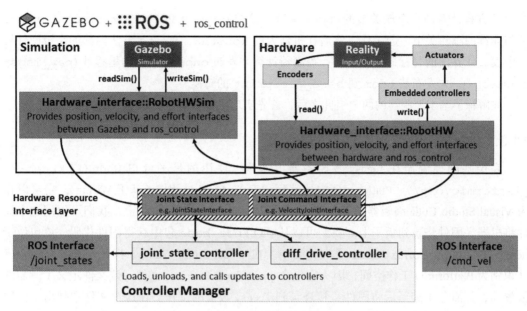

图 11.4　仿真和现实中的 ROS Control

第二个组件是底层基础控制器，它测量角度轮关节的位置和速度，并将来自高级接口的命令应用到轮关节。两个组件之间的通信如图 11.5 所示。

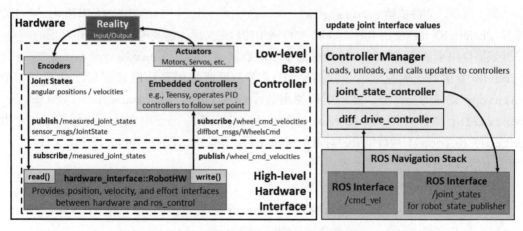

图 11.5　底层控制器与高级硬件接口框图（ROS Control）

底层基础控制器使用两个 PID 控制器，根据测量到的车轮速度与目标车轮速度之间的误差计算每个电机的 PWM 信号。

RobotHW 接收测量到的关节状态 [角位置 (rad) 和角速度 (rad/s)]，并据此更新其关节值。有了这些测量的速度和从 Navigation Stack 获得的所需命令速度（cmd_vel 主题上的 geometry_msgs/Twist message），diff_drive_controller 使用微分驱动机器人的数学方程计算两个车轮关节的目标角速度。该控制器通过 `VelocityJointInterface` 类与连续的车轮关节一起工作。然后在机器人的 `RobotHW::write` 方法内部的高级硬件接口中发布计算出的目标命令。此外，控制器计算并发布 odom 主题上的里程计 (nav_msgs/odometry)，并发布从 odom 到 base_footprint 的转换。

在解释了基本控制器的两个组件之后，首先实现底层基本控制器。

11.3.1　为 Remo 实现底层基本控制器

底层基础控制器在 Teensy 微控制器上实现，使用的是平台 PlatformIO（https://platformio.org/）。PlatformIO 中的编程语言与 Arduino 相同（基于 Wiring），它可以作为 Visual Studio Code 编辑器的插件使用，详见第 16 章。在开发 PC 上，我们可以用这个插件将机器人固件烧录到板子上。我们可以从 diffbot_base 包中获得固件代码，该包位于 scripts/base_controller 子文件夹中。在 Visual Studio Code 中打开这个文件夹会将其识别为 PlatformIO 工作空间，因为它包含 platformio.ini 文件。该文件定义了所需的依赖项，并简化了编译后将固件直接烧录到 Teensy 板上的工作。在这个文件中列出了使用的库：

```
lib_deps = frankjoshua/Rosserial Arduino Library@^0.9.1
           adafruit/Adafruit Motor Shield V2 Library@^1.0.11
           Wire
```

如上所示，固件依赖于 rosserial、Adafruit Motor Shield V2 库和 Wire（I2C 库）。PlatformIO 允许使用本地 ./lib 文件夹中的自定义库，这些库是在本节中开发的。

该固件用于从编码器和 IMU 传感器中读取数据，并从高级 hardware_interface::RobotHW 类接收车轮速度命令，详见 11.3.2 节。下面的代码片段是底层基础控制器的 main.cpp 文件的一部分，显示了所使用的库可以在 diffbot_base/scripts/base_controller 文件夹下的 lib 和 src 子文件夹中找到。src 中包含 main.cpp，它由 setup() 和 loop() 函数组成，对每个 Arduino 草图都是通用的，并包含以下头文件：

```
#include <ros.h>
#include "diffbot_base_config.h"
```

除了 ros 头文件，它还包括特定于 Remo 的定义，这些定义在 diffbot_base_config.h 头文件中定义。它包含常量参数值，例如：

- **编码器引脚**：定义霍尔效应传感器连接到 Teensy 微控制器上的引脚。
- **电机 I2C 地址和引脚**：Adafruit 电机驱动器可以驱动四个直流电机。为便于电缆管理，左右电机分别使用电机端子 M3 和 M4。
- **PID**：base_controller 的两个 PID 控制器的调优常数。
- **PWM_MAX 和 PWM_MIN**：可发送到电机驱动器的最小 PWM 和最大 PWM 的可能值。
- **更新速率**：定义 base_controller 函数的执行频率。例如，底层基本控制器代码的控制部分以特定的速率读取编码器值并写入电机命令。

在包含了特定的 Remo 定义之后，接下来是 lib 文件夹中的自定义库：

```
#include "base_controller.h"
#include "adafruit_feather_wing/adafruit_feather_wing.h"
```

这些包含的头文件和附带的库介绍如下：

- base_controller：定义 BaseController 模板类，定义在 base_controller.h 头文件中，并作为主类来管理两个电机和每个电机的编码器，并与高级硬件接口通信。

- motor_controller_intf：这个库间接包含在 adafruit_feather_wing.h 中，并定义了一个抽象基类，名为 MotorControllerIntf。它是一个通用接口，用于使用任意电机驱动器操作单个电机。这意味着由其他特定的电机控制器子类实现，从而避免在知道 MotorControllerIntf 接口并调用其 setSpeed(int value) 方法（例如 BaseController）的类中更改代码。要使其工作，唯一的要求是一个子类从这个 MotorControllerIntf 接口继承并实现 setSpeed(int value) 类方法。

- adafruit_feather_wing：这个库位于 motor_controllers 文件夹，实现了 MotorControllerIntf 抽象接口类，并定义了一个具体的电机控制器。对于 Remo，电机控制器定义在 AdafruitMotorController 类中。该类可以访问电机驱动板，并用于操作单个电机的速度，这就是要在 main.cpp 文件中创建两个实例的原因。

- encoder：这个库在 BaseController 类中使用，基于 https://www.pjrc.com/teensy/td_libs_Encoder.html 中 的 Encoder.h，它允许从类似 DG01D-E 电机组成的积分编码器中读取编码器的 tick 计数。encoder 库还提供了一个 jointState() 方法来直接获取关节状态，该状态由该方法在 JointState 结构中返回，Jointstate 结构由车轮关节的实测角位置（rad）和角速度（rad/s）组成：

```
diffbot::JointState diffbot::Encoder::jointState() {
long encoder_ticks = encoder.read();
ros::Time current_time = nh_.now();
ros::Duration dt = current_time - prev_update_time_;
double dts = dt.toSec();
double delta_ticks = encoder_ticks - prev_encoder_ticks_;
double delta_angle = ticksToAngle(delta_ticks);
joint_state_.angular_position_ += delta_angle;
joint_state_.angular_velocity_ = delta_angle / dts;
prev_update_time_ = current_time;
prev_encoder_ticks_ = encoder_ticks;
return joint_state_;
}
```

- pid：定义了一个 PID 控制器，该控制器基于测量得到的轮关节速度与指定的轮关节速度之差来计算 PWM 信号。

通过对这些库的了解，我们可以查看 main.cpp 文件。在它内部，只有几个全局变量来保持代码的组织，并使得能够对单个组件进行测试。下面对主要代码进行解释：

1. 首先，定义全局 ROS 节点句柄，它在其他类中被引用，例如，BaseController 使用 ROS::NodeHandle::now() 来发布、订阅或获取当前时间，以跟踪更新速率：

```
ros::NodeHandle nh;
```

2. 为了方便和保持代码的组织，我们声明想要使用 diffbot 命名空间，基本控制器的库声明如下：

```
using namespace diffbot;
```

3. 接下来，我们在 motor_controllers 库中定义两个具体的 AdafruitMotorController 类型的电机控制器：

```
AdafruitMotorController motor_controller_right =
AdafruitMotorController(3);
AdafruitMotorController motor_controller_left =
AdafruitMotorController(4);
```

这个类继承自抽象基类 MotorControllerIntf，如上所述。它知道如何使用开源的 Adafruit_MotorShield 库（https://learn.adafruit.com/adafruit-stepper-dc-motor-featherwing/library-reference）连接到 Adafruit 电机驱动程序，以及如何获得指向其中一个直流电机（getMotor(motor_num)）的 C++ 指针。根据 AdafruitMotorController::setSpeed(int value) 的整数输入值，命令直流电机以指定的速度和特定的方向旋转。对于 Remo，范围在 −255 和 255 之间，由 PWM_MAX 和 PWM_MIN 标识符指定。

4. 在 main 中全局定义的下一个类是 BaseController，它合并了大部分主日志：

```
BaseController<AdafruitMotorController, Adafruit_
MotorShield> base_controller(nh, &motor_controller_left,
&motor_controller_right);
```

正如读者所看到的，它是一个模板类，接受不同类型的电机控制器（TMotor-Controller，在 Remo 下等同于 AdafruitMotorController），这些控制器使用 MotorControllerIntf 接口在不同的电机驱动器（TMotorDriver，它等于 Adafruit_Motorshield）上操作。BaseController 构造函数引用全局定义的 ROS 节点句柄和两个电机控制器，设置通过两个独立的 PID 控制器计算的命令速度，两个独立的 PID 控制器对应于每个车轮。除了设置指向电机控制器的指针之外，BaseController 类还初始化 diffbot::Encoder 类型的两个实例。测量得到的关节状态，从 diffbot::Encoder::jointState() 返回，与 diffbot::PID

控制器中的轮关节速度命令一起使用，用于计算两个速度之差，从而为电机输出适当的 PWM 信号。

定义了全局实例之后，接下来讨论固件的 `setup()` 函数。

底层的 `BaseController` 类使用 ROS 发布器和订阅器与高级 `DiffBotHWInterface` 接口通信。这些是在 `Basecontroller::setup()` 方法中设置的，该方法在 `main.cpp` 的 `setup()` 函数中调用。此外，`BaseController::init()` 方法在这里读取存储在 ROS 参数服务器上的参数，例如车轮半径以及车轮之间的距离。除了初始化 `BaseController`，还配置了电机驱动的通信频率：

```
void setup() {
  base_controller.setup();
  base_controller.init();
  motor_controller_left.begin();
  motor_controller_right.begin();
}
```

电机控制器的 `begin(uint16_t  freq)` 方法必须在主 `setup()` 函数中显式调用，因为 `MotorControllerIntf` 不提供 `begin()` 或 `setup()` 方法。这是一个设计上的选择，如果将相应的方法添加到 `MotorControllerIntf` 之中，将降低 `MotorControllerIntf` 的通用性。

在 `setup()` 函数之后，下面介绍 `loop()` 函数，该函数定义在 `diffbot_base_config.h` 头文件中，以特定的速率从传感器读取并写入执行器。这些读 / 写功能发生的时机记录保存在 `BaseController` 类的 `lastUpdateRates` 结构中。从编码器读取和写入电机命令发生在与 `control` 速率相同的代码块中：

```
void loop() {
ros::Duration command_dt = nh.now() - base_controller.
lastUpdateTime().control;
if (command_dt.toSec() >= ros::Duration(1.0 / base_controller.
publishRate().control_, 0).toSec()) {
  base_controller.read();
  base_controller.write();
  base_controller.lastUpdateTime().control = nh.now();
}
```

该代码块通过以下步骤以控制速率连续执行：

1. 编码器传感器值是通过 `BaseController::read()` 方法读取的，数据在高级 `Diffbot HWInterface` 类的方法中发布，它位于消息类型 `sensor_msgs::JointState` 的 `measured_joint_states` 主题上。

2. `BaseController` 类订阅 `diffbotHWinterface`，在 `BaseController::command-dCallback(const  diffbot_msgs::WheelsCmdStamped&)` 回调方法中接收车轮

关节速度 (wheel_cmd_velocity, 类型为 diffbot_msgs::WheelsCmdStamped topic) 命令。在 BaseController::read() 中, 调用 PID 从速度之差中计算电机 PWM 信号, 并通过两个电机控制器设置电机速度。

3. 为了以所需的控制速率继续调用此方法, lastUpdateTime().control 变量随当前时间更新。

在介绍了上述控制循环更新代码块之后, 如果使用了 IMU, 则可以在 imu 上读取它的数据并发布给一个节点, 该节点将数据与编码器里程计融合, 以获得更精确的里程计。最后, 在主 loop() 中, 所有在 ROS 回调队列中等待的回调函数都通过调用 nh.spinonce() 进行处理。

以上描述了底层基本控制器的相关实现。有关更多细节和完整的库代码, 请参考 diffbot_base/scripts/base_controller 包。下一节将描述 diffbot::DiffBotHWInterface 类的内容。

11.3.2　用于差速驱动机器人的 ROS Control 高级硬件接口

ros_control (http://wiki.ros.org/ros_control) 元包包含了 hardware_interface::RobotHW 硬件接口类, 我们需要实现这个类以使用 ros_controllers 元包中的许多可用控制器。首先, 我们来看一下实例化并使用硬件接口的 diffbot_base 节点:

1. diffbot_base 节点包括 diffbot_hw_interface.h 头文件以及在 controller_manager.h 中定义的 controller_manager, 用于创建控制循环 (读、更新和写):

```
#include <ros/ros.h>
#include <diffbot_base/diffbot_hw_interface.h>
#include <controller_manager/controller_manager.h>
```

2. 在这个 diffbot_base 节点的主函数内部, 我们定义了 ROS 节点句柄和硬件接口 (diffbot_base::DiffBotHWInterface), 并将它传递给 controller_manager, 这样就有了访问其资源的权限:

```
ros::NodeHandle nh;
diffbot_base::DiffBotHWInterface diffBot(nh);
controller_manager::ControllerManager cm(&diffBot);
```

3. 接下来, 设置一个单独的线程, 用于为 ROS 回调提供服务。由于服务回调可以阻塞控制循环, 因此该过程需要在一个单独的线程中运行 ROS 循环:

```
ros::AsyncSpinner spinner(1);
spinner.start();
```

4. 然后, 定义高级硬件接口的控制循环应该以什么速率运行。对于 Remo, 我们选择 10Hz:

```
ros::Time prev_time = ros::Time::now();
ros::Rate rate(10.0); rate.sleep(); // 10 Hz rate
```

5. 在 `diffbot_base` 节点的阻塞 while 循环中，我们做基本的簿记来获取系统时间以计算控制周期：

```
while (ros::ok()) {
  const ros::Time time = ros::Time::now();
  const ros::Duration period = time - prev_time;
  prev_time = time;
```

6. 接下来，我们执行控制循环步骤：读取、更新和写入。`read()` 方法获取传感器值，而 `write()` 写入由 `diff_drive_controller` 在 `update()` 步骤中计算的命令：

```
diffBot.read(time, period);
cm.update(time, period);
diffBot.write(time, period);
```

7. 使用 `rate.sleep()` 以指定的速率重复这些步骤。

在定义了运行 `diffbot_base` 节点的主控制循环的代码之后，我们将看一看 `diffbot::DiffBotHWInterface` 的实现，它是 `hardware_interface::RobotHW` 的子类。有了它，我们可以注册硬件并实现 `read()` 和 `write()` 方法。

`diffbot::DiffBotHWInterface` 类的构造函数用于从参数服务器获取参数，例如从 `diffbot_control` 包获取 `diff_drive_controller` 配置。在构造函数内部，初始化车轮命令发布器和关节状态测量订阅器。另一个发布器是 `pub_reset_encoders_`，它在 `isReceivingMeasuredJointStates` 方法中使用，其功能是从底层基础控制器接收到测量的关节状态后，将编码器刻度重置为零。

在构造 `DiffBotHWInterface` 之后，我们为每个可控关节创建 `JointStateHandles` 类（仅用于读取）和 `JointHandle` 类（用于读和写）的实例，并分别将它们注册到 `JointStateInterface` 和 `VelocityJointInterface` 接口。这使 `controller_manager` 能够管理对多个控制器的关节资源的访问。Remo 使用 `DiffDriveController` 和 `JointStateController`：

```
for (unsigned int i = 0; i < num_joints_; i++) {
hardware_interface::JointStateHandle joint_state_handle(
  joint_names_[i], &joint_positions_[i],
  &joint_velocities_[i], &joint_efforts_[i]);
joint_state_interface_.registerHandle(joint_state_handle)
hardware_interface::JointHandle joint_handle(
  joint_state_handle, &joint_velocity_commands_[i]);
velocity_joint_interface_.registerHandle(joint_handle);
}
```

初始化硬件资源的最后一步是将 `JointStateInterface` 和 `VelocityJointInterface` 接口注册到机器人硬件接口本身，从而将这些接口组合在一起来表示软件中的 Remo 机器人：

```
registerInterface(&joint_state_interface_);
registerInterface(&velocity_joint_interface_);
```

我们已经注册了硬件关节资源，并且控制器管理器知道了它们，下面就可以调用硬件接口的 read() 和 write() 方法了。控制器管理器在读和写步骤之间进行更新。

Remo 订阅由底层基础控制器发布的 measured_joint_states 主题。该主题接收的消息使用 measuredJointStateCallback 方法存储在 diffbot_base::JointState 类型的 measured_joint_states_ 数组中，并与 read() 方法相关：

1. read() 方法在这里用编码器的当前传感器读数更新测量的关节值——角位置（rad）和速度（rad/s）：

```
void DiffBotHWInterface::read() {
for (std::size_t i = 0; i < num_joints_; ++i) {
joint_positions[i]=measured_joint_states[i].angular_position;
joint_velocity[i]=measured_joint_states[i].angular_velocity; }
```

2. 控制循环的最后一步是调用 DiffBotHWInterface 类的 write() 方法来发布每个关节的车轮角速度命令，由 diff_drive_controller 计算：

```
void DiffBotHWInterface::write() {
  diffbot_msgs::WheelsCmdStamped wheel_cmd_msg;
    for (int i = 0; i < NUM_JOINTS; ++i) {
wheel_cmd_msg.wheels_cmd.angular_velocities.joint.push_
back(joint_velocity_commands_[i]); }
pub_wheel_cmd_velocities_.publish(wheel_cmd_msg); }
```

在这种方法中，由于模型的不完善和车轮半径的细微差异，它是有可能纠正转向偏移的。

以上内容总结了 DiffBotHWInterface 类的重要部分，并使 Remo 能够满足与 ROS 导航软件包集一起工作的需求。在下一节中，我们将研究如何启动机器人硬件，以及启动的节点如何相互交互。

11.3.3 Remo 机器人的 ROS 节点和主题概述

下面的启动文件将启动硬件节点，将机器人描述加载到参数服务器上，启动 diff_drive_controller，并开始使用 tf 发布转换信息。使用以下命令在机器人的 SBC 上运行该启动文件：

```
roslaunch diffbot_bringup bringup.launch model:=remo
```

在开发 PC 上，读者可以使用 teleop 节点操纵机器人。运行以下命令实现：

```
roslaunch diffbot_bringup keyboard_teleop.launch
```

使用 rosnode list 命令将显示以下已启动节点列表：

```
/diffbot/controller_spawner
```

```
/diffbot/diffbot_base
/diffbot/robot_state_publisher
/diffbot/rosserial_base_controller
/diffbot_teleop_keyboard
/rosout
```

为了启动 RPLIDAR 激光扫描仪，我们使用了机器人上的 diffbot_bringup 包中的 bringup_with_laser.launch 启动文件。这将在 /diffbot/rplidarNode 主题上发布激光扫描信息。图 11.6 显示了已启动的节点和主题。

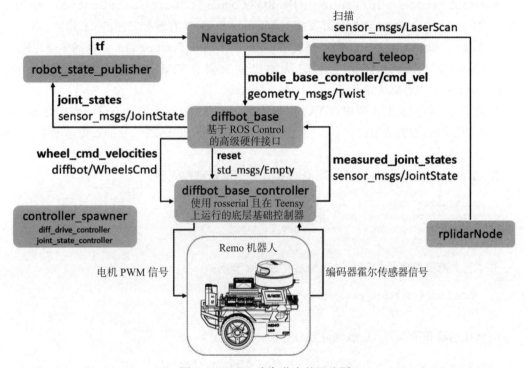

图 11.6　Remo 中各节点的互连图

这个启动文件运行的节点及其工作原理如下。

- rosserial_base_controller：Teensy MCU 与 SBC 的 rosserial 接口。该接口充当了 Teensy 的 ROS 驱动程序，以及机器人硬件和使用 ROS 主题的高级硬件接口之间的桥梁。该节点从连接到 Teensy 的传感器读取传感器值，并使用两个 PID 控制器将电机命令写入电机。它将传感器数据发布到主题（measured_joint_states）中，并订阅 wheel_cmd_velocity 主题（该主题由 diffbot_base 节点发布）上的车轮命令。
- diffbot_base：运行 DiffBotHWInterface 和 controller_manager，后者访问机器人硬件，并使用 diffbot_control 包中的参数生成 diff_drive_

controller。另一个生成的控制器是 JointStateController，它不控制任何
东西，但可以访问关节状态，并将关节状态发布到 sensor_msgs/JointState 类
型的 joint_states 主题上。该节点从遥控节点或 Navigation Stack 订阅 cmd_vel
主题（geometry_msgs/Twist），将消息转换为车轮角速度（rad/s）并将其发布到
wheel_cmd_velocity 主题（diffbot_msgs::WheelsCmdStamped），其中包
含了每个车轮的目标角速度。此外，diff_drive_controller 基于关节状态值计
算里程计。

- robot_state_publisher：订阅 ROS Control 的 JointStateController 发布
  的 joint_states 主题，并发布 Navigation Stack 所有链接之间的 tf 转换。diff_
  drive_controller 控制器只发布 odom 和 base_footprint 之间的单一转换。

bringup.launch 包括包中的其他启动文件，如 diffbot_base 和 remo_
description。内容总结如下：

1. 为了将不同的机器人描述加载到 ROS 参数服务器中，这个启动文件需要接受 model
   参数，默认设置为 diffbot。对于 Remo，需要将 model:= remo 传递给 launch
   命令。

2. 运行 rosserial，连接到 Teensy MCU 并启动基础控制器：

```
<node name="rosserial_base_controller" pkg="rosserial_
python" type="serial_node.py" respawn="false"
output="screen" args="_port:=/dev/ttyACM0 _
baud:=115200"/>
```

3. 运行具有高级硬件接口的 diffbot_base 节点：

```
<node name="diffbot_base" pkg="diffbot_base"
type="diffbot_base" output="screen"/>
```

4. 将控制器和基本配置加载到参数服务器：

```
<rosparam command="load" file="$(find diffbot_control)/
config/diffbot_control.yaml"/>
<rosparam command="load" file="$(find diffbot_base)/
config/base.yaml"/>
```

5. 在加载了控制器配置之后，加载控制器本身：

```
<node name="controller_spawner" pkg="controller_
manager" type="spawner" respawn="false" output="screen"
args="joint_state_controller mobile_base_controller"/>
```

6. 运行 robot_state_publisher 节点，读取 ROS Control 的 joint_state_controller
   发布的关节状态并发布 tf 转换：

```
<node name="robot_state_publisher" pkg="robot_state_
publisher" type="robot_state_publisher" output="screen"
ns="diffbot" />
```

在运行 `bringup.launch` 后，我们可以使用以下命令在 RViz 中可视化机器人：

```
roslaunch diffbot_bringup view_diffbot.launch model:=remo
```

上述命令将打开 RViz，我们将看到机器人模型。接下来，启动键盘控制节点 `teleop`：

```
roslaunch diffbot_bringup keyboard_teleop.launch
```

使用终端显示的按键即可控制移动机器人，我们可以在 RViz 中观察移动和里程计数值，如图 11.7 所示。

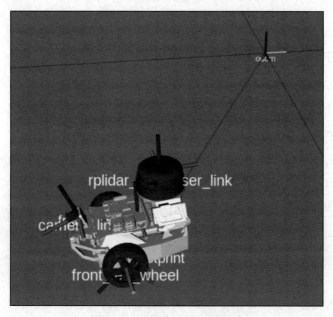

图 11.7 可视化机器人里程计

到目前为止，我们已经讨论了 ROS 中的 Remo 接口。C++ 代码保持模块化，并且使用了许多可用的官方 ROS 包，大部分来自 ROS Control。这些功能包提供了开箱即用的差速驱动运动学代码，并满足 ROS Navigation Stack 接口的需求。我们接下来要做的就是编写高级代码和低级代码。

11.4 配置和使用 Navigation Stack

在创建硬件接口和底层控制器之后，我们需要配置 Navigation Stack 来执行 SLAM 和**自适应蒙特卡罗定位（Adaptive Monte Carlo Localization，AMCL）**以构建地图、定位机器人并执行自主导航。在第 6 章中，我们看到了 Navigation Stack 中的基本功能包。为了构建环境地图，我们将配置 gmapping 和 `move_base`，以及全局规划器和局部规划器以及全局代价地图和局部代价地图。为了实现定位，我们将配置 amcl 节点。首先介绍 gmapping 节点的相关内容。

11.4.1 配置 gmapping 节点并创建地图

gmapping 是执行 SLAM 的包（http://wiki.ros.org/gmapping）。Remo 的 gmapping 节点参数保存在 diffbot_slam/config/gmapping_params.yaml 中，通过 diffbot_slam/launch/diffbot_gmapping.launch 加载。微调参数能够提高 gmapping 节点的精度。例如，减少 delta 以获得更好的地图分辨率。要了解更多细节，请参见第 6 章。

11.4.2 使用 gmapping 节点

要使用 gmapping，首先需要运行机器人硬件。为此，通过以下命令在真正机器人的 SBC 上启动以下文件：

```
roslaunch diffbot_bringup bringup_with_laser.launch model:=remo
```

上述命令将初始化硬件接口和底层基础控制器，并运行 rplidar 节点，激光仪将开始旋转，并在 diffbot/scan 主题上传输激光扫描信息。然后，在开发 PC 上使用以下命令启动 gmapping 节点：

```
roslaunch diffbot_slam diffbot_slam.launch
```

它将启动 gmapping 节点及其配置，并打开 RViz，在 RViz 中我们可以看到地图构建过程，如图 11.8 所示。

我们现在可以启动一个 teleop 节点，从而控制机器人移动，进而构建环境地图。下面的命令将启动 teleop 节点来移动机器人：

```
roslaunch diffbot_bringup keyboard_teleop.launch
```

完成地图构建过程后，我们使用以下命令保存地图：

```
rosrun map_server map_saver -f ~/room
```

ROS 中的 map_server 包包含 map_server 节点，该节点以 ROS 服务的形式提供当前地图数据。它提供了一个名为 map_saver 的命令程序，用于帮助保存地图。当前地图以两个文件的形式保存在用户的主文件夹下，两个文件分别为 room.pgm 和 room.yaml。第一个是地图数据，另一个是它的元数据，其中包含地图文件的名称及其参数。详情请参见 http://wiki.ros.org/map_server。

在构建环境地图之后，下一步是实现定位和导航。在开始 AMCL 节点之前，我们将在下一节首先介绍 move_base 的内容。

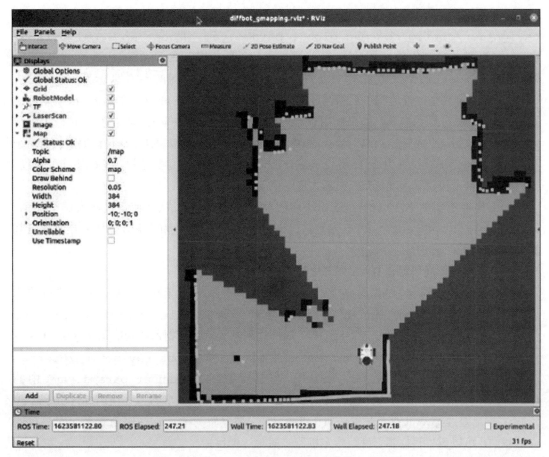

图 11.8　在 RViz 中使用 gmapping 构建一个地图

11.4.3　配置 move_base 节点

对于 move_base 节点，我们需要一同配置全局规划器和局部规划器，以及全局代价地图和局部代价地图。使用以下启动文件来加载这些配置参数：`diffbot_navigation/launch/move_base.launch`。

下面我们简要概述每个配置文件及其参数。

local_costmap 和 global_costmap 节点的公共配置

costmap 是基于机器人周围的障碍物创建的。对参数进行微调可以提高地图的精度。`diffbot_navigation/config` 文件夹中的自定义文件 `costmap_common_params.yaml` 包含全局代价地图和本地代价地图的公共参数，如障碍物的 `obstacle_range`、`raytrace_range`、`inflation_radius` 等参数以及机器人的轨迹。此外它还指定了 `observation_sources` 参数。要得到一个可用的局部代成本图，需要设置正确的激光扫描信息主题。所有参数请参见 `http://wiki.ros.org/costmap_2d/flat`。

下面是构建全局代价地图和局部代价地图所需的主要配置。参数的定义可以在 `diffbot_navigation/config/costmap_global_params.yaml` 和 `costmap_local_params.yaml` 中找到。两个代价地图的 `global_frame` 参数都是 `map`。`robot_base_frame` 参数是 `base_footprint`，它是相对于机器人底座的代价地图的参考坐标系。`update_frequency` 参数是代价地图主更新循环的运行频率，而 `publishing_frequency` 则被设置为 10Hz 以发布显示信息。如果使用现有地图，则将 `static_map` 设置为 `true`，否则将其设置为 `false`。对于 `global_costmap`，它被设置为 `true` 以表征全局代价地图，而对于局部代价地图，则被设置为 `false`。`transform_tolerance` 参数是执行坐标转换的速度。如果坐标转换不按这个速度更新，机器人将停止运动。

局部代价地图的 `rolling_window` 参数被设置为 `true`，从而使得机器人居中显示。`width`、`height` 和 `resolution` 参数是代价地图的宽度、高度和分辨率。下一步是配置基本局部规划器。

配置基本局部规划器和 DWA 局部规划器的参数

基本局部规划器和 DWA 局部规划器是类似的，具有几乎相同的参数。我们可以使用 `diffbot_navigation/launch/diffbot_navigation.launch` 的 `local_planner` 参数为机器人使用基本局部规划器或 DWA 局部规划器。这些规划器的功能是计算从 ROS 节点发送的目标的速度命令。Remo 的基本局部规划器配置在 `diffbot_navigation/config/base_local_planner_params.yaml` 中，与 `dwa_local_planner_params.yaml` 中的 DWA 配置一起使用。这些文件包含与速度和加速度限制相关的参数，并使用 `holonomic_robot` 指定差速驱动机器人配置。对于 Remo，它被设置为 `false`，因为它是非完整机器人。我们还可以设置目标容忍度，指定机器人何时达到目标。

配置 move_base 节点参数

`move_base` 节点配置定义在 `move_base_params.yaml` 文件中。该文件定义了一些参数，如 `controller_frequency`，这些参数定义了 `move_base` 节点运行更新循环和发送速度命令的速率。我们还定义了 `planner_patience`，这是规划器在进行空间清理操作之前寻找有效路径的等待时间。更多细节请参阅第 6 章以及 `http://wiki.ros.org/move_base` 的相关内容。

11.4.4 配置 AMCL 节点

在本节中，我们将介绍可用的 Remo amcl 启动文件。AMCL 算法使用粒子滤波器来跟踪机器人相对于地图的位姿。该算法在 AMCL ROS 包（`http://wiki.ros.org/amcl`）中实现，该包有一个节点，用于接收激光扫描消息、tf 转换、初始位姿和占据栅格地图。在处理传感器数据之后，它发布 `amcl_pose`、`particlecloud` 和 tf 信息。

用于启动 amcl 的主启动文件叫作 `diffbot_navigation`，该节点在 `diffbot_navigation` 包中。它启动与 amcl 相关的节点，主要包括提供地图数据的地图服务器、执行定位的 amcl 节点，以及从 Navigation Stack 接收的命令中移动机器人的 move_base 节点。

完整的 amcl 启动参数设置在 amcl.launch 文件中。这个启动文件接收的参数是 scan_topic 和初始位姿。如果不给出机器人的初始位姿，粒子将在原点附近。其他参数（如 laser_max_range）将设置为 RPLIDAR 的规格参数。大多数其他参数都接近 ROS wiki（http://wiki.ros.org/amcl）中的默认值。

我们已经讨论了 Navigation Stack、gmapping 和 move_base 节点中使用的参数。现在我们将看到如何围绕现有的地图进行 Remo 的定位与导航。

11.4.5 AMCL 规划

使用以下命令启动机器人硬件节点：

```
roslaunch diffbot_bringup bringup_with_laser.launch model:=remo
```

在开发 PC 上运行 navigation 启动文件和之前从用户的主文件夹中存储的地图文件，使用以下命令：

```
roslaunch diffbot_navigation diffbot_hw.lauch map_file:=/
home/<username>/room.yaml
```

这将启动 RViz 命令机器人移动到地图上的特定位姿，如图 11.9 所示。

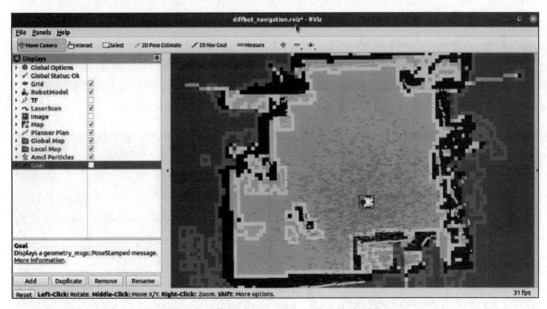

图 11.9 使用 AMCL 进行机器人自主导航

接下来，我们将在 RViz 中看到更多的选项，以及如何在地图上指挥机器人。

2D 位姿估计和 2D 导航目标

RViz 的第一步是在地图上设置机器人的初始位置。如果机器人能在地图上定位自己，就不需要设置初始位置；否则，我们可以使用 RViz 中的 **2D Pose Estimate** 按钮设置位置，如图 11.10 所示。

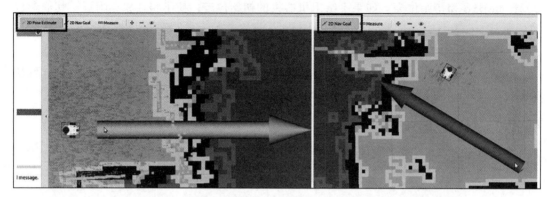

图 11.10   RViz 2D Pose Estimate（左）和 2D Nav Goal（右）按钮

机器人周围的云是 `amcl` 的粒子云。粒子的扩散描述了位置的不确定性。低散布意味着低不确定性，机器人对自己的位置几乎是确定的。设定好位姿后，我们就可以开始规划路径了。

2D Nav Goal 按钮用于通过 RViz 向 `move_base` 节点提供目标位置，并控制机器人移动到该位置。我们可以从 RViz 的顶部面板中选择这个按钮，并通过单击左键将目标位置放置在地图中。

使用 Navigation Stack 避障

Navigation Stack 使机器人在运动过程中能够避开随机障碍物。如图 11.11 所示是一个场景，在机器人计划的路径上放置一个动态障碍。图 11.11 左侧的路径上没有障碍物。当在机器人路径上放置动态障碍时，Navigation Stack 规划出了避开该障碍的路径。

图 11.11   可视化 RViz 中的避障能力

图 11.11 显示了局部代价地图和全局代价地图、激光扫描检测到的真实障碍（用点表示）和膨胀障碍。为了避免与真正的障碍物发生碰撞，根据配置文件中的值，将它们膨胀到距离

真正的障碍物有一定距离，称为膨胀障碍物。机器人只在膨胀障碍物之外规划一条路径。膨胀是一种避免与真实障碍物发生碰撞的技术。

在图 11.12 中，我们可以看到全局、局部和规划器的规划路径。

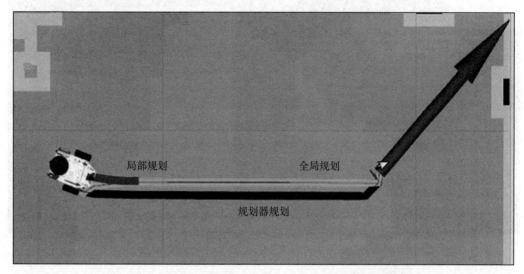

图 11.12　在 RViz 中可视化全局、局部和规划器的规划路径

规划器和全局规划代表实现目标的完整计划。局部规划是遵循全局规划的短期计划。如果有任何障碍，可以更改全局规划和规划器规划。规划路径可以使用 RViz 路径显示类型来显示。

到目前为止，我们一直在现实世界中与 Remo 一起工作。接下来，我们将研究可用的仿真环境。

11.4.6　在仿真环境中使用 Remo 机器人

`diffbot_gazebo` 仿真器包可在 `diffbot` 存储库中获得。有了它，我们可以在 Gazebo 中仿真机器人，而不是从硬件设备的 `diffbot_bringup` 启动 `bringup.launch`。我们可以使用以下命令启动示例，该示例使用 `diffbot` 世界为机器人构建更复杂的仿真环境：

```
roslaunch diffbot_navigation diffbot.launch model:=remo
```

上述命令将从 `diffbot_navigation/maps` 文件夹加载以前存储的地图，打开 Gazebo 仿真器，它将从 `diffbot_gazebo/worlds` 文件夹加载 `db_world.world` 世界地图，同时将会出现一个 `robot_rqt_steering` 窗口。通过该窗口，读者就可以手动操纵 Remo 了。启动命令还会打开 RViz，如图 11.13 所示，在这里可以使用工具栏中的导航工具让机器人自主导航，就像我们对真正的机器人所做的那样。

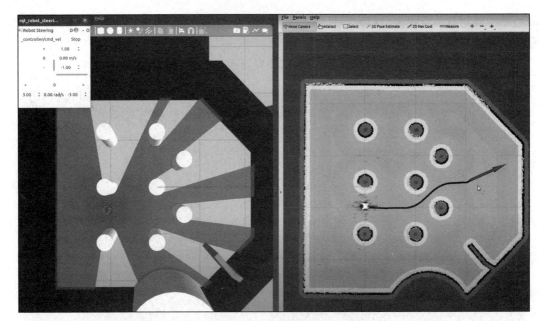

图 11.13　在仿真的 diffbot 世界中导航 Remo

其他操作（如 SLAM 和 AMCL）具有与我们对硬件所遵循的相同的过程。以下启动文件用于在仿真中执行 SLAM 和 AMCL：

1. 为了在仿真环境中运行 SLAM，我们首先启动 Gazebo 和 diffbot 世界：

```
roslaunch diffbot_gazebo diffbot.launch model:=remo
```

2. 在新的终端中运行 SLAM gmapping：

```
roslaunch diffbot_slam diffbot_slam.launch slam_
method:=gmapping
```

3. 用已经打开的 rqt_robot_steering 窗口手动操纵机器人，或者运行 teleop 键盘控制节点，用按键控制机器人移动：

```
roslaunch diffbot_bringup keyboard_teleop.launch
```

4. 移动机器人后，我们可以保存生成的地图：

```
rosrun map_server map_saver -f /tmp/db_world
```

然后可以在仿真环境中使用创建的地图。为此，我们只需要将地图文件和世界文件传递给 diffbot_navigation/launch/diffbot.launch 启动文件。完整命令的示例如下：

```
roslaunch diffbot_navigation diffbot.launch model:=remo
world_name:='$(find diffbot_gazebo)/worlds /turtlebot3_
world.world'
map_file:='$(find diffbot_navigation)/maps/map.yaml'
```

上述命令就结束了在 Gazebo 中对 Remo 的仿真，并将使用启动文件在 diffbot 世界中基于现有的地图实现自主导航。我们还看到了 diffbot 世界的地图构建过程。这个过程可以用来对新的仿真环境进行地图构建，并可在使用 `diffbot_navigation` 包中的启动文件之后自主地驱动 Remo 机器人实现导航。

11.5　总结

在本章中，我们介绍了如何将 DIY 自主移动机器人与 ROS 和 Navigation Stack 连接起来。在介绍了机器人和必要的组件与连接图之后，我们查看了机器人固件及其代码，并了解了如何将其烧录到真正的机器人中。之后，我们学习了如何通过开发硬件接口，使用 ROS Control 包将其与 ROS 连接。使用 `diff_drive_controller` 可以很容易地将 `twist` 消息转换为电机速度，将编码器刻度转换为 `odom` 和 `tf`。ROS Control 也可以通过 `gazebo_ros_control` 插件进行仿真。在讨论了这些节点之后，我们看了 ROS Navigation Stack 的配置，介绍了 gmapping 和 AMCL 的操作步骤，并演示了如何在 Navigation Stack 中使用 RViz。我们还介绍了使用 Navigation Stack 实现障碍规避，并介绍了如何在仿真环境下操作 Remo。下一章将介绍 `pluginlib`、`nodelets` 和 Gazebo 插件。

以下是基于本章内容的一些问题。

11.6　问题

- 使用 ROS Navigation Stack 的基本要求是什么？
- ROS Control 有什么好处？
- 实现 ROS Control 硬件接口的步骤是什么？
- 使用 ROS Navigation Stack 的主要配置文件是什么？
- 发送目标位姿到 Navigation Stack 的方法是什么？

第四部分
高级 ROS 编程

本部分包括第 12 ～ 16 章，我们将讨论 ROS 的高级概念。该部分有助于读者构建高级概念的原型，如控制器、插件以及 ROS 与第三方应用程序（如 MATLAB）的接口。

第 12 章
使用 pluginlib、nodelet 和 Gazebo 插件

在第 11 章中，我们讨论了移动机器人与 ROS Navigation Stack 的接口和仿真。在本章中，我们将了解 ROS 中的一些高级概念，如 ROS pluginlib、nodelet（小节点）和 Gazebo 插件。我们将讨论每个概念的功能和应用程序，并通过一个示例演示其工作原理。在前面的章节中，我们已经使用 Gazebo 插件获取了 Gazebo 仿真器中的传感器数据和机器人行为数据。在本章中，我们将学习如何创建一个这样的插件。我们还将讨论一种改进的 ROS 节点，称作 ROS 小节点。ROS 中的这些功能是使用 pluginlib 的插件架构实现的。

12.1 理解 pluginlib

在计算机领域，插件是很常用的术语。插件是一种模块化的软件，可以在现有应用软件的基础上增加一些新的功能。插件的优点是我们不需要在主应用中编写所有功能。相反，我们只需要在主应用中建立一个软件架构，并能接受新的插件。通过这种方法，我们可以任意扩展软件功能。

我们也需要为自己的机器人应用安装一些插件，当我们开始为机器人开发复杂的 ROS 应用程序时，插件将是我们扩充应用功能的一个不错的选择。

ROS 系统提供了 pluginlib 插件框架，该框架可以动态地加载或卸载插件。插件可以是一个库，也可以是一个类。pluginlib 代表一组 C++ 库，该库可以帮助我们编写插件，也可以在需要时加载或卸载某一插件。

插件文件是一组运行时库，例如共享对象库（.so）或动态链接库（.dll），这些库是在不链接到主应用程序代码的情况下编译生成的。插件是与主应用软件没有任何依赖项的独立实体。

插件的主要优点是我们可以在不对主应用代码做太多修改的情况下扩展应用软件的功能。

我们可以使用 pluginlib 创建一个简单的插件，并且可以看到使用 ROS pluginlib 创建一个插件所涉及的所有步骤。

在这里，我们将使用 pluginlib 创建一个简单的计算器应用。我们通过使用插件来增加计算器的各个功能。

使用 pluginlib 为计算器创建插件

与编写一段简单的代码相比，使用插件创建一个计算器应用是一项略微烦琐的任务。然而，此示例的主要目的是展示如何在不修改主应用代码的情况下为计算器添加新功能。

在本示例中，我们将看到一个计算机应用程序，它可以加载插件来执行每项功能。在这里，我们只实现了它的主要功能，如加法、减法、乘法和除法。我们可以通过为每个操作编写单独的插件来扩展其功能。

在继续创建插件定义之前，我们可以参考一下在 `pluginlib_calculator` 文件夹中的计算器代码。

我们将创建一个名为 `pluginlib_calculator` 的 ROS 软件包来构建这些插件和主计算器应用程序。

图 12.1 显示了如何在 `pluginlib_calculator` ROS 软件包中组织计算器插件和应用程序。

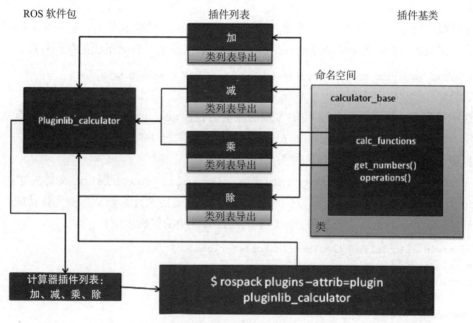

图 12.1 计算器应用程序中的插件结构

我们可以看到一个计算器插件列表和一个名为 `CalcFunctions` 的插件基类。该插件基类实现了这些插件所需的通用功能。

这就是我们创建 ROS 软件包并开始为主计算器应用程序开发插件的方法。

使用 pluginlib_calculator 软件包

为了快速入门，我们可以使用现有的 ROS 插件包 `pluginlib_calculator`。

如果想从头创建这个包，可以使用以下命令：

```
catkin_create_pkg pluginlib_calculator pluginlib roscpp std_
msgs
```

这个包的主要依赖项是 pluginlib。我们可以讨论这个包中用于构建插件的主要源文件。但是，你可以从 Chapter 12/plugins calculator 文件夹中获得插件代码。

克隆存储库之后，可以将每个文件从存储库复制到新软件包中，也可以执行以下步骤来理解插件计算器包中每个文件的功能。

步骤 1：创建 calculator_base 头文件

文件 calculator_base.h 保存在 pluginlib_calculator/include/pluginlib_calculator 文件夹中。该文件的主要用途是声明插件中常用的函数或方法。看看下面的代码片段：

```
namespace calculator_base
{
class CalcFunctions
{
```

在这段代码中，我们声明了一个名为 CalcFunctions 的抽象基类，它封装了插件使用的方法。该类包含在名为 calculator_base 的命名空间中。看看下面的代码片段：

```
virtual void get_numbers(double number1, double number2) = 0;
virtual double operation() = 0;
```

这些是在 CalcFunctions 类中实现的主要方法。get_number() 函数可以检索两个数字作为计算器的输入，而 operation() 函数定义我们想要执行的数学运算。

步骤 2：创建 calculator_plugins 头文件

在 pluginlib_calculator/include/pluginlib_calculator 文件夹中有一个 calculator_plugins.h 文件，这个文件的主要用途是定义计算器插件的完整功能，这些插件被命名为 Add、Sub、Mul 和 Div。下面是该文件中的代码示例：

```
#include <pluginlib_calculator/calculator_base.h>
#include <iostream>
#include <cmath>

namespace calculator_plugins
{
  class Add : public calculator_base::CalcFunctions
  {
```

这个头文件包含一个 calculator_base.h 文件，用于访问计算器的基本函数。每个插件都被定义为一个类，它从 calculator_base.h 类继承 CalcFunctions 类，如下面的代码片段所示：

```
class Add : public calculator_base::CalcFunctions
  {
```

```
    public:
  Add()
  {
    number1_ = 0;
    number2_ = 0;
  }
```

下面的函数是从基类重写的 get_numbers() 函数的定义。它检索两个数字作为输入：

```
 void get_numbers(double number1, double number2)
 {
 try
 {
     number1_ = number1;
     number2_ = number2;
   }
   catch(int e)
    {
    std::cerr<<"Exception while inputting
numbers"<<std::endl;
    }
  }
```

operation() 函数执行所需的数学运算。在这种情况下，它执行一个额外的运算，如下面的代码片段所示：

```
  double operation()
  {
      return(number1_+number2_);
  }

    private:
      double number1_;
      double number2_;
};

};
```

在下一步中，我们必须导出刚才创建的插件。如果正确导出插件，就可以在运行时加载它们。

步骤 3：使用 calculator_plugins.cpp 文件导出插件

为了动态地加载这个插件，我们必须使用一个特定的宏 PLUGINLIB_EXPORT_CLASS 来导出每个类。这个宏必须存在于由插件类组成的任何 .cpp 文件中。我们已经定义了插件类，并且在这个文件中，我们将仅定义宏语句。

从 pluginlib_calculator/src 文件夹中可以找到 calculator_plugins.cpp 文件，以下是导出每个插件的方法：

```
#include <pluginlib/class_list_macros.h>
#include <pluginlib_calculator/calculator_base.h>
#include <pluginlib_calculator/calculator_plugins.h>

PLUGINLIB_EXPORT_CLASS(calculator_plugins::Add, calculator_
base::CalcFunctions);
```

在 PLUGINLIB_EXPORT_CLASS 内部，我们需要提供插件和基类的类名。

步骤 4：使用 calculator_loader.cpp 文件实现插件加载器

这个插件加载器节点加载每个插件，将数字输入每个插件后从插件中获取结果。我们可以从 pluginlib_calculator/src 文件夹中找到 calculator_loader.cpp 文件。

以下是该文件中的代码示例：

```
#include <boost/shared_ptr.hpp>
#include <pluginlib/class_loader.h>
#include <pluginlib_calculator/calculator_base.h>
```

下面是加载插件所需的头文件：

```
pluginlib::ClassLoader<calculator_base::CalcFunctions>
calc_loader("pluginlib_calculator", "calculator_
base::CalcFunctions");
```

pluginlib 插件提供了 ClassLoader 类，该类位于 class_loader.h 中，用于在运行时加载类。我们需要为加载器和计算器基类提供一个名称作为参数，如下所示：

```
    boost::shared_ptr<calculator_base::CalcFunctions> add =
calc_loader.createInstance("pluginlib_calculator/Add");
```

这将使用 ClassLoader 对象创建一个 add 类的实例，如下面的代码片段所示：

```
add->get_numbers(10.0,10.0);
double result = add->operation();
```

这些代码提供输入并在插件实例中执行操作。

步骤 5：创建一个插件描述文件 calculator_plugins.xml

在创建计算器加载器代码之后，接下来我们必须在插件描述文件的可扩展标记语言（XML）文件中描述此软件包内的插件列表。插件描述文件包含了软件包所含插件的所有信息，例如类的名称、类的类型、基类等。

插件描述文件是一个基于插件软件包的重要文件，因为它有助于 ROS 系统自动查找、加载插件。它还包含诸如插件描述之类的信息。

下面的代码展示了软件包中名为 calculator_plugins.xml 的插件描述文件，该文件与 CMakeLists.txt 和 package.xml 文件一起存储。你可以从软件包本身中获取此文件。

以下是该文件中的代码示例：

```
<library path="lib/libpluginlib_calculator">
    <class name="pluginlib_calculator/Add" type="calculator_
plugins::Add" base_class_type="calculator_base::CalcFunctions">
    <description>This is a add plugin.</description>
    </class>
```

这段代码是 Add 插件的代码，它定义了插件的库路径、类名、类的类型、基类以及描述信息。

步骤 6：在 ROS 包系统中注册插件

为了让 pluginlib 找到 ROS 系统中所有基于插件的软件包，我们应该在 package.xml 中导出插件描述文件。如果不包含此插件，ROS 系统将无法找到软件包内的插件。

在这里，我们在 package.xml 中添加 export 标签，如下所示：

```
<export>
  <pluginlib_calculator plugin="${prefix}/calculator_plugins.
xml" />
</export>
```

我们已经完成了插件描述文件的导出。接下来，我们可以编辑 CMakeLists.txt 文件来构建插件。

步骤 7：编辑 CMakeLists.txt 文件

与其他普通的 ROS 节点的另一个区别在于 CMakeLists.txt 文件中包含的编译指令。要编译计算器插件和加载器节点，我们应该在 CMakeLists.txt 中添加以下几行：

```
## pluginlib_tutorials library
add_library(pluginlib_calculator src/calculator_plugins.cpp)
target_link_libraries(pluginlib_calculator ${catkin_LIBRARIES})
## calculator_loader executable
add_executable(calculator_loader src/calculator_loader.cpp)
target_link_libraries(calculator_loader ${catkin_LIBRARIES})
```

我们几乎完成了所有设置，现在是时候使用 catkin_make 命令编译软件包了。

步骤 8：查询软件包中的插件列表

如果软件包编译正常，我们就可以执行加载器。下面的命令将查询软件包中的插件：

rospack plugins --attrib=plugin pluginlib_calculator

如果一切都编译正确，我们将得到以下结果：

```
pluginlib_calculator /home/robot/master_ros_ws/src/plugin_
calculator/calculator_plugins.xml
```

在下一步中，我们将看到如何加载所有这些插件。

步骤 9：运行插件加载器

在启动 roscore 之后，我们可以使用以下命令执行 calculator_loader 文件：

rosrun pluginlib_calculator calculator_loader

下面的代码块是该命令的输出，用于检查是否一切正常。这个加载器将两个输入都设置为 10.0，之后我们得到了正确的结果：

```
[ INFO] [1609673718.399514348]: Sum result: 20.00
[ INFO] [1609673718.399737057]: Substracted result: 0.00
[ INFO] [1609673718.399838030]: Multiplied result: 100.00
[ INFO] [1609673718.399916915]: Division result: 1.00
```

在下一节中，我们将研究一个称为**小节点**的新概念，并讨论如何实现它。

12.2 理解 ROS 小节点

小节点（nodelet）是特殊的 ROS 节点，旨在以有效的方式在同一进程中运行多个算法，它以线程的形式执行每个进程。线程节点可以有效地相互通信而不会使网络过载，两个节点之间没有复制传输。这些线程节点也可以与外部的节点通信。

正如 pluginlib 那样，我们在小节点中也可以动态地将每个类作为一个插件进行加载，它具有独立的命名空间。每个被加载的类都可以充当单独的节点，这些节点位于一个名为小节点的独立进程中。

当节点之间传输的数据量非常大时，我们可以使用小节点。例如，从 3D 传感器或者从摄像机传输数据时。

接下来，我们将学习如何创建一个小节点。

创建一个小节点

在本节中，我们将创建一个简单的小节点，它可以订阅名为 /msg_in 的字符串主题，并在 /msg_out 主题上发布相同的字符串（std_msgs/String）。

步骤 1：为小节点创建包

我们可以使用下面的命令创建一个名为 nodelet_hello_world 的软件包：

catkin_create_pkg nodelet_hello_world nodelet roscpp std_msgs

另外，我们也可以使用现有的 nodelet_hello_world 软件包，你可以在代码存储库的 Chapter 12/ nodelet_hello_world 文件夹中找到它。

这里，这个软件包的主要依赖项是 nodelet 软件包，它提供**应用程序编程接口（API）**来构建 ROS 小节点。

步骤 2：创建 hello_world.cpp 小节点

现在，我们将创建小节点代码。在 nodelet_hello_world 包中创建一个名为 src 的文件夹，并创建一个名为 hello_world.cpp 的文件。

你可以从 nodelet_hello_world /src 文件夹中获得现有代码。

步骤 3：hello_world.cpp 的解析

下面是 hello_world.cpp 文件中的代码示例：

```
#include <pluginlib/class_list_macros.h>
#include <nodelet/nodelet.h>
#include <ros/ros.h>
#include <std_msgs/String.h>
#include <stdio.h>
```

这些是此代码文件中包含的头文件。我们应该包含 class_list_macro.h 和 nodelet.h 来访问 pluginlib API 和小节点 API。看看下面的代码片段：

```
namespace nodelet_hello_world
{
  class Hello : public nodelet::Nodelet
  {
```

在这里，我们创建了一个名为 Hello 的 nodelet 类，它继承了一个标准的 nodelet 基类。所有的 nodelet 类都应该从 nodelet 基类继承，并且可以使用 pluginlib 动态地加载。在这里，Hello 类将用于动态加载。代码如下所示：

```
virtual void onInit()
{
  ros::NodeHandle& private_nh = getPrivateNodeHandle();
  NODELET_DEBUG("Initialized the Nodelet");
  pub = private_nh.advertise<std_msgs::String>("msg_out",5);
  sub = private_nh.subscribe("msg_in",5, &Hello::callback,
this);
}
```

这是 nodelet 的初始化函数。这个函数应该是非阻塞的或者不应该处理非常重要的任务。在函数内部，我们分别在 msg_out 和 msg_in 主题上创建 NodeHandle 对象、主题发布者和主题订阅者。当执行小节点时，有一些宏可以打印调试信息。这里，我们使用 NODELET_DEBUG 在控制台中打印调试消息。订阅者使用一个名为 callback() 的回调函数，该回调函数位于 Hello 类中。代码如下所示：

```
void callback(const std_msgs::StringConstPtr input)
{
  std_msgs::String output;
  output.data = input->data;
  NODELET_DEBUG("Message data = %s",output.data.c_str());
  ROS_INFO("Message data = %s",output.data.c_str());
  pub.publish(output);
}
```

在 callback() 函数中，它将打印来自 /msg_in 主题的消息并将它们发布到 /msg_out

主题上，如下面的代码片段所示：

```
PLUGINLIB_EXPORT_CLASS(nodelet_hello_
world::Hello,nodelet::Nodelet);
```

在这里，我们将 Hello 作为动态加载的插件导出。

步骤 4：创建插件描述文件

与 pluginlib 示例一样，我们必须在 nodelet_hello_world 软件包中创建一个插件描述文件。hello_world.xml 插件描述文件如下所示：

```
<library path="libnodelet_hello_world">
  <class name="nodelet_hello_world/Hello" type="nodelet_hello_
world::Hello" base_class_type="nodelet::Nodelet">
     <description>
     A node to republish a message
     </description>
  </class>
</library>
```

在添加插件描述文件之后，下一步我们可以看到如何将插件描述文件的路径添加到 package.xml 中。

步骤 5：向 package.xml 添加导出标签

我们需要在 package.xml 文件中添加 export 标签，并添加编译和运行的依赖项，如下所示：

```
<export>
    <nodelet plugin="${prefix}/hello_world.xml"/>
</export>
```

在编辑了 package.xml 文件之后，我们可以看到如何编辑 CMakeLists.txt 文件来编译小节点。

步骤 6：编辑 CMakeLists.txt

我们需要在 CMakeLists.txt 中添加补充代码，以编译小节点软件包。下面是补充的代码。你将从现有的软件包中获得完整的 CMakeLists.txt 文件：

```
## Declare a cpp library
 add_library(nodelet_hello_world
   src/hello_world.cpp
 )

## Specify libraries to link a library or executable target
against
 target_link_libraries(nodelet_hello_world
   ${catkin_LIBRARIES}
 )
```

编辑完 CMakeLists.txt 文件后，让我们看看如何编译小节点 ROS 软件包。

步骤 7：编译和运行小节点

执行完以上步骤之后，我们可以使用 catkin_make 来编译软件包，如果编译成功的话，我们就可以生成共享对象文件 libnodelet_hello_world.so，用于表示插件。

运行小节点的第一步就是启动小节点管理器。小节点管理器是一个 C++ 可执行程序，它监听 ROS 服务并动态加载小节点。我们可以运行独立的管理器，也可以将其嵌入运行的节点中。

下面的命令将启动一个小节点管理器：

1. 启动 roscore，如下所示：

    roscore

2. 使用以下命令启动小节点管理器：

    rosrun nodelet nodelet manager __name:=nodelet_manager

3. 如果小节点管理器成功运行，我们将得到以下消息：

    ```
    [ INFO] [1609674707.691565050]: Initializing nodelet with
    6 worker threads.
    ```

4. 在启动小节点管理器之后，我们可以使用以下命令启动小节点：

    rosrun nodelet nodelet load nodelet_hello_world/Hello
    nodelet_manager __name:=nodelet1

5. 当我们执行上面的命令时，小节点与小节点管理器联系，实例化一个 nodelet_hello_world/Hello 小节点实例，将其命名为 nodelet1。下面的代码块显示了加载小节点时收到的消息：

    ```
    [ INFO] [1609674752.075787641]: Loading nodelet /nodelet1
    of type nodelet_hello_world/Hello to manager nodelet_
    manager with the following remappings:
    ```

6. 运行这个小节点和节点列表后生成的主题如下所示：

    ```
     rostopic list
    /nodelet1/msg_in
    /nodelet1/msg_out
    /nodelet_manager/bond
    /rosout
    /rosout_agg
    ```

    我们可以通过向 /nodelet1/msg_in 主题发布一个字符串来测试节点，并检查是否在 nodelet1/msg_out 中收到相同的消息。

7. 下面的命令发布一个字符串到 /nodelet1/msg_in：

    rostopic pub /nodelet1/msg_in std_msgs/String "Hello" -r
    1

8. 你将从 /nodelet1/msg_out 主题中获得相同的输入数据，如下面的代码片段所示：

```
rostopic echo /nodelet1/msg_out
data: "Hello"
---
```

我们可以回显 msg_out 主题并确认代码是否正常工作。

在这里，我们已经看到 Hello() 类的单个实例被创建为一个节点。我们可以在此小节点中以不同的节点名字创建多个 Hello() 类的实例。

步骤 8：创建小节点的启动文件

我们还可以编写启动文件来加载 nodelet 类的多个实例。下面的启动文件将加载名为 test1 和 test2 的两个小节点，我们可以将其保存为 launch/hello_world.launch：

```
<launch>

<!-- Started nodelet manager -->

  <node pkg="nodelet" type="nodelet" name="standalone_nodelet"
args="manager" output="screen"/>

<!-- Starting first nodelet -->

  <node pkg="nodelet" type="nodelet" name="test1" args="load
nodelet_hello_world/Hello standalone_nodelet" output="screen">
  </node>

<!-- Starting second nodelet -->

  <node pkg="nodelet" type="nodelet" name="test2" args="load
nodelet_hello_world/Hello standalone_nodelet" output="screen">
  </node>

</launch>
```

可以使用以下命令启动上述启动文件：

roslaunch nodelet_hello_world hello_world.launch

如果成功启动，终端上会显示以下信息：

```
[ INFO] [1609675205.643405707]: Loading nodelet /test1 of type
nodelet_hello_world/Hello to manager standalone_nodelet with
the following remappings:
[ INFO] [1609675205.645714262]: waitForService: Service [/
standalone_nodelet/load_nodelet] has not been advertised,
waiting...
[ INFO] [1609675205.652567416]: Loading nodelet /test2 of type
nodelet_hello_world/Hello to manager standalone_nodelet with
```

```
the following remappings:
[ INFO] [1609675205.655896332]: waitForService: Service [/
standalone_nodelet/load_nodelet] has not been advertised,
waiting...
[ INFO] [1609675205.707828044]: Initializing nodelet with 6
worker threads.
[ INFO] [1609675205.711686663]: waitForService: Service [/
standalone_nodelet/load_nodelet] is now available.
[ INFO] [1609675205.719831856]: waitForService: Service [/
standalone_nodelet/load_nodelet] is now available.
```

下面的代码片段中显示了主题和节点的列表。我们可以看到实例化了两个小节点，以及它们的主题：

rostopic list

```
/rosout_agg
/standalone_nodelet/bond
/test1/msg_in
/test1/msg_out
/test2/msg_in
/test2/msg_out
```

这些主题是由 Hello() 类的多个实例生成的。我们可以使用 rqt_graph 工具查看这些小节点之间的内在联系。运行如下命令打开 rqt：

rqt

从 Plugins->Introspection->Node Graph 选项中加载 Node Graph 插件，你将得到如图 12.2 所示的图表。

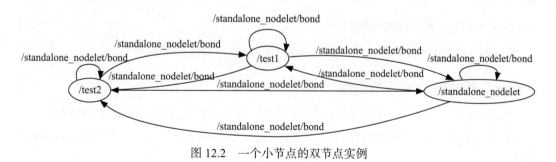

图 12.2　一个小节点的双节点实例

或者，你可以直接加载 rqt_graph 插件，如下所示：

rqt_graph

在前面的小节中，我们已经看到了如何使用 ROS 小节点。在下一节中，我们将看到如何为 Gazebo 仿真器创建插件。

12.3　理解并创建 Gazebo 插件

Gazebo 插件可以帮助我们控制机器人模型、传感器、地图环境属性，甚至 Gazebo 的运行方式。与 pluginlib 和小节点一样，Gazebo 插件是一组 C++ 代码，它可以从 Gazebo 仿真器中动态加载或卸载。

使用插件，我们就可以访问 Gazebo 的所有组件。插件独立于 ROS 系统，因此它可以分享给那些不使用 ROS 系统的人们。我们主要可以将插件分类如下。

- **地图环境插件**（world plugin）：使用地图环境插件，我们可以在 Gazebo 中控制特定地图的属性，还可以使用这个插件更改物理引擎、光线和其他地图属性。
- **模型插件**（model plugin）：模型插件被附加到 Gazebo 中的特定模型上，并控制它的属性。模型的关节状态、关节控制等参数都可以使用这个插件进行控制。
- **传感器插件**（sensor plugin）：传感器插件用于在 Gazebo 中建模传感器，如摄像机、惯性测量单元等。
- **系统插件**（system plugin）：系统插件会随着 Gazebo 的启动而启动。用户可以使用这个插件控制 Gazebo 中与系统相关的功能。
- **可视插件**（visual plugin）：任何 Gazebo 组件的视觉属性都可以通过可视插件访问和控制。
- **GUI 插件**（GUI plugin）：该插件可以用来在 Gazebo 上创建一个定制的 GUI 小部件，并可以更改 Gazebo 现有的 GUI 参数。

在开始使用 Gazebo 插件进行开发之前，我们可能需要安装一些软件包。随 ROS Noetic 一起安装的 Gazebo 版本是 11.0，所以你可能需要使用以下命令在 Ubuntu 中安装它的开发包：

```
sudo apt install libgazebo11-dev
```

Gazebo 插件是独立于 ROS 的，因此我们不需要 ROS 库来编译插件。

创建一个基本的地图环境插件

我们将讨论一个基本的 Gazebo 地图环境插件，并尝试在 Gazebo 中构建和加载它。

这个项目也包含在随本书提供的 Chapter 12/gazebo_ros_hello_world 文件夹中。

在所需文件夹中创建一个名为 gazebo_basic_world_plugin 的文件夹，并创建一个名为 hello_world.cc 的 CPP 文件，如下所示：

```
mkdir gazebo_basic_world_plugin && cd gazebo_basic_world_plugin
```

你可以使用文本编辑器打开以下代码。这里，我使用 gedit：

```
gedit hello_world.cc
```

hello_world.cc 的定义如下所示:

```
#include <gazebo/gazebo.hh>
namespace gazebo
{
  class WorldPluginTutorial : public WorldPlugin
  {
    public: WorldPluginTutorial() : WorldPlugin()
            {
                printf("Hello World!\n");
            }
    public: void Load(physics::WorldPtr _world, sdf::ElementPtr
_sdf)
            {
            }
  };
  GZ_REGISTER_WORLD_PLUGIN(WorldPluginTutorial)
}
```

这段代码中使用的头文件是 <gazebo/gazebo.hh>。该头文件包含了 Gazebo 的核心函数。其他 Gazebo 头文件列在这里。

- gazebo/physics/physics.hh:用于访问物理引擎参数。
- gazebo/rendering/rendering.hh:用于处理渲染参数。
- gazebo/sensors/sensors.hh:用于处理传感器。

在代码的最后,我们必须使用以下语句导出插件。

GZ_REGISTER_WORLD_PLUGIN(WorldPluginTutorial) 宏将注册和导出插件作为一个地图环境插件。以下宏可用于注册传感器、模型等。

- GZ_REGISTER_MODEL_PLUGIN:这是 Gazebo 机器人模型的导出宏。
- GZ_REGISTER_SENSOR_PLUGIN:这是 Gazebo 传感器模型的导出宏。
- GZ_REGISTER_SYSTEM_PLUGIN:这是 Gazebo 系统的导出宏。
- GZ_REGISTER_VISUAL_PLUGIN:这是 Gazebo 可视化的导出宏。

在设置代码之后,我们可以编辑 CMakeLists.txt 文件来编译源代码。以下是 CMakeLists.txt 文件的源代码:

```
gedit gazebo_basic_world_plugin/CMakeLists.txt

cmake_minimum_required(VERSION 2.8 FATAL_ERROR)
find_package(gazebo REQUIRED)
include_directories(${GAZEBO_INCLUDE_DIRS})
link_directories(${GAZEBO_LIBRARY_DIRS})
list(APPEND CMAKE_CXX_FLAGS "${GAZEBO_CXX_FLAGS}")
add_library(hello_world SHARED hello_world.cc)
target_link_libraries(hello_world ${GAZEBO_LIBRARIES})
```

创建一个 build 文件夹用于存储共享对象：

mkdir build && cd build

切换到 build 文件夹，执行以下命令编译和构建源代码：

cmake ../
make

编译好代码之后，我们将得到一个名为 libhello_world.so 的共享对象，我们必须在 GAZEBO_PLUGIN_PATH 中导出这个共享对象的路径，并将其添加到 .bashrc 文件中。

确保在导出 GAZEBO_PLUGIN_PATH 之前已经编辑了 build 文件夹的路径，如下所示：

export GAZEBO_PLUGIN_PATH=${GAZEBO_PLUGIN_PATH}:/path/to/
gazebo_basic_world_plugin/build

在设置 Gazebo 插件路径并重新加载 .bashrc 文件之后，我们可以在**统一机器人描述格式（URDF）**文件或**模拟描述格式（SDF）**文件中使用它。下面是一个名为 hello.world 的示例地图环境文件，它包含这个插件：

gedit gazebo_basic_world_plugin/hello.world

```xml
<?xml version="1.0"?>
<sdf version="1.4">
  <world name="default">
    <plugin name="hello_world" filename="libhello_world.so"/>
  </world>
</sdf>
```

运行 Gazebo 服务器并加载这个地图环境文件，如下所示：

cd gazebo_basic_world_plugin
gzserver hello.world --verbose

以下是上述命令的输出：

```
Gazebo multi-robot simulator, version 11.1.0
Copyright (C) 2012 Open Source Robotics Foundation.
Released under the Apache 2 License.
http://gazebosim.org
[Msg] Waiting for master.
[Msg] Connected to gazebo master @ http://127.0.0.1:11345
[Msg] Publicized address: 192.168.47.131
Hello World!
```

Gazebo 地图环境插件打印 Hello world!。我们也可以使用启动文件启动插件。下面是从启动文件开始的命令：

gzserver hello.world --verbose

我们将从 Gazebo 存储库中获取各种 Gazebo 插件的源代码。

我们可以查看 https://github.com/osrf/gazebo，浏览源代码，然后选择 examples 文件夹，然后是插件，如图 12.3 所示。

gazebo11 ▾	gazebo / examples / plugins /	
chapulina Fix usage of relative paths with environment variables (#2890)		
..		
📁 actor_collisions	Fix usage of relative paths with environment variables (#2890)
📁 animate_joints	Remove end year from copyright (fix issue #2126) -> gazebo8
📁 animate_pose	Remove end year from copyright (fix issue #2126) -> gazebo8
📁 camera	Remove end year from copyright (fix issue #2126) -> gazebo8
📁 custom_messages	Remove end year from copyright (fix issue #2126) -> gazebo8
📁 factory	Remove end year from copyright (fix issue #2126) -> gazebo8
📁 gui_overlay_plugin_spawn	fix moc compilation error in some gui plugins, using fix from #2681
📁 gui_overlay_plugin_time	fix moc compilation error in some gui plugins, using fix from #2681
📁 hello_world	Remove end year from copyright (fix issue #2126) -> gazebo8
📁 mainwindow_example	fix moc compilation error in some gui plugins, using fix from #2681
📁 model_move	Remove end year from copyright (fix issue #2126) -> gazebo8
📁 model_push	Remove end year from copyright (fix issue #2126) -> gazebo8
📁 model_visuals	Remove end year from copyright (fix issue #2126) -> gazebo8
📁 movable_text_demo	Fix automoc problem with cmake 3.17 in gui plugin examples
📁 parameters	Remove end year from copyright (fix issue #2126) -> gazebo8

图 12.3　Gazebo 插件示例列表

我们可以克隆这个存储库，并基于我们的仿真编译所选的 Gazebo 插件。我们可以按照相同的编译说明来编译前面的插件列表，就像我们对基本的 hello world Gazebo 插件所做的那样。

12.4　总结

在本章中，我们介绍了一些高级概念，例如 pluginlib、小节点和 Gazebo 插件，它们都可用于向复杂的 ROS 应用添加更多的功能。我们讨论了 pluginlib 的基础知识，学习了一个使用示例。介绍 pluginlib 之后，我们又讨论了 ROS 小节点。ROS 小节点广泛用于高性能的应用程序中。此外，我们还研究了一个使用 ROS 小节点的示例。最后，我们讨论了 Gazebo 插件，它们主要用于向 Gazebo 仿真器添加功能。

通过本章的学习，你将对如何在 ROS 中编写插件和小节点有一个清晰的认识。当使用计算机视觉和 3D 点云应用程序时，小节点将非常有用。Gazebo 插件会让你很好地理解如何为你的机器人创建自定义插件。

在下一章中，我们将更详细地讨论 ROS 可视化（RViz）插件和 ROS 控制器。
下面是基于本章所学的一些问题。

12.5　问题

- 什么是 pluginlib，它的主要应用是什么？
- 小节点的主要应用是什么？
- 有哪些不同类型的 Gazebo 插件？
- Gazebo 中模型插件的功能是什么？

第 13 章
编写 ROS 控制器和可视化插件

在第 12 章中，我们讨论了 pluginlib、nodelet 和 Gazebo 插件。在 ROS 中制作插件的基本库是 pluginlib，同样的库也可以在 nodelet 中使用。在本章中，我们将继续讨论基于 pluginlib 的概念，例如 ROS 控制器和 RViz 插件。我们已经使用了 ROS 控制器，并在第 4 章中重用了一些标准控制器，如关节状态控制器、位置控制器和轨迹控制器。

在本章中，我们将看到如何为通用机器人编写一个基本的 ROS 控制器。我们将为 7-DOF 机械臂实现所需的控制器，并在 Gazebo 仿真器中执行它。RViz 插件可以扩展更多的 RViz 功能，在本章中，我们将看看如何创建一个基本的 RViz 插件。

13.1 理解 ros_control 包

开发 ROS 控制器的第一步是理解构建自定义控制器所需的依赖包。

用于开发机器人通用控制器的主要包都包含在 ros_control 栈中。这是 pr2_mechanism 的一个重写版本，包含一些有用的库，用于为使用 ROS 旧版本的 PR2 机器人（http://wiki.ros.org/Robots/PR2）编写底层控制器。在 ROS 动力学中，pr2_mechanism 已经被 ros_control 栈（http://wiki.ros.org/ros_control）所取代。下面是一些可以帮助我们编写机器人控制器的包。

- ros_control：该软件包可以把关节状态数据（直接从机器人的执行器获得）和想要的设置点作为输入，然后生成输出并发送至电机。输出通常用关节位置、速度或作用力表示。
- controller_manager：控制器管理器可以加载和管理多个控制器，并可以在一个实时兼容的循环中工作。
- controller_interface：这是控制器基类包，所有自定义控制器都应该从它继承控制器基类。
- hardware_interface：这个包表示实现的控制器和机器人硬件之间的接口。控制器可以通过该接口直接循环访问硬件部件。
- joint_limits_interface：这个包允许我们设置关节限值，以安全地与机器人一起工作。关节限值也包括在机器人的 URDF 中。这个包与 URDF 不同，因为它允许我们额外指定加速度和抖动限值。另外，URDF 模型中包含的位置、速度和作用力的值可以使用这个包重写。发送到硬件的命令将根据指定的关节限值进行过滤。

- realtime_tools：如果操作系统支持实时操作，该包包含了一组可以从硬实时线程使用的工具。这些工具目前只提供实时发布者，这使得实时向 ROS 主题发布消息成为可能。

因为我们已经在第 4 章中使用了 ros_control，所以我们的系统应该已经安装了所有需要的软件包。如果没有安装，要运行这个包，我们需要从 Ubuntu/Debian 存储库中安装以下 ROS 包：

```
sudo apt install ros-noetic-ros-control ros-noetic-ros-
controllers
```

在编写 ROS 控制器之前，最好了解 ros_control 栈中每个包的使用方法。

ros_control 栈包含使用现成控制器的包，以及为仿真机器人或真实机器人创建自定义 ROS 控制器的库。主要包括控制器接口包（controller_interface）、控制器管理器包（controller_manager）、硬件接口包和传输包。我们要讨论的是前两个。

controller_interface 包

我们想要实现的基本 ROS 底层控制器必须继承一个名为 controller_interface::Controller 的基类。我们还必须提到这个控制器将要使用的 hardware_interface（https://github.com/ros-controls/ros_control/wiki/hardware_interface）。为了创建这个控制器，我们必须重写四个重要的函数：init()、starting()、update() 和 stopping()。控制器类应该在自定义命名空间中。自定义 ROS Controller 类的基本代码片段如下：

```
namespace our_controller_ns
{
  class Controller: public controller_interface::Controller<Th
type of hardware interface>
  {
public:
    virtual bool init(hardware_interface *robotHW,
                      ros::NodeHandle &nh);
    virtual void starting(const ros::Time& time);
    virtual void update(const ros::Time& time, const
ros::Duration& period);
    virtual void stopping(const ros::Time& time);
  };
}
```

ROS 控制器类的工作流程如图 13.1 所示。

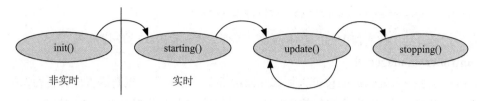

图 13.1 ROS 控制器工作流程

下面我们将了解控制器的每个部分是如何工作的。

初始化控制器

加载控制器时执行的第一个函数是 init()。init() 函数不会开始运行控制器，而是会初始化它。在启动控制器之前，初始化会花费一些时间。init() 函数的声明如下：

```
 virtual bool init(harware_interface *robotHW, ros::NodeHandle
&nh);
```

函数参数如下。

- hardware_interface *robotHW：该指针表示控制器使用的特定硬件接口。ROS 包含了一系列已经实现的硬件接口，例如关节命令接口（作用力、速度和位置）、关节状态接口、驱动器状态接口。
- ros::NodeHandle &nh：控制器可以读取机器人配置，甚至使用这个 NodeHandle 对象 nh 发布主题。

当控制器由控制器管理器加载时，init() 函数只执行一次。如果 init() 函数不成功，它将从控制器管理器卸载。如果 init() 函数内部发生任何错误，则我们可以编写自定义消息。

启动 ROS 控制器

starting() 函数仅在更新和运行控制器之前执行一次。其声明如下：

```
virtual void starting(const ros::Time& time);
```

当重新启动控制器而不卸载它时，控制器还可以调用 starting() 函数。

更新 ROS 控制器

update() 函数是保持控制器活跃最重要的函数。默认情况下，update() 函数以 1000 Hz 的频率执行其中的代码，这意味着控制器在 1ms 内完成一次执行。其声明如下：

```
virtual void update(const ros::Time& time, const ros::Duration&
period);
```

每当我们希望停止控制器时，可以执行下面描述的函数。

停止控制器

stopping() 函数将在控制器停止时调用。该函数将作为最后一个 update() 调用执行，并且只执行一次。stopping() 函数不会执行失败，也不返回任何值。下面是其声明：

```
virtual void stopping(const ros::Time& time);
```

我们已经看到了控制器内部的基本函数。下面,将讨论 ROS 控制器管理器。

controller_manager 包

controller_manager 包可以加载和卸载所需的控制器。控制器管理器还确保控制器不会设置小于或大于关节安全限值的目标值。控制器管理器还以默认频率 100Hz 在 /joint_state (sensor_msgs/JointState) 主题中发布关节的状态信息。控制器管理器的基本工作流程如图 13.2 所示。

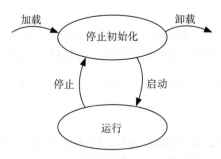

图 13.2　ROS 控制器管理器的工作流程

控制器管理器可以加载和卸载插件。当控制器管理器加载一个控制器时,首先会初始化它,但控制器不会开始运行。

在控制器管理器中加载控制器之后,我们可以单独启动和停止控制器。当启动控制器时,控制器开始工作;当停止它时,它就会停止。停止并不意味着它被卸载了。但如果控制器被从控制器管理器中卸载,我们就不能访问它了。

在本节中,我们了解了 Controller 类中的重要函数。在下一节中,我们将看到如何基于 Controller 类创建一个新控制器。我们将看到如何使用 7-DOF 机械臂仿真包测试我们开发的控制器。

13.2　在 ROS 中编写一个基本的关节控制器

编写 ROS 控制器的基本先决条件已经具备。我们已经讨论了控制器的基本概念。现在开始为控制器创建一个包。

我们将开发一种控制器,它可以访问机器人的关节,并以正弦方式移动机器人。具体来说,让 7-DOF 机械臂的第一个关节遵循正弦运动。

构建 ROS 控制器的过程类似于我们之前看到的其他插件开发过程,接下来让我们详细进行讨论。

13.2.1　创建控制器包

第一步是创建一个包含所有依赖项的控制器包。下面的命令可以为控制器创建一个名为

my_controller 的包：

> **catkin_create_pkg my_controller roscpp pluginlib controller_**
> **interface**

我们将从随本书提供的代码里面的 Chapter13/my_controller 文件夹中获得现有的包。

获取包后，可以将每个文件从存储库复制到新包中，然后跟随以下步骤来理解 my_controller 包中每个文件的功能。

13.2.2　创建控制器头文件

我们将从 my_controller/include/my_controller 文件夹中获取 my_controller.h 头文件。下面的代码块给出了 my_controller.h 头文件的定义。如前所述，在这个头文件中，我们将实现包含在 controller_interface::Controller 类中的函数：

```
#include <controller_interface/controller.h>
#include <hardware_interface/joint_command_interface.h>
#include <pluginlib/class_list_macros.h>


namespace my_controller_ns {

    class MyControllerClass: public
controller_interface::Controller<hardware_
interface::PositionJointInterface>
    {
    public:
        bool init(hardware_interface::PositionJointInterface*
hw, ros::NodeHandle &n);
        void update(const ros::Time& time, const
ros::Duration& period);
        void starting(const ros::Time& time);
        void stopping(const ros::Time& time);

    private:
        hardware_interface::JointHandle joint_;
        double init_pos_;
    };
}
```

在前面的代码中，我们可以看到控制器类 MyControllerClass，并且继承了基类 controller_interface:: Controller。我们可以看到 Controller 类中的每个函数都在 MyControllerClass 类中被覆写了。

13.2.3　创建控制器源文件

在包中创建一个名为 src 的文件夹，并创建一个名为 my_controller_file.cpp 的

C++ 文件，该文件是前面的头文件的类定义。

下面是 my_controller_file.cpp 的解释，它必须保存在 src 文件夹中。

首先，你可以包含 my_controller.h，它有 my_controller_ns::MyControllerClass 的类声明：

```
#include "my_controller.h"
namespace my_controller_ns {
```

这里是初始化控制器的函数。init() 函数只在加载控制器时执行一次。在 init() 中，我们试图获得 elbow_pitch_joint 的关节句柄来控制这个特定的关节。joint_name 参数在包中的 my_controller.yaml 文件中设置。代码如下：

```
bool MyControllerClass::init(hardware_
interface::PositionJointInterface* hw, ros::NodeHandle &n)
{
//Retrieve the joint object to control
    std::string joint_name;
    if( !nh.getParam( "joint_name", joint_name ) ) {
        ROS_ERROR("No joint_name specified");
        return false;
    }
    joint_ = hw->getHandle(joint_name);
    return true;
}
```

下面是控制器的 starting() 函数的定义。在这个函数中，我们只是得到 elbow_pitch_joint 的初始位置，代码如下：

```
void MyControllerClass::starting(const ros::Time& time) {
        init_pos_ = joint_.getPosition();
    }
```

下面是 update() 函数的定义，它将在控制器运行时持续运行。update() 中的 time 参数给出当前时间，period 参数给出自上次调用 update() 以来经过的时间。在函数内部，我们不断更新 elbow_pitch_joint 以实现正弦运动。代码如下：

```
void MyControllerClass::update(const ros::Time& time, const
ros::Duration& period)
{
//---Perform a sinusoidal motion for joint shoulder_pan_joint
double dpos = init_pos_ + 10 * sin(ros::Time::now().toSec());
        double cpos = joint_.getPosition();
    joint_.setCommand( -10*(cpos-dpos)); //Apply command to
the selected joint
        //---
}
```

stopping() 函数将在控制器停止时执行。目前，我们还没有向函数添加任何东西。代码如下：

```
//Controller exiting
void MyControllerClass::stopping(const ros::Time& time) { }
}
```

以下代码将控制器类作为插件导出，这有助于在 ROS 中找到该控制器：

```
PLUGINLIB_EXPORT_CLASS(my_controller_ns::MyControllerClass,
controller_interface::ControllerBase);
```

在下一小节中，我们将详细解释代码的每个部分。

13.2.4　控制器源文件的详细说明

在本小节中，我们将对代码的每个部分进行更详细的解释。

```
/// Controller initialization in non-real-time
bool MyControllerClass::init(hardware_
interface::PositionJointInterface* hw, ros::NodeHandle &n)
{
```

上面的代码是控制器中 init() 函数的定义。它将在控制器管理器加载控制器时被调用。在 init() 函数中，我们创建了机器人（hw）和 NodeHandle 的状态实例，还获得了与控制器交互的关节管理器。在示例中，我们在 my_controller.yaml 文件中定义了要控制的关节，将关节名称加载到 ROS 参数服务器中。这个函数返回控制器初始化是成功还是失败。

```
std::string joint_name;
if( !nh.getParam( "joint_name", joint_name ) )
{
     ROS_ERROR("No joint_name specified");
     return false;
}
joint_ = hw->getHandle(joint_name);
return true;
```

上面的代码将初始化一个名为 joint_ 的 hardware_interface::JointHandle 对象。我们可以用这个对象来控制机器人的特定关节。hw 是 hardware_interface 类的一个实例。joint_name 是我们要将控制器附加到的关节。

```
/// Controller startup in realtime
void MyControllerClass::starting(const ros::Time& time)
{
init_pos_ = joint_.getPosition();
}
```

加载控制器后，下一步是启动它。前面的函数将在启动控制器时执行。这个函数将检索关节的当前位置，并将其值存储在 init_pos_ 变量中。

```
/// Controller update loop in real-time
void MyControllerClass::update(const ros::Time& time, const
ros::Duration& period)
{
//---Perform a sinusoidal motion for joint shoulder_pan_joint
double dpos = init_pos_ + 10 * sin(ros::Time::now().toSec());
double cpos = joint_.getPosition();
joint_.setCommand( -10*(cpos-dpos)); //Apply command to the
selected joint
}
```

以上代码是控制器中 update() 函数的定义。当控制器开始工作时，该函数将被连续调用。在 update() 函数中，my_controller.yaml 控制器配置文件中定义的关节之一将以正弦方式连续移动。

13.2.5 创建插件描述文件

在本节中，我们将看到如何为控制器定义插件描述文件。插件文件保存在包文件夹中，名为 controller_plugins.xml：

```
<library path="lib/libmy_controller_lib">
    <class name="my_controller_ns/MyControllerClass" type="my_
controller_ns::MyControllerClass"
base_class_type="controller_interface::ControllerBase" />
</library>
```

控制器描述文件由控制器类的名称组成。在我们的控制器中，类的名称是 my_controller_ns/MyControllerClass。

下一步是更新 package.xml 以导出插件描述文件。

13.2.6 更新 package.xml

我们需要更新 package.xml 来指向 controller_plugins.xml 文件：

```
    <export>
    <controller_interface plugin="${prefix}/controller_plugins.
xml" />
  </export>
```

package.xml 中的 <export> 标签有助于查找包中的插件或控制器。

13.2.7 更新 CMakeLists.txt

在完成所有这些工作之后，我们可以编写包的 CMakeLists.txt：

```
## my_controller_file library
add_library(my_controller_lib src/my_controller.cpp)
target_link_libraries(my_controller_lib ${catkin_LIBRARIES})
```

我们必须将控制器编译和构建为 ROS 库,而不是可执行文件。ROS 控制器使用 pluginlib 作为后端,可以在运行时加载。

13.2.8 构建控制器

在完成 CMakeLists.txt 之后,我们可以使用 catkin_make 命令构建控制器。构建完成后,使用 rospack 命令检查控制器是否配置为插件,如下所示:

rospack plugins --attrib=plugin controller_interface

此命令将列出与 controller_interface 相关的所有控制器。

如果一切都正确执行,输出将如下所示:

```
velocity_controllers /opt/ros/noetic/share/velocity_
controllers/velocity_controllers_plugins.xml
diff_drive_controller /opt/ros/noetic/share/diff_drive_
controller/diff_drive_controller_plugins.xml
joint_state_controller /opt/ros/noetic/share/joint_state_
controller/joint_state_plugin.xml
my_controller /home/robot/master_ros_ws/src/my_controller/
controller_plugins.xml
```

我们将在下一节看到如何编写控制器配置文件。

13.2.9 编写控制器配置文件

正确安装控制器后,我们可以配置和运行它。第一步是创建控制器的配置文件,该文件由控制器类型、关节名称、关节限值等组成。配置文件被保存为 YAML 文件,必须保存在包中。

我们这里创建一个名为 my_controller.yaml 的 YAML 文件,定义如下:

```
#File loaded during Gazebo startup
my_controller_name:
  type: my_controller_ns/MyControllerClass
  joint_name: elbow_pitch_joint
```

这个文件就是控制器的配置文件,里面包含用控制器源代码编译的类的名称表示的控制器类型,以及要传递给控制器的参数集。在我们的例子中,这是要控制的关节的名称。

13.2.10 编写控制器的启动文件

用于显示该控制器工作的关节为 Seven_dof_arm 机器人的 elbow_pitch_joint。在创建 YAML 文件之后,我们可以在启动文件夹中创建一个启动文件,该文件可以加载控制器配置文件并运行控制器。启动文件称为 `my_controller.launch`，具体如下：

```xml
<?xml version="1.0" ?>
<launch>
  <include file="$(find my_controller)/launch/seven_dof_arm_
world.launch" />
  <rosparam file="$(find my_controller)/my_controller.yaml"
command="load"/>
  <node name="my_controller_spawner" pkg="controller_manager"
type="spawner" respawn="false"
    output="screen" args="my_controller_name"/>
</launch>
```

在以下代码中，我们解释了启动文件：

```xml
<launch>
  <include file="$(find my_controller)/launch/seven_dof_arm_
world.launch" />
```

在这里，我们运行 Gazebo 仿真器，启动一个修改版本的 `seven_dof_arm`：

```xml
<rosparam file="$(find my_controller)/my_controller.yaml"
command="load"/>
```

然后，加载开发的控制器。

最后，生成控制器：

```xml
<node name="my_controller_spawner" pkg="controller_manager"
type="spawner" respawn="false"
  output="screen" args="my_controller_name"/>
```

通过这种方式，`controller_manager` 将运行 `args` 列表中指定的控制器。在我们的例子中，只有 `my_controller_name` 是通过控制器实现的 `init()`、`start()` 和 `update()` 函数执行的。

13.2.11　在 Gazebo 中运行控制器和 7-DOF 机械臂

在创建控制器启动文件后，我们应该在机器人上测试它们。我们可以使用以下命令启动 Gazebo 仿真：

`roslaunch my_controller my_controller.launch`

启动仿真时，所有与机器人相关的控制器也会启动。ROS 控制器的目标是移动 `seven_dof_arm` 的 `elbow_pitch_joint`，正如控制器配置文件中定义的那样。如果一切正常，机器人的肘部应该开始以正弦方式运动，如图 13.3 所示。

如果现有的控制器正在处理同一个关节，我们的控制器就不能正常工作。为了避免这种情况，我们需要停止处理机器人同一关节的其他控制器。`controller_manager` 通过发布一系列服务来管理机器人的控制器。

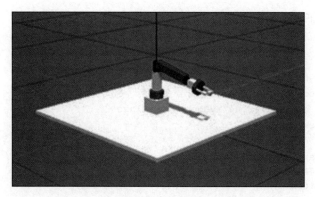

图 13.3　Gazebo 仿真中的 my_controller

例如，我们可以使用下面的命令来检查系统中加载的控制器的状态：

rosservice call /controller_manager/list_controllers

该命令的输出如下所示：

```
controller:
  -
    name: "my_controller_name"
    state: "running"
    type: "my_controller_ns/MyControllerClass"
    claimed_resources:
      -
        hardware_interface: "hardware_
interface::PositionJointInterface"
        resources:
          - elbow_pitch_joint
```

在图 13.3 中，可以看到我们的控制器（my_controller_name）正在运行。我们可以使用 /controller_manager/switch_controller 服务停止它，如下所示：

```
rosservice call /controller_manager/switch_controller "start_
controllers: ['']
stop_controllers: ['my_controller_name']
strictness: 0
start_asap: true
timeout: 0.0"
```

如果操作成功，系统将显示如下信息：

```
ok: True
```

可以再次使用以下命令来查看正在运行的控制器列表：

rosservice call /controller_manager/list_controllers

这次将得到如下控制器列表：

```
controller:
  -
    name: "my_controller_name"
    state: "stopped"
    type: "my_controller_ns/MyControllerClass"
    claimed_resources:
      -
        hardware_interface: "hardware_
interface::PositionJointInterface"
        resources:
          - elbow_pitch_joint
```

在这个例子中，我们使用 gazebo_ros_control 插件来运行了控制器。这个插件代表了机器人在仿真场景中的硬件接口。在真实的机器人中，我们应该编写硬件接口来将控制数据应用到机器人执行器中。

总之，ros_control 为任何类型的机器人实现了一组标准的通用控制器，如 effort_controllers、joint_state_controllers、position_controllers 和 velocity_controllers。我们在第 3 章中使用过这些 ROS 控制器。

在这里，我们使用 ros_control 为 7-DOF 机械臂开发了一个简单的专用位置控制器。你可以通过 ros_control 的维基页面（https://github.com/ros-controls/ros_control/wiki）查看新控制器的可用性。

在下一节中，我们将了解更多关于 RViz 的内容，以及如何通过编写插件来扩展 RViz 的功能。

13.3　了解 RViz 工具及其插件

RViz 工具是 ROS 的官方 3D 可视化工具。几乎所有来自传感器的数据都可以通过这个工具查看。RViz 将与完整的 ROS 桌面安装一起安装。让我们启动 RViz，看看 RViz 中出现的基本组件。确保在不同的终端（或选项卡）中执行这些命令。

开始 roscore：

roscore

开始 rviz：

rviz

RViz GUI 的重要部分被标记出来了，每个部分的用法如图 13.4 所示。

我们已经了解了如何在 ROS 中使用 RViz，还了解了 RViz 中的不同部分。接下来我们将详细解释 RViz。

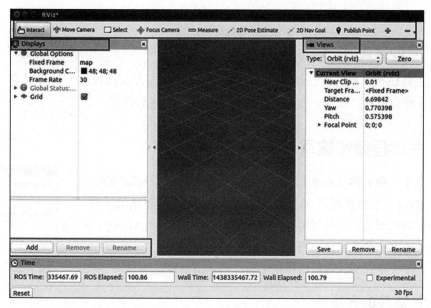

图 13.4 RViz 的剖面图

13.3.1 Displays 面板

RViz 左侧的面板称为 Displays 面板。Displays 面板包含 RViz 的显示插件及其属性的列表。显示插件的主要用途是可视化不同类型的 ROS 消息，主要是 RViz 3D 视口中的传感器数据。RViz 中已经提供了许多显示插件，用于查看来自摄像机的图像，以及用于查看 3D 点云、LaserScan、机器人模型、TF 等。可以通过按左侧面板上的 Add 按钮来添加插件。我们还可以编写显示插件并将其添加到这里。

13.3.2 RViz 工具栏

在 RViz 工具栏中有一组用于操作 3D 视图的工具。工具栏出现在 RViz 的顶部。现在有一些工具可以与机器人模型交互、修改摄像机视图、给出导航目标，并给出机器人的 2D 位姿估计。我们可以将自定义工具以插件的形式添加到工具栏中。

13.3.3 Views 面板

Views 面板位于 RViz 的右侧。使用 Views 面板，我们可以保存 3D 视角的不同视图，并通过加载保存的配置切换到每个视图。

13.3.4 Time 面板

Time 面板显示 ROS 时间和墙壁时间（http://wiki.ros.org/roscpp/Overview/Time），这在使用 Gazebo 仿真时非常有用。在播放 ROS 包文件时，它也有助于查看仿真时间。我们还可以使用这个面板重置 RViz 的初始设置。

13.3.5 可停靠面板

上述工具栏和面板属于可停靠面板。我们可以创建可停靠面板作为 RViz 插件。我们将创建一个可停靠面板，它有一个 RViz 插件，用于机器人远程操作。

13.4 为远程操作编写 RViz 插件

在本节中，我们将了解如何从头创建 RViz 插件。这个插件的目标是从 RViz 远程操作机器人。正常情况下，我们使用单独的遥控节点来控制机器人，但是使用这个插件，我们可以输入 teleop 主题以及线速度和角速度，如图 13.5 所示。

在下一节中，我们将讨论构建这个插件的详细过程。

图 13.5　RViz Teleop 插件

构建 RViz 插件的方法

在开始构建远程操作插件之前，我们应该大致了解如何编写 RViz 插件。构建 ROS 插件的标准方法也适用于这个插件。不同之处在于 RViz 插件是基于 GUI 的。RViz 是使用一个名为 **Qt** 的 GUI 框架编写的，因此我们需要在 Qt 中创建一个 GUI，并使用 Qt API，我们必须获得 GUI 值并将它们发送到 ROS 系统。

以下步骤描述了这个远程操作 RViz 插件是如何工作的：

1. 可停靠的面板将有 Qt GUI 界面，用户可以在 GUI 中输入远程操作的主题、线速度和角速度。

2. 使用 Qt 信号和槽从 GUI 收集用户输入，并使用 ROS 订阅 – 发布方法发布值。Qt 信号和槽机制是 Qt 中可用的触发器调用技术。当一个信号 / 触发器由 GUI 字段生成时，它可以调用插槽或函数，例如回调机制。

3. 在这里，我们构建 RViz 插件的方法与在本章和前几章中构建其他 ROS 插件的方法相同。

现在我们将逐步了解构建这个插件的过程。你还可以从 Chapter13/rviz_teleop_commander 中找到完整的包。

步骤 1：创建 RViz 插件包

让我们创建一个新的包来创建 teleop 插件：

```
catkin_create_pkg rviz_telop_commander roscpp rviz std_msgs
```

该包主要依赖于 rviz 包。RViz 是使用 Qt 库构建的，所以我们不需要在包中包含额外的 Qt 库。在 Ubuntu 20.04 版本中，我们需要使用 Qt5 库。

步骤 2：创建 RViz 插件头文件

让我们在 src 文件夹中创建一个名为 teleop_pad.h 的新头文件。你将从现有的包中获得此源代码。这个头文件包括这个插件所需的类和方法的声明。

以下是该头文件的解释：

```
#ifndef Q_MOC_RUN
    #include <ros/ros.h>
    #include <rviz/panel.h>
#endif
```

上面的代码来自构建这个插件所需的头文件。我们需要 ROS 头文件来发布 teleop 主题，需要 <rviz panel.h> 来获取 RViz 面板的基类以创建一个新的 RViz 面板。#ifndef Q_MOC_RUN 宏是为了跳过**元对象编译器**（moc）的 ROS 头文件。如果你想了解 moc，可以查看这个链接（https://doc.qt.io/archives/4.6/moc.html）：

```
class TeleopPanel: public rviz::Panel
{
```

TeleopPanel 是一个 RViz 插件类，它继承自 rviz::Panel 基类：

```
Q_OBJECT
public:
```

TeleopPanel 类正在使用 Qt signals 和 slots（https://doc.qt.io/qt-5/signalsandslots.html），它也是 Qt 中 Q_Object 的子类，在这种情况下，我们应该使用 Q_OBJECT 宏：

```
TeleopPanel( QWidget* parent = 0 );
```

这是 TeleopPanel() 类的构造函数，我们正在将 QWidget 类初始化为 0。我们在 TeleopPanel 类中使用 QWidget 实例来实现 teleop 插件的 GUI：

```
virtual void load( const rviz::Config& config );
virtual void save( rviz::Config config ) const;
```

上面的代码展示了如何覆盖用于保存和加载 RViz 配置文件的 rviz::Panel 函数：

```
public Q_SLOTS:
```

在上一行之后，我们可以声明 TeleopPanel 插件所需的一些公共 Qt 槽机制：

```
void setTopic( const QString& topic );
```

当我们在 GUI 中输入主题名称并按回车键时，将调用 setTopic() 槽机制，并使用 GUI 中给出的主题名称初始化 ROS 主题发布者：

```
protected Q_SLOTS:
  void sendVel();
  void update_Linear_Velocity();
  void update_Angular_Velocity();
  void updateTopic();
```

前面的代码行是受保护的槽机制，用于发送速度、更新线速度和角速度，以及在更改现有主题的名称时更新主题名称：

```
QLineEdit* output_topic_editor_;
QLineEdit* output_topic_editor_1;
QLineEdit* output_topic_editor_2;
```

我们现在创建 Qt QLineEdit 对象，以在插件中创建三个文本字段来接收主题名称、线速度和角速度：

```
ros::Publisher velocity_publisher_;
ros::NodeHandle nh_;
```

它们是 publisher 对象和 NodeHandle 对象，用于发布主题和处理 ROS 节点。

步骤 3：创建 RViz 插件定义

在这一步中，我们将创建包含插件定义的主 C++ 文件。该文件是 teleop_pad.cpp，你将从 src 包文件夹中获取它。

该文件的主要功能如下：

- 它充当 Qt GUI 元素（如 QLineEdit）的容器以接受文本条目。
- 它使用 ROS 发布器发布命令速度。
- 它保存和恢复 RViz 配置文件。

以下是对代码各部分的解释：

```
TeleopPanel::TeleopPanel( QWidget* parent )
  : rviz::Panel( parent )
  , linear_velocity_( 0 )
  , angular_velocity_( 0 ) {
```

上面的代码是 TeleopPanel::TeleopPanel RViz 插件类的构造函数。它还使用 QWidget 初始化 rviz::Panel，将线速度和角速度设置为 0：

```
QVBoxLayout* topic_layout = new QVBoxLayout;
topic_layout->addWidget( new QLabel( "Teleop Topic:" ));
output_topic_editor_ = new QLineEdit;
topic_layout->addWidget( output_topic_editor_ );
```

上面的代码将在面板上添加一个新的 QLineEdit 小部件，用于处理主题名称。类似地，另外两个 QLineEdit 小部件处理线速度和角速度：

```
QTimer* output_timer = new QTimer( this );
```

这将创建一个 QTimer 对象，用于更新发布速度主题的函数：

```
  connect( output_topic_editor_, SIGNAL( editingFinished() ),
this, SLOT( updateTopic() ));
  connect( output_topic_editor_, SIGNAL( editingFinished() ),
```

```
this, SLOT( updateTopic() ));
  connect( output_topic_editor_1, SIGNAL( editingFinished() ),
this, SLOT( update_Linear_Velocity() ));
  connect( output_topic_editor_2, SIGNAL( editingFinished() ),
this, SLOT( update_Angular_Velocity() ));
```

这将连接一个 Qt 信号到槽机制。在这里，当 editingFinished() 返回 true 时，信号被触发，而这里的 slot 是 updateTopic()。当按下 Enter 键完成 QLineEdit 小部件内部的编译时，信号将被触发，相应的槽机制将被执行。

在这里，这个槽机制将设置插件文本字段中的主题名称、角速度和线速度值：

```
  connect( output_timer, SIGNAL( timeout() ), this, SLOT(
sendVel() ));
  output_timer->start( 100 );
```

当 QTimer 对象 output_timer 超时时，这些行生成一个信号。计时器将在每 100ms 后超时，并执行一个名为 sendVel() 的槽，它将发布速度主题。

我们可以在这一节之后看到每个槽的定义。这段代码是自解释的，最后，我们可以看到以下代码将其导出为一个插件：

```
#include <pluginlib/class_list_macros.h>
PLUGINLIB_EXPORT_CLASS(rviz_telop_commander::TeleopPanel,
rviz::Panel )
```

我们已经浏览了 RViz 插件代码的重要部分。现在，我们可以看看如何编写 RViz 插件的插件描述文件。

步骤 4：创建插件描述文件

plugin_description.xml 定义如下：

```
<library path="lib/librviz_telop_commander">
  <class name="rviz_telop_commander/Teleop"
         type="rviz_telop_commander::TeleopPanel"
         base_class_type="rviz::Panel">
    <description>
      A panel widget allowing simple diff-drive style robot
base control.
    </description>
  </class>
</library>
```

在创建插件描述文件之后，我们可以将该文件的路径添加到 package.xml 文件中。这将帮助 ROS 节点找到 RViz 插件并加载适当的插件文件。

步骤 5：在 package.xml 中添加导出标签

我们必须更新 package.xml 文件以包含插件描述。以下是 package.xml 的更新内容：

```
<export>
    <rviz plugin="${prefix}/plugin_description.xml"/>
</export>
```

在更新 package.xml 中的 <export> 标记之后，让我们更新 CMakeLists.txt 以便构建插件源代码。

步骤 6：编辑 CMakeLists.txt

我们需要在 CMakeLists.txt 定义中添加额外的行，如下面的代码所示：

```
find_package(Qt5 COMPONENTS Core Widgets REQUIRED)
set(QT_LIBRARIES Qt5::Widgets)
catkin_package(
    LIBRARIES ${PROJECT_NAME}
    CATKIN_DEPENDS roscpp
                    rviz
)
 include_directories(include
     ${catkin_INCLUDE_DIRS}
     ${Boost_INCLUDE_DIRS}
)
 link_directories(
     ${catkin_LIBRARY_DIRS}
     ${Boost_LIBRARY_DIRS}
)
 add_definitions(-DQT_NO_KEYWORDS)
 QT5_WRAP_CPP(MOC_FILES
  src/teleop_pad.h
  OPTIONS -DBOOST_TT_HAS_OPERATOR_HPP_INCLUDED -DBOOST_
LEXICAL_CAST_INCLUDED
 )

 set(SOURCE_FILES
   src/teleop_pad.cpp
   ${MOC_FILES}
 )
 add_library(${PROJECT_NAME} ${SOURCE_FILES})
 target_link_libraries(${PROJECT_NAME} ${QT_LIBRARIES}
${catkin_LIBRARIES})
```

你将从 Chapter13/rviz_teleop_commander 的 rviz_teleop_commander 包中获得完整的 CMakeLists.txt 源代码。

在 catkin 工作区中构建 RViz 插件之后，我们可以使用以下步骤在 RViz 中加载插件。

步骤 7：构建和加载插件

在创建这些文件之后，使用 catkin_make 构建软件包。如果构建成功，我们就可以在 RViz 中加载插件。打开 RViz 并通过 Menu 面板中的 Add New Panel 加载面板。我们将得到如图 13.6 所示的面板。

图 13.6　选择 RViz Teleop 插件

如果我们从列表中选择 Teleop 插件，将得到如图 13.7 所示的面板。

图 13.7　RViz Teleop 插件

我们可以在 Teleop Topic 文本框中输入名称，在 Linear Velocity 和 Angular Velocity 文本框中设置相应的值，并使用以下命令打印 Teleop Topic 值，如图 13.8 所示。

图 13.8　在终端打印速度命令

这个插件可以帮助驱动 RViz 的轮式机器人。我们还可以轻松地定制这个插件，为 GUI 添加更多的控制。

13.5 总结

在本章中，我们讨论了为 RViz 创建插件和编写基本 ROS 控制器。我们已经在 ROS 中使用了默认控制器，在本章中，我们为移动关节开发了一个自定义控制器。在构建和测试了控制器之后，我们研究了 RViz 插件。我们为远程操作创造了一个新的 RViz 面板，可以在面板中手动输入主题名称以及线速度和角速度。该面板用于在不启动另一个远程操作节点的情况下控制机器人。

在下一章中，我们将讨论在 MATLAB 中使用 ROS。MATLAB 是 MathWorks 开发的一个功能强大的数值计算环境。下一章讨论如何将该工具与 ROS 连接，以创建机器人应用程序。

以下是基于本章内容的一些问题。

13.6 问题

- 在 ROS 中编写底层控制器所需的包列表是什么？
- ROS 控制器内部发生了哪些不同的过程？
- `ros_control` 栈的主要包是什么？
- RViz 插件有哪些不同类型？

第 14 章

在 MATLAB 和 Simulink 中使用 ROS

在前面的章节中，我们讨论了如何在 C++ 中仿真和控制实现 ROS 节点的机器人。在本章中，我们将学习如何使用 **MATrix LABoratory**（**MATLAB**）创建 ROS 节点，这是一个功能强大的软件，提供了几个带有算法和硬件连接的工具箱来开发自主机器人应用程序，用于地面车辆、操纵器和人形机器人。此外，MATLAB 集成了 Simulink：一个基于模型设计的框图环境，允许通过图形化编辑器实现控制程序。在本章中，我们还将讨论如何使用 Simulink 实现机器人应用程序。

本章的第一部分专门介绍了 MATLAB 和机器人系统工具箱（Robotics System Toolbox）。在学习了如何在 ROS 和 MATLAB 之间交换数据之后，我们将为差速驱动移动机器人 **TurtleBot** 实现一个避障系统，展示使用机器人系统工具箱中已有的组件是多么简单，并尽量减少系统中要开发的元素的数量。在本章的第二部分，我们将介绍 Simulink，展示一个初始模型作为示例，然后讨论一个发布者和订阅者模型来演示 Simulink 和 ROS 通信接口。最后，我们将在 Simulink 中开发一个调节 TurtleBot 机器人方向的控制系统，并在 **Gazebo 仿真器**中进行测试。

14.1 开始使用 MATLAB

MATLAB 是一种广泛应用于工业、大学和研究中心的多平台数值计算环境。MATLAB 是作为一个数学软件而诞生的，但现在它为不同的领域提供了许多附加的包，如控制设计、绘图、图像处理和机器人。每年都会发布两个新的 MATLAB 版本。第一个称为 XXXXa（XXXX 是发布的年份），在 3 月发布；第二个称为 XXXXb，在 9 月发布。在本章中，我们假设安装了 MATLAB 2020b 版本。MATLAB 是 MathWorks 的专有产品，不是免费软件。通常情况下，免费发放许可证给学生和学术机构。你可以在 Windows、GNU/Linux 和 macOS 上使用 MATLAB。启动它之后，MATLAB 的主窗口将显示其默认布局，如图 14.1 所示。

该窗口包括三个主要面板：

- Current Folder：显示本地文件。
- Command Window：这是输入 MATLAB 命令或运行 MATLAB 脚本的命令行。
- Workspace：显示从命令窗口或 MATLAB 脚本创建的数据。

使用 Command Window，你可以发出数学命令并创建将在工作空间中显示的变量。同样的窗口可以用来查看 MATLAB 函数文档。事实上，所有内置的 MATLAB 函数都有支持文档，包括函数输入、输出和调用语法的示例和描述。你可以使用 doc 或 help 命令访问文档。doc 命令将打开一个包含文档的外部窗口，而 help 命令将在 Command Window 中显示文档。让我们看看如何获取关于 mean 函数的文档：

```
>> doc mean
```

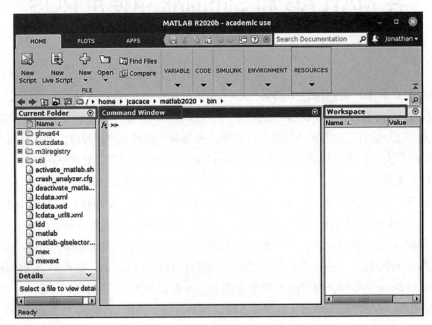

图 14.1　MATLAB 的主窗口默认布局

你也可以使用这个命令得到相同的结果：

```
>> help mean
```

简单介绍 MATLAB 之后，下面讨论如何将其与 ROS 网络连接以使用 ROS 函数。

14.2　开始使用 ROS Toolbox 和 MATLAB

除了 MATLAB 默认安装提供的标准函数之外，还有几个外部工具箱可以让你访问其他实用程序和库。要在 MATLAB 中使用 ROS，你需要安装 ROS Toolbox（https://it.mathworks.com/products/ros.html）。这个工具箱实现了 MATLAB 和 ROS 之间的接口，使开发人员能够在真实的机器人和机器人仿真器上测试和移植应用程序。要实现机器人应用程序，安装 Robotics System Toolbox（https://it.mathworks.com/products/robotics.html）和 Navigation Toolbox（https://it.mathworks.com/products/navigation.html）也很有用，它们提供了一些算法，可以帮助我们开发自主机器人应用程序，如路径规划、避障方法、状态估计、运动学和动力学等算法。

如图 14.2 所示，你可以在安装 MATLAB 时从包列表中添加 ROS Toolbox、Robotics System Toolbox 和 Navigation Toolbox，也可以从 MATLAB 网站下载。

图 14.2　在 MATLAB 安装过程中选择 ROS Toolbox

通过使用 ROS Toolbox，我们可以将 MATLAB 转换为一个 ROS 节点，该节点将能够与系统的其他节点交换信息，并通过主题和服务直接控制仿真或真实的 ROS 机器人。MATLAB 连接到 ROS 节点管理器后，它可以从机器人或其他 ROS 节点获取数据进行处理。MATLAB 可以自己初始化一个 ROS 节点管理器来管理与网络节点的通信，也可以连接到另一个远程 ROS 节点管理器，就像 ROS 网络的任何其他元素一样。此外，在应用程序的最终版本中，我们不必在计算机上运行 MATLAB 来执行它，但是可以将开发的应用程序部署为典型的 C++ 节点。图 14.3 描述了 MATLAB 与 ROS 之间的连接。

安装 Robotics System Toolbox 后，我们将能够访问与 Linux 下使用的几个相同 ROS 命令。要列出这些命令，可以在命令窗口中输入以下行：

```
>> help ros
```

命令的输出结果如图 14.4 所示。

要初始化 ROS-MATLAB 接口，我们可以使用 rosinit 命令，而使用 rosshutdown 命令停止它。如图 14.5 所示，默认情况下，rosinit 在 MATLAB 中创建一个 ROS 节点管理器，启动 matlab_global_node 与 ROS 网络通信。在使用 rosnode list 命令初始化 roscore 后，我们可以看到活动的 ROS 节点。

使用 ROS-MATLAB 接口的默认配置，我们必须在 ROS 网络的另一个节点上用运行 MATLAB 的计算机的 IP 地址设置 ROS_MASTER_URI 环境变量。如果你在 Windows 上运行

MATLAB，则可以使用以下命令轻松获得计算机的 IP 地址：

```
>> !ipconfig
```

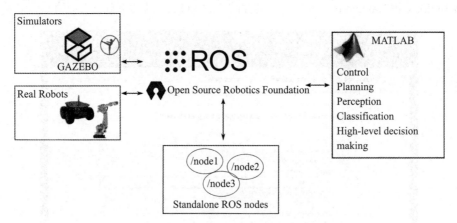

图 14.3 ROS-MATLAB 接口方案

```
ros Toolbox
Version 1.2 (R2020b) 29-Jul-2020

Network Connection and Exploration
  rosinit       - Initialize the ros system
  rosshutdown   - Shut down the ros system
  rosaction     - Get information about actions in the ros network
  rosmsg        - Get information about messages and message types
  rosnode       - Get information about nodes in the ros network
  rosservice    - Get information about services in the ros network
  rostopic      - Get information about topics in the ros network
  rosparam      - Get and set values on the parameter server
  rosdevice     - Connect to remote ros device

  ros2          - Retrieve information about ros 2 network

Publishers and Subscribers
  rosmessage    - Create a ros message
  rostype       - View available ros message types
  rospublisher  - Create a ros publisher
  rossubscriber - Create a ros subscriber
```

图 14.4 ROS-MATLAB 接口命令

```
>> rosinit
Initializing ROS master on http://DESKTOP-40TG18P:11311/.
Initializing global node /matlab_global_node_16208 with NodeURI http://DESKTOP-40TG18P:61762/
>> rosnode list
/matlab_global_node_16208
```

图 14.5 ROS-MATLAB 接口的默认初始化

如果你在 Linux 上运行 MATLAB，则可以使用下面的命令：

```
>> !ifconfig
```

该命令在 Windows 下的输出结果如图 14.6 所示。

```
wlp4s0: flags=4163<UP,BROADCAST,RUNNING,MULTICAST>  mtu 1500
        inet 100.102.1.236 | netmask 255.255.0.0  broadcast 100.102.255.255
        inet6 fe80::63e0:7643:8c30:b6b  prefixlen 64  scopeid 0x20<link>
        ether 08:5b:d6:dc:09:6f  txqueuelen 1000  (Ethernet)
        RX packets 729463  bytes 909652975 (909.6 MB)
        RX errors 0  dropped 13  overruns 0  frame 0
        TX packets 261822  bytes 70550108 (70.5 MB)
        TX errors 0  dropped 0 overruns 0  carrier 0  collisions 0
```

图 14.6　运行在 Linux 上的 MATLAB 上的 ifconfig 命令

否则，我们可以直接将 MATLAB 连接到活动的 ROS 网络中。在这种情况下，我们必须通知 ROS-MATLAB 接口关于运行 ROS 主机的计算机 / 机器人的地址。这可以通过如图 14.7 所示的命令来完成。

```
>> setenv('ROS_MASTER_URI', 'http://192.168.1.131:11311');
>> rosinit
The value of the ROS_MASTER_URI environment variable, http://192.168.1.131:11311, will be used to connect
Initializing global node /matlab_global_node_75920 with NodeURI http://192.168.1.130:61991/
>> rosnode list
/matlab_global_node_75920
/rosout
```

图 14.7　在外部 ROS 网络上初始化 ROS- MATLAB 接口

在下一节中，我们将开始使用主题回调函数，初始化 ROS-MATLAB 接口并直接从 MATLAB 脚本中添加数据。

从 ROS 主题和 MATLAB 回调函数开始

在本节中，我们将讨论如何使用 MATLAB 脚本发布和订阅 ROS 消息。我们将要分析的第一个脚本定义了一个典型的模板来开发机器人的控制循环。首先，我们将订阅一个输入主题，然后在一定的时间内将它的值重新发布到输出主题上。完整的源代码包含在 talker.m 中，它位于 ros_matlab_test 包中。

让我们看看 talker.m 脚本的内容：

```
rosinit
pause(2)
talker_sub = rossubscriber( '/talker' );
[chatter_pub, chatter_msg] = rospublisher('/chatter','std_msgs/
String');
r = rosrate(2); % 2 Hz loop rate
pause(2) % wait a bit the roscore initialization
for i = 1:20
    %Get data from the input topic
    data = talker_sub.LatestMessage;
    chatter_msg.Data = data.Data;
    %Publish data on the output topic
    send(chatter_pub, chatter_msg);
    %Wait for the control loop rate
```

```
        waitfor(r);
end
%Shutdown ROS connection
rosshutdown
```

让我们看看这个脚本是如何工作的。首先要做的是初始化 MATLAB-ROS 节点。在本例中，我们希望将 MATLAB 连接到本地 ROS 网络，并使其能够读写主题数据。在继续使用 MATLAB 脚本等待初始化完成之前，可以在 init 命令后包含一个暂停，这很方便：

```
rosinit
pause(2)
```

然后，我们订阅 /talker 主题，同时将客户初始化为 std_msgs/String 类型的 /chatter 主题：

```
talker_sub = rossubscriber( '/talker' );
[chatter_pub, chatter_msg] = rospublisher('/chatter','std_msgs/
String');
```

最后，我们使用 LatestMessage 函数来获取输入主题上的最后一条消息，同时发布 /chatter 主题上的消息：

```
data = talker_sub.LatestMessage;
send(chatter_pub, chatter_msg);
```

此时，你可以从与 MATLAB 计算机在同一网络中运行 Linux 的计算机上使用命令行在 /talker 主题上发布所需的消息，并可视化在 /chatter 主题上发布的消息。

现在，你可以在命令窗口中输入它的名字来运行脚本：

```
>> talker
```

如果一切都已正确设置，Linux 机器上的输出应该如图 14.8 所示。

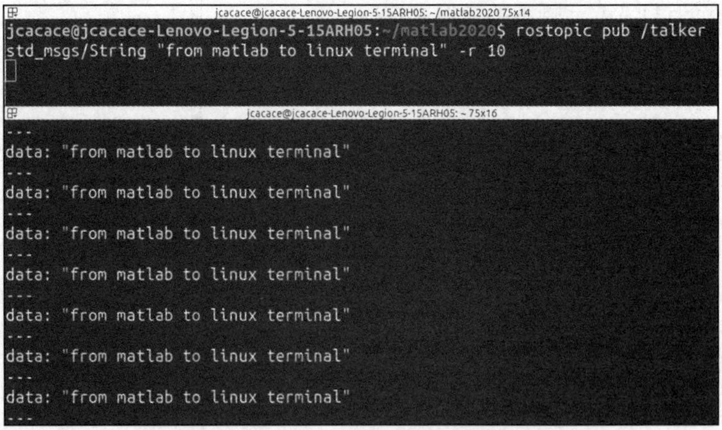

图 14.8　MATLAB 与 ROS 之间的通信

　　上面的脚本定义了一个实现自主机器人控制循环的典型模板。我们可以定义一个每次收到新消息时要调用的回调函数，而不是不断地查询主题上收到的最新消息。通过这种方式，我们可以编写更复杂的控制循环来处理机器人的行为，异步地从 ROS 主题接收多个信息。在下一个示例中，我们会将 ROS-MATLAB 连接到 Gazebo，仿真 TurtleBot 机器人并使用 MATLAB 绘制其激光传感器的值。

　　为了运行 Gazebo 仿真，我们将使用 turtlebot3_gazebo 包。注意，turtlebot3 包有三个不同的 turtlebot3 模型的配置和源文件。我们将使用 burger 模型的仿真，所以在启动 Gazebo 场景之前设置它：

```
export TURTLEBOT3_MODEL=burger
roslaunch turtlebot3_gazebo turtlebot3_world.launch
```

如果你还没有安装 turtlebot3 包，则可以使用以下命令安装它们：

```
sudo apt-get install ros-noetic-turtlebot3*
```

启动 Gazebo 后，发布了不同的主题，其中有 /scan。在本例中，我们需要以下 MATLAB 函数：

- plot_laser.m：它将初始化订阅所需的激光扫描仪主题的 ROS-MATLAB 接口，并以所需的帧速率绘制激光数据。
- get_laser.m：它接收和存储激光扫描仪数据的值。

让我们看看 plot_laser 脚本的代码：

```
function plot_laser()
    global laser_msg;
    %ROS_MASTER_URI
    rosinit
    pause(2)
    laser_sub = rossubscriber( '/scan', @get_laser );
    r = rosrate(2); % 2 Hz loop rate
    for i=1:50
    plot(laser_msg    ); %Plot laser_msg
    waitfor(r);
    end
    rosshutdown
    close all
end
```

设置 ROS-MATLAB 接口后，将订阅者初始化为激光扫描主题：

```
laser_sub = rossubscriber('/scan', @get_laser );
```

在这一行中，我们要求 get_laser 函数处理包含在 /scan 主题中的数据。为了在不同的 MATLAB 脚本之间交换数据，我们使用了一个全局变量：

```
global laser_msg;
```

最后绘制 25s 激光数据的激光扫描仪数据：

```
plot(laser_msg);
```

现在让我们看看 get_laser 函数的代码：

```
function get_laser(~, message)
global laser_msg;
laser_msg = message;
End
```

在这个函数中，我们只保存激光扫描仪数据的值。在启动 Gazebo 仿真之后，我们可以运行 MATLAB 脚本：

```
>> plot_laser
```

场景对象默认位置的输出如图 14.9 所示。

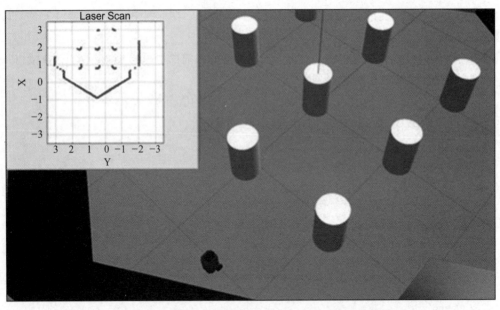

图 14.9   在 MATLAB 中绘制的 Gazebo 激光扫描仪数据

在前面的示例中，我们只展示了如何从 ROS 网络获取数据。在下一节中，我们将实现一个运动算法，利用激光扫描仪数据驱动 TurtleBot 机器人进入环境并避开障碍物。

14.3   利用 MATLAB 和 Gazebo 开发机器人应用程序

到目前为止，我们只使用 MATLAB 来使用 ROS 主题交换数据。在本节中，我们将演示使用 MATLAB 和导航工具箱为移动机器人创建机器人应用程序。我们将为差速移动机器人设计一个避障系统，使 TurtleBot 机器人在拥挤的环境中穿行而不与任何障碍物相撞。我们将提出一个 MATLAB 脚本，它将设置机器人的控制速度以产生一个随机运动。同时，机器人传感器的激光扫描数据将用于避障。为了实现这一行为，我们将依靠**矢量场直方图（VFH）**算法基于距离传感器数据来计算机器人的无障碍转向方向。这个算法已经由 controllerVFH 类中的导航工具箱提供。最后，在经过一定的导航时间后，利用 MATLAB 函数绘制一些日志数据。这有助于开发人员调试应用程序。

我们将要讨论的脚本的完整源代码可以在 vfh_obstacle_avoidance.m 中找到。

我们将源代码包含在一个名为 vfh_obstacle_avoidance 的函数中。像往常一样，在开始时，我们初始化 ROS 接口：

```
function vfh_obstacle_avoidance()
        rosinit
pause(2)
```

然后，我们订阅激光扫描消息和声明变量来发布控制机器人的命令。ROS 发布者函数返回实例化的发布者 velPub 和要通过发布者发送的消息类型 velMsg。此外，我们订阅了机器人的里程计，以跟踪其在运动过程中的速度：

```
laserSub = rossubscriber('/scan');
odomSub =  rossubscriber('/odom');
 [velPub, velMsg] = rospublisher('/cmd_vel');
```

现在我们准备实例化 VFH 对象来实现避障系统：

```
vfh = controllerVFH;
```

VFH 算法需要一些参数。具体如下：

- DistanceLimits：激光读数的极限，用二维向量指定激光雷达可测量的最大范围和最小范围。
- RobotRadius：以 m 为单位的机器人尺寸。
- MinTurningRadius：机器人的最小转弯半径，单位为 m。
- SafetyDistance：机器人和障碍物之间允许的最大空间。

我们通过以下方式设置这些值：

```
vfh.DistanceLimits = [0.05 1];
      vfh.RobotRadius = 0.1;
      vfh.MinTurningRadius = 0.2;
      vfh.SafetyDistance = 0.1;
```

现在我们可以开始控制机器人的运动了。首先，定义控制循环率：

```
rate = robotics.Rate(10);
```

下面描述运动控制循环。我们希望在需要的时间内执行控制循环。我们可以用 rate.

TotalElapsedTime 来跟踪运行时间。此函数返回从创建 rate 对象开始的以秒为单位的运行时间。在控制循环内部，我们将读取来自激光扫描仪主题的传感器数据：

```
while rate.TotalElapsedTime < 25
        laserScan = receive(laserSub);
        odom = receive(odomSub);
        ranges = double(laserScan.Ranges);
angles = double(laserScan.readScanAngles);
```

targetDir 指定机器人运动的角度方向。它的值必须用弧度表示，机器人前进的方向被认为是 0 弧度。如前所述，示例中的目标方向是在每个控制循环中随机计算的：

```
targetDir = (r_max-r_min).*rand();
```

我们可以调用场直方图法，根据输入的激光扫描仪数据和实际期望的运动方向计算出一个无障碍转向方向：

```
steerDir= vfh(ranges, angles, targetDir);
```

如果存在有效的转向方向，我们就需要计算发送给机器人的旋转速度来驱动它。为此，我们将使用以下函数：

```
w = exampleHelperComputeAngularVelocity(steerDir, 1);
```

这个函数返回差动驱动机器人的角速度，以 rad/s 表示，给定机器人框架中的转向方向，就像我们的例子一样。此外，函数的第二个参数表示最大速度值，以便得到计算的极限值。最后，我们绘制机器人在运动过程中与检测到的障碍物的最小距离、执行的路径以及驱动的角速度和前进速度：

```
figure(1);
plot( ob_dist, 'red-' );
figure(2);
plot( odom_vel_x, 'red' );
figure(3);
plot( odom_vel_z, 'blue' );
figure(4)
plot( odom_pos_x, odom_pos_y, 'red');
```

为了测试这个例子，首先我们需要在想要运行 roscore 的计算机上启动 TurtleBot 仿真环境：

```
roslaunch turtlebot3_gazebo turtlebot_world.launch
```

然后调用 MATLAB 脚本：

```
>> vfh_obstacle_avoidance
```

虽然机器人将在图 14.9 所示的相同环境中导航，但 MATLAB 脚本的输出示例如图 14.10 所示。

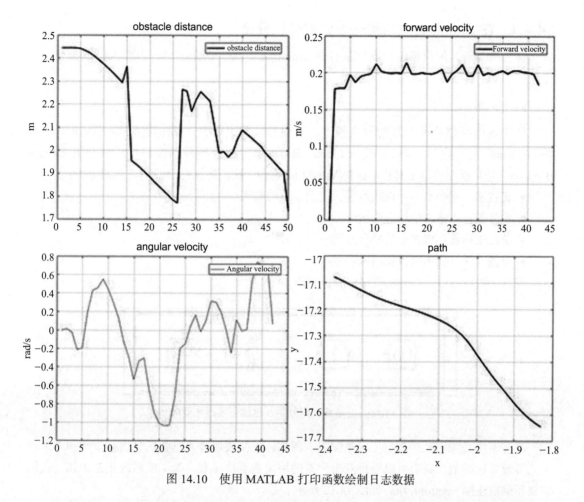

图 14.10　使用 MATLAB 打印函数绘制日志数据

在图 14.10 中，我们有由仿真检索的不同数据。特别地，在左上角报告了最小障碍距离，在右上角报告了线性前进速度，在左下角和右下角描述了角速度和执行路径。

图 14.10 可以用来检验避障算法的性能。

MATLAB 软件的另一个有用工具是 Simulink，该图形工具可以使用、创建和建模控制系统。Simulink 可以与 ROS 网络连接，并可以使用 ROS 功能，详见下一节。

14.4　开始使用 ROS 和 Simulink

在前几节中，我们讨论了如何使用 MATLAB 与 ROS 交互。在本节中，我们将使用 MATLAB 另一个强大的工具 Simulink。Simulink 是一个图形化编程环境，用于建模、仿真和分析动态系统。我们可以使用 Simulink 创建一个系统模型，并仿真其随时间变化的行为。在本节中，我们将开始从 ROS 框架创建第一个简单系统，还将讨论如何使用 Simulink 开发 ROS 应用程序。

14.4.1 在 Simulink 中创建一个波信号积分器

要为一个新系统建模，让我们从打开 Simulink 开始。在命令窗口中输入以下命令来打开它：

```
>> Simulink
```

你应该选择创建一个新的空白模型。要创建一个新系统，我们必须导入组成它的所需 Simulink 块。这些块可以直接从 Library Browser 中拖放到模型窗口中。要打开 Library Browser，请从模型窗格工具栏中选择 View | Library。我们的第一个系统需要四个块：

- **正弦波**：这产生一个正弦信号，表示系统的输入。
- **积分器**：对输入信号进行积分。
- **总线创建器**：将多个信号合并到一个信号中。
- **范围**：图形化地可视化输入信号。

导入这些块之后，你的模型窗格应该如图 14.11 所示。

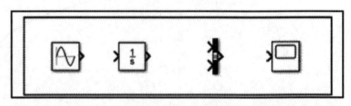

图 14.11 正弦波、积分器、总线创建器和范围

有些模块必须用某些参数正确地配置。例如，正弦波块需要正弦信号的幅值和频率来产生。要设置这些值，我们可以通过双击所需的块来查看块参数。为了使系统正常工作，我们需要正确地连接 Simulink 块，如图 14.12 所示。

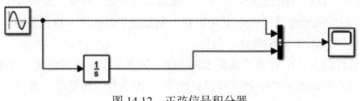

图 14.12 正弦信号积分器

连接模型组件后，我们就可以仿真系统的行为了。首先，我们应该通过设置开始和停止仿真时间来配置仿真的持续时间。打开 Simulation | Model Configuration Parameters 窗口，并插入所需的值。在我们的例子中，开始时间为 0，停止时间为 10.0，如图 14.13 所示。

现在，我们可以按下模型面板工具栏中的 play 按钮，同时通过探索范围块的内容来检查输出，双击它，结果如图 14.14 所示。

注意，即使我们插入 10s 的仿真时间，Simulink 也不能实时工作，而只会仿真增量时间

步长。这样，仿真过程中的有效运行时间将非常短。在本书的源代码 ros_matlab_test/
staring_example.mdl 模型文件中可以找到本例提出的模型。

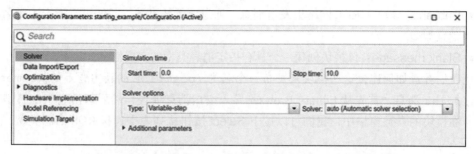

图 14.13　系统的仿真时间

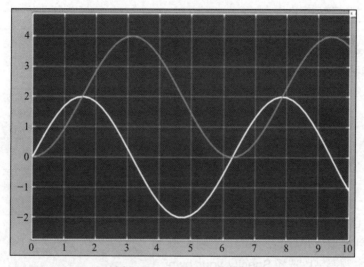

图 14.14　正弦和积分信号

在 Simulink 中处理 ROS 消息

　　ROS 的 Simulink 接口允许我们对可以链接到 ROS 网络的其他节点的系统进行建模。这
种支持包括一个通过主题发送和接收消息的 Simulink 模块库。当我们开始对开发的模型进行
仿真时，Simulink 将尝试连接到 ROS 网络，该网络可以运行在 Simulink 所在的同一台计算
机上，也可以运行在另一台远程计算机上。一旦建立了这个连接，Simulink 就与 ROS 网络
交换消息，直到仿真结束。我们将首先展示如何使用 ROS 主题读取和写入数据，然后讨论
如何创建一个更复杂的系统来控制 Gazebo 中仿真的 TurtleBot 机器人。让我们开始创建两个
不同的 Simulink 模型。在一个模型中，我们将开发一个消息发布者，而在另一个模型中，我
们将实现一个简单的订阅者。这些模型可以分别在源代码目录 ros_matlab_test（称为
publisher.mdl 和 subscriber.mdl）中找到。

14.4.2　在 Simulink 中发布 ROS 消息

要在 Simulink 中发布 ROS 消息，我们主要需要两个块：

- Publish：该块在 ROS 网络上发送消息。通过配置块参数，我们可以指定主题名称和消息类型。
- Blank message：该模块创建一个具有指定消息类型的空白消息。

让我们看看如何连接这些模块来发布一个名为 /position 的新主题上的 geometry_msgs/Twist 消息。首先从 Library Browser 导入空白消息模块，然后双击它来配置消息的类型。在模块的参数窗格中，我们可以按下 Select 按钮从列表中选择 ROS 消息类型，如图 14.15 所示。

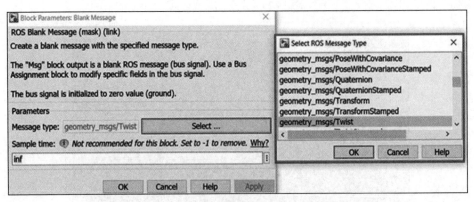

图 14.15　在 Simulink 的 ROS 空白消息模块中配置参数

现在我们已经准备好导入 ROS 发布模块：将该模块拖放到模型中并双击它来配置主题源和消息类型。为主题源字段选择 Specify your own 以输入所需的主题名称。在 Topic 字段中输入 /position。我们可以选择要发布的消息的类型，如图 14.16 所示。

现在，在将 ROS 消息发送到 ROS 网络之前，我们必须填写要发布的 ROS 消息的字段。我们将使用另外两个 Simulink 组件完成这项工作。第一个是正弦波，正弦信号生成已经在第一个 Simulink 示例中使用。第二个是信号总线分配。实际上，ROS 消息在 Simulink 环境中表示为总线信号，允许我们使用总线信号块管理其字段。将空消息块的输出端口连接到 BusAssignment 块的

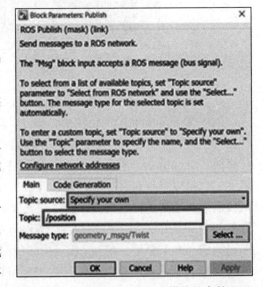

图 14.16　Simulink ROS 发布模块的参数配置

总线输入端口，将 **BusAssignment** 块的输出端口连接到 ROS 发布块的输入端口。然后，配置总线信号参数：双击 **BusAssignment** 块。你应该在左侧看到 **X**、**Y** 和 **Z**（由 `geometry_msgs/Twist` 消息组成的信号）。删除右侧列表中的元素，同时选中左侧列表中消息线性部分的 **X** 和 **Y** 信号，单击 **Select>>**，然后单击 **OK** 关闭块掩码。在本例中，我们只分配 `Twist` 消息的线性部分的前两个组件，如图 14.17 所示。

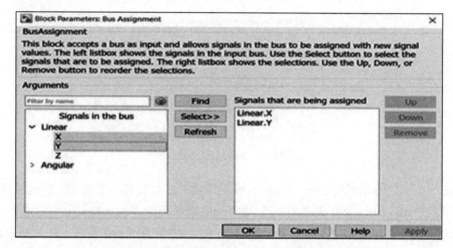

图 14.17　为 geometry_msgs/Twist 消息分配总线

完成总线分配模块的参数配置后，模块的形状将发生变化，接受所选输入信号的值。现在，我们应该分配要发布给这些组件的所需值。我们可以通过使用正弦波块来做到这一点。拖放两个正弦信号发生器，将它们连接到总线分配块。最终的模型如图 14.18 所示。

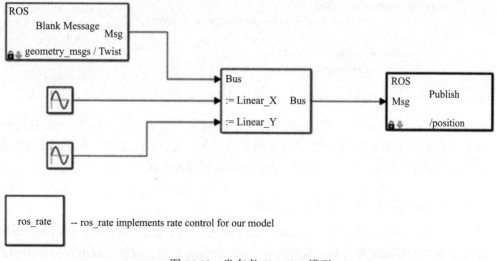

图 14.18　发布者 Simulink 模型

我们的发布者 Simulink 模型中包含了一个额外的模块 ros_rate。该模块用于在模型执行期间仿真实时行为，实现 ROS 频率机制。如果没有这个模块，实际上这个节点的执行频率会非常高，会以最大的频率发布 ROS 消息。ros_rate 块是一个叫作 MATLAB 系统块的特殊模块，允许我们实例化和调用 MATLAB 类对象。在将这个块导入系统模型之后，我们应该选择要调用的系统对象名称，或者创建一个新的对象，如图 14.19 所示。

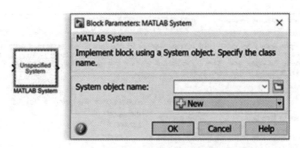

图 14.19　MATLAB 系统块

ros_rate 块的代码在 ros_rate.m 源文件中，并对其进行了讨论。在这段代码中，我们定义了 ros_rate 类，该类有两个对象：指定循环频率的 rate 和实现速率机制的 rateObj。这个类最重要的方法是 setupImpl(obj)（它在开始时调用，用于初始化类的内容）以及 stepImpl(obj) 方法（该方法在每个步骤时调用，以调节仿真的执行时间）：

```
classdef ros_rate < matlab.System
      properties
            RATE;
end
      methods(Access = protected)
      function setupImpl(obj)
              obj.rateObj = robotics.Rate(obj.RATE);
          end
          function stepImpl(obj)
                obj.rateObj.waitfor();
            end
end
end
```

模型已经完成了，我们需要将仿真的停止时间设置为无穷大（inf）。通过这种方式，我们可以在需要时使用 Stop 按钮终止仿真。现在，我们可以播放仿真并阅读发布在 /position 主题上的内容。在下一节中，我们将讨论订阅者实现。

14.4.3　在 Simulink 中订阅 ROS 主题

要订阅 ROS 主题，我们只需要 Subscribe 模块。即使在这种情况下，我们也必须配置要读取的消息的类型和主题名称。我们选择 /position 主题，以便读取由发布者 Simulink 模型发送到 ROS 网络的数据。如图 14.20 所示，Subscribe 块有两个输出：IsNew（一个布尔信号，定义是否接收到新消息）；Msg（包含接收到的消息）。

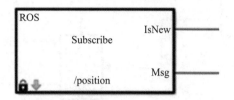

图 14.20　Simulink 订阅者模块

在发布者模型中，如果我们使用总线创建器在一条消息中聚合多个数据，那么需要分离消息的数据。为此，我们将使用具有一个输入和两个输出的 BusSelector 块：Twist 消息线性部分的 X 和 Y 字段，如图 14.21 所示。要创建这个块，需要将其配置为只有 Twist 消息的 Linear.X 和 Linear.Y 部分。

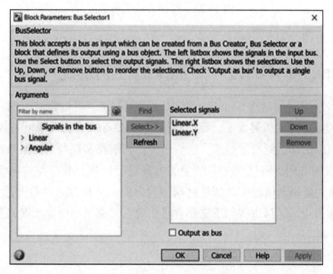

图 14.21　BusSelector 块

在我们的实现中，我们将总线选择器包含在子系统中，子系统是另一种类型的块，可以使用启用端口启用 / 禁用它。通过这种方式，我们可以将订阅者块的 IsNew 字段链接到子系统，并仅在接收到新消息时启用其输出。要探索子系统的内容，双击它就足够了。最后，我们可以添加两个示波器块来绘制子系统的输出。最终的链接模型如图 14.22 所示。

我们现在可以同时运行发布者和订阅者系统，并检查示波器块上的输出。注意，在启动发布者和订阅者模型之前，必须在机器上运行 roscore。

在结束本章之前，我们将讨论如何使用 Simulink 实现一个控制系统。

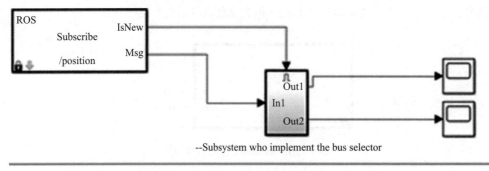

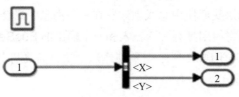

图 14.22　订阅者系统模型

14.5　在 Simulink 中开发一个简单的控制系统

现在我们已经学习了如何将 Simulink 和 ROS 连接起来，可以尝试实现一个更复杂的系统来控制一个真实的或仿真的机器人了。我们将继续在 Gazebo 中仿真 TurtleBot 机器人，并将了解如何控制其方向以使其达到所需的值。换句话说，我们将实现一个控制系统，该系统将使用里程计测量机器人的方向，将这个值与期望的方向进行比较，并获得方向误差。我们将使用 PID 控制器计算速度来驱动机器人达到最终期望的方向，并将方向误差设置为 0。这个控制器已经在 Simulink 中可用了，所以我们不需要自己实现它。模型的所有元素如图 14.23 所示。

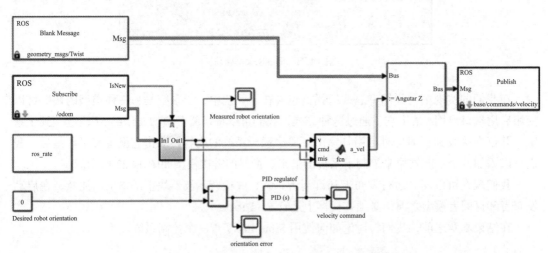

图 14.23　TurtleBot 在 Simulink 中的方向控制模型

系统的输入由 /odom 消息表示，其中包含关于机器人实际位姿和速度的信息，以及 constant 块（它指定了 TurtleBot 的期望方向）。我们的模型首先估计来自 /odom 消息的方向。通过考虑机器人的角速度，在每一个时间步上进行积分来估计机器人的方向。我们使用 MATLAB 函数块（如图 14.24 所示）来估计阈值 /odom 消息的速度值，以丢弃噪声测量。为了集成速度数据，我们使用 Simulink 提供的 **Integrator** 块。同样，我们将它包含在一个子系统中。

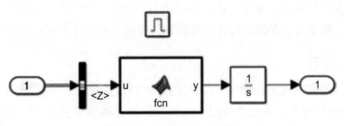

图 14.24　MATLAB 函数块

MATLAB 函数块允许开发人员将自己的 MATLAB 函数转换为 Simulink 块。在本例中，代码函数如下：

```
function y = fcn(u)
y = 0.0;
if abs( u ) > 0.01
        y = u;
end
end
```

我们从所接收的 Twist 消息（该消息指定了相对于 Z 轴的角速度，Z 轴表示机器人旋转的方向）提取 Angular.Z 值。我们认为任何低于 0.01 rad/s 的值都是噪声。现在我们知道了如何旋转机器人，可以通过使用 Simulink **Sum** 块考虑所需的方向（它是恒定的）来计算方向误差。要更改所需的方向，可以双击 **Constant** 块并配置其参数。

最后，我们可以实现机器人控制器。在此范围内，我们将使用 PID 控制器，这是最常用的带有反馈的控制循环机制之一。这种控制器广泛应用于工业和大学设置的各种应用程序。它不断地尝试最小化输入误差，应用基于比例、积分和导数项的控制输出。在模型中拖放这个控制器之后，它对输入数据的响应将依赖于 P、I 和 D 项（称为增益），这些项可以从块属性进行适当的调优。最后，我们必须在 /cmd_vel 主题上发布 PID 控制器生成的数据，以驱动 Gazebo 仿真中的机器人。和往常一样，我们可以在开始仿真后检查范围块上的方向误差如何减少。在应用计算出的速度之前，我们使用另一个 MATLAB 函数块来设置速度的符号。实际上，考虑到速度的正负，机器人会向两个不同的方向旋转：负速度会使机器人顺时针方向旋转，而正速度会使机器人逆时针方向旋转。在我们的例子中，我们希望选择能够使机器人更快地朝其前进方向转动的方向：

```
function a_vel = fcn(v, cmd, mis)
a_vel = 0;
if (mis < cmd )
    a_vel = abs(v);
elseif ( mis > cmd )
    a_vel = -abs(v);
end
end
```

该功能块接收计算速度、命令方向和驱动机器人的实际方向作为输入。当测量的方向低于命令的方向时，机器人必须按顺时针方向旋转，否则按逆时针方向旋转。

配置 Simulink 模型

我们的模型已经完全连接，现在只需要配置和仿真它。首先，我们需要导入 ros_rate 模块来同步 Simulink 仿真。在这种情况下，更高的帧速率保证更好的行为，所以你可以双击 ros_rate 块并将速率设置为 100Hz。然后，从模型窗口的主菜单栏中单击 Simulation | Model Configuration Parameters 打开模型配置参数，或者直接按 Ctrl + E 组合键。建议配置是使用固定步长解算器指定所需的步长（我们可以使用 0.01s），如图 14.25 所示。

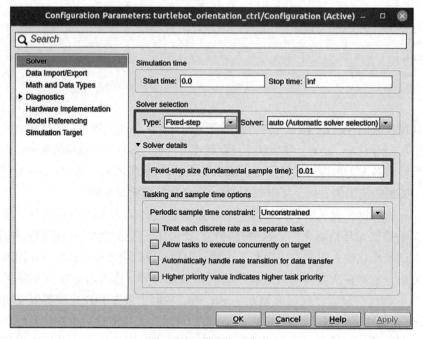

图 14.25 模型配置参数

我们已经配置了模型，现在可以模拟它了。与上一个例子一样，启动 TurtleBot 仿真：

```
roslaunch turtlebot3_gazebo turtlebot_world.launch
```

然后，按下 Play 按钮启动 Simulink 仿真。在 Gazebo 上，你应该会看到机器人试图到达所需的方向，而在 Simulink 上，你可以使用瞄准镜面板来监视方向误差（如图 14.26 所示）和生成的速度命令。

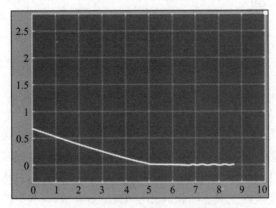

图 14.26　turtlebot3 方向误差演化

你还可以检查 Gazebo 仿真器以查看机器人是否达到所需的方向。

14.6　总结

在本章中，我们学习了如何使用 MATLAB 开发机器人应用程序，以及如何将 MATLAB 与运行在同一台计算机上的其他 ROS 节点或 ROS 网络的其他节点连接起来。我们讨论了如何在 MATLAB 中处理主题，以及如何重用 MATLAB 工具箱中已有的函数，为差动驱动机器人开发一个简单的避障系统。然后，我们介绍了 Simulink，这是一个基于图形化的程序编辑器，允许开发人员实现、仿真和验证动态系统模型。我们学习了如何在 ROS 网络中获取和设置数据，以及如何开发一个简单的控制系统来控制 TurtleBot 机器人的方向。在下一章中，我们将介绍 ROS-Industrial（一个连接工业机器人机械臂与 ROS 的 ROS 包），以及如何使用 ROS（如 MoveIt!、Gazebo 和 RViz）控制它。

以下是基于本章内容的一些问题。

14.7　问题

- 什么是 MATLAB 和 Robotics System Toolbox ？
- 如何将 MATLAB 与 ROS 网络连接？
- 为什么 MATLAB 对开发机器人应用程序有用？
- 什么是 Simulink ？
- 什么是 PID 控制器，我们如何使用 Simulink 实现它？

第 15 章
ROS 在工业机器人中的应用

到目前为止，我们主要讨论的是个人和研究机器人与 ROS 的交互，但机器人广泛应用的一些主要领域是制造业、汽车工业等重工业行业。ROS 是否支持工业机器人？是否有公司使用 ROS 处理制造工序？ROS-Industrial 提供了一种解决方案，将工业机器人执行器连接到 ROS，并使用其强大的工具（如 MoveIt!、Gazebo 和 RViz 等）控制这些工业机器人执行器。

15.1 理解 ROS-Industrial 包

ROS-Industrial 主要将 ROS 软件的先进功能扩展到用于制造过程的工业机器人。

ROS-Industrial 由许多软件包组成，这些软件包帮助我们控制工业机器人。这些包是 BSD（legacy）/Apache 2.0（preferred）许可程序，其中包含库、驱动程序和工具，以及用于工业硬件的标准解决方案。ROS-Industrial 现在由 ROS-Industrial Consortium 指导。ROS-Industrial（ROS-I）的官方网站为：http://rosindustrial.org/。

15.2 ROS-Industrial 的目标

ROS-Industrial 开发的主要目标如下：
- 结合 ROS 的强度和现有工业技术，探索 ROS 在制造过程中的先进能力。
- 为工业机器人应用开发可靠和健全的软件。
- 为工业机器人的研发提供一种简便的方法。
- 创建一个由工业机器人研究人员和专业人员广泛支持的社区。
- 提供工业级 ROS 应用程序，成为工业相关应用程序的一站式解决方案。

在用一组工业机器人探讨 ROS-Industrial 的功能之前，让我们先简要对它的历史、架构和安装进行概述。

15.3　ROS-Industrial 简史

2012 年，ROS-Industrial 开源项目由 Yaskawa Motoman Robotics（`http://www.motoman.com/`）、Willow Garage（`https://www.willowgarage.com/`）和 Southwest Research Institute（SwRI；`http://www.swri.org/`）合作启动，目的是在工业制造中使用 ROS。ROS-I 由 Shaun Edwards 于 2012 年 1 月创立。

2013 年 3 月，ROS-I Consortium Americas and Europe 启动，由得克萨斯州的 SwRI 和德国的 Fraunhofer IPA 共同领导。下面详细列出了 ROS-I 为社区提供的一系列功能：

- **探索 ROS 中的功能**：ROS-Industrial 包与 ROS 框架绑定，因此我们可以在工业机器人中使用所有的 ROS 功能。我们可以使用 ROS 为每个机器人创建自定义逆运动学解算器，并使用 2D/3D 感知实现对模板的操作。
- **开箱即用的应用程序**：ROS 接口使机器人具有先进的感知能力，可以拾取和放置复杂的物体。
- **简化机器人编程**：ROS-I 取消了机器人路径的示教和规划，而是自动计算给定点的无碰撞最优路径。
- **开放源码**：ROS-I 是开源软件，允许商业使用，没有任何限制。

15.4　安装 ROS-Industrial 包

ROS-Industrial 包的主要存储库可以在以下链接中找到：`https://github.com/ros-industrial`。在这个资源库中，开发人员可以找到不同的软件包，以将 ROS 系统与典型的工业工具和设备 [如可编程逻辑控制器（PLC）] 连接起来，或者直接与流行的工业操纵器（如 Kuka、abb 或 Fanuc）的硬件驱动程序通信。除此之外，ROS-Industrial 资源的主要存储库是 `industrial_core` 栈，它可以从以下 Git 存储库下载：

```
git clone https://github.com/ros-industrial/industrial_core
```

该存储库仍在开发中，以确保与 ROS Noetic 完全兼容。industrial-core 栈包括以下 ROS 包集：

- `industrial-core`：该栈包含用于支持工业机器人系统的软件包和库文件。该软件包由与工业机器人控制器和工业机器人仿真器通信的节点组成，并为工业机器人提供 ROS 控制器。
- `industrial_deprecated`：这个包包含将要被弃用的节点、启动文件等。这个包中的文件可以在下一个 ROS 版本中从存储库中删除，因此我们应该在删除内容之前查找这些文件的替换。
- `industrial_msgs`：这个包包含特定于 ROS-Industrial 包的消息定义。

- simple_message：这是 ROS-Industrial 的一部分，是一个标准消息协议，包含一个简单的消息框架，用于与工业机器人控制器通信。
- industrial_robot_client：这个包包含一个用于连接到工业机器人控制器的通用机器人客户机，它运行一个工业机器人服务器，并可以使用简单的消息协议进行通信。
- industrial_robot_simulator：这个包仿真遵循 ROS-Industrial 驱动标准的工业机器人控制器。利用该仿真器可以对工业机器人进行仿真和可视化。
- industrial_trajectory_filters：这个包包含用于过滤发送给机器人控制器的轨迹的库和插件。

ROS-I 实现了一个多层的高级架构来实现工业操纵器的应用程序，这将在下一节中讨论。

ROS-Industrial 功能包框图

图 15.1 是组织在 ROS 之上的 ROS-I 包的简单框图表示。我们可以看到 ROS-I 层在 ROS 层的上面。

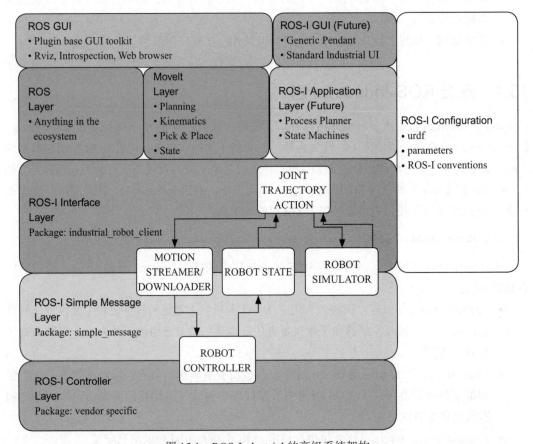

图 15.1　ROS-Industrial 的高级系统架构

为了更好地理解，我们可以看看每个层的简要描述：

- **ROS GUI**：这一层包括基于 ROS 插件的 GUI 工具层，工具层包括 RViz、rqt_gui 等工具。
- **ROS-I GUI**：这些 GUI 是标准的工业 UI，用于与未来可能实现的工业机器人一起工作。
- **ROS Layer**：这是发生所有通信的基本层。
- **MoveIt Layer**：MoveIt! 层为工业机械臂的规划、运动学、拾取和放置提供了直接的解决方案。
- **ROS-I Application Layer**（ROS-I 应用层）：这一层由一个工业过程规划器组成，用于规划制造什么、如何制造以及制造过程需要什么资源。
- **ROS-I Interface Layer**（ROS-I 连接层）：该层由工业机器人客户端组成，可以通过简单的消息协议连接到工业机器人控制器。
- **ROS-I Simple Message Layer**（ROS-I 简单消息层）：这是工业机器人的通信层，它是一组标准协议，将数据从机器人客户机发送到控制器，反之亦然。
- **ROS-I Controller Layer**（ROS-I 控制器层）：该层由特定于供应商的工业机器人控制器组成。

在讨论了基本概念之后，我们将开始使用 ROS-Industrial 将工业机器人与 ROS 连接起来。首先，我们将展示如何创建一个工业机器人的 URDF 模型，以及如何为它创建一个适当的 MoveIt! 配置。然后，我们将讨论如何控制真实和仿真的 Universal Robots 和 ABB 工业机械臂，分析 ROS-I 包的所有必要元素。最后，我们将使用 Ikfast 算法和插件来加速 MoveIt! 的运动学计算。

15.5　为工业机器人创建 URDF

为普通机器人和工业机器人创建 URDF 文件的流程是一样的，但是工业机器人在进行 URDF 建模时需要严格遵循一些标准，这些标准如下：

- **简化 URDF 设计**：URDF 文件应该简单且可读，并且只需要重要的标签。
- **制定通用的设计**：为不同供应商的所有工业机器人制定一个通用的设计方案。
- **模块化 URDF**：需要使用 xacro 宏对 URDF 进行模块化设计，它可以被包含在一个大的 URDF 文件中，而没有太多麻烦。

以下几点是 ROS-I 下的 URDF 设计的主要区别：

- **碰撞感知**：工业机器人 IK 规划器是碰撞感知的，因此 URDF 应该包含每个连杆的精确碰撞 3D 网格。机器人的每个连杆都应导出到具有适当坐标系的 STL 或 DAE。ROS-I 遵循的坐标系统是每个关节处于零位置时 x 轴指向前方、z 轴指向上方。还需要注意的是，如果关节的原点与机器人的基座重合，则转换会更简单。如果把机器人的关节放在零点位置（原点），就可以简化机器人的设计。在 ROS-I 中，用于

可视化目的的网格文件是非常细致的，但用于碰撞的网格文件不那么细致，因为执行碰撞检测需要更多的时间。为了删除网格细节，我们可以使用工具如 MeshLab（http://meshlab.sourceforge.net/），从顶部栏菜单选择对应的选项：Filters | Remeshing, Simplification and Reconstruction | Convex Hull。

- **URDF 关节协定**：每个机器人关节的方向值限制为单次旋转，也就是说，在三个方向值中（roll、pitch 和 yaw），只有一个值存在。
- **xacro 宏**：在 ROS-I 中，操作器部分全部使用 xacro 编写的宏。我们可以在另一个宏文件中添加此宏的实例，该宏文件可用于生成 URDF 文件。在这个文件中还可以包含附加的末端执行器的定义。
- **标准框架**：在 ROS-I 中，base_link 框架应该是第一个连杆组件，tool0 应该是末端执行器连杆组件。此外，base 框架应与机器人控制器的 base instance 相匹配。在大多数情况下，从 base 到 base_link 的转换被视为固定的。

在为工业机器人构建 xacro 文件之后，我们可以将其转换为 URDF 并使用以下命令进行验证：

```
rosrun xacro xacro -o <output_urdf_file> <input_xacro_file>
check_urdf <urdf_file>
```

接下来，我们将讨论为工业机器人创建 MoveIt! 配置的不同之处。

15.6　为工业机器人创建 MoveIt! 配置

除了一些标准约定，为工业机器人创建 MoveIt! 接口的过程与其他普通机器人操作器相同。下面的步骤将详细介绍这些标准约定：

1. 使用以下命令启动 MoveIt! 设置助手：

```
roslaunch moveit_setup_assistant setup_assistant.launch
```

2. 从机器人描述文件夹加载 URDF 或将 xacro 转换为 URDF 并加载设置助手。
3. 创建一个采样密度为 80000 的自碰撞矩阵。这个值可以提高机械臂碰撞检测的准确性。
4. 添加一个虚拟关节，如图 15.2 所示，在这里，虚拟框架和父框架的名称是任意的。
5. 下一步，我们将为机械臂和末端执行器添加规划组，如图 15.3 所示。在这里，组名也是任意的。默认插件是 KDL，我们可以在为机械臂创建 MoveIt! 配置后更改它。
6. 我们以同样的方式为末端执行器创建规划组，如图 15.4 所示。
7. 规划组，即操纵器加末端执行器配置，如图 15.5 所示。
8. 我们可以指定机器人的位姿，例如初始位置、上方位置等。这个设置是可选的。
9. 我们还可以分配末端执行器，如图 15.6 所示，这也是一个可选的设置。

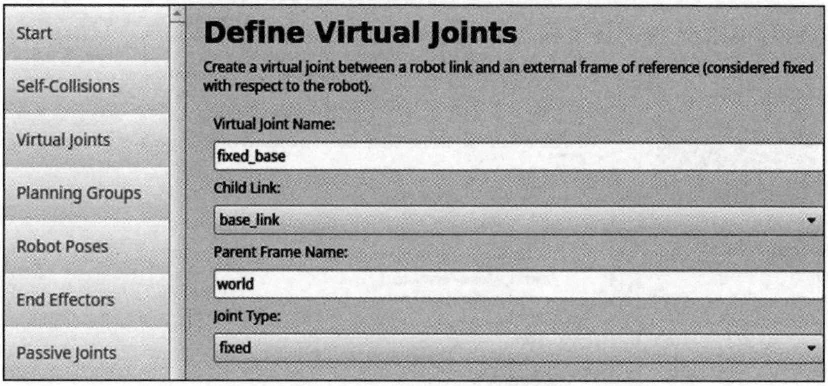

图 15.2　添加 MoveIt! 虚拟关节

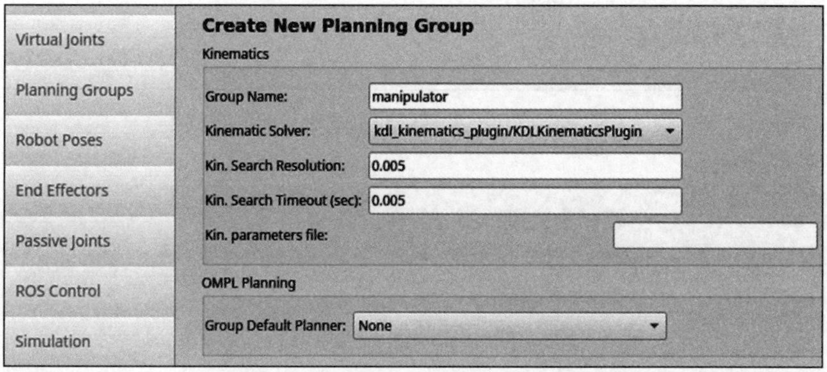

图 15.3　在 MoveIt! 中创建操作器规划组

图 15.4　在 MoveIt! 中创建驱动器规划组

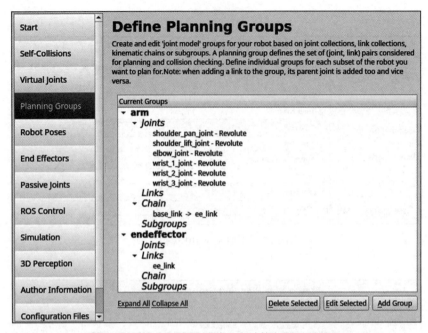

图 15.5　MoveIt! 中机械臂和末端执行器的规划组

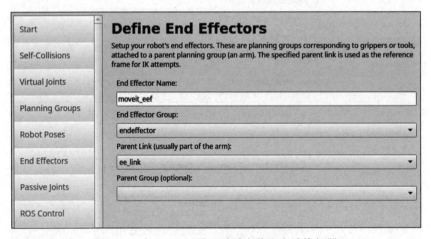

图 15.6　在 MoveIt! 设置助手中分配末端执行器

10. 可以使用 **Auto Add FollowjointsTrajectory Controllers** 按钮来配置 ROS 控制器以驱动仿真或真实的机械臂。如图 15.7 所示。

11. 设置完末端执行器后，我们可以直接生成配置文件。注意，moveit-config 包应该命名为 <robot_name>_config，其中 robot_name 是 URDF 文件的名称。此外，如果我们想要将生成的配置包移动到另一台 PC 上，则需要编辑 .setup_assistant 文件，它位于由 setup_assistant 工具生成的包中，是一个隐藏文件。我们应该把绝对路径改为相对路径。如下所示是一个 `abb_irb2400` 机器人的例子，我们应该在这个文件中给出 URDF 和 SRDF 的相对路径：

```
moveit_setup_assistant_config:
  URDF:
    package: abb_irb2400_support
    relative_path: urdf/irb2400.urdf
  SRDF:
    relative_path: config/abb_irb2400.srdf
  CONFIG:
    generated_timestamp: 1402076252
```

机器人的 MoveIt! 包的配置现在已经完成。我们应当仅修改 ROS 控制器的配置，把生成的位置轨迹传输给机器人关节，具体将在下一节讨论。

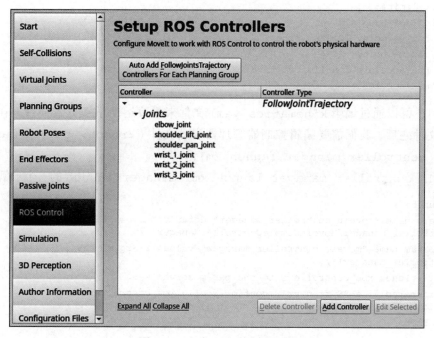

图 15.7　生成 ROS 控制器配置

15.7　更新 MoveIt! 的配置文件

在创建 MoveIt! 配置之后，我们应该更新在 MoveIt! 包的 `config` 文件夹中的 `ros_controllers.yaml` 文件。下面是 `ros_controllers.yaml` 的一个例子：

```
controller_list:
  - name: ""
    action_ns: follow_joint_trajectory
```

```
type: FollowJointTrajectory
joints:
  - shoulder_pan_joint
  - shoulder_lift_joint
  - elbow_joint
  - wrist_1_joint
  - wrist_2_joint
  - wrist_3_joint
```

在前面的文件中，我们必须注意 action_ns 字段。将轨迹发送到仿真或真实机器人平台的动作服务器的名称是用该字段进行表示的。我们将在下一节中讨论如何配置它。

我们还应该更新带有关节信息的 joint_limits.yaml。以下是 joint_limits.yaml 的代码片段：

```
joint_limits:
  shoulder_pan_joint:
    has_velocity_limits: true
    max_velocity: 2.16
    has_acceleration_limits: true
    max_acceleration: 2.16
```

我们还可以通过编辑 kinematics.yaml 文件来更改运动学解算器插件。在编辑所有配置文件之后，我们需要编辑控制器管理器启动文件（<robot>_config/launch/_moveit_controller_manager.launch.xml）。

下面是 controller_manager.launch.xml manager.launch 的一个示例：

```
<launch>
  <arg name="moveit_controller_manager" default="moveit_simple_
controller_manager/MoveItSimpleControllerManager" />
  <param name="moveit_controller_manager" value="$(arg moveit_
controller_manager)"/>
  <!-- loads ros_controllers to the param server -->
  <rosparam file="$(find ur10_config)/config/ros_controllers.
yaml"/>
</launch>
```

最后，我们应该配置 demo.launch 文件来启动所有必要的配置和执行运动轨迹所需的附加启动文件。特别是 demo.launch 文件中的 move_group.launch 文件，它负责运行所有主要的 MoveIt! 可执行程序，无论有没有正在执行轨迹。下面是包含 move_group 的一个例子：

```
<include file="$(find ur10_config)/launch/move_group.launch">
    <arg name="allow_trajectory_execution" value="false"/>
    <arg name="fake_execution" value="true"/>
    <arg name="info" value="true"/>
    <arg name="debug" value="$(arg debug)"/>
```

```
        <arg name="pipeline" value="$(arg pipeline)"/>
</include>
```

在前面的示例中，`allow_trajectory_execution` 参数被设置为 `false`。这意味着我们可以在 RViz 窗口中检查最终规划的轨迹，而不依赖于机器人。在下一节中，我们将讨论如何将 move_group 节点连接到 Gazebo 中的仿真机器人。

15.8　为 UR 机器人的机械臂安装 ROS-Industrial 软件包

UR（Universal Robots；http://www.universal-robots.com/）是一家总部位于丹麦的工业机器人制造商。公司主要生产 UR3、UR5、UR10 三类机械臂。机器人如图 15.8 所示。

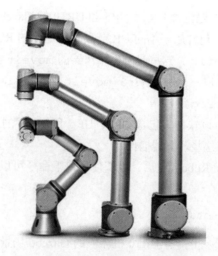

图 15.8　UR3、UR5 和 UR10 机器人

这些机器人的规格参数如图 15.9 所示。

机器人类型	UR3	UR5	UR10
工作半径	500mm	850mm	1300mm
负载	3kg	5kg	10kg
重量	11kg	18.4kg	28.9kg
基座尺寸	118mm	149mm	190mm

图 15.9　UR 规格参数

在下一节中，我们将安装 Universal Robots 包并使用 MovetIt! 接口在 Gazebo 中仿真工业机器人。

15.9   为 UR 机器人安装 ROS 接口

我们可以通过从以下存储库下载获得 Universal Robots ROS-I 包：

```
git clone https://github.com/ros-industrial/universal_robot.git
```

UR 软件包如下：

- `ur_description`：该软件包包含对 UR3、UR5 和 UR10 的机器人描述和 Gazebo 描述。
- `ur_driver`：该软件包包含客户端节点，这些节点可以与 UR3、UR5 和 UR10 机器人硬件控制器进行通信。
- `ur_bringup`：该软件包包含启动文件，用于启动与机器人硬件控制器的通信，使其开始与机器人一起工作。
- `ur_gazebo`：该软件包包含 UR3、UR5 和 UR10 的 Gazebo 仿真。
- `ur_msgs`：该软件包包含用于不同 UR 节点之间通信的 ROS 消息。
- `urXX_moveit_config`：这些是 UR 操作器的 moveit 配置文件。每种类型的机械臂都有一个不同的包，分别为 `ur3_moveit_config`、`ur5_moveit_config` 和 `ur10_moveit_config`。
- `ur_kinematics`：该软件包包含 UR3、UR5 和 UR10 的运动学解算器插件，我们可以在 MoveIt! 中使用这些解算器插件。

在安装或编译 Universal Robots 包后，我们使用以下命令可以在 Gazebo 中启动 UR-10 机器人的仿真：

```
roslaunch ur_gazebo ur10.launch
```

运行此命令后，将打开一个带有 UR10 机器人的 Gazebo 场景，如图 15.10 所示。

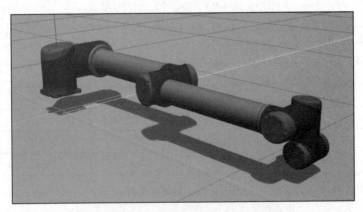

图 15.10   UR10 模型在 Gazebo 下的仿真

我们可以看到机器人控制器与 MoveIt! 包进行交互的配置文件。下面的 YAML 文件定义了 JointTrajectory 控制器，它位于 ur_gazebo/controller 文件夹中，名为 arm_controller_ur10.yaml：

```
arm_controller:
    type: position_controllers/JointTrajectoryController
    joints:
        - elbow_joint
        - shoulder_lift_joint
        - shoulder_pan_joint
        - wrist_1_joint
        - wrist_2_joint
        - wrist_3_joint
    constraints:
        goal_time: 0.6
        stopped_velocity_tolerance: 0.05
        elbow_joint: {trajectory: 0.1, goal: 0.1}
        shoulder_lift_joint: {trajectory: 0.1, goal: 0.1}
        shoulder_pan_joint: {trajectory: 0.1, goal: 0.1}
        wrist_1_joint: {trajectory: 0.1, goal: 0.1}
        wrist_2_joint: {trajectory: 0.1, goal: 0.1}
        wrist_3_joint: {trajectory: 0.1, goal: 0.1}
    stop_trajectory_duration: 0.5
    state_publish_rate:  25
    action_monitor_rate: 10
```

开始仿真之后，机器人将接收 /arm_controller/follow_joint_trajectory 服务器上的轨迹命令。运行完上述程序后，我们就可以配置 MoveIt! 包来规划和执行运动轨迹。

15.10 理解 UR 机械臂的 MoveIt! 配置

UR 机械臂的 MoveIt! 配置在每个机械臂对应的 moveit_config 包的配置目录中（UR10 的配置是 ur10_moveit_config）。

这里是 UR-10 中 controller.yaml 文件的默认内容：

```
controller_list:
  - name: ""
    action_ns: follow_joint_trajectory
    type: FollowJointTrajectory
    joints:
      - shoulder_pan_joint
      - shoulder_lift_joint
      - elbow_joint
      - wrist_1_joint
      - wrist_2_joint
      - wrist_3_joint
```

为了正确连接 MoveIt! 端，我们必须设置正确的 action_ns 元素，需要按以下方式修改这个文件：

```
controller_list:
  - name: ""
    action_ns: /arm_controller/follow_joint_trajectory
    type: FollowJointTrajectory
    joints:
      - shoulder_pan_joint
      - shoulder_lift_joint
      - elbow_joint
      - wrist_1_joint
      - wrist_2_joint
      - wrist_3_joint
```

在同一个目录中，我们可以找到运动学配置文件 kinematics.yaml。该文件被指定用于机械臂的 IK 解算器。对于 UR-10 机器人，运动学配置文件的内容如下：

```
#manipulator:
#   kinematics_solver: ur_kinematics/UR10KinematicsPlugin
#   kinematics_solver_search_resolution: 0.005
#   kinematics_solver_timeout: 0.005
#   kinematics_solver_attempts: 3
manipulator:
  kinematics_solver: kdl_kinematics_plugin/KDLKinematicsPlugin
  kinematics_solver_search_resolution: 0.005
  kinematics_solver_timeout: 0.005
  kinematics_solver_attempts: 3
```

launch 文件夹中 ur10_moveit_controller_manager.launch 的定义如下所示，它用于加载轨迹控制器配置并启动轨迹控制器管理器：

```
<launch>
  <rosparam file="$(find ur10_moveit_config)/config/
controllers.yaml"/>
  <param name="use_controller_manager" value="false"/>
  <param name="trajectory_execution/execution_duration_
monitoring" value="false"/>
  <param name="moveit_controller_manager" value="moveit_simple_
controller_manager/MoveItSimpleControllerManager"/>
</launch>
```

在编辑 MoveIt! 配置文件中的配置和启动文件之后，我们可以开始运行机器人仿真，并检查 MoveIt! 配置是否运行良好。下面是测试一个工业机器人的步骤。

1. 使用 ur_gazebo 包启动机器人仿真器：

```
roslaunch ur_gazebo ur10.launch
```

2. 使用 ur10_moveit_config 包的 demo.launch 文件启动 MoveIt! 规划器。修改
allow_trajectory_executionand 和 fake_execution 的参数值，分别设置
为 true 和 false：

```
roslaunch ur10_moveit_config demo.launch
```

3. 这个启动文件也会启动 RViz。从它的界面，我们可以设置机器人末端执行器的期望目
标点，然后使用 Plan and Execute 按钮。如果 MoveIt! 能够找到可行的轨迹，也会在
Gazebo 仿真器中执行，如图 15.11 所示。

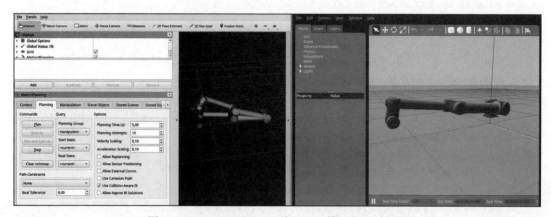

图 15.11　Gazebo 和 RViz 中 UR10 模型的运动规划

此外，我们可以移动机器人末端执行器的位置，并使用 plan 按钮规划路径。当我们单击
Execute 按钮或 Plan and Execute 按钮时，轨迹会被发送给仿真机器人，并在 Gazebo 环境
中执行运动。

15.11　UR 硬件和 ROS-I

使用 Gazebo 在仿真中测试控制算法后，我们可以开始使用真正的 UR 机械臂执行操作
任务。仿真机器人的轨迹与使用真实硬件的主要区别在于，我们需要启动驱动程序与机械臂
控制器联系，以设置所需的关节位置。

UR 机械臂的默认驱动程序随 ROS-I 的 ur_driver 包发布。该驱动程序已成功地在
v1.5.7 到 v1.8.2 的系统版本中进行了测试。UR 控制器的最后一个版本是 v3.2，因此它与
ROS-I 驱动程序的默认版本可能不完全兼容。对于这些系统的新版本（v3.x 及以上），建议使
用非官方的 ur_modern_driver 包：

1. 要下载 ur_modern_driver，可以使用以下 Git 存储库：

```
git clone https://github.com/ros-industrial/ur_modern_
driver.git
```

2. 下载这个包之后，我们需要编译工作空间，以便能够使用驱动程序。

3. 配置 UR 机器人的硬件，这样我们就可以从自己的计算机控制它。首先，我们必须使用 teach 示教器启用 UR 机器人硬件的网络功能。导航进入 **Robot | Setup Network** 菜单，选择与我们的网络兼容的适当配置。如果希望为机器人设置固定的互联网地址，则必须选择 **Static Address** 选项并手动输入所需的地址信息。

4. 你也可以依靠自动地址分配选择 DHCP 选项，然后应用配置。设置好 IP 地址后，可以通过 ping 命令来检查机器人控制器的连接状态：

```
ping IP_OF_THE_ROBOT
```

5. 如果控制器响应 ping 命令，则连接建立成功，表示可以开始控制机械臂。

6. 如果你的 Universal Robots 系统版本低于 v3.x，可以通过运行以下命令启动它：

```
roslaunch ur_bringup ur10_bringup.launch robot_ip:=IP_OF_
THE_ROBOT [reverse_port:=REVERSE_PORT]
```

7. 用分配给机器人控制器的 IP 地址替换 IP_OF_THE_ROBOT。然后，我们可以使用下面的脚本来测试机器人的运动：

```
rosrun ur_driver IP_OF_THE_ROBOT [reverse_port:=REVERSE_
PORT]
```

8. 操作高于 v3.x 的系统，我们可以使用 ur_modern_driver 包提供的启动文件：

```
roslaunch ur_modern_driver ur10_bringup.launch robot_
ip:=IP_OF_THE_ROBOT [reverse_port:=REVERSE_PORT]
```

9. 使用 MoveIt! 来控制机器人：

```
roslaunch ur10_moveit_config ur5_moveit_planning_
execution.launch
roslaunch ur10_moveit_config moveit_rviz.launch
config:=true
```

10. 注意，对于一些理想的机器人配置，MoveIt! 可能很难找到具有完全关节限制的方案。还有另一种版本对关节极限有较低的限制。这个操作模式可以简单地通过使用 launch 命令中的 limited 参数启动：

```
roslaunch ur10_moveit_config ur5_moveit_planning_
execution.launch limited:=true
```

我们已经看到了如何仿真和控制一个 UR 机械臂。在下一节中，我们将使用 ABB 机器人。

15.12   使用 MoveIt! 配置 ABB 机器人

我们将使用 ABB 最流行的两种工业机器人型号：IRB 2400 和 IRB 6640，如图 15.12 所示。

ABB IRB 2400   ABB IRB 6640

图 15.12　ABB IRB 2400 和 ABB IRB 6640

这些机械臂的规格如图 15.13 所示。

机器人类型	IRB 2400-10	IRB 6640-130
工作半径	1.55m	3.2m
负载	12kg	130kg
重量	380kg	1310kg
底座尺寸	723×600mm	1107×720mm

图 15.13　ABB IRB 机器人属性

想使用 ABB 包，需要将机器人的 ROS 包克隆到 catkin 工作空间中。我们可以使用下面的命令来完成这个任务：

```
git clone https://github.com/ros-industrial/abb
```

然后，使用 catkin_make 构建源包。实际上，这个包主要包含配置文件，所以不需要编译任何与 C++ 代码相关的内容。此外，在 abb 文件夹中有一个定义运动学插件的特定包，可以加快逆运动学计算。关于这个主题的更多细节将在下一节提供。

使用以下命令在 RViz 中启动 ABB IRB 6640 进行运动规划：

```
roslaunch abb_irb6640_moveit_config demo.launch
```

我们可以在打开的 RViz 窗口中规划机器人的运动，如图 15.14 所示。

ABB 另一款流行的机器人型号是 IRB 2400。我们可以使用以下命令在 RViz 中启动机器人：

```
roslaunch abb_irb2400_moveit_config demo.launch
```

在前面的命令之后，一个新的 RViz 窗口将显示 ABB IRB 2400 机器人，如图 15.15 所示。

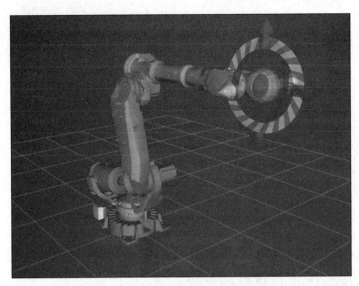

图 15.14   ABB IRB 6640 的运动规划

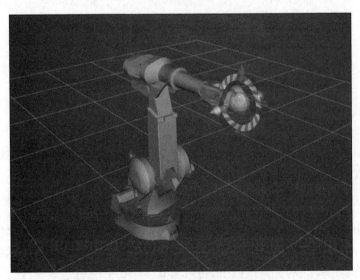

图 15.15   ABB IRB 2400 的运动规划

最后一个模型与 ABB 软件包中的其他机器人略有不同。事实上，该模型使用了一个特定的插件来解决逆运动学问题。该插件在 `abb_irb2400_moveit_plugins` 包中实现，可以选择该 ROS 包作为默认的运动学解算器，如图 15.16 所示。

特别地，当为该机器人创建 MoveIt! 配置包时，运动学解算器字段将被 `IKFast KinematicsPlugin` 解算器填充，这与之前使用的默认 KDL 解算器不同。通过这种方式，我们将使用一个特定的插件来规划运动轨迹，这将提供更好、更快的解决方案。

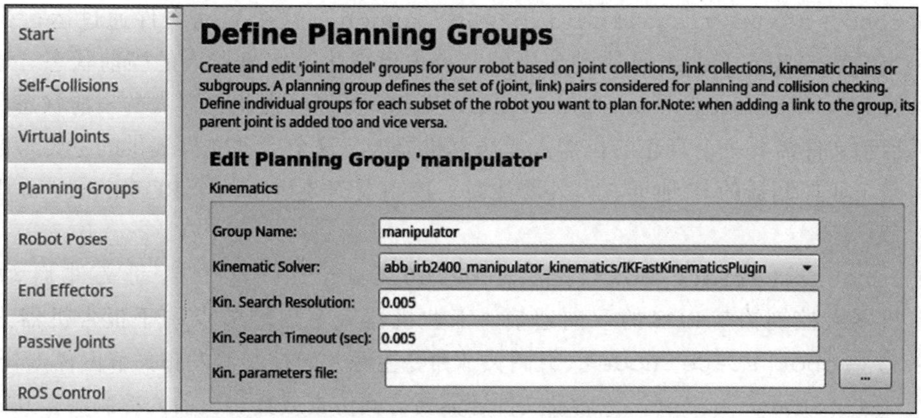

图 15.16 ABB IRB 2400 机器人的运动学解算器

15.13 了解 ROS-Industrial 机器人支持包

ROS-I 机器人支持包是工业机器人遵循的一种新规范。这些支持包的目的是提供维护 ROS 包的标准化方法，用于支持不同供应商的各种工业机器人类型。由于在支持包中保存文件的标准方法，因此我们在访问其中的文件时不会有任何困惑。我们可以演示 ABB 机器人的支持包，并可以看到文件夹和文件及其用途。

我们已经克隆了 ABB 机器人包，在这个文件夹中，我们可以看到支持三种 ABB 机器人的三个支持包。在这里，我们采用的是 ABB IRB 2400 模型支持包 abb_irb2400_support。下面的列表显示了这个包中的文件夹和文件。

- config：作为文件夹的名称，它包含关节名称、RViz 配置和特定机器人模型配置的配置文件。
- joint_names_irb2400：config 文件夹中的一个配置文件，其中包含 ROS 控制器使用的机器人的关节名称。
- launch：这个文件夹包含了机器人的启动文件定义，这些文件遵循所有工业机器人的共同约定。
- load_irb2400.launch：这个文件会在参数服务器上加载 robot_description。根据机器人的复杂程度，可以增加 xacro 文件的数量。该文件会在单个启动文件中加载所有 xacro 文件。我们不需要单独编写在其他启动文件中添加 robot_description 的代码，只需包含这个启动文件即可。
- test_irb2400.launch：这个启动文件可以将加载的 URDF 可视化。我们可以在 RViz 中检查和验证 URDF。这个启动文件包括前面的启动文件，并启动 joint_state_publisher 和 robot_state_publisher 节点，它们有助于在 RViz 上与用户交互，并且不需要真正的硬件。

- robot_state_visualize_irb2400.launch：这个启动文件通过运行带有适当参数的 ROS-Industrial 驱动包中的节点来可视化真实机器人的当前状态。通过运行 RViz 和 robot_state_publisher 节点，可以可视化机器人的当前状态。这个启动文件需要一个真正的机器人或仿真机器人。这个启动文件提供的主要参数之一是工业控制器的 IP 地址。另外要注意，控制器需要运行一个 ROS-Industrial 服务器节点。

- robot_interface_download_irb2400.launch：这个启动文件启动工业机器人控制器与 ROS 的双向通信。工业机器人客户端节点用于报告机器人的状态（robot_state node），订阅关节命令主题并向控制器发布关节位置（joint_trajectory node）。该启动文件还需要访问仿真或真实机器人控制器，并需要提及工业控制器的 IP 地址。控制器也应该运行 ROS-Industrial 服务器程序。

- urdf：此文件夹包含机器人模型的标准化 xacro 文件集。

- irb2400_macro.xacro：这是一个特定机器人的 xacro 定义。它不是一个完整的 URDF，但它是操纵器部分的宏定义。我们可以将这个文件包含在另一个文件中，并创建这个宏的实例。

- irb2400.xacro：这是顶层的 xacro 文件，它创建上一节所讨论的宏的实例。除了机器人的宏之外，该文件不包含任何其他文件。这个 xacro 文件将在 load_irb2400.launch 文件中加载。

- irb2400.urdf：这是使用 xacro 工具从前面的 xacro 文件生成的 URDF，这是机器人的顶级 URDF。当工具或包不能直接加载 xacro 时，使用此文件。

- meshes：它包含可视化和碰撞检测的网格。

- irb2400：此文件夹包含特定机器人的网格文件。

- visual：此文件夹包含用于可视化的 STL 文件。

- collision：此文件夹包含用于碰撞检测的 STL 文件。

- tests：此文件夹包含用于测试前面所有启动文件的测试启动文件。

- roslaunch_test.xml：此文件测试所有启动文件。

在所有配置文件中，实现机器人与 MoveIt! 之间通信的真正节点是机器人客户端包。在下一节中，我们将讨论如何编写这个客户端。

15.14　了解 ROS-Industrial 机器人客户端包

工业机器人客户端节点负责将机器人位置 / 轨迹数据从 ROS MoveIt! 发送到工业机器人控制器。工业机器人客户端将轨迹数据转换为 simple_message，并使用 simple_message 协议与机器人控制器通信。工业机器人客户端节点通过连接到工业机器人控制器运行的服务器与它通信。

15.15 设计工业机器人客户端节点

industrial_robot_client 包包含实现工业机器人客户端节点的各种类。客户端应该具备的主要功能包括从机器人控制器更新机器人的当前状态，以及向控制器发送关节位置消息。主要有两个节点负责获取机器人状态和发送关节位置值：

- robot_state 节点：该节点负责发布机器人的当前位置、状态等。
- joint_trajectory 节点：该节点订阅机器人的命令主题，并通过简单消息协议将关节位置命令发送给机器人控制器。

图 15.17 给出了工业机器人客户端提供的 API 列表。

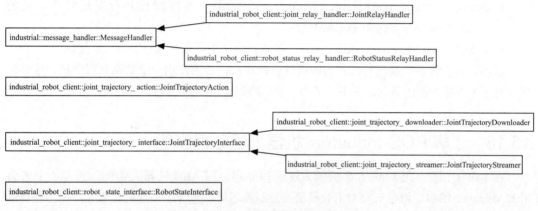

图 15.17 工业机器人客户端 API 列表

我们可以简单介绍一下这些 API 及其功能，如下所示：

- RobotStateInterface：该类包含从机器人控制器接收到位置数据后，定期发布机器人当前位置和状态的方法。
- JointRelayHandler：RobotStateInterface 类是 MessageManager 类的包装器。它监听 simple_message 机器人连接，并使用 Messagehandlers 节点处理每个消息处理进程。JointRelayHandler 功能函数是一个消息处理程序，它的功能是在 joint_states 主题中发布关节位置。
- RobotStatusRelayHandler：这是另一个 MessageHandler，它可以在 robot_status 主题中发布当前机器人状态信息。
- JointTrajectoryInterface：这个类包含在控制器接收到 ROS 轨迹命令时将机器人关节位置发送给控制器的方法。
- JointTrajectoryDownloader：这个类派生自 jointtrajectoryInterface 类，它实现了一个名为 send_to_robot() 的方法。该方法将整个轨迹作为消息序列发送给机器人控制器。机器人控制器只有在收到客户端发送的所有序列后，才会在机器人中执行轨迹。

- jointtrajectoryStreamer：这个类除了 send_to_robot() 方法的实现外与前面的类相同。该方法在不同的线程中向控制器发送独立的关节值，每个位置命令仅在执行现有命令后发送。机器人端有一个小缓冲器用于接收位置，使运动更加平稳。

工业机器人客户端内部节点列表如下：

- robot_state：该节点基于可以发布当前机器人状态的 RobotStateInterface 运行。
- motion_download_interface：该节点运行按照控制器的顺序下载轨迹的 JointTrajectoryDownloader。
- motion_streaming_interface：该节点运行使用线程并行发送关节位置的 JointTrajectoryStreamer。
- joint_trajectory_action：该节点提供一个基本的 actionlib 接口。

最后，为了将客户端包与机器人的硬件连接起来，必须使用合适的驱动程序包。这个包是针对每个机器人控制器的，在下一节中，我们将讨论 ABB 机器人驱动程序包。

15.16　了解 ROS-Industrial 机器人驱动程序包

在本节中，我们将讨论工业机器人驱动程序包。以 ABB 机器人为例，它有一个名为 abb_driver 的包。该包负责与工业机器人控制器通信，包含了工业机器人客户端，并启动该文件以开始与控制器通信。我们可以查看 abb_driver/launch 文件夹中的内容。下面是一个名为 robot_interface.launch 的启动文件的定义：

```
<launch>
  <!-- robot_ip: IP-address of the robot's socket-messaging
server -->
  <arg name="robot_ip" />
  <!-- J23_coupled: set TRUE to apply correction for J2/J3
parallel linkage -->
  <arg name="J23_coupled" default="false" />

  <!-- copy the specified arguments to the Parameter Server,
for use by nodes below -->
  <param name="robot_ip_address" type="str" value="$(arg robot_
ip)"/>
  <param name="J23_coupled" type="bool" value="$(arg J23_
coupled)"/>

  <node pkg="abb_driver" type="robot_state" name="robot_
state"/>
```

在使用上述指令配置机器人之后，我们可以通过以下代码启动机器人的驱动程序：

```
   <!-- motion_download_interface: sends robot motion commands
by DOWNLOADING path to robot
                                  (using socket connection to
robot) -->

<node pkg="abb_driver" type="motion_download_interface"
name="motion_download_interface"/>

   <!-- joint_trajectory_action: provides actionlib interface
for high-level robot control -->
   <node pkg="industrial_robot_client" type="joint_trajectory_
action" name="joint_trajectory_action"/>
</launch>
```

这个启动文件使用标准的 ROS-Industrial simple_message 协议为 ABB 机器人提供了一个基于套接字的连接。以下几个节点提供底层机器人通信和高级 actionlib 支持：

- robot_state：发布当前的关节位置和机器人状态数据。
- motion_download_interface：它通过向机器人发送运动点来控制机器人的运动。
- joint_trajectory_action：这是控制机器人运动的 actionlib 接口。

它们的典型用法如下：

roslaunch [robot_interface.launch] robot_ip:=IP_OF_THE_ROBOT

我们可以看到 abb_irb6600_support/launch/ robot_interface_download_irb6640.launch 文件，这是 ABB IRB 6640 模型的驱动程序。下面的代码给出了 launch 的定义。前面的驱动程序启动文件包含在这个 launch 文件中。在其他 ABB 模型的支持包中，使用相同驱动程序，但使用不同的关节配置参数文件：

```
<launch>
  <arg name="robot_ip" />
  <arg name="J23_coupled" default="true" />

  <rosparam command="load" file="$(find abb_irb2400_support)/
config/joint_names_irb2400.yaml" />

  <include file="$(find abb_driver)/launch/robot_interface.
launch">
    <arg name="robot_ip"     value="$(arg robot_ip)" />
    <arg name="J23_coupled" value="$(arg J23_coupled)" />
  </include>
</launch>
```

上面的文件特定于操作器的 robot_interface.launch 版本（即 abb_driver）：

- 默认为 IRB 2400 提供：- J23_coupled = true
- 用法：robot_interface_download_irb2400.launch robot_ip:=<value>

我们需要运行驱动程序启动文件，开始与真正的机器人控制器通信。对于 ABB 机器人

IRB 2400，我们可以使用以下命令启动与机器人控制器和 ROS 客户端的双向通信：

```
roslaunch abb_irb2400_support robot_interface_download_irb2400.
launch robot_ip:=IP_OF_THE_ROBOT
```

在启动驱动程序之后，我们可以使用 MoveIt! 接口开始规划。还需要注意的是，在启动机器人驱动程序之前，应该配置 ABB 机器人，并找到机器人控制器的 IP。

15.17 理解 MoveIt! IKFast 插件

ROS 中默认的数值 IK 解算器之一是 KDL。该库用于利用 URDF 计算机器人的正运动学和逆运动学。KDL 主要使用 DOF > 6。在 DOF <= 6 的机器人中，我们可以使用解析解算器，它比 KDL 等数值解算器要快得多。大多数机械臂都是 DOF <= 6 的机器人，所以如果我们可以为该类机械臂制作一个解析解算器插件会很有帮助。机器人也可以在 KDL 解算器上工作，但如果我们想要一个快速的 IK 解决方案，也可以有一些别的选择，如 IKFast 模块（一款为 MoveIt! 生成基于分析解算器的插件）。我们可以查看哪些是机器人自带的 IKFast 插件包（例如，UR 和 ABB）：

- ur_kinematics：这个包包含来自 Universal Robotics 的 UR-5 和 UR-10 机器人的 IKFast 解算器插件。
- abb_irb2400_moveit_plugins/irb2400_kinematics：这个包包含 ABB IRB 2400 机器人模型的 IKFast 解算器插件。

我们可以通过下面的步骤来为 MoveIt! 构建一个 IKFast 插件。对于定制的工业机械臂而言，创建 IK 解算器插件十分有用。让我们看看如何为工业机器人 ABB IRB 6640 创建一个 MoveIt! IKFast 插件。

15.18 为 ABB IRB 6640 机器人创建 MoveIt! IKFast 插件

我们已经看到了 ABB 机器人 IRB 6640 模型的 MoveIt! 包。这个机器人使用一个默认的数值解算器。在本节中，我们将讨论如何使用 IKFast 生成 IK 解算器插件，IKFast 是 Rosen Diankov 的 OpenRAVE 运动规划软件中提供的一个强大的逆运动学解算器。在本节结束时，我们将能够使用自定义的逆运动学插件运行这个机器人的 MoveIt! 演示。

简而言之，我们将为 ABB IRB 6640 机器人构建一个 IKFast MoveIt! 插件。这个插件可以在 MoveIt! 安装向导中选择，或者将其包含在 moveit-config 包的 config/kinematics.yaml 文件中。

开发 MoveIt! IKFast 插件的先决条件

以下是用于开发 MoveIt! IKFast 插件的配置：

- Ubuntu 20.04 LTS
- ROS Noetic 桌面版，全安装
- OpenRave

15.19 OpenRave 和 IKFast 模块

OpenRave 是一组命令行和 GUI 工具，用于在实际应用程序中开发、测试和部署运动规划算法。OpenRave 是由一个叫 Rosen Diankov 的机器人研究员创建的，它的模块之一是 IKFast（一个机器人运动学编译器）。IKFast 编译器以解析方式求解机器人的逆运动学，并生成优化和独立的 C++ 文件，这些文件可以部署在我们的代码中用于求解 IK。IKFast 编译器生成 IK 的解析解，这比 KDL 提供的数值解要快得多。IKFast 编译器可以处理任意数量的 DOF，但实际上它非常适合 DOF <= 6 的情况。IKFast 是一个 Python 脚本，它接收 IK 类型、机器人模型、基础连杆的关节位置和末端执行器等参数。

以下是 IKFast 支持的主要 IK 类型：
- Transform 6D：此末端执行器计算被命令的 6D 变换。
- Rotation 3D：此末端执行器计算被命令的 3D 旋转。
- Translation 3D：此末端执行器原点达到所需的 3D 平移。

15.19.1 MoveIt! IKFast

MoveIt! 的 ikfast 包包含使用 OpenRave 源文件生成运动学解算器插件的工具。我们将使用这个工具为 MoveIt! 生成一个 IKFast 插件。

15.19.2 安装 MoveIt! IKFast 包

下面的命令将在 ROS Noetic 中安装 moveit-ikfast 包：

```
sudo apt-get install ros-noetic-moveit-kinematics
```

接下来讨论如何安装和使用 OpenRave。

15.19.3 在 Ubuntu 20.04 上安装 OpenRave

在 Ubuntu 20.04 上安装 OpenRave 是一项简单的任务。我们将通过一组方便的脚本来安装 OpenRave，这些脚本也可用于安装它的依赖项。

1. 从以下 Git 库中下载这些脚本：

```
git clone https://github.com/crigroup/openrave-
installation
```

2. 我们已经准备好安装 OpenRave 服务。始终注意 sudo 的提示并输入管理员密码：

```
cd openrave-installation
```

3. 安装库依赖项：

```
./install-dependencies.sh
```

4. 安装 OpenSceneGraph：

```
./install-osg.sh
```

5. 安装碰撞检测库 Flexible Collision Library：

```
./install-fcl.sh
```

6. 安装 OpenRave：

```
./install-openrave.sh
```

7. 安装 OpenRave 后，执行以下命令检查 OpenRave 是否正常工作：

```
openrave
```

如果一切正常，它将打开一个 3D 视图窗口。在下一节中，我们将使用 OpenRave 创建一个插件来解决机械臂的逆运动学问题。

15.20 创建使用 OpenRave 的机器人的 COLLADA 文件

在本节中，我们将讨论如何在 OpenRave 中使用 URDF 机器人模型。首先，我们将了解如何将 URDF 转换为 collada 文件（.dae）格式，这个文件将被用来生成 IKFast 源文件。要将 URDF 模型转换为 collada 文件，可以使用一个名为 collada_urdf 的 ROS 包。可以通过以下命令安装它：

```
sudo apt-get install ros-noetic-collada-urdf
```

我们将使用 ABB IRB 6640 机器人模型，它可以在名为 irb6640.urdf 的 /urdf 文件夹中的 abb_irb6600_support 包中找到。你也可以从随本书源代码一起发布的 ikfast_demo 文件夹中获取该文件。将该文件复制到工作文件夹中，并运行以下命令进行转换：

```
roscore && rosrun collada_urdf urdf_to_collada irb6640.urdf
irb6640.dae
```

以上命令的输出是 collada 文件格式的机器人模型。

在大多数情况下，这个命令会失败，因为大多数 URDF 文件包含 STL 网格，它可能不会像我们预期的那样转换成 DAE。如果机器人的 URDF 文件转变为了 DAE 格式，那么将能够正常工作。如果命令执行失败，请按照以下步骤操作。

使用以下命令安装用于查看和编辑网格的 meshlab 工具：

```
sudo apt-get install meshlab
```

在 MeshLab 中打开 abb_irb6600_support/mesh /irb6640/visual 中的网格，并将文件导出到具有相同名称的 DAE 中。编辑 irb6640.urdffile 并将 STL 扩展中的视觉网格更改为 DAE。这个工具只处理视觉目标的网格，所以我们将得到一个最终的 DAE 模型。

我们可以使用 OpenRave 和下面的命令打开 irb6640.dae 文件：

```
openrave irb6640.dae
```

我们将在 OpenRave 中获得模型，如图 15.18 所示。

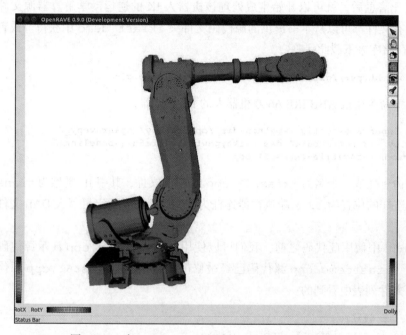

图 15.18　在 OpenRave 上查看的 ABB IRB 6640 模型

查看机器人的连杆信息：

```
openrave-robot.py irb6640.dae --info links
```

获取机器人的连杆信息：

```
name          index parents
--------------------------------
base_link     0
base          1     base_link
link_1        2     base_link
link_2        3     link_1
link_4        5     link_3
link_5        6     link_4
link_6        7     link_5
tool0         8     link_6
```

```
link_cylinder 9      link_1
link_piston   10     link_cylinder
------------------------------    --
```

我们已经准备好了 .dae 文件，下面为这个机器人生成 IKFast 源文件。

15.21 为 IRB 6640 机器人生成 IKFast CPP 文件

得到连杆信息后，就可以开始生成处理该机器人 IK 的逆运动学解算器源文件。本节教程所需的所有文件都可以从本书提供的源代码文件夹 ikfast_demo 中获得。或者，通过克隆以下 Git 存储库来下载此代码：

```
git clone https://github.com/jocacace/ikfast_demo.git
```

使用以下命令生成 ABB IRB 6640 机器人的 IK 解算器：

```
python `openrave-config --python-dir`/openravepy/_openravepy_/
ikfast.py --robot=irb6640.dae --iktype=transform6d --baselink=1
--eelink=8 --savefile=ikfast61.cpp
```

上面的命令生成一个名为 ikfast61.cpp 的 CPP 文件，其中 IK 类型为 transform6d，baselink 连杆的位置为 1，末端执行器连杆为 8。我们需要指定机器人 DAE 文件作为机器人参数。

在 MoveIt! 中使用此代码之前，我们可以使用 ikfastdemo.cpp 演示源代码对其进行测试。这个 ikfastdemo.cpp 源代码已经被修改，包括了 ikfast61.cpp 源代码，正如你可以从头文件列表中看到的：

```
#define IK_VERSION 61
#include "output_ikfast61.cpp"
```

编译演示源文件：

```
g++ ikfastdemo.cpp -lstdc++ -llapack -o compute -lrt
```

前面的命令生成一个名为 compute 的可执行文件。如果不带输入参数运行该文件，程序将显示用法菜单。为了得到正运动学解，给定一组关节角度值，使用以下命令：

```
./compute fk j0 j1 j2 j3 j4 j5
```

这里的 j0 j1 j2 j3 j4 j5 表示关节角度的弧度值。要测量 IKFast 算法对一组随机关节角度实现求解所花费的平均时间，可以使用以下命令：

```
./compute iktiming
```

我们已经成功创建了逆运动学解算器 CPP 文件，现在可以通过使用这个源代码创建一个 MoveIt! IKFast 插件了。

15.22　创建 MoveIt! IKFast 插件

创建一个 MoveIt! IKFast 插件非常简单。不需要自行编写代码，所有东西都可以使用一些工具生成。我们唯一需要做的是创建一个空的 ROS 包。下面是创建插件的过程。

1. 创建一个空包，其中的名称应该包含机器人的名称和型号。这个包将使用插件生成工具转换成最终的插件包：

```
catkin_create_pkg abb_irb6640_moveit_plugins
```

2. 使用 catkin_make 命令构建工作空间。

3. 构建工作空间之后，将 ikfast.h 复制到 abb_irb6640_moveit_plugins/include。

4. 复制前面在包文件夹中创建的转换代码 ikfast61.cpp，并将其重命名为 abb_irb6640_machinator_ikfast_solver.cpp。该文件名由机器人的名称、型号、机器人类型等组成。这种命名对于生成工具是必要的。

执行完这些步骤后，打开 IK 解算器 CPP 文件所在的当前路径中的两个终端。在第一个终端上，启动 roscore 命令。在下一个终端中，切换到 create 功能包目录，输入插件创建命令，如下所示：

```
rosrun moveit_kinematics create_ikfast_moveit_plugin.py abb_
irb6640 manipulator abb_irb6640_moveit_plugins abb_irb6640_
manipulator_ikfast_solver.cpp
```

由于 URDF 和 SRDF 文件中指定的机器人名称不匹配，该命令可能会执行失败。要解决这个错误，我们需要更改 SRDF 文件中的机器人名称，该文件位于 abb_irb6640_moveit_config/config 文件夹。将该文件的第 7 行从 <robot name="abb_irb6640_185_280"> 改写为 <robot name="abb_irb6640">。或者简单地用 ikfast_demo 文件夹中包含的文件替换此文件。

ROS 包 moveit_ikfast 包含用于生成插件的 create_ikfast_moveit_plugin.py 脚本。第一个参数是带有型号的机器人名称，第二个参数是机器人的类型，第三个参数是我们之前创建的包的名称，第四个参数是 IK 解算器 CPP 文件的名称。该工具需要 abb_irb6640_moveit_config 包才能工作。它将使用机器人的给定名称搜索这个包。因此，如果机器人的名称是错误的，引发错误的工具将提示无法找到机器人的 moveit 包。

如果创建成功，终端将显示如图 15.19 所示的信息。

正如你可以从这些消息中看到的，在创建插件之后，abb_irb6640_moveit_config/config/kinematics.yaml 文件已更新，指定 abb_irb6640_mechanator_kinematics/IKFastKinematicsPlugin 作为运动学解算器。文件的更新版本如以下代码所示：

```
manipulator:
  kinematics_solver:      abb_irb6640_manipulator_kinematics/
IKFastKinematicsPlugin
  kinematics_solver_search_resolution: 0.005
```

```
kinematics_solver_timeout: 0.005
kinematics_solver_attempts: 3
```

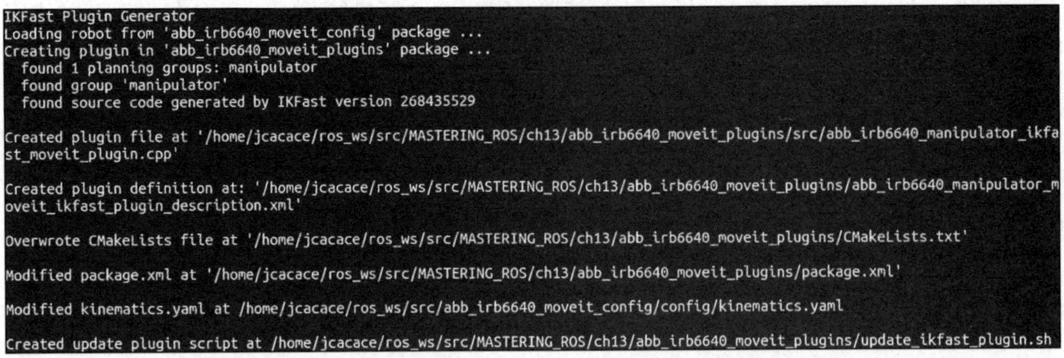

```
IKFast Plugin Generator
Loading robot from 'abb_irb6640_moveit_config' package ...
Creating plugin in 'abb_irb6640_moveit_plugins' package ...
  found 1 planning groups: manipulator
  found group 'manipulator'
  found source code generated by IKFast version 268435529

Created plugin file at '/home/jcacace/ros_ws/src/MASTERING_ROS/ch13/abb_irb6640_moveit_plugins/src/abb_irb6640_manipulator_ikfa
st_moveit_plugin.cpp'

Created plugin definition at: '/home/jcacace/ros_ws/src/MASTERING_ROS/ch13/abb_irb6640_moveit_plugins/abb_irb6640_manipulator_m
oveit_ikfast_plugin_description.xml'

Overwrote CMakeLists file at '/home/jcacace/ros_ws/src/MASTERING_ROS/ch13/abb_irb6640_moveit_plugins/CMakeLists.txt'

Modified package.xml at '/home/jcacace/ros_ws/src/MASTERING_ROS/ch13/abb_irb6640_moveit_plugins/package.xml'

Modified kinematics.yaml at /home/jcacace/ros_ws/src/abb_irb6640_moveit_config/config/kinematics.yaml

Created update plugin script at /home/jcacace/ros_ws/src/MASTERING_ROS/ch13/abb_irb6640_moveit_plugins/update_ikfast_plugin.sh
```

图 15.19　成功创建 MoveIt! 的 IKFast 插件的终端消息

现在你可以再次构建工作空间，以便安装插件并开始使用机器人和新的 IKFast 插件进行演示操作。从 `abb_irb6640_moveit_config` 包启动文件。此时，每当 MoveIt! 求解运动轨迹时，就会使用这个插件。

15.23　总结

在本章中，我们讨论了一种新的工业机器人 ROS 接口，称为 ROS-Industrial。我们了解了开发工业软件包的基本概念，并介绍了如何在 Ubuntu 中安装它们的方法步骤。在安装之后，我们查看了这个栈的框图，并讨论了为工业机器人开发 URDF 模型，以及为工业机器人创建 MoveIt! 接口的内容。

在详细介绍了这些主题之后，我们为 Universal Robots 和 ABB 安装了工业机器人包。我们学习了 MoveIt! 包以及 ROS-Industrial 支持包的结构。我们详细讨论了它们，然后对工业机器人客户端和如何创建 MoveIt! IKFast 插件等概念进行了讲述。最后，阐述了将所开发的插件应用于 ABB 机器人中的方法。

在下一章中，我们将研究 ROS 软件开发中的故障排除和最佳实战。

下面的这些问题可以帮助你更好地理解本章内容。

15.24　问题

- 使用 ROS-Industrial 包的主要好处是什么？
- 在为工业机器人设计 URDF 时，ROS-I 遵循的惯例是什么？
- ROS 支持包的意义是什么？
- ROS 驱动程序包的意义是什么？
- 为什么我们的工业机器人需要 IKFast 插件，而不是默认的 KDL 插件？

第 16 章
ROS 的故障排除和最佳实践

在本章中，我们将讨论如何基于 ROS 设置集成开发环境（IDE）、ROS 的最佳实践方式以及 ROS 的故障排除方案。

在开始进行 ROS 编程之前，我们需要在 IDE 中设置一个 ROS 开发环境。

对于 ROS 编程而言，并不一定需要设置 IDE 环境，但通过 IDE 进行开发可以节省开发人员的时间。这是因为 IDE 可以提供自动补全功能以及构建和调试工具，从而使得编程变得简便。我们可以使用任何编辑器（如 Sublime Text 或 Vim）或简单地使用 Gedit 进行 ROS 编程，但如果读者计划进行一个大型的 ROS 开发项目，选择某些 IDE 会更加方便。因此，在本章中，我们将重点关注 Visual Studio Code，这是一种可以轻松配置用于 ROS 开发的 IDE。

Visual Studio Code 可以与任何类型的编程语言一起使用。理论上，它只是一个代码编辑器。此外，还有一些扩展可以支持额外的功能，将其转换为强大的 IDE。其中，适当的扩展可以使 ROS 开发可视化、简单和可管理。此外，Visual Studio Code 还提供了一些有用的工具来管理 ROS 工作空间，提供的功能包括如何创建、处理和编译 ROS 节点，以及支持运行 ROS 工具。

16.1 为 ROS 设置 Visual Studio Code IDE 开发环境

Linux 支持几种 IDE，例如 NetBeans (https://netbeans.org)、Eclipse (www.eclipse.org) 和 QtCreator (https://wiki.qt.io/Qt_Creator)，它们适用于不同的编程语言。要从 IDE 构建和运行 ROS 程序，必须设置 ROS 开发环境。有些 IDE 可能有相应的配置文件，但是从基于 ROS 的 shell 运行 IDE 应该是避免任何不一致的最简单方法。在本节中，我们将讨论如何与 ROS 一起使用 Visual Studio Code IDE。你可以在 http://wiki.ros.org/IDEs 上找到能够配置 ROS 开发环境的其他 IDE 的全面列表。

Visual Studio Code (https://code.visualstudio.com/) 是一个多平台 IDE，可用于 Linux、Windows 和 macOS 等操作系统。它是一个功能强大的源代码编辑器，且它非常轻量级。它附带了一组支持基于 Web 的编程语言的功能，如 JavaScript、TypeScript 和 Node.js。但是，它也为其他语言（如 C++、C#、Java、Python 等）提供了丰富的生态系统扩展。在开始学习 Visual Studio Code 和 ROS 之前，我们先学习如何在 Ubuntu 系统上安装它并描述其基本用法。

16.1.1　安装 / 卸载 Visual Studio Code

在 Ubuntu 20.04 上安装 Visual Studio Code 最简单的方法是使用官方 .deb 文件，该文件可以在 Visual Studio Code 的官方网站上找到。你可以使用以下命令下载它：

```
wget https://go.microsoft.com/fwlink/?LinkID=760868 -O  vscode.
deb
```

此时，可以使用 dpkg 命令安装 .deb 包：

```
cd /path/to/the/deb/file/
sudo dpkg -i vscode.deb
```

要删除该软件，可以使用以下命令：

```
sudo apt-get remove code
```

完成 Visual Studio Code 安装后，就可以开始使用它的功能了。

16.1.2　开始使用 Visual Studio Code

完成 vscode 的安装后，可以从命令行或系统的程序启动器启动它：

```
code
```

启动此命令后，vscode 的主窗口将打开，如图 16.1 所示。

该窗口的主要元素如下：

1. ACTIVITY BAR：这个面板允许读者在 vscode 的不同功能和插件之间切换。要查看代码，必须选择资源管理器（EXPLORER）窗口。使用其他按钮，读者还可以探索可用的扩展、版本控制系统的接口等。

2. EXPLORER 窗口：这个面板显示代码工作空间的内容。从这个面板中，读者可以浏览已安装在 ROS 工作空间中的所有 ROS 包。

3. EDITOR：在这个面板中，读者可以编辑功能包的源代码。

4. TERMINAL 和 OUTPUT：这些面板允许开发人员使用集成在 IDE 中的 Linux 终端，并在编译过程中检查可能的错误。

vscode 的主要特性被集成到 IntelliSense 中。这个术语非常通用，包含不同的代码编辑特性，如代码补全、函数参数信息、类成员列表等。默认情况下，Python 和 C++ 不被配置为 vscode 的智能感知系统支持，所以我们需要通过安装必要的扩展来配置它们。此外，当读者第一次启动 vscode 时，资源管理器窗口将显示为空，这是因为没有配置任何工作空间。在本章后面的内容中，我们将学习如何将源代码目录添加到 Visual Studio Code 中。现在，让我们学习如何安装一组用于编程机器人的扩展。

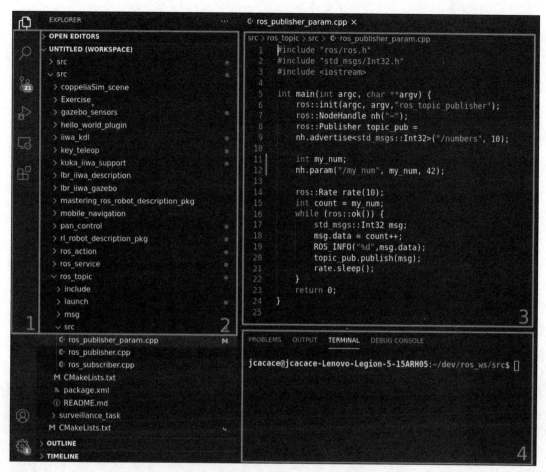

图 16.1 Visual Studio Code 用户界面

16.1.3 安装新的 Visual Studio Code 扩展

可以通过两种方式安装新的扩展。一种方法是使用扩展面板打开扩展市场，在那里读者可以搜索所需的扩展并安装它，如图 16.2 所示。

图 16.2 Visual Studio Code 扩展市场

使用搜索面板，读者还可以发现新的扩展。另一种安装扩展的方法是使用 vscode Quick Open 栏，可以通过快捷键组合 Ctrl+ P 打开。例如，要安装 C/C++ IntelliSense 支持，如图 16.2 所示，使用 Quick Open 栏，在编辑器窗口中按 Ctrl+ P 组合键并粘贴以下命令：

```
>> ext install ms-vscode.cpptools
```

当然，想使用这种安装方法，读者需要知道正确的命令。

执行此命令将向 Visual Studio Code 添加 C/C++ 语言支持，包括智能感知和调试功能。

在安装 ROS 扩展之前，读者可能会发现以下插件很有用。

- CMake：这个扩展在 CMakeLists.txt 文件中安装 IntelliSense 支持。要安装此插件，请使用 ext install twxs.cmake 命令。
- CMake Tools：这个扩展为本地开发人员在 Visual Studio Code 中为基于 CMake 的项目提供了功能齐全、方便和强大的工作流。要安装这个插件，请使用 ext install ms-vscode.cmake-tools 命令。
- GitLens：这个扩展安装了内置到 Visual Studio Code 中的额外功能，这样读者就可以使用 Git 的特性了。要安装这个插件，请使用 ext install eamodio.gitlens-insiders 命令。
- Python：这个扩展安装了对 Python 的 IntelliSense 支持。要安装这个插件，请使用 ext install ms-python.python 命令。

最后，在对真实机器人进行编程时非常有用的附加组件是 Remote-SSH 扩展。这个扩展允许读者使用任何带有 SSH 服务器的远程机器作为读者的开发环境。在与远程主机建立连接之后，可以使用 vscode 终端在远程机器上运行命令，并检查其源文件。Remote-SSH 扩展可以通过以下命令安装：

```
>> ext install ms-vscode-remote.remote-ssh
```

我们已经安装了所有插件，下面学习如何安装 vscode 的 ROS 扩展和配置 ROS 开发环境。

16.1.4　从 Visual Studio Code 的 ROS 扩展开始

安装 ROS 扩展，可以在 vscode 界面按 Ctrl + P 组合键后使用如下命令：

```
>> ext install ms-iot.vscode-ros
```

我们讨论一下这个插件的主要特性。ROS 环境是自动配置的，一旦安装了这个扩展，就会检测到 ROS 版本。然而，这个扩展只能在加载 ROS 工作空间后使用。要加载一个工作空间，可以使用 vscode 窗口的主菜单栏，然后进入 File | Open Folder，然后选择所需的工作空间。

此时，底部状态栏会出现一个包含 ROS 及其版本信息的新图标，如图 16.3 所示。

在这种情况下，vscode 发现已经安装了 ROS 的 Noetic 版本。ROS 版本左边的 × 字图标是 ROS 指示器，表示 roscore 还未激活。此时，可以使用一组新的命令来创建、编译和管理 ROS 节点和整个系统。在这种情况下，可以使用 Ctrl + Shift + P 组合键将新命令插入 vscode 中。例如，要直接从 vscode 启动 roscore，可以使用以下命令：

```
>> ROS: Start Core
```

要查看命令的效果，可以直接单击图 16.3 中的 ROS 图标，在 vscode 中打开一个新页面。这个页面如图 16.4 所示，它显示了 roscore 的状态以及活动的主题和服务。

图 16.3　在 vscode 底部状态栏显示 ROS 状态图标

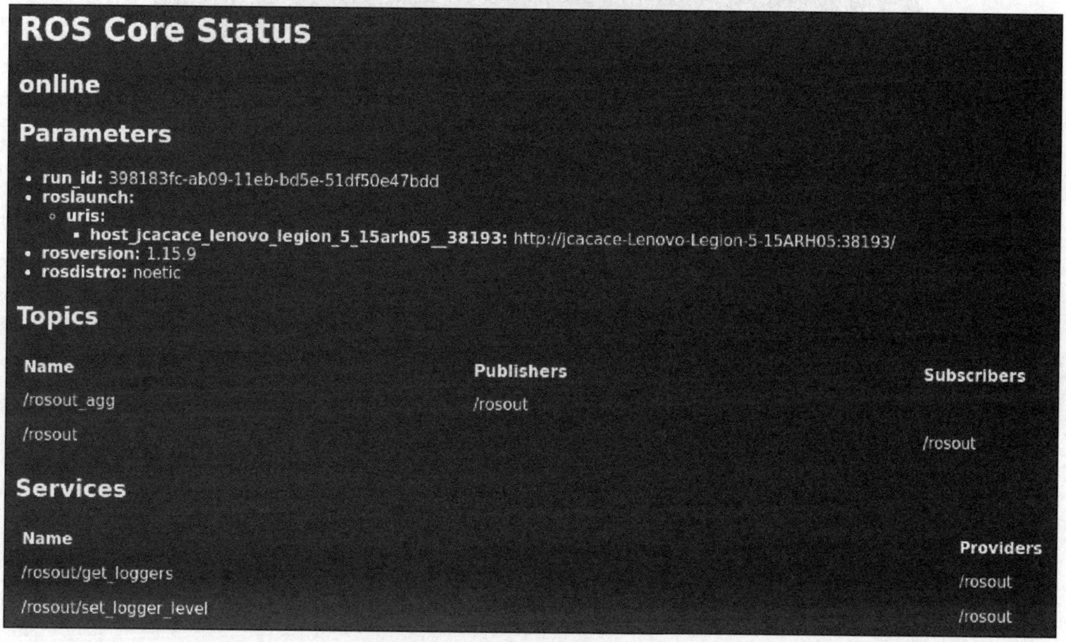

图 16.4　vscode 中的 ROS 状态页面

使用 Show Core Status 命令也可以得到相同的结果：

```
>> ROS: Show Core Status
```

同样，要停止 roscore，可以使用以下命令：

```
>> ROS: Stop Core
```

然而，roscore 也可以从经典的 Linux 终端进行外部控制。作为 vscode 的 IntelliSense 的一部分，使用 ROS 扩展，我们可以为常见的 ROS 文件（比如消息、服务、操作和 URDF 文件）启用语法高亮显示。

16.1.5　检查和构建 ROS 工作空间

在 vscode 中加载 ROS 工作空间后，可以使用 Ctrl + P 快捷键快速打开 Quick Open 菜单栏，从而快速打开源代码文件。在这个面板中，读者可以通过输入文件名的一部分来搜索任何源文件，如图 16.5 所示。

图 16.5　Visual Studio Code 的快速打开栏

现在，读者可以开始使用 vscode 命令编译工作空间。这可以通过 Ctrl + Shift + B 快捷键来完成，该命令允许读者选择要运行的构建任务。特别地，ROS 是用 catkin 编译工具编译的。要使用此工具，必须插入以下编译任务：

```
>> catkin_make: build
```

编译输出将显示在终端窗口中。在此窗口中将显示最终的编译错误。读者可以按 Ctrl 键 + 单击在编辑器中直接打开产生这个错误的代码行，如图 16.6 所示。

图 16.6　vscode 终端窗口的编译错误

你还可以使用其他命令来管理 ROS 包及其节点，详见下一小节。

16.1.6　使用 Visual Studio Code 管理 ROS 包

要创建一个新的 ROS 包，可以使用以下命令：

>> ROS: Create Catkin Package

vscode 编辑器会要求读者插入包的名称及其依赖项，如图 16.7 所示。

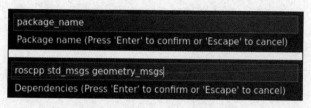

图 16.7　使用 vscode 创建 ROS 包

在创建和编译新包之后，读者可以直接从 vscode 管理其节点的执行。要启动一个新节点，我们可以同时使用 rosrun 和 roslaunch 命令。打开命令窗口并输入 run 关键字后，vscode 将帮助读者选择所需的操作，如图 16.8 所示。

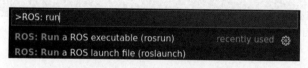

图 16.8　从 vscode 运行节点

当然，要正确启动所需的节点，必须插入包含该节点的包的名称、可执行文件的名称以及节点的最终参数列表。这种情况下，vscode 窗口中会提供一组建议。基于同样的方法，可以选择一个启动文件作为给定包的一部分，以便同时启动多个节点。

16.1.7　可视化 URDF 文件的预览

ROS 扩展为 Visual Studio Code 提供了不同的功能，其中一个很有用的功能是 URDF 预览命令。该命令打开一个 vscode 窗口，在该窗口中实时显示 URDF 文件的结果。通过这种方式，开发人员可以看到他们对机器人模型文件所做修改的结果。要预览 URDF 文件，在编辑器窗口中打开一个机器人模型文件，例如，我们在第 3 章开发的泛倾斜模型。读者可以使用 **Quick Open** 栏（按 Ctrl + P）并输入 pan_tilt 关键字快速找到它。此时，使用以下命令可视化预览：

>> ROS: Preview URDF

命令执行结果如图 16.9 所示。

此时，读者还可以尝试更改这个 URDF 文件的参数和元素，以在 URDF Preview 窗口中查看可视化模型中的更改。很明显，使用这个 IDE 可以让开发人员加快设计和编写机器人应用程序的速度。在下一节中，我们将简要概述 ROS 开发中的最佳实践。

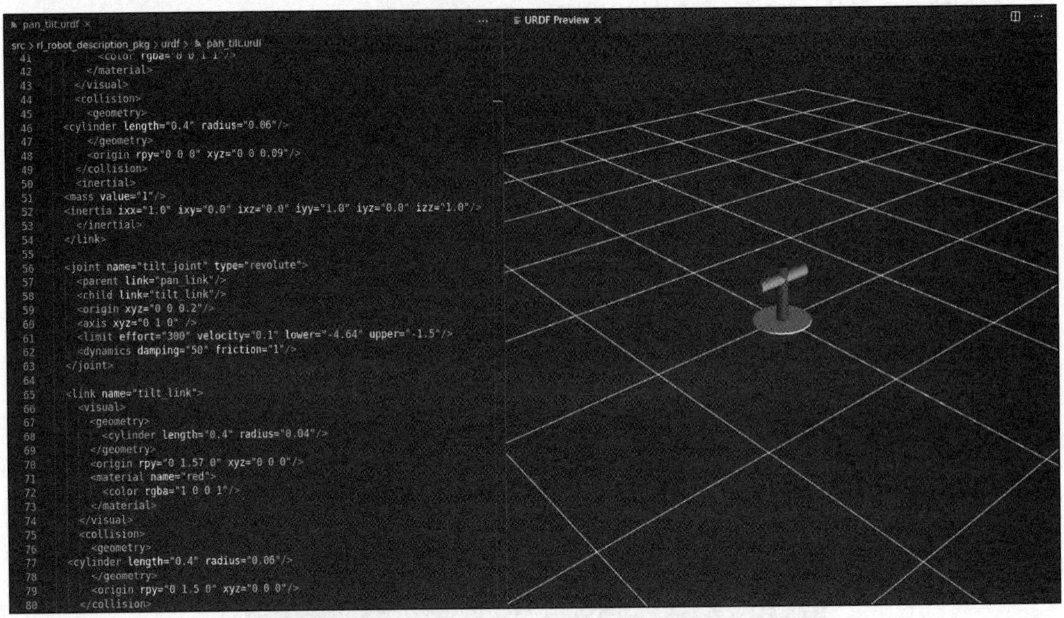

图 16.9　在 vscode 上用于 pan_tilt.urdf 文件的 URDF 预览命令

16.2　ROS 的最佳实践

本节将简要介绍在使用 ROS 进行开发时可以遵循的最佳实践。ROS 提供了关于其**质量保证**（Quality Assurance，QA）过程的详细教程。QA 过程是详细的开发人员指南，包括 C++和 Python 代码样式指南、命名约定等。首先，我们将讨论 ROS C++ 的编码风格。

ROS C++ 编码风格指南

ROS C++ 节点遵循一定的编码风格，以使代码更具可读性、可调试性和可维护性。如果代码的样式设计得当，那么它将非常容易重用并有助于当前代码。在本节中，我们将快速浏览一些常用的编码风格。

ROS 中使用的标准命名约定

这里，我们使用文本 HelloWorld 来演示在 ROS 中使用的命名模式。

- HelloWorld：该名称以大写字母开头，每个新单词都以大写字母开头，不带空格或下划线。
- helloWorld：在这种命名约定中，第一个字母将是小写的，但是新单词将是大写的，没有空格。
- hello_world：它只包含小写字母，单词用下划线分隔。

- HELLO_WORLD：所有字母都是大写字母，单词由空格下划线分隔。

以下是 ROS 中每个组件遵循的命名约定。

- **包、主题 / 服务、文件和库**：这些 ROS 组件遵循 hello_world 模式。
- **类 / 类型**：这些类遵循 HelloWorld 命名约定，例如，class ExampleClass。
- **函数 / 方法**：函数遵循 helloWorld 命名约定，而函数参数遵循 hello_world 模式，例如，void exampleMethod(int sample_arg);。
- **变量**：通常，变量遵循 hello_world 模式。
- **常量**：常量遵循 HELLO_WORLD 模式。
- **成员变量**：类中的成员变量遵循 hello_world 模式，并在后面添加下划线，例如，int sample_int_。
- **全局变量**：全局变量遵循 hello_world 约定，带有前缀 g_，例如 int g_samplevar;。
- **命名空间**：命名空间遵循 hello_world 命名模式。

现在，让我们看看代码许可协议。

代码许可协议

我们应该在代码的顶部添加一个许可语句。ROS 是一个开源软件框架，遵循 BSD 许可。下面是一个许可的代码片段，它必须插入代码的顶部。读者可以从本书的 GitHub 存储库中的任何 ROS 节点获得许可协议。读者可以在 https://github.com/ros/ros_tutorials 上查看 ROS 教程的源代码：

```
/***************************************************************
********
* Software License Agreement (BSD License)
*
* Copyright (c) 2012, Willow Garage, Inc.
* All rights reserved.
*
* Redistribution and use in source and binary forms, with or
without
* modification, are permitted provided that the following
conditions
* are met:
***************************************************************
*******/
```

有关 ROS 中各种许可计划的更多信息，请参阅 http://wiki.ros.org/Developers Guide#Licensing。

ROS 代码格式化

在开发代码时需要注意的一件事是它的格式化。关于格式化要记住的一件基本事情是，ROS 中的每个代码块由两个空格分隔。下面是显示这种格式的代码片段：

```
if(a < b)
{
  // do stuff
}
else
{
  // do other stuff
}
```

下面是 ROS 标准格式样式的示例代码片段。它首先包含头文件和常量的定义：

```
#include <boost/tokenizer.hpp>
#include <moveit/macros/console_colors.h>
#include <moveit/move_group/node_name.h>

static const std::string ROBOT_DESCRIPTION = "robot_
description";    // name of the robot description (a param
name, so it can be changed externally)
```

然后，定义一个命名空间：

```
namespace move_group
{
```

最后，给出一个类及其成员的定义：

```
class MoveGroupExe
{
public:

  MoveGroupExe(const planning_scene_
monitor::PlanningSceneMonitorPtr& psm, bool debug) :
    node_handle_("~")
  {
    // if the user wants to be able to disable execution of
paths, they can just set this ROS param to false
    bool allow_trajectory_execution;
    node_handle_.param("allow_trajectory_execution", allow_
trajectory_execution, true);

    context_.reset(new MoveGroupContext(psm, allow_trajectory_
execution, debug));

    // start the capabilities
    configureCapabilities();
  }


  ~MoveGroupExe()
  {
```

现在，让我们学习一下如何在 Linux 终端中显示代码的输出。

控制台输出信息

在 ROS 节点内打印调试消息时，尽量避免使用 `printf` 或 `cout` 语句。

我们可以使用 rosconsole（http://wiki.ros.org/rosconsole）从 ROS 节点打印调试消息，而不使用 `printf` 或 `cout` 函数。rosconsole 提供带有时间戳的输出消息，自动记录打印的消息，并提供 5 个不同级别的详细信息。有关这些编码风格的更多详细信息，请参阅 http://wiki.ros.org/CppStyleGuide。

在本节中，我们主要关注如何在 ROS 节点中正确地编写源代码。在下一节中，我们将讨论如何维护 ROS 包，以及解决编译 ROS 包和执行其节点时发生的典型问题的一些重要提示。

16.3 ROS 包的最佳编程实践

以下是在创建和维护包时需要牢记的要点。

- **版本控制**（Version control）：ROS 支持使用 Git、Mercurial 和 Subversion 进行版本控制。我们可以在 GitHub 和 Bitbucket 中托管代码。大多数 ROS 包都在 GitHub 中。
- **打包**（Packaging）：在 ROS catkin 包中，将有一个 `package.xml` 文件。这个文件应该包含作者的姓名、内容描述和许可。

下面是一个 `package.xml` 文件的例子：

```
<?xml version="1.0"?>
<package>
  <name>roscpp_tutorials</name>

  <version>0.6.1</version>

  <description>
    This package attempts to show the features of ROS
step-by-step,
    including using messages, servers, parameters, etc.
  </description>

  <maintainer email="dthomas@osrfoundation.org">Dirk
Thomas</maintainer>

  <license>BSD</license>

  <url type="website">http://www.ros.org/wiki/roscpp_
tutorials</url>
  <url type="bugtracker">https://github.com/ros/ros_
tutorials/issues</url>
  <url type="repository">https://github.com/ros/ros_
```

```
tutorials</url>
  <author>Morgan Quigley</author>
```

在下一节中，我们将研究开发人员在创建 ROS 节点时所犯的一些常见错误。

16.4 ROS 中的重要故障排除提示

在本节中，我们将研究在使用 ROS 时遇到的一些常见问题，并给出解决这些问题的提示。

用于在 ROS 系统中查找问题的内置工具之一是 rostf。rostf 是一个命令行工具，用于检查 ROS 的以下方面的问题：

- 环境变量和配置
- 包或元包配置
- 启动文件
- 网络图

现在，让我们看看如何使用 roswtf。

使用 roswtf

我们可以通过进入 ROS 包并输入 rostf 来检查该包中的问题。我们也可以输入以下命令检查 ROS 系统的问题：

roswtf

该命令生成一个关于系统运行状况的报告，例如，在 ROS 主机名和主机配置不正确的情况下，我们将得到如图 16.10 所示的报告。

```
Loaded plugin tf.tfwtf
================================================================
Static checks summary:

Found 1 warning(s).
Warnings are things that may be just fine, but are sometimes at fault

WARNING ROS_HOSTNAME may be incorrect: ROS_HOSTNAME [192.168.2.23] resolves to [192.168.2.23], which does
not appear to be a local IP address ['127.0.0.1', '192.168.1.7'].

================================================================

ROS Master does not appear to be running.
Online graph checks will not be run.
ROS_MASTER_URI is [http://192.168.2.2:11311]
```

图 16.10　ROS 主机名配置错误情况下的 roswtf 输出

我们还可以在启动文件上运行 roswtf 来搜索潜在的问题：

roswtf <file_name>.launch

关于 roswtf 命令的更多信息可以在 http://wiki.ros.org/roswtf 上找到。

以下是在使用 ROS 时可能会遇到的一些常见问题。

- **问题 1**：错误消息显示 `Failed to contact master at [localhost:11311]. Retrying...`，如图 16.11 所示。

```
jcacace@jcacace-Inspiron-7570:~$ rosrun roscpp_tutorials talker
[ERROR] [1515175271.173829991]: [registerPublisher] Failed to contact ma
ster at [localhost:11311].  Retrying...
```

图 16.11　无法联系主错误消息

- **解决方案**：当 ROS 节点未执行 `roscore` 命令或检查 ROS 主配置时，出现此消息。
- **问题 2**：错误消息显示 `Could not process inbound connection: topic types do not match`，如图 16.12 所示。

```
jcacace@jcacace-Inspiron-7570:~$ rostopic pub /chatter std_msgs/Int32 "data: 1"
publishing and latching message. Press ctrl-C to terminate
[WARN] [1515176143.614150]: Could not process inbound connection: topic types do not
match: [std_msgs/String] vs. [std_msgs/Int32]{'topic': '/chatter', 'tcp_nodelay': '0'
, 'md5sum': '992ce8a1687cec8c8bd883ec73ca41d1', 'type': 'std_msgs/String', 'callerid'
: '/listener'}
```

图 16.12　入站连接警告消息

- **解决方案**：当主题消息不匹配时就会发生这种情况，在这种情况下，我们发布和订阅了具有不同 ROS 消息类型的主题。
- **问题 3**：错误消息显示 `Couldn't find executables`，如图 16.13 所示。

```
jcacace@jcacace-Inspiron-7570:~$ rosrun roscpp_tutorials taker
[rosrun] Couldn't find executable named taker below /opt/ros/kinetic/sha
re/roscpp_tutorials
```

图 16.13　找不到可执行文件

- **解决方案**：出于不同的原因可能会出现此错误。一个错误可能是在命令行中指定了错误的可执行文件名称，或者 ROS 包中缺少可执行文件的名称。在本例中，我们应该在 `CMakeLists.txt` 文件中检查它的名称。对于用 Python 编写的节点，可以通过使用 `chmod` 命令更改相关脚本的执行权限来解决这个错误。
- **问题 4**：错误消息显示 `roscore command is not working`，如图 16.14 所示。

```
jcacace@jcacace-Inspiron-7570:~$ roscore
^C... logging to /home/jcacace/.ros/log/5a62571a-f2d2-11e7-9514-9cda3ea0
e939/roslaunch-jcacace-Inspiron-7570-6141.log
Checking log directory for disk usage. This may take awhile.
Press Ctrl-C to interrupt
Done checking log file disk usage. Usage is <1GB.
```

图 16.14　roscore 命令运行异常

- **解决方案**：可以挂起 `roscore` 命令的原因之一是 `ROS_IP` 和 `ROS_MASTER_URI` 的定义有问题。当我们在多台计算机上运行 ROS 时，每台计算机必须将自己的 IP 分配为

ROS_IP，然后使用 ROS_MASTER_URI 作为运行 roscore 计算机的 IP。如果这个 IP 不正确，roscore 将不会运行。如果给这些变量分配了不正确的 IP，就会产生此错误。

- **问题 5**：编译和链接错误（Compiling and linking errors），如图 16.15 所示。

```
Base path: /home/jcacace/ros_ws
Source space: /home/jcacace/ros_ws/src
Build space: /home/jcacace/ros_ws/build
Devel space: /home/jcacace/ros_ws/devel
Install space: /home/jcacace/ros_ws/install
####
#### Running command: "make cmake_check_build_system" in "/home/jcacace/ros_ws/build"
####
#### Running command: "make -j8 -l8" in "/home/jcacace/ros_ws/build"
####
[ 50%] Linking CXX executable /home/jcacace/ros_ws/devel/lib/linking_error_test/linking_error
CMakeFiles/linking_error.dir/src/linking_error.cpp.o: In function `main':
/home/jcacace/ros_ws/src/linking_error/src/linking_error.cpp:7: undefined reference to `ros::init(int&, char**, std::__cxx
11::basic_string<char, std::char_traits<char>, std::allocator<char> > const&, unsigned int)'
collect2: error: ld returned 1 exit status
linking_error_test/CMakeFiles/linking_error.dir/build.make:104: recipe for target '/home/jcacace/ros_ws/devel/lib/linking_error
_test/linking_error' failed
make[2]: *** [/home/jcacace/ros_ws/devel/lib/linking_error_test/linking_error] Error 1
CMakeFiles/Makefile2:493: recipe for target 'linking_error_test/CMakeFiles/linking_error.dir/all' failed
make[1]: *** [linking_error_test/CMakeFiles/linking_error.dir/all] Error 2
Makefile:138: recipe for target 'all' failed
make: *** [all] Error 2
Invoking "make -j8 -l8" failed
```

图 16.15　编译和链接错误

- **解决方案**：如果 CMakeLists.txt 文件不包含编译 ROS 节点所需的依赖项，则可能出现此错误。在这里，我们必须检查 package.xml 和 CMakeLists.txt 文件中的包依赖项。我们通过注释 roscpp 依赖项来生成这个错误，如图 16.16 所示。

```
cmake_minimum_required(VERSION 2.8.3)
project(linking_error_test)

find_package(catkin REQUIRED COMPONENTS
  #roscpp
  std_msgs
)
```

图 16.16　没有包依赖项的 CMakeLists.txt

前面的列表涵盖了开发人员在 ROS 中进行编程时会犯的一些常见错误。更多的提示可以在 ROS wiki 页面上找到：http://wiki.ros.org/ROS/Troubleshooting。

16.5　总结

在本章中，我们学习了如何使用 Visual Studio Code IDE、如何在 IDE 中设置 ROS 开发环境、如何创建节点和包，以及如何管理 ROS 数据。然后，我们讨论了 ROS 中的一些最佳实践，同时查看了命名约定、编码风格、创建 ROS 包时的最佳实践等。在讨论了这些最佳实践之后，我们研究了 ROS 的故障排除方案，主要讨论了在处理 ROS 时需要牢记的各种故障原因及其排除技巧。

以下是基于本章内容的一些问题。

16.6　问题

- 为什么我们需要一个 IDE 来处理 ROS？
- ROS 中常用的命名约定是什么？
- 当我们创建一个包时，为什么文档很重要？
- roswtf 命令的用途是什么？

推荐阅读

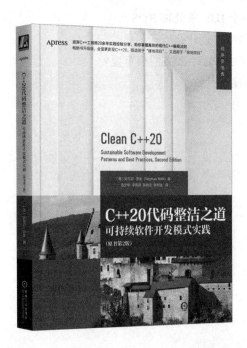

C++20代码整洁之道：可持续软件开发模式实践（原书第2版）

作者：[德] 斯蒂芬·罗斯 （Stephan Roth） 译者：连少华 李国诚 吴毓龙 谢郑逸 ISBN: 978-7-111-72526-8

资深C++工程师20余年实践经验分享，助你掌握高效的现代C++编程法则

畅销书升级版，全面更新至C++20

既适用于"绿地项目"，又适用于"棕地项目"

内容简介

本书全面更新至C++20，介绍C++20代码整洁之道，以及如何使用现代C++编写可维护、可扩展且可持久的软件，旨在帮助C++开发人员编写可理解的、灵活的、可维护的高效C++代码。本书涵盖了单元测试、整洁代码的基本原则、整洁代码的基本规范、现代C++的高级概念、模块化编程、函数式编程、测试驱动开发和经典的设计模式与习惯用法等多个主题，通过示例展示了如何编写可理解的、灵活的、可维护的和高效的C++代码。本书适合具有一定C++编程基础、旨在提高开发整洁代码的能力的开发人员阅读。